高职高专教育"十二五"规划建设教材

食品应用化学

曹凤云　主编

U0219075

中国农业大学出版社

·北京·

内容简介

本书被列入高职高专教育"十二五"规划建设教材,主要内容包括六大营养成分、食品色香味成分的结构、性质、加工和储藏中的变化及其对食品品质和安全性的影响,同时,将酶、添加剂单设,突出它们在食品工业中的应用,结合食品安全事件对"嫌疑成分"展开讨论。教材的每一部分增加了社会关注的功能性食品成分最新研究成果。每一项目设有知识目标、能力目标,项目导入和项目小结,分层递进习题设计与项目学习阶段性目标融为一体。

图书在版编目(CIP)数据

食品应用化学/曹凤云主编. —北京:中国农业大学出版社,2013.7(2017.6 重印)
ISBN 978-7-5655-0697-0

Ⅰ.①食…　Ⅱ.①曹…　Ⅲ.①食品化学-高等职业教育-教材　Ⅳ.①TS201.2

中国版本图书馆 CIP 数据核字(2013)第 099023 号

书　名	食品应用化学
作　者	曹凤云　主编

责任编辑	康昊婷　张蕊　伍斌	责任校对	陈莹　王晓凤
封面设计	郑川		
出版发行	中国农业大学出版社		
社　址	北京市海淀区圆明园西路 2 号	邮政编码	100193
电　话	发行部 010-62818525,8625	读者服务部	010-62732336
	编辑部 010-62732617,2618	出 版 部	010-62733440
网　址	http://www.cau.edu.cn/caup	e-mail	cbsszs @ cau.edu.cn
经　销	新华书店		
印　刷	北京鑫丰华彩印有限公司		
版　次	2013 年 7 月第 1 版　2017 年 6 月第 2 次印刷		
规　格	787×1 092　16 开本　21.75 印张　530 千字		
定　价	37.00 元		

图书如有质量问题本社发行部负责调换

编审人员

主　编　曹凤云　（黑龙江农业工程职业学院）

副主编　刘　崑　（辽宁医学院）

　　　　王艳坤　（黑龙江农垦科技职业学院）

　　　　苏晓琳　（黑龙江民族职业学院）

　　　　白　雪　（黑龙江职业学院）

参　编　付天宇　（黑龙江农业工程职业学院）

　　　　付　莉　（河南牧业经济学院）

　　　　田晓玲　（辽宁农业职业技术学院）

　　　　邵　辉　（黑龙江农业工程职业学院）

　　　　杨俊峰　（内蒙古农业大学）

主　审　屈海涛　（哈尔滨市产品质量监督检验院）

前　言

　　食品应用化学是食品加工技术、食品营养与检测等食品类专业的平台课程。食品应用化学是从化学角度和分子水平上研究食品的组成成分、结构、理化性质、营养和安全性质以及它们在生产、加工、储藏和运销过程中发生的变化和这些变化对食品品质和安全性影响的一门基础应用科学。因此,对于高职食品类专业学生来说,必须熟知和具备食品应用化学的理论知识和实践技能,才能在食品加工与保藏、营养配餐、质量控制与安全检测等领域较好地进行相关的工作。

　　本书以培养食品行业高端技能型人才为宗旨,以专业人才培养方案为依托,结合企业生产和学生后续发展需要,运用化学、生物学、微生物学的理论与技术,以项目为载体设计编写的教材。食品应用化学是发展很快的领域,新的研究方法和研究成果不断涌现。因此,本书在编写中参考了许多国内外食品应用化学的最新专著和文献,如美国 Owen R. Fennema 著、王璋等译著的《食品化学》(第 3 版)和阚建全主编的《食品化学》。本书还聘请了东北农业大学、黑龙江完达山乳业股份有限公司等食品行业知名专家给予指导。

　　本书主要内容包括六大营养成分、食品色香味成分的结构、性质、加工和储藏中的变化及其对食品品质和安全性的影响,同时,将酶、添加剂单设,突出它们在食品工业中的应用,结合食品安全事件对"嫌疑成分"展开讨论。教材的每一部分增加了社会关注的功能性食品成分最新研究成果。每一项目设有知识目标、能力目标,项目导入和项目小结,分层递进习题设计与项目学习阶段性目标融为一体。

　　全书由十个项目组成。曹凤云编写绪论、项目一、项目二;苏晓琳编写项目三;王艳坤编写项目四;付天宇、王艳坤共同编写项目五;白雪编写项目六;付莉编写项目七;刘崑、田晓玲共同编写项目八;邵辉编写项目九;杨俊峰编写项目十。本书配套课件由付天宇老师提供,全书由曹凤云统稿,屈海涛高级工程师主审。

　　本书在编写过程中参阅、借鉴的有关书籍资料以参考文献列于书中,全体编职人员对这些书籍资料的作者表示感谢! 在此,也恳请各位专家、同行和读者对本书提出宝贵的意见和建议,以期进一步修改与完善。

编　者

2013 年 6 月

目　录

绪　论

一、食品应用化学的内容

(一)研究食品组成成分

营养素(Nutrient)是指那些能维持人体正常发育和新陈代谢所必需的物质。目前已知的人体必需营养素就有 40～50 种,依据化学组成及性质分为 6 大类,即水、糖类、蛋白质、脂类、矿物质和维生素,当然,也有人提出将膳食纤维列为第 7 类营养素。

食物(Foodstuff)是指可供人类食用的含有营养素的天然生物体。

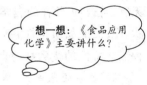

化学(Chemistry)是研究分子、离子、原子层次物质的组成、结构、性质和化学变化规律以及变化过程中能量关系的科学,一般分为无机化学、有机化学、分析化学、生物化学等二级学科。

食品化学(Food Chemistry)是从化学角度和分子水平上研究食品的化学组成、结构、理化性质、营养和安全性以及它们在生产、加工、贮存和运销过程中的变化及其对食品品质和食品安全性影响的科学。

人类的食物绝大多数都是经过加工后才食用的,经过加工的食物称为食品(Food)。通常也泛指一切食物为食品。食品的化学组成如图 0-1 所示。

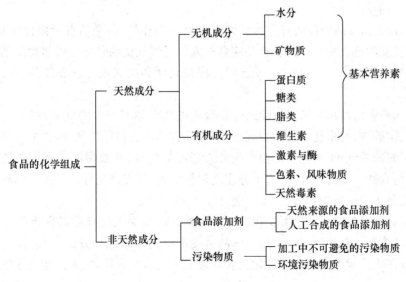

图 0-1　食品的化学组成

知识窗　食品成分

食品成分有动、植物体内原有的天然成分，也有经历生产、加工、包装、储藏的过程，不可避免地发生改变或引入一些非天然成分，在不同程度上会参与或干扰人体的代谢和生理机能。因此，食品成分包括天然成分和非天然成分两大类。

从化学角度，食品的天然成分又可分为无机成分和有机成分，前者包括水和矿物质，后者包括蛋白质、糖类、脂类、维生素以及激素、酶、色素、风味物质、天然毒素等。

从营养的角度，水、糖类、蛋白质、脂类、矿物质和维生素是维持人体正常生理机能的六大营养成分，糖类、蛋白质、脂类在体内氧化供给生命活动所需能量，又是三大能量物质。

激素和酶参与食品中所有的生物化学作用，具有加速分解或合成、影响食品品质、调节人的生理机能等功能。色素、风味物质直接影响食品的感官质量，食品添加剂可改善食品品质，有害成分降低食品品质、危害健康。

（二）分析食品品质特性

《中华人民共和国食品安全法》第六条规定，"食品应当无毒、无害，符合应当有的营养要求，具有相应的色、香、味等感官性状。"食品的品质特性包括质构、色泽、风味、营养及安全性，每一种品质特性的优劣都与食品中的化学成分和化学变化相关。

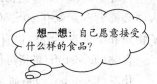

想一想：自己愿意接受什么样的食品？

1. 食品的色泽、风味、质构

食品的色泽、风味、质构是消费者容易知晓的食品的质量特性，称为直观性品质特性，也叫感官质量特性，也就是人们常讲的色、香、味、形，它们是衡量食品质量的重要指标。

质构（Texture）包含了食品的质地（软、脆、硬、绵）、形状（大、小、粗、细）、形态（新鲜、衰竭、枯萎）。质构的化学本质一般是食品中的大分子自身的作用，以及它们与金属离子、水之间的相互作用。最常见的导致食品质构劣变的原因有食物成分失去溶解性、失去持水力及各种引起硬化与软化的反应。

色（Color）是指食品中各类有色物质赋予食品的外在特征，是消费者评价食品新鲜与否，正常与否的重要的感官指标。每种食品应具有人们习惯接受的色泽。引起食品色泽变化的主要反应为褐变、褪色或产生其他不正常颜色。保持色泽和生成正常色素常常是食品工艺技术关键。

香（Aroma）多指食品中易挥发性成分刺激人的嗅觉器官产生的效果，加工的食品一般具有特征香气。"香"有时也泛指食品的气味，正常的食品应有特征的气味，如羊肉具有一定的膻味，麻油有很好的香气；不正常食品会产生使人恶心的气味，如食用油的氧化性气味。由于气味能影响人的食欲。因此，食品加工十分注重调整工艺，使之产生好的气味。储藏的食品质量的降低，首先是消失应有的香气。

味（Palate）俗称味道，是指食品中非挥发性成分作用于人的味觉器官所产生的效果。消费者选择食品多数首选味道好的产品。味的劣变归纳起来有三个方面，一为食物成分的水解及氧化酸败；二为蒸煮产生的或焦糖化反应形成的非正常化合物；三为其他反应中产生的不正常味。

香气和味道有时统称"风味"(Flavor)，其内涵就是上述两方面的内容。

消费者十分关注食品的直观性品质。由于食物原料的不同，习惯与文化传统的差异，消费者对食品有不同的要求；食品生产研发人员应多深入市场，开发食材、利用食物成分间的反应，使食品满足不同的市场需求。只有品质特性符合消费心理的食品，才是好的食品。

2. 食品的质量特性

食品的质量特性称为非直观性品质特性，如食品的营养和功能特性，即便是专家也不能直接看出产品该项指标的优劣。食品营养是指食品中含有人体必需的蛋白质、必需氨基酸、必需脂肪酸、矿质元素、维生素等营养素。每一个食品企业应对社会负责，应确保生产营养好的食品。食品在加工与储藏中常遇到的营养成分损失主要指维生素、蛋白质、矿物质的损失，其中前两者又显得十分重要。

3. 食品的安全性

不管是什么食品，安全性是首要的。食品安全(Food Safety)指食品无毒、无害，符合应当有的营养要求，对人体健康不造成任何急性、亚急性或者慢性危害。

想一想：怎样执行食品安全性控制？

不安全食品及食品成分主要在以下几种情况下出现：第一，天然存在于食物中的有害物质，如大豆中的有害物、牛奶中的有害物、蘑菇中的毒素等；第二，食品生产与加工时有意或无意添加到食品中的有害物，如过量的添加剂、兽药与农药残留等；第三，食品在贮运过程中产生的微生物毒素及不良化学反应形成的有害物质。国家食品安全法规定每一种食品必须有明确的安全性指标，而且上市之前应经过充分的安全性评价。目前，与食品的安全性相关的内容是食品质量安全市场准入制度 QS 标志认证、HACCP 质量安全控制体系以及其他质量管理体系等。

（三）食品中主要成分的变化与相互关系

食品中的主要成分是指食品中的脂类、糖类及蛋白质三大类物质，它们一般共占天然食品的 90%（干基）以上，食品加工与储藏中，它们自身与相互之间有各类反应，简化的反应体系如图 0-2 所示。

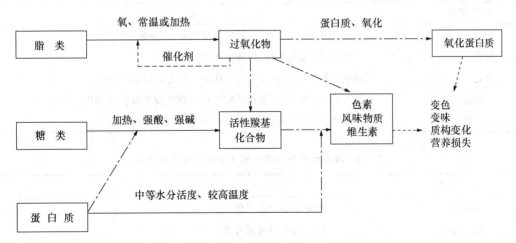

图 0-2　食品主要成分之间的作用及对食品的影响

图 0-2 中列出的反应主要是食品劣变的反应，最终都导致食品质量下降。该图显示了以

下一些基本反应规律：

1. 从单一成分自身的反应来看，其反应的活性顺序为：脂肪＞蛋白质＞糖类

脂肪与蛋白质都能在常温下反应，但脂肪的反应具有自身催化作用，因此食物主要成分中脂肪是最不稳定的，很多食品通常是先由脂肪变化而导致食品变质。糖类一般条件下是比较稳定的，它只有在加热、酸或碱性较强的情况下才反应，但是决不能小看该类反应对食品质量的影响，因为使用酸、碱和加热是食品加工的常用手段。

2. 食品主要成分之间存在各种反应

脂肪是通过氧化的中间产物与蛋白质和糖类反应；在加热、酸或碱性条件下蛋白质和糖类互相反应。

3. 反应体系中过氧化物与活性羰基化合物是参与反应的最主要的活性基团

4. 色素、风味物质、维生素在各种反应中最易发生变化

(四)研究食品的储藏、加工过程

想一想：研究食品的人应该做什么？

食品从原料生产、经过储藏、运输、加工到产品销售，以食品的成分为基础，每一阶段都涉及一系列的变化。储藏中有生理成熟和衰老过程的酶促变化、水分活度改变引起的变化，原料或组织因混合而引起的酶促变化和化学反应，微生物引发的化学反应等都可能造成食品变质；加工手段能阻碍微生物的活动、有助于食品风味的形成、有利于食品的储藏，然而，热处理、强酸、强碱和盐的化学处理，这些激烈加工条件也会引起的食品成分的分解、聚合及变性，空气中的氧气或其他氧化剂引起的氧化，褐变的形成，光照引起的光化学变化及包装材料的某些成分向食品迁移等，对食品的营养、外观品质和安全带来诸多不利。

甄别不同的反应对食品质量的影响，从中找出影响食品质量的主要反应，生产中的关键因素，制定并实施食品质量控制方案。食品在加工、储藏中可能发生的变化、改变食品品质的化学变化如表 0-1、表 0-2 所示。

表 0-1   食品在加工、储藏中可能发生的变化

食品属性	变　化
质地	失去溶解性、失去持水力、质地变坚韧、质地软化
风味	出现酸败、出现焦味、出现异味、出现美味和芳香
颜色	褐变(暗色)、漂白(褪色)、出现异常颜色、出现诱人颜色
营养价值	蛋白质、脂类、维生素和矿物质的降解或损失及生物利用性改变
安全性	产生毒物、钝化毒物、产生有调节生理机能作用的物质

表 0-2   改变食品品质的一些化学反应和生化反应

反应类型	实　例
非酶褐变	焙烤食品表皮呈色
酶促褐变	切开的水果迅速变褐
氧化	脂肪产生异味、维生素降解、色素褪色、蛋白质营养损失
水解	脂类、蛋白质、维生素、糖类、色素水解

续表 0-2

反应类型	实 例
金属反应	与花青素作用改变颜色、叶绿素脱镁、作为自动氧化催化剂
脂类异构化	顺→反异构化、不共轭脂→共轭脂
脂类环化	产生单环脂肪酸
脂类聚合	深锅油炸时油起沫
蛋白质变性	卵清凝固、酶失活
蛋白质交联	在碱性条件下加工蛋白质使营养价值降低
糖酵解	宰后动物组织和采后植物组织的无氧呼吸

(五)关注食品的功能与新资源的开发

食品的活性成分包括各种酶类及催化活性高的一些离子,食品中只要以上物质存在,就很容易发生酶促褐变、脂类水解、脂类氧化、蛋白质水解、低聚糖和多糖的水解、多糖的合成、糖酵解等与酶相关的反应。酶的反应是双刃剑,既可损害食品质量又可用于食品工业。一方面,在食品加工中杀灭酶是为了稳定食品质量,如蔬菜加工中的热烫工艺就是为了控制酶的活性,不致使产品变色、变味;另一方面,食品工业中应用酶是食品加工技术发展的方向,如淀粉酶广泛用于淀粉糖工业。食品中一些高活性的离子一般在食物原料中较少,往往是在加工过程中由加工试剂和加工设备引入的,由于它们的存在,酶参与的反应和非酶反应都会加速,合理控制与利用给食品工业未来发展指明方向。

随着人民的生活水平的提高,更多的人关注健康问题,想通过饮食来改善身体状况,通过饮食来预防与治疗疾病。"功能食品"、"膳食补充剂"等概念相继提出,不仅丰富了食品的内容,更对食品加工提出了更新的课题。

我国定义功能食品为具有营养功能、感觉功能和调节生理活动功能的食品。它的范围包括增强人体体质(增强免疫能力,激活淋巴系统等)的食品;防止疾病(高血压、糖尿病、冠心病、便秘和肿瘤等)的食品;恢复健康(控制胆固醇、防止血小板凝集、调节造血功能等)的食品;调节身体节律(神经中枢、神经末梢、摄取与吸收功能等)的食品和延缓衰老的食品,具有上述特点的食品,都属于功能食品。虽然功能食品的概念在世界各国有所不同,但对功能食品必须做到将食品基本属性(有营养、保证安全)、修饰属性(具有色、香、味,能使人产生食欲)、功能属性(对机体的生理机能有一定的良好调节作用)完美体现和科学结合为基本要求是认同的。

1994 年,美国国会首先颁行了《膳食补充剂健康教育法》,将"膳食补充剂(Dietary Supplement)"定义为"它是一种旨在补充膳食的产品(而非烟草),可能含有一种或多种如下膳食成分:维生素、矿物质、草本(草药)或其他植物、氨基酸、以增加每日总摄入量而补充的膳食成分,或是以上成分的浓缩品、代谢物、提取物或组合产品等",法案同时指出需要进一步研究证实,完善的膳食与健康之间可能存在的促进关系。

可以预见,今后若干年在"食品应用化学"指导领域中,有关食品功能性成分的研究将进一步深入。关注人类自身营养,强调食品的功能作用,食品应用化学的内容会更丰富,会更具指导意义。

二、怎样学习《食品应用化学》

食品加工的每一个食品工艺步骤的设计,都要建立在对加工原料化学组成的了解,以及对加工条件下可能发生的反应的预测基础之上;食品营养的评价,也应对食物成分及其稳定性有充分的了解;食品分析中对食品成分的分离、处理则要掌握更多的食品化学知识。开发食品新资源、改进食品加工工艺、科学调整膳食结构、加强食品质量控制及提高食品原料加工和综合利用水平,都是以食品化学为核心与灵魂。因此,建议在学习时要做到:

明确食品品质特性 → 分析影响食品质量化学成分、化学反应 → 找出影响食品质量主要反应的控制条件 → 应用食品生产注重评价、分析

同时,还要注意:

(1)热爱生活,关心身边的人和事,培养食品人的责任意识。

(2)从熟悉每项任务的要点入手,积极准备,规范操作,完成记录、分析评价结果;注重细节或问题的处理,激发自己学习必备知识的欲望,养成主动学习习惯。

(3)形成关注常见食品营养成分、添加剂、保质期及生产企业信息等习惯,特别是食品的化学组成和突出的营养成分,这是预测食品在储藏和加工条件下可能发生的化学反应的基础,有助于职业习惯的养成。

(4)对教材中有关工艺技术的举例,最好能查阅有关工艺资料,以加深对有关理论问题的理解。

(5)在学习过程中会遇到很多不明确的基础性问题,如一些典型的有机反应,一些普遍的生物学现象,要及时查阅相关的书籍把这些问题弄懂。

(6)熟悉食品中主要化学成分的食用特点以及化学结构、特征基团、味感和呈味浓度、加工与储藏条件下的典型反应等,注意归纳和总结。

项目一 水的性能与控制

【知识目标】

1. 熟悉食品中水的分布及结构。

2. 熟识水分活度及与食品品质的关系。

【技能目标】

1. 能够测定食品水分含量及水分活度。

2. 选择实施控制食品水分的途径,确保食品品质。

【项目导入】

水普遍存在于生物体内,是食品的重要组成成分,也是主要的营养物质。食品中的水分是引起食品化学性质及生物性变质的重要原因之一,还直接关系到食品的储藏特性;食品中水的含量、分布和存在状态是影响食品结构、外观、质构、风味、新鲜程度和腐败变质速度的重要因素;食品加工用水的水质还直接影响食品品质和加工工艺。

熟悉食品中水的特性及其对食品品质和保藏性的影响,测定食品中的水分含量及水分活度,有利于生产工艺控制、指导食品加工及安全储藏。

任务1 测定食品中的水分

【要点】

1. 直接干燥测定食品水分的方法。

2. 使用烘箱、分析天平、恒重等操作。

3. 测定面粉(全脂奶粉)中水分的工作过程。

【工作过程】

一、器皿恒重

(1)将洁净的铝盒或扁形称量瓶,置于干燥箱,控制温度(101~105)℃;盒盖斜支在盒边,加热 0.5~1 h。

(2)取出,盖好,置于干燥器内冷却 0.5 h,精密称量。

(3)重复 1~2 步,干燥至恒重,记录质量 m_1。

> **思考:** 铝盒或称量瓶置于干燥箱中,盒盖盖上可否? 盒盖有何用途?

二、样品称量

(1)粗称。面粉或奶粉样品 2～10 g，放入铝盒或扁形称量瓶中(注意:样品厚度约为 5 mm)。

(2)精称。加盖，精密称量，记录质量 m_2。

三、样品恒重

(1)置于干燥箱中，控制箱内温度在(101～105)℃，干燥 2～4 h 后，盖好取出，放入干燥器内冷却 0.5 h 后，称量。

> 思考：样品在干燥2～4 h后，为什么要盖上盖取出？还要放入干燥器中0.5 h?

(2)再放入干燥箱中，保持(101～105)℃下干燥 1 h 左右，取出，放入干燥器内冷却 0.5 h 后，再称量。直至前后 2 次质量差不超过 2 mg，记录质量 m_3。

四、结果处理

1. 实训记录

铝盒质量/g	铝盒与面粉质量/g	铝盒与面粉干燥后质量/g	样品水分含量/%

2. 结果计算

$$X = \frac{m_2 - m_3}{m_2 - m_1} \times 100\%$$

式中，X 为样品中水分含量；m_1 为铝盒或称量瓶的质量，g；m_2 为铝盒或称量瓶及样品的质量和，g；m_3 为铝盒或称量瓶及干燥后样品的质量和，g。

五、相关知识

食品放在烘箱中，控制一定温度(101～105℃)和压力，样品中的水分汽化逸失；干燥前后食品质量之差即为样品的水分量。以此进行食品水分含量计算。

本法适用在 101～105℃ 温度条件下，不含或含其他挥发性物质甚微的食品。

六、仪器与试剂

仪器:带盖铝盒(ϕ60 mm)或扁形称量瓶(ϕ50 mm)(×3)、干燥器(×1)、恒温干燥箱。

材料:面粉或奶粉。

七、相关提示

(1)恒重指 2 次烘烤后的质量相差不超过规定的质量，即一般不超过 2 mg。

(2)本法测定的水分可能包括微量的芳香油、醇、有机酸等挥发性成分。

【考核要点】

1. 分析天平使用。

2. 干燥器的装配与使用。

3. 控制使用恒温干燥箱。

【思考题】

1. 本实训中称量样品时可否去皮？

2. 为何要恒重？本任务几次恒重目的是什么？

【必备知识】 水

水是食品的重要组成成分，是生命之源，它普遍存在于生物体内。水在机体内虽然不能供给生命活动所需的能量，却是维持人体正常生理机能的基本营养成分。

一、水的性质与结构

食品中水是构成食用品质的一项重要指标，是形成食品加工工艺考虑的重要因素，食品因品种不同，含水量有较大的差别（表1-1）。

> 提示：食品水分知多少？

表 1-1 一些食品中水分的含量

（引自《食品化学》夏延斌，2001） %

	食品	水分含量		食品	水分含量
水果、蔬菜	新鲜水果	90	乳制品	奶油	15
	果汁	85～93		奶酪（切达）	40
	番石榴	81		鲜奶油	60～70
	甜瓜	92～94		奶粉	4
	成熟橄榄	72～75		液体乳制品	87～91
	鳄梨	65		冰淇淋等	65
	浆果	81～90	谷物及其制品	全粒谷物	10～12
	柑橘	86～89		燕麦片等早餐食品	＜4
	干水果	＜25		通心粉	9
	豆类（青）	67		面粉	10～13
	豆类（干）	10～12		饼干等	5～8
	黄瓜	96		面包	35～45
	马铃薯	78		馅饼	43～59
	红薯	69		面包卷	28
	小萝卜	78	高脂肪食品	人造奶油	15
	芹菜	79		蛋黄酱	15
畜、水产品	动物肉和水产品	50～85		食品用油	0
	新鲜蛋	74		沙拉酱	40
	干蛋粉	4	糖类	果酱	＜35
	鹅肉	50		白糖及其制品	＜1
	鸡肉	75		蜂蜜及其他糖浆	20～40

1. 水的性质

水与元素周期表中同周期或同主族、具有相近相对分子质量和相似原子组成的分子（CH_4、NH_3、HF、H_2S、H_2Se 及 H_2Te）相比，物理性质均有显著差异（除黏度外）。有关水的物理常数见表 1-2。

表 1-2　水和冰的物理常数

（引自《食品化学》夏延斌，2001）

物理性质	数值
相对分子质量	18.015 3
熔点(0.1 MPa)/℃	0.000
沸点(0.1 MPa)/℃	100.000
临界温度/℃	373.99
临界压力/MPa	22.064(218.6 atm)
三相点	0.01℃和611.73 Pa
熔化热(0℃)/(kJ/mol)	6.012(1.436 kcal/mol)
蒸发热(100℃)/(kJ/mol)	40.657(9.711 kcal/mol)
升华热(0℃)/(kJ/mol)	50.91(12.16 kcal/mol)

	温度			
	20℃	0℃	0℃(冰)	−20℃
密度/(g/cm³)	0.998 21	0.888 84	0.919 6	0.919 3
黏度/(Pa·s)	$1.002×10^{-3}$	$1.793×10^{-3}$	—	—
表面张力(空气-水界面)/(N/m)	$72.75×10^{-3}$	$75.64×10^{-3}$	—	—
蒸汽压/kPa	2.338 8	0.611 3	0.611 3	0.103
比热容/[J/(g·K)]	4.181 8	4.217 6	2.100 9	1.954 4
热导率(液体)/[W/(m·K)]	0.598 4	0.561 0	2.240	2.433
热扩散率/(m²/s)	$4×10^{-7}$	$1.3×10^{-7}$	$11.7×10^{-7}$	$1.8×10^{-7}$
相对介电常数	80.20	87.90	～90	～98

由表 1-2 可以看出，水的熔点、沸点比较高，相对介电常数、表面张力、比热容和相变热（熔化热、蒸发热和升华热）等物理常数也都异常高，水特异的性质极大地影响了食品加工中冷冻和干燥的过程。

(1)密度。水在 4℃时密度最大，为 1 g/cm³。0℃时冰的密度为 0.917 g/cm³。水冻结为冰时体积增大，表现出异常的膨胀特性，这种性质易对冷冻食品的结构造成机械损伤，是冷冻食品行业中应关注的问题；家庭多水食品冷冻保藏时，不易反复冻融也基于此。

> 思考：新鲜食品冻结后在解冻时会流出汁液，自身萎蔫、体积变小，为什么？

(2)沸点。水的沸点与气压呈正相关，减小压力可使沸点降低，增大压力可使沸点升高，这一性质在食品加工中均有重要的作用。例如，热敏性的食品如牛奶、肉汁、果汁等的浓缩通常采用减压或真空方式来保护食品的营养物质；不易煮烂的食物，如动物的筋、骨、牛肉等可采用高压蒸煮提高蒸汽温度,缩短蒸煮时间等。

(3)水的介电常数(促进电解质电离的能力)。促使电解质电离的能力在化学上可以用介电常数来量化。某种物质的介电常数越高,其促进电解质电离的能力也越强。在 20℃时水的相对介电常数为 80.36,而大多数生物体干物质的介电常数为 2.2~4.0,物质中含水量增加时,其介电常数将明显增大。由于水的介电常数大,因此水能促进电解质的电离。

(4)水的比热容。水的比热容大,除水分子动能需要吸收热量外,与其温度升高时,缔合的水分子要转化为单个水分子吸收热量还有很大关系。这一特点使水具有一定的保温作用,水温不易随气温的变化而改变。例如,沿海区域的日温差与四季温差都比同纬度的内陆地区小。

(5)水具有强的溶解能力(常用作溶剂)。水的介电常数大,不仅能溶解离子型化合物,即使非离子型的有机化合物,如醇类、糖类、醛类、酮类等有机化合物,也可与水形成氢键而溶于水,甚至不溶于水的脂肪和某些蛋白质等,也能在适当的条件下分散在水中形成乳浊液或胶体溶液。例如,牛奶中的乳脂经均质后形成稳定的乳浊液,不易离析且容易被人体吸收;冰淇淋就是以脂分散于水中形成的乳化态为主体的食品。

(6)热导率与热扩散率。水的热导率大于其他液态物质,冰的热导率略大于非金属固体。由表 1-2 可见,0℃时冰的热导率约为同一温度下水的 4 倍,说明冰的热能传导速率比生物组织中非流动的水快得多;0℃时冰的热扩散速率约为水热扩散速的率 9 倍,这表明在一定的环境条件下,冰的温度变化速率比水大得多。

> 思考:相同温差(升降方向相反)情况下,食品冷冻的速度快于解冻的速度,为什么?

2. 水的结构

水特殊的物理性质,是其自身的特殊结构所决定。水分子之间存在着特殊的吸引力与不寻常的结构状态。

(1)水的结构。

①水分子的结构。在水分子(H_2O)中,氢原子的电子结构是 $1s^1$,氧原子的电子结构是 $1s^2 2s^2 2p_x^2 2p_y^1 2p_z^1$,当氧、氢结合生成水时,氧原子的外层电子进行了 sp^3 杂化,形成 4 个 sp^3 杂化轨道,其中两个轨道上各有一个电子,另外两个轨道上分别被 2 个已成对的电子占据。两个氢原子的 s 轨道与同一个氧原子的两个有单电子的 sp^3 杂化轨道形成两个 σ 价键,进而构成水的分子。

氧原子的 sp^3 杂化轨道在空间的取向是从正四面体的中心指向四面体的 4 个顶点,两个轨道之间的夹角应该为 109°28′。但由于氧原子的两个杂化轨道上的孤对电子的排斥力强于已形成共价键的两对电子,对 O—H 键的共用电子对产生排斥作用,把两个 O—H 键间的夹角压缩到 104.5°,两个 O—H 键并不在一条直线上,结果使两对孤对电子的电子云伸向正四面体一方面的两个对角的位置(图 1-1)。

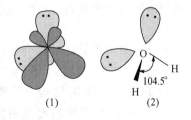

图 1-1　氧原子的 sp^3 杂化轨道及水分子结构示意图

如果把这四个电子云伸展方向的顶点连接起来,就是一个四面体结构,即角锥体结构(图 1-2),氧原子位于此四面体的中心。其中,O—H 核间的距离是 0.096 nm,氢和氧的范德华(van der Waals)半径分别为 0.12 nm 和 0.14 nm。

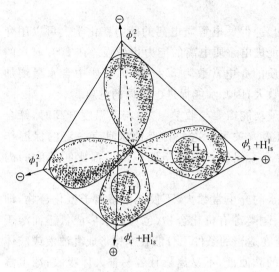

图 1-2　水分子 8p³ 构型

②水分子的缔合。

a. 水分子缔合方式。常温下，液态水中若干个水分子缔合成为 $(H_2O)_n$ 的水分子簇，是一种有结构的液体。水分子中的氧、氢原子呈"V"字形排序，O—H 键具有极性，分子中的电荷是非对称分布。纯水在蒸汽状态下，分子的偶极矩为 1.84 D（德拜），这种极性使分子间产生吸引力，因此，水分子能以相当大的强度缔合。

分子的偶极矩无法表达电荷暴露的程度和分子的几何形状，无法解释水分子间存在强大的吸引力而使水表现出异常的性质。研究表明，水分子中氧原子的电负性大，O—H 键的共用电子对强烈地偏向于氧原子一边，使得氢原子带有部分正电荷且电子屏蔽最小（氢原子无内层电子，几乎可看作是一个裸体的质子），非常容易与另一个水分子中的氧原子上的孤对电子通过静电引力形成氢键，即水分子之间通过形成氢键发生缔合。

水分子在三维空间能形成多重氢键。水以分子中的两个氢原子分别与另外两个水分子中的氧原子形成氢键，同时以分子中的氧原子上两个含有孤对电子的 sp³ 杂化轨道与其他水分子的氢原子形成两个氢键，结果是每一个水分子沿着外层的 4 个 sp³ 杂化轨道，同时与 4 个水分子发生缔合。其中两个氢键，是水分子提供了氢原子，它是氢键的供体；另外两个氢键中，水分子是接受了氢原子，它是氢键的受体（图 1-3）。

每个水分子在三维空间的氢键供体数目和受体数目相等，因此，水分子间的吸引力比同样靠氢键结合成分子簇的其他小分子（如 NH₃ 和 HF）要大得多。氨分子是由 3 个氢供体和一个氢受体构成的四面体；氟化氢的四面体只有一个氢给体和三个氢受体，它们只能在二维空间形成网络结构。因此，比水分子包含的氢键数目要少。

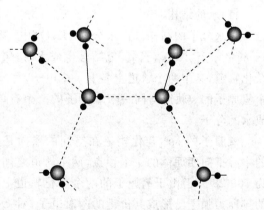

图 1-3　四面体构型中水分子的氢键缔合
（大、小球分别代表氧原子和氢原子，虚线表示氢键）

水分子间多重氢键的缔合作用，极大地增强了水分子之间的作用力。尽管氢键（键能为 2～40 kJ/mol）和共价键（平均键能约为 335 kJ/mol）比较，氢键的键能很微弱，但是每个水分子都能与其他 4 个水分子形成三维空间的多重氢键键合，使水分子之间作用力相对较大。

b. 水分子缔合的意义。水分子间的缔合作用，使水具有高沸点、高沸点、高比热容、高相变热（蒸发热、熔化热和升华热）等特殊物理性质，也有很高的介电常数。因为改变水的存在状态时，除需要给水提供一定的热量增加水分子的运动速度外，还需要足够的额外能量来破坏分子之间的氢键,即破坏水分子间的氢键所需要的额外能量;通过氢键所产生的水分子簇,导致多分子偶极,也有效地提高了水分子的介电常数。

c. 温度对水缔合的影响。水分子中氢键键合程度与温度有关。0℃时,冰中水分子的配位数为4,随着温度的升高,配位数增加。例如,1.5℃和83℃时,配位数分别为4.4和4.9,配位数增加有增加水的密度的效果;另外,由于温度升高,水分子布朗运动加剧,导致水分子间的距离增加,例如1.5℃和83℃时水分子之间的距离分别为0.29 nm、0.305 nm,该变化导致体积膨胀,结果是水的密度会降低。

实验表明,温度在0~4℃时,配位数的对水的密度影响起主导作用;随着温度的进一步升高,布朗运动起主要作用,温度越高,水的密度越低。两种因素的最终结果是水的密度在3.98℃最大,低于或高于此温度则水的密度均会降低。

③液态水的结构。液态水虽具有一定的结构,但不是有序的刚性结构,不过,与气态的水分子相比,液态的水分子排列更为有序。液态的水分子是由若干个H_2O分子通过氢键键合形成水分子簇$(H_2O)_n$,水分子的定向和运动受到周围其他水分子的明显影响。事实证明,液态水具有规则结构。

a. 液态水是一种"稀疏"液体,其密度仅相当于由紧密堆积的非结构液体推算值的60%。

b. 冰的熔化热异常高,但是熔化能量也只能破坏冰中15%左右的氢键(可能有更多的氢键被破坏,能量变化被同时增大的范德华相互作用力所补偿),液体水中可能还有相当多的氢键存在和保持广泛的缔合。

c. 根据水的许多异常性质和X射线衍射、核磁共振、红外和拉曼光谱分析测定的结果,以及水的计算机模拟体系的研究,均进一步验证了水分子具有缔合作用。

(2)冰的结构。冰是由水分子有序排列形成的晶体。水结冰时分子之间通过氢键相互结合连接在一起,形成低密度、刚性的六方形晶体结构。普通冰的结构见图1-4。

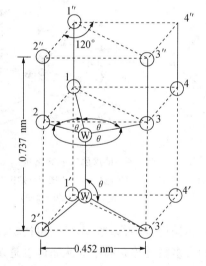

图1-4　0℃时普通冰的晶胞

(圆圈表示水分子中的氧原子,最邻近水分子的
O—O核间距是0.276 nm,$\theta=109°$)

在普通冰晶体中,最邻近的水分子的O—O核间距为0.276 nm,O—O—O键角约为109°,接近理想四面体键109°28′。每个水分子和另外四个水分子缔合形成四面体结构。

当几个晶胞结合在一起形成晶胞群时,可以清楚地看出冰的正六方形晶体结构,如图1-5所示。

图1-5(a)中,水分子W与水分子1、2、3和位于平面下的另外一个水分子(正好位于W的下面)形成四面体结构。如果从三维角度观察冰晶结构,则可以得到图1-5(b)所示的图形,即冰晶结构中存在两个平面(由空心和实心的圆分别表示),这两个平面平行且很紧密地结合在一起,冰在压力下滑动或流动时它们作为一个单元运动,类似于冰川的结构。此类平面构成冰的基础平面,许多基础平面的堆积就构成了冰的扩展结构(图1-6)。

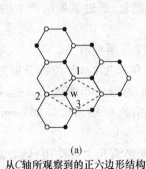

(a)
从C轴所观察到的正六边形结构

(b)
基础平面的立体图

图 1-5　冰的基础平面
（○表示水分中的氧原子；●表示水分中的氢原子；C表示冰的光学轴；
a_1, a_2, a_3 分别表示三维角度观察）

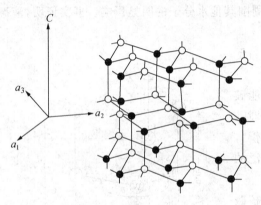

图 1-6　扩展的普通冰结构
（图中仅标出氧原子，空心和实心圆圈分别代表基本
平面的上层和下层中的氧原子）

图 1-6 表示 3 个基础平面结合在一起形成的结构，沿着平行 C 轴的方向观察，可以看出它的外形跟图 1-5（a）所表示的完全相同，这表明基础平面是有规则地排列成一行。沿着平行 C 轴的方向观察的冰是单折射的，而在其他方向都是双折射的，所以 C 轴是冰的光学轴。

当水溶液结冰时，其所含溶质的种类和数量能直接影响冰晶的数量、大小、结构、位置和取向。冰有 11 种结构，但是在常压和温度 0℃ 时，只有普通正六方晶系的冰晶体是稳定的。另外还有 9 种同质多晶和一种非结晶或玻璃态的无定型结构。在冷冻食品中存在 4 种主要的冰晶体结构，即六方形、不规则树枝状、粗糙的球形和易消失的球晶以及各种中间状态的冰晶体。大多数冷冻食品中的冰晶体总是以高度有序的六方形冰结晶形式存在，但在含有大量明胶的水溶液中，由于明胶对水分子运动的限制以及妨碍水分子形成高度有序的正六方结晶，冰晶体主要是立方体和玻璃状冰晶。

食品中的水在冰点温度时不一定结冰。原因之一是食品成分为溶质降低了水的冰点，原因之二是食品在冻结时会产生过冷现象。所谓过冷是由于无晶核存在，液体水温度降到冰点以下仍然不能析出固体。但是若向过冷水中投入一粒冰晶或摩擦器壁产生冰晶，过冷现象立即消失。当在过冷溶液中加入晶核，则会在这些晶核的周围逐渐形成长大的结晶，这种现象称为异相成核。过冷度高，结晶速度愈慢，这对冰晶的大小很重要。当大量的水慢慢冷却时，由于有足够的时间在冰点温度产生异相成核，因而形成粗大的晶体结构。若冷却速度很快就会发生很高的过冷现象，则很快形成晶核，但由于晶核增长速度相对较慢，因而就会形成微细的结晶结构。

通常食品中的水均溶解了其中可溶性成分而形成溶液，因此，食品结冰的温度均低于

> 思考：现代食品冷冻工艺更提倡速冻，为什么？

0℃。把食品中水完全结冰的温度叫低共熔点,大多数食品的低共熔点在$-65\sim-55$℃,而我国的冷冻食品的温度常为-18℃,这个温度离低共熔点相差甚远,因此,冷藏食品的水分实际上并未完全凝结固化。尽管如此,在这种温度下上绝大部分水已冻结了,并且是在$-4\sim-1$℃完成了大部分冰的形成过程。速冻工艺下形成的冰晶体呈针状,比较细小,冻结时间缩短且微生物活动受到更大限制,有利于保持食品良好品质。

二、水的生物功能及代谢平衡

思考: 在一定时间内,断食对人的活动会产生较大的影响,而断水却会给人的健康带来严重危害,为什么?

1. 水的生物功能

(1)生物体的重要组成成分。水是生命的源泉,一般生物体中含水量在$60\%\sim95\%$,植物体的$80\%\sim90\%$也是水。人体平均含水量约为70%。

(2)生物体内化学反应的媒介。水的溶解能力很强,多种无机、有机物质都能溶于水中或分散于水中,成为真溶液、浊液或胶体溶液。水的介电常数大,也能促进电解质的电离。生物体内各种化学反应几乎都离不开水。

(3)生物体内物质运输的渠道。水是生物体内营养物质、代谢废物的载体,通过在生物体内的流动,将营养物质和氧气运送到各个细胞,同时也把各个细胞在新陈代谢中产生的废物和二氧化碳运送到排泄器官和肺或直接排出体外。

(4)直接参与化学反应。生物体内淀粉、脂肪和蛋白质在消化道内的水解必须有水的参与,氨基酸、核苷酸和单糖的脱水缩合又有水的生成;在植物的呼吸作用和光合作用中,水既是反应物,又是生成物。

(5)维持生物体温恒定。水的比热容大,人体吸收或放出一定的热量不致引起体温太大的波动,易保持体温的相对稳定。

(6)生物体内润滑剂。水的黏度小,能够滑润摩擦面,减少损伤。人体关节之间需要有润滑液,避免骨头之间的损坏性摩擦,水是关节润滑液的主要来源。吞咽食物时也需要水的润滑。

(7)免费美容。婴幼儿的皮肤细腻薄嫩,青年人的丰润饱满,老年人已是皱纹满面,与人体皮肤的含水量随着年龄的增加而降低有关,护肤品一般都有"锁水"功能。

(8)稳定蛋白质等生物大分子的构象、使之表现出特异的生物活性。水对自然界所有的生命形式都是非常重要的。实践证明,人类对水的需求重于其他营养素。

2. 水代谢平衡

(1)水分的来源。食物和饮料是机体水分来源的主要方式,健康成年人一般每天需补充2 200 mL,其中1 200 mL来自固态食物(如饭、菜和水果等),1 000 mL来自液态食物(如饮用水、饮料和汤汁等)。碳水化合物、脂肪和蛋白质在体内氧化产生的水,也称为代谢水,每天约为300 mL。

吸收水的器官主要是小肠,大肠每日仅吸收$300\sim400$ mL的水分;吸收水的方式一般是渗透作用,渗透压的大小是影响水分吸收的因素。

(2)水分的排出。体内水分的排出有4个途径:排汗、呼气、排粪便和排尿液,健康成年人每天通过上述途径分别排出350 mL、500 mL、150 mL和1 500 mL的水分。

(3)水代谢平衡。成年人体内日水平衡,见表1-3。

表 1-3　成年人体内日水平衡　　　　　　　　　　　　　　mL

来源	吸收与生成量	排出途径	排出量
液态食物	1 200	尿	1 500
固态食物	1 000	呼气	500
生物氧化	300	汗	350
		粪便	150
合计	2 500	合计	2 500

（4）水分代谢紊乱。人体处于营养不良或异常的生理状态时,可发生水肿或脱水。例如,食物中蛋白质不足或患肾炎在尿中排出大量蛋白质时,会造成血浆中蛋白质减少,渗透压降低,减弱了水向血液内流动的趋势,导致细胞间液增多,水在组织中潴留而使机体发生水肿。此类病人应注意蛋白质的补充。

> 思考：脱水病人为什么不能简单地输点水,还要适当补充盐类?

出汗过多（如高温工作、剧烈运动）、强烈呕吐和腹泻会造成体内强烈脱水。强度脱水过程中体内大量盐类也随之排出,所以脱水病人不能只简单地输水,还要适当补充盐类。

（5）食品成分与水平衡的关系。机体内水的平衡与食品成分有密切关系。通常认为,每同化 1 g 碳水化合物时,可在体内蓄积 3 g 水。因此,摄取富含碳水化合物膳食的幼儿,体重虽明显增加,但因蓄积了大量的水分,因而体质松软。脂肪不能促进水的蓄积,还会迅速引起水的负平衡。

> 思考：如何通过膳食调整,实现机体水代谢平衡?

膳食中蛋白质与盐分过多,也会促进排尿。因为盐类和蛋白质的代谢产物尿素都会增加体液的渗透压,身体为了排出这些物质,必然多排尿。有的离子能促进水在组织内的蓄积,有的则可促进排尿。例如,Na^+ 可促进水在体内的蓄积,水肿病人不易多进食盐;K^+ 和 Ca^{2+} 能促进水分由体内排出,多吃水果、马铃薯和甘薯等富含钾、钙的食物能够利尿。

任务 2　食品中水分活度测定

【要点】
1. 康威氏微量扩散皿的使用。
2. 扩散法测定水分活度（A_w）技术。

【工作过程】

一、康威氏微量扩散皿的准备

> 思考：在磨口处涂一层凡士林的作用?

在 3 个康威氏（Conway's）微量扩散皿（图 1-7）的外室中分别加入 A_w 高、中、低的 3 种标准饱和盐溶液 5.0 mL,并在磨口处涂一层凡士林。

提示：一般进行操作时选择 2～4 份标准饱和试剂（每只皿装一种）,其中 1～2 份的 A_w 值

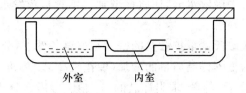

外室　　　内室

图 1-7　康威氏微量扩散皿

大于或小于试样的 A_w 值。

二、准确称重

准确称重 3 个小铝皿,然后分别称取约 1.00 g 的试样于小铝皿内(准确至毫克数,每个铝皿称量的试样质量应相近)。迅速依次放入上述 3 个康威氏微量扩散皿的内室中,马上加盖密封,记录每个扩散皿中小铝皿和试样的总质量。

三、扩散与称重

将 3 个康威氏微量扩散皿放入(25±1)℃恒温箱中静置 2～3 h 后,取出小铝皿准确称重,以后每隔 30 min 称重一次,至恒重为止。记录每个康威氏微量扩散皿中小铝皿和试样的总质量。

四、记录与制图

1. 实训记录

称重	A($MgCl_2 \cdot 6H_2O$) 标准饱和盐溶液 A_w		B[$Mg(NO_3)_2 \cdot 6H_2O$] 标准饱和盐溶液 A_w		C(NaCl) 标准饱和盐溶液 A_w	
	铝皿质量	试样质量	铝皿质量	试样质量	铝皿质量	试样质量
首次称重						
恒温(2±0.5) h 后称重						
30 min 后再称重						
恒重后质量						
每克试样质量增量或减量						

2. 计算

分别计算每个康威氏微量扩散皿中每克试样质量的增量或减量值,填于上面的记录中。

3. 绘制 A_w 值测定图

以 A、B、C 3 种标准饱和盐溶液在 25℃时的 A_w 值为横坐标,被测试样的增减质量数(mg)为纵坐标作图。

五、相关知识

食品中的水分,随环境条件的变动而变化。当环境空气的相对湿度低于食品的水分活度时,食品中的水分向空气中蒸发,食品的质量减轻;相反,当环境空气的相对湿度高于食品的水分活度时,食品就会从空气中吸收水分,使质量增加。不管是蒸发水分还是吸收水分,最终是食品和环境的水分达平衡为止。

依此原理,用试样在康威氏微量扩散皿的密封和恒温条件下,分别在 A_w 较高和较低的标准饱和溶液中扩散平衡后,根据样品质量的增加(即在较高 A_w 标准溶液中平衡后)和减少(即在较低 A_w 标准溶液中平衡后)的量,求出样品的 A_w 值。标准水分活度试剂见表1-4。

表1-4 标准水分活度试剂及其 A_w 值(25℃)

试剂名称	A_w	试剂名称	A_w
重铬酸钾($K_2Cr_2O_7 \cdot 2H_2O$)	0.986	溴化钠($NaBr \cdot 2H_2O$)	0.577
硝酸钾(KNO_3)	0.924	硝酸镁[$Mg(NO_3)_2 \cdot 6H_2O$]	0.528
氯化钡($BaCl_2 \cdot 2H_2O$)	0.901	硝酸锂($LiNO_3 \cdot 3H_2O$)	0.476
氯化钾(KCl)	0.842	碳酸钾($K_2CO_3 \cdot 2H_2O$)	0.427
溴化钾(KBr)	0.807	氯化镁($MgCl_2 \cdot 6H_2O$)	0.330
氯化钠($NaCl$)	0.752	醋酸钾($KAc \cdot H_2O$)	0.224
硝酸钠($NaNO_3$)	0.737	氯化锂($LiCl \cdot H_2O$)	0.110
氯化锶($SrCl_2 \cdot 6H_2O$)	0.708	氢氧化钠($NaOH \cdot H_2O$)	0.070

以选用的不同标准试剂的水分活度值为横坐标,以测定后的试样质量的增量或减量为纵坐标,制成坐标图。将各点连接成一条直线,此线与横坐标交叉的点即为被测试样的 A_w 值(图1-8)。

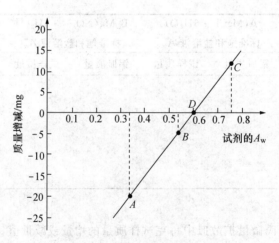

图1-8 A_w 值测定图解

在图1-7中,A 点表示某食品试样与氯化镁($MgCl_2 \cdot 6H_2O$)标准饱和溶液平衡后质量减少20.2 mg,B 点表示试样与硝酸镁[$Mg(NO_3)_2 \cdot 6H_2O$]标准饱和溶液平衡后质量减少5.2 mg,C 点表示试样与氯化钠($NaCl$)标准饱和溶液平衡后质量增加11.1 mg。3种标准饱和溶液的 A_w 分别为0.330、0.528、0.752。将 A、B、C 三点连成一线与横坐标相交于 D,D 点即为该试样的 A_w 值,为0.60。

六、仪器与试剂

1. 仪器

康威氏微量扩散皿、分析天平、小铝皿或小玻璃皿(放样品用,$\phi 25 \sim 28$ mm、深度7 mm 的圆形小皿)、坐标纸、恒温箱。

2. 试剂

水果、蔬菜等食品,凡士林。至少选取 3 种标准饱和盐溶液。

七、相关提示

(1)每个样品测定时应作平行试验。其测定值的平行误差不得超过 0.02 g。

(2)取样时应迅速,各份样品都要在同一条件下精确称量;精确度必须符合要求,否则会造成测定误差。

(3)对试样的 A_w 值范围预先有一估计,以便正确选择标准饱和盐溶液。

(4)康威氏微量扩散皿应有良好的密封性。

(5)对米饭类、油脂类、油浸烟熏鱼类食品需要 1～4 d 才能测定时,应先测定 2 h 后的样品质量,然后间隔一定时间称量,再作图求出。因此,需加入样品量 0.2% 的山梨酸防腐,并以山梨酸的水溶液作空白。

(6)样品中含有水溶性挥发物时,不可能准确测定其水分活度。

【考核要点】

1. 准确快速使用电子分析天平。

2. 康威氏微量扩散皿的使用。

3. 数据记录、作图及结果表述。

【思考题】

1. 含有水溶性挥发性成分的试样会影响水分活度的准确测定吗?

2. 增加平行试验对完成本任务有何帮助?

【必备知识】　食品中的水

食品中含有大量的水,这些水并不是独立存在,它会与食品中的其他成分发生化学或物理作用,改变自身的性质。例如,水与离子和离子基团易形成双电层结构;水与具有氢键结合能力的中性基团形成氢键;水在大分子之间可形成由几个水分子所构成的"水桥",水分子被"截留"。按照水与其他成分之间相互作用的强弱,将食品中的水分为自由水和结合水两类。自由水也称体相水,结合水也称束缚水、固定水。

一、结合水

> 观察:切开水分含量很高的水果时,水会不会马上流出来?

结合水(bound water)又称为束缚水、化学结合水、固定水,是指通过氢键与食品中的非水成分结合的水。食品中结合水的产生除毛细管作用外,大多数结合水是由食品中的水分与食品中的蛋白质、淀粉、果胶等物质的羧基、羰基、氨基、亚氨基、羟基、巯基等亲水性基团或水中的无机离子的键合或偶极作用产生的。与一般水不一样,结合水在食品中的含量不容易发生增减变化,不易结冰,不能作为溶质的溶剂,也不能被微生物利用,在 -40℃时不结冰。

根据结合水被结合的牢固程度的差异,可将结合水细分为构成水、邻近水、多层水三种结合形式。

1. 构成水

构成水是指与食品中其他亲水物质(或亲水基团)结合最紧密的那部分水,它与非水物质构成一个整体。在高水分食品的总水分含量中只占一小部分。例如,作为化学水合物中的水。

2. 邻近水

邻近水是指与食品中非水成分的强极性基团(如羧基、氨基、羟基等)直接以氢键结合的第一个单层水分子膜。在食品的水分中,邻近水与非水成分之间的结合能力最强,很难蒸发,与纯水相比其蒸发热大为增加,它不能被微生物所利用。一般来说,食品干燥后安全储藏的水分含量要求即为该食品的单分子层水。

3. 多层水

多层水是单层水分子膜外围绕亲水基团形成的另外几个水层,主要依靠水-水氢键和水-溶质间氢键键合在一起,它们的结合不太牢固,且呈多分子层结合。尽管多层水不像邻近水那样牢固地结合,但仍然与非水组分结合的紧密,且性质与纯水的也不相同。

二、自由水

自由水(free water)又称为体相水、游离水、吸湿水,是指食品中没有被非水物质化学结合的水。自由水是以毛细管凝聚状态存在于细胞间的水分。与一般水一样,在食品中会因蒸发而散失,因吸潮而增加,容易发生增减变化,容易结冰,也能溶解物质,能够被微生物所利用。自由水又可分为3类:不移动水或滞化水、毛细管水和自由流动水。

1. 不移动水或滞化水

滞化水是指被组织中的显微和亚显微结构与膜所阻留住的水,由于这些水不能自由流动,所以称为不移动水或滞化水。例如,一块重100 g的肉,总含水量为50~70 g,含蛋白质20 g,除去近10 g的结合水外,还有40~60 g水,这部分水极大部分是滞化水。

2. 毛细管水

毛细管水是指在生物组织的细胞间隙和制成食品的结构组织中,还存在着一种由于天然形成的毛细管而保留的水分,称为毛细管水,是存在于生物体的水。毛细管的直径越小,持水能力越强;当毛细管直径小于 $0.1~\mu m$ 时,毛细管水实际上已经成为结合水,而当毛细管直径大于 $0.1~\mu m$ 时,毛细管水则为自由水,大部分毛细管水为自由水。

毛细管水能结冰,但冰点有所下降;溶解溶质的能力强,干燥时易被除去;很适于微生物生长和大多数化学反应,易引起食物的腐败变质,也与食品的风味及功能紧密相关。

3. 自由流动水

因为动物的血浆、淋巴、尿液,植物的导管和细胞内液泡中的水,可以自由流动。因此,称为自由流动水。

三、水与非水组分的相互作用

> 提示:有非水组分盐类加入时,原有溶质的水溶性怎样变化?

水与非水组分(溶质)混合时两者的性质均会发生变化,这种变化与溶质的性质有关。亲水性溶质可以改变溶质周围邻近水的结构和流动程度,同时水也会引起亲水性溶质反应性改变,有时甚至导致结构变化;添加疏水性物质到水中,溶质的疏水基团仅与邻近水发生微弱的相互作用,而且优先在非水环境中发生。水在溶液中的存在状态,与溶质的性质及溶质同水分子的相互作用有关。

1. 水与离子和离子基团的相互作用

离子和有机分子的离子基团在阻碍水分子流动程度上超过其他任何类型的溶质。离子或离子基团(Na^+、Cl^-、CH_3COO^-、NH_4^+ 等)通过自身的电荷与水分子的偶极产生静电相互作用,这种作用称为离子水合作用。与离子和离子基团相互作用的水,是食品中结合最紧密的一部分水。由于水中添加可解离的溶质,使纯水靠氢键键合形成的四面体排列的正常结构遭到破坏。Na^+、Cl^- 邻近的水分子能出现的相互作用方式,如图 1-9 所示。

Na^+ 和 Cl^- 靠所带电荷与水分子的偶极矩产生静电相互作用。Na^+ 与水分子的结合能力($83.68 \ kJ/mol$)大约是水分子间氢键键能($20.9 \ kJ/mol$)的 4 倍。因此,离子或离子基团加入到水中,会破坏水分子之间的氢键,改变水的流动性。

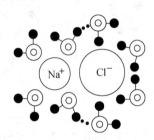

图 1-9 NaCl 邻近的水分子
可能出现的相互作用方式
(图中只表现出纸平面上的水分子)

在稀盐水溶液中,离子对水分子结构的影响是不同的。离子半径大、电场强度弱的一些离子,如 K^+、Rb^+、Cs^+、NH_4^+、Cl^-、Br^-、NO_3^-、BrO_3^-、IO_3^- 和 ClO_4^- 等,能阻碍水形成网状结构,这类盐的溶液比纯水的流动性更大;另一些电场强度大、离子半径小的离子或多价离子,它们有助于水形成网状结构。因此,这类离子的水溶液流动性比纯水的流动性小,例如:Li^+、Na^+、Ca^{2+}、Ba^{2+}、Mg^{2+}、Al^{3+}、Fe^{2+} 和 OH^- 等属于这一类。实际上,从水的正常结构来看,所有的离子对水的结构都起破坏作用,因为离子的存在均能阻止水在 0℃ 下结冰。

离子通过自身不同的水合能力,还能改变水的结构,影响水的介电常数和胶体粒子的双电层厚度,同时离子还显著地影响水对其他非水溶质和原介质中悬浮物物质的相溶程度。因而,离子的种类和数量对蛋白质的构象和胶体的稳定性也有很大的影响。

2. 水与中性基团的相互作用

水能与溶质的中性基团(极性基团)通过氢键相互作用。在食品中,水能与蛋白质、淀粉、果胶物质、纤维素等成分通过氢键而结合。水与溶质之间的氢键键合比水与离子之间的相互作用弱,氢键作用的强度与水分子之间的氢键的强度相近。

各种有机分子的不同极性基团与水形成氢键的牢固程度有所不同。蛋白质多肽链中赖氨酸和精氨酸侧链上的氨基,天冬氨酸和谷氨酸侧链上的羧基,肽链两端的羧基和氨基,以及果胶物质中的未酯化的羧基,无论是在晶体还是在溶液时,都是呈电离或离子态的基团;这些基团与水形成氢键,键能大,结合得牢固。蛋白质结构中的酰胺基,淀粉、果胶质、纤维素等分子中的羟基与水也能形成氢键,但键能较小,牢固程度差一些。

通过氢键而被结合的水流动性极小。一般来说,凡能够产生氢键键合的溶质可以强化纯水的结构,至少不会破坏这种结构。然而在某些情况下,一些溶质在形成氢键时,缔合

> **思考:**水与食品中的非水物质之间作用特点有哪些?

的部位以及取向在几何构型上与正常水的氢键部位不同。因此,这些溶质通常对水的正常结构也会产生破坏作用。例如,尿素这种小分子溶质因几何结构的特殊性,与水形成的氢键能明显的破坏水的正常结构。

大多数能够形成氢键键合的溶质都会阻碍水结冰,但当体系中添加具有氢键键合能力的

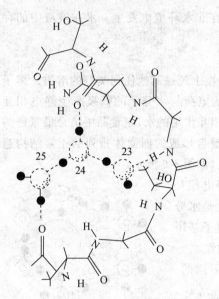

图 1-10　木瓜蛋白酶分子中的三分子水桥

(引自《食品化学》阚建全，2004)

溶质时，每摩尔溶液中的氢键总数不会明显地改变，这可能是由于所断裂的水－水氢键被水－溶质氢键所代替，因此，具有这种性质的溶质对水的网状结构基本上没有影响。

水与各种有机分子的不同极性基团形成的氢键虽然数量有限，但其作用和性质非常重要。例如，它们可以形成"水桥"，此时一个水分子与一个溶质分子或几个溶质分子上的适宜氢键键合的部位相互作用，可维持大分子的特定构象。如图 1-10 所示，表示木瓜蛋白酶肽链之间存在着一个 3 分子水构成的水桥，这 3 个水分子显然成了该酶的整体构成部分。

水与木瓜蛋白质分子中两种官能团键合的氢键如图 1-11 所示。

3. 水与非极性物质的相互作用

向水中加入疏水性物质，如烃类、稀有气体、脂肪酸、氨基酸以及蛋白质的非极性基团等，由于疏水基团与水分子产生斥力，从而使疏水基团附近的水分子之间的氢键键合增强，结构更为有序，使得疏水基邻近的水形成了特殊的结构，水分子在疏水基外围定向排列（图 1-12），导致的熵减少，此过程称为疏水水合（图 1-13）。由于疏水水合在热力学上是不利的，因此水倾向于尽可能地减少与存在的疏水基团的缔合。如果存在两个分离的疏水基团，不相溶的水环境将促进它们之间聚集，从而使它们与水的接触面积减小，结果导致自由水分子增多，此过

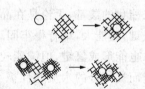

图 1-11　水与蛋白质分子中两种功能团形成的氢键

程被称为疏水相互作用。疏水基团还具有两种特殊性质，即它们可以和水形成笼形水合物，以及与蛋白质分子产生疏水相互作用。

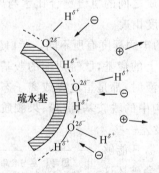

图 1-12　水在疏水基团表面的定向　　　　**图 1-13　疏水水合和疏水缔合**

笼形水合物是一种冰状包合物，其中水为"主体"物质，通过氢键形成了笼状结构，通过物理作用方式将非极性物质截留在笼中，被截留的物质称为"客体"的物质。笼形水合物的客体物质是低分子质量化合物，它们是低分子质量的烃类及卤代烃、稀有气体、二氧化硫、二氧化碳、环氧乙烷、乙醇、短链的伯胺、仲胺、叔胺及烷基铵盐等。"主体"水分子与"客体"分子之间

的相互作用往往涉及弱的范德华力,有些情况下也存在静电相互作用。此外,分子质量大的"客体"如蛋白质、糖类、脂类和生物细胞内的其他物质也能与水形成笼形水合物,使水合物的凝固点降低。一些笼形水合物具有较高的稳定性。

笼形水合物的微结晶与冰的晶体很相似,但当形成大的晶体时,原来的四面体结构逐渐变成多面体结构,在外表上与冰的结构存在很大差异。笼形水合物晶体在0℃以上和适当压力下仍能保持稳定的晶体结构。已证明生物物质中天然存在类似晶体的笼形水合物结构,它们很可能对蛋白质等生物大分子的构象、反应性和稳定性有影响。笼形水合物晶体目前尚未开发利用,在海水脱盐、溶液浓缩和防止氧化等方面可能具有应用前景。

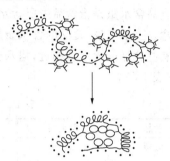

图 1-14 球状蛋白质的疏水基因相互作用

(空心圆圈代表疏水基团,围绕着空心圆圈的"L"状分子是疏水基因表面定向的水分子,小黑点代表与极性基团缔合的水分子)

在水溶液中,溶质的疏水基团间的缔合是很重要的。因为在大多数的食品蛋白质分子中非极性氨基酸侧链约占总氨基酸的40%。因此,疏水基团相互聚集的程度很高,从而影响蛋白质的功能性。蛋白质分子中的非极性基团包括丙氨酸的甲基、苯丙氨酸的苄基、缬氨酸的异丙基、半胱氨酸的巯基、亮氨酸的异丁基和异亮氨酸的仲丁基。其他化合物例如,醇类、脂肪酸和游离氨基酸的非极性基团也参与疏水相互作用。疏水基团缔合或发生"疏水相互作用",为蛋白质的折叠提供了主要推动力,在维持蛋白质三级结构上起着重要的作用。在蛋白质分子内部的疏水基团相互作用见图1-14。

蛋白质在水溶液环境中尽管产生疏水相互作用,但仍有1/3左右的疏水基团占据在蛋白质的表面,如果蛋白质暴露的疏水基团过多,易聚集并产生沉淀。

四、水分活度的定义

食品都含有一定量的水分,储藏不当,经常有腐败的现象发生,因此,日常生活中人们通常要对储藏的食物进行晾晒、熬制,通过脱水或浓缩,降低食品的含水量。其实,仅仅认识到食品的腐败性与含水量有关是不够全面,因为含水量相同的不同种类食品,其耐储藏性和腐败性仍然存在着较大的差异;另外,食品中各种非水组分与水通过氢键键合的能力和结合力大小均不相同,被非水组分结合牢固的水不可能被食品的微生物生长和化学水解反应所利用。所以,引入水分活度(A_w)的概念来说明水分子在食品中被非水成分缔合的程度,更容易定量说明食品中水分的含量和食品腐败性之间的关系。

(一)水分活度

1. 水分活度定义

水分活度(A_w)是指在一定温度下,食品水的蒸汽压(p)与纯水的饱和蒸汽压(p_0)的比值。即:

$$A_w = p/p_0$$

水分活度是0~1的数值。对于纯水而言,其p与p_0值相等。因此,A_w值为1,完全无水时A_w值为0。食品中的水总有一部分是以结合水的形式存在,而结合水的蒸汽压远低于纯水的蒸汽压。所以,食品的水分活度总是小于1。食品中结合水含量越高,食品的水分活度就越低。水分活度反映了食品中水分存在形式和被微生物利用程度。例如,鱼和水果等含水量高的食品 A_w 值为 $0.94 \sim 0.99$,谷类、豆类含水量少的食品 A_w 值为 $0.60 \sim 0.64$。

微生物之所以在食品上繁殖,是由于食品的 A_w 适合。实验测得各种微生物得以繁殖的 A_w 条件为细菌为 $0.94 \sim 0.99$;酵母菌为 0.88;霉菌为 0.80。所以,A_w 值比上述值偏高的食品易受微生物的污染而腐败变质。由此可知,A_w 值对估价食品的耐藏性及指导人们控制食品的 A_w 值以达到杀菌保存的目的有重要的意义。

2. 水分活度与食品含水量的关系

食品含水量是指食品中所含水分的多少,可用多种方式表示,与食品水分活度是两个不同的概念。一般来说,食品的含水量越高,食品的水分活度就越大。但二者之间并不存在正比关系。有些食品的含水量相近,但水分活度相差很大;有些食品的水分活度相近,含水量却相差很大(表1-5)。

表 1-5 $A_w = 0.7$ 时每克干物质食品含水量
g

食品	含水量	食品	含水量	食品	含水量
凤梨	0.28	干淀粉	0.13	卵白	0.15
苹果	0.34	干马铃薯	0.15	鱼肉	0.21
香蕉	0.25	大豆	0.10	鸡肉	0.18

产生上述含水量的差异,是食品化学组成、可溶性物质或其他成分与水的作用力各不相同的缘故。要确切地研究食品水分活度(A_w)与食品含水量之间的关系,可以用水分吸湿等温线(MSI)来描述。

(二)水分吸湿等温线

> 思考:吸湿等温线能说明什么?

1. 水分吸湿等温线

在恒定温度下,以食品的含水量(每克干物质中含水克数,即 g/g 表示)为纵坐标,以其水分活度(A_w)为横坐标绘图形成的曲线称为水分吸湿等温线(MSI)。

如图1-15所示,在含水量较高的食品中(含水量超过干物质),A_w 值接近于1.0;当食品中的含水量低于干物质重时,A_w 值小于1.0。当食品含水量较低,水分含量的轻微变化即可引起 A_w 值的极大变动,将此线段放大见图1-16。

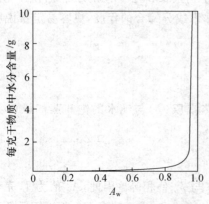

图 1-15 A_w 与食品含水量的关系

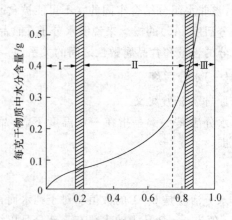

图 1-16 吸湿等温线的分区

根据水分含量与水分活度的关系,吸湿等温线(图 1-16)可分为 3 个区域进行讨论。

Ⅰ区:为结合水中的构成水和邻近水,对高水分含量的食品而言,Ⅰ区的水仅占总水分含量的极小部分,是水分子和食品成分中的羧基、氨基等基团通过水—离子或水—偶极相互作用而牢固结合的那部分水,形成单分子层结合水,结合力最强,A_w 数值在 $0\sim0.25$ 相当于物料含水量在 $0\sim0.07$ g/g 干物质。这部分水很难发生物理、化学变化,含此水分的食品的劣变速度很慢。

Ⅱ区:为结合水中的多层水。在此区段,水分子多与食品成分中的羧基、酰胺基主要靠水-水和水-溶质的氢键键合,形成多分子层结合水,还有直径<1 μm 的毛细管中的水。A_w 数值在 $0.25\sim0.80$,相当于物料含水量在 $0.07\sim0.33$ g/g 干物质。当食品中的水分含量相当于Ⅱ区和Ⅲ区的边界时,水将引起溶解过程,它还起了增塑剂的作用,并且促使固体骨架开始肿胀。溶解过程的开始将促使反应物质流动,因此加速了大多数化学反应的速度。

Ⅲ区:为毛细管凝聚的自由水。在此区段,水分在物料上以物理截留的方式凝结在食物的多孔性结构中,例如,直径>1 μm 的大毛细管中的水分和纤维丝上的水分其性质接近理想溶液。A_w 数值在 $0.80\sim0.99$,物料每克干物质含水量最低在 $0.14\sim0.33$ g,最高为 20 g。这部分水是食品中与非水物质结合最不牢固、最容易流动的水。这部分水既可以结冰,也可以作为溶剂,并且还有利于化学反应的进行和微生物的生长,这部分水对食品的稳定性起着重要的作用。

按照吸湿等温线将食品中所含的水分作三个区,对于食品中水的应用及防腐保鲜具有重要的意义。

不同的食品的化学组成和结构都不同,对水分子的束缚力也不一样,因而具有不同的水分吸湿等温线(图 1-17),等温线的弯曲程度因不同食品也有差异。

大多数食品的吸湿等温线呈 S 形,而水果、糖制品、含有大量糖和其他可溶性小分子的咖啡提取物等食品的吸湿等温线为 J 形,见图 1-17 中的曲线①。

吸湿等温线与温度有关,由于温度升高后,水分活度变大,对于同一食品,在不同温度下得到的吸湿等温线,将在曲线形状近似不变的情况下,随温度的升高,在坐标图中的位置逐渐向右移动(图 1-18)。

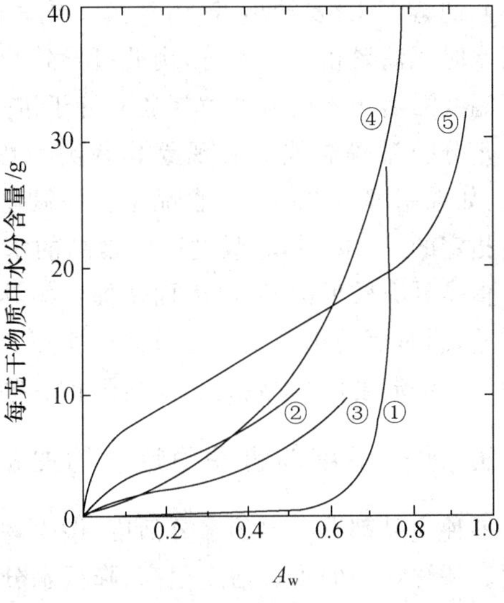

图 1-17　不同食品和生物物质的吸湿等温线
①糖果(主要成分为蔗糖粉,40℃);②喷雾干燥的菊苣提取物(20℃);③焙烤的哥伦比亚咖啡(20℃);④猪胰脏提取物(20℃);⑤天然大米淀粉(20℃)

2. 滞后现象

如果向干燥样品中添加水(吸附作用)的方法绘制吸湿等温线和按解吸过程绘制的解吸等温线并不完全一致,这种现象叫做滞后现象,见图 1-19。

很多种食品的吸湿等温线都表现出滞后现象,且滞后作用的大小和滞后回线的起始点和终止点都不相同,它们取决于食品的性质和食品除去或添加水分时所发生的物理变化,

> 思考:食品吸湿等温曲线形状受哪些因素的影响?

以及温度、解吸速度和解吸时的脱水程度等多种因素。在任何指定的 A_w 值时,解吸过程中食品的水分含量一般大于吸湿过程中食品的水分含量。

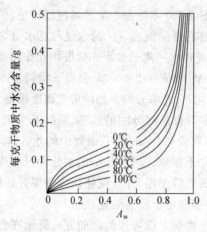

图 1-18 在不同温度下马铃薯的吸湿等温线

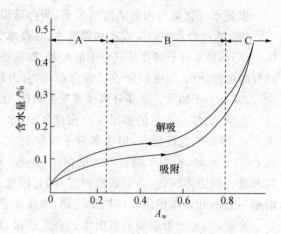

图 1-19 吸湿等温线的两种形式

分析食品吸湿等温线出现滞后现象,其产生原因:①解吸过程中一些水分与非水溶液成分作用而无法放出水分。②不规则形状产生毛细管现象的部位,欲填满或抽空 水分需不同的蒸汽压(要抽出需 $p_{内}>p_{外}$;要填满则需 $p_{外}>p_{内}$)。③解吸作用时,因组织改变,当再吸水时无法紧密结合水分,由此可导致吸附相同水分含量时处于较高的水分活度。水分吸湿等温线滞后现象的确切解释还有待于进一步的研究。

> **思考:**解吸过程为什么产生滞后?

水分吸湿等温线滞后现象具有实际意义。例如,将鸡肉和猪肉的 A_w 值调节至 $0.75\sim0.84$,如果用解吸方法那么食品中脂肪氧化的速度要高于用吸附的方法。如前面所提到的,在任何指定的 A_w 值时,解吸过程中食品的水分含量一般大于吸湿过程中食品的水分含量。高水分食品具有较低的黏度,因而使催化剂具有较高的流动性,基质的肿胀也使催化部位更充分地暴露,同时氧的扩散系数也较高。所以,用解吸方法制备食品时需要达到较低的 A_w 值(与用吸湿方法制备的食品相比)才能阻止一些微生物的生长。

五、水分活度与食品稳定性的关系

各种食品都有一定的水分活度,微生物的生长和生物化学反应也都需要一定的水分活度范围。新鲜食品的水分活度很高,降低水分活度,可以提高食品的稳定性,减少腐败变质。所以,水分活度与食品的稳定性之间有着密切的联系。

1. 水分活度与微生物生命活动的关系

食品中微生物的生长繁殖与食品水分活度之间有密切的关系。不同的微生物在食品中繁殖时,都有它最适宜的水分活度范围,细菌对水分活度最为敏感,其次是酵母菌和霉菌。表 1-6 介绍了部分食品的水分活度与微生物的生长关系。

表 1-6 食品中水分活度与微生物生长关系

A_w 范围	在此 A_w 范围内所能抑制的微生物	在此 A_w 范围内的食品
$1.00\sim0.95$	假单胞菌、大肠杆菌变形杆菌、芽孢杆菌、志贺氏菌属、克雷伯氏菌属、产气荚膜梭状芽孢杆菌、一些酵母等	极易变质腐败(新鲜)食品、罐头、新鲜果蔬、肉、鱼及牛乳、熟香肠、面包、含约 40%(W/W)蔗糖或 7% 氯化钠的食品等

续表 1-6

A_w 范围	在此 A_w 范围内所能抑制的微生物	在此 A_w 范围内的食品
0.95～0.91	沙门氏菌属、副溶血红蛋白弧菌、沙雷氏杆菌、乳酸杆菌属、肉毒梭状芽孢杆菌、菌乳酸杆菌属、足球菌、一些霉菌、酵母(红酵母、毕赤氏酵母)	一些干酪、腌制肉(火腿)、一些水果汁浓缩物,含有 55%(W/W)蔗糖或 12%氯化钠的食品
0.91～0.87	许多酵母(假丝酵母、球拟酵母、汉逊酵母)、小球菌	发酵香肠、松蛋糕、人造奶油、干的干酪、含 65%(W/W)蔗糖(饱和)或 15%氯化钠的食品
0.87～0.80	大多数霉菌(产生毒素的青霉菌)、金黄色葡萄球菌、大多数酵母菌属	大多数浓缩水果汁、甜炼乳、巧克力糖浆、水果糖浆、面粉、米、家庭自制火腿,含有 15%～17%水分的副产品类食品,水果蛋糕等
0.80～0.75	大多数嗜盐细菌、产真菌毒素的曲霉	果酱、加柑橘皮丝的果冻、杏仁酥糖、糖渍水果等
0.75～0.65	嗜干霉菌、二孢酵母	含约 10%水分的燕麦片、砂性软糖、棉花糖、果冻、糖蜜、一些干果、粗蔗糖等
0.65～0.60	耐渗透压酵母、少数霉菌	太妃糖、胶凝糖、蜂蜜、含 15%～20%水分的干果等
0.50	微生物不增殖	含 12%水分的酱、含 10%水分的调味料
0.40	微生物不增殖	约含 5%水分的全蛋粉
0.30	微生物不增殖	含 3%～5%水分的曲奇饼、面包硬皮
0.20	微生物不增殖	含 2%～3%水分的全脂奶粉、含 5%水分的脱水蔬菜和 玉米片、脆饼干等

　　从表 1-6 可知,不同种类微生物生长繁殖的最低水分活度范围是:大多数细菌为 0.99～0.94,大多数耐盐细菌为 0.75;耐干燥霉菌和耐高渗透压酵母菌为 0.65～0.60。在水分活度低于 0.60 时,绝大多数微生物就无法生长。

　　微生物在不同的生长阶段,所需 A_w 值也不一样,细菌形成芽孢时比繁殖生长时要高。例如,魏氏芽孢杆菌繁殖生长时的 A_w 值为 0.96,而芽孢形成的最适宜的 A_w 值为 0.993,A_w 值若低于 0.97,就几乎看不到有芽孢形成。有些微生物在繁殖中还会产生毒素,微生物产生毒素时所需的 A_w 值高于生长时所需的 A_w 值,如黄曲霉素生长时所需的 A_w 值为 0.78～0.80,而产生毒素时要求的 A_w 值达 0.83。

　　综上所述,如果水分活度高于微生物生长繁殖所必需的最低 A_w 值时,微生物就可能导致食品腐败变质;如果食品的水分活度降低到一定限度以下时,就会抑制要求 A_w 值高于此值的微生物生长、繁殖或产生毒素,可以防止或降低微生物对食品质量的不良影响。当然在发酵食品的加工中,就必须把水分活度提高到有利于有益微生物生长、繁殖、分泌代谢所需的水分活度值以上。微生物对水分的需要也会受到 pH、营养成分、氧气等共存因素的影响。在选定食品的水分活度时应根据具体情况进行适当的调整。需要指出的是,即使同样含水量的不同食品,在储藏期间的稳定性也是不一样的,这是因为食品的成分、结构和状态不同,水分的束缚程度不同,因而 A_w 值也不同。了解微生物所需的 A_w 值就可以预测食品的耐藏性,对不同食品应选择适宜保存条件,可以防止或降低微生物对食品质量的不良影响。

　　2. 水分活度与食品成分的化学变化关系

　　大多数食品是以动植物组织为原料的,甚至许多植物果实本身就可以直接食用。在大多数食品加工和储藏过程中,始终存在着生物化学反应,水作为一种化学反应的介质,它的数量和存在状态直接或间接影响着生物化学反应的进程。食品的 A_w 值与一些生物化学反应的关系见图 1-20。

图 1-20,表明 24～45℃温度范围内反应速度与水分活度 A_w 的关系。在图 1-20 F 是一条典型的水分吸附等温线,方便比较。食品中的多种化学反应的反应速度以及曲线的位置及形状是随样品的组成、物理状态及其结构、大气的成分(尤其是氧的含量)、温度和滞后效应而改变。

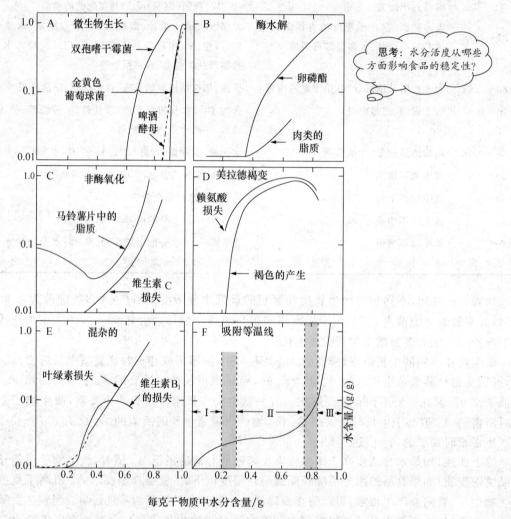

图 1-20　食品稳定性与吸湿等湿线的关系
A. 微生物生长对 A_w;B. 酶水解对 A_w;C. 氧化(非酶)对 A_w;D. 美拉德褐变对 A_w
E. 其他的反应速度对 A_w。F. 水分含量对 A_w,除 F 外,所有的纵坐标代表相对速度

(1)对淀粉老化的影响。淀粉的老化实际上是已经糊化的淀粉分子在放置过程中,分子之间通过氢键又重新形成排列有序、结构致密、高度结晶化的、溶解度小的淀粉的过程。淀粉老化后,食品的松软程度降低,并且影响酶对淀粉的水解,使食品变得难以消化吸收。影响淀粉老化的主要因素除温度外,水分活度的影响也是主要因素。实验证明:在含水量达 30%～

60%时,淀粉老化的速度最快;如果降低含水量则淀粉老化速度减慢,若含水量降至10%～15%时,则水分基本上以结合水的状态存在,淀粉不会发生老化。富含淀粉的即食型食品(如方便面等),就是将淀粉在糊化状态下,迅速脱水至10%以下时,使淀粉固定在糊化状态,再用热水浸泡时,复水性能好。

(2)对蛋白质变性的影响。蛋白质的变性是蛋白质受某些物理或化学因素的作用,维持蛋白质分子多肽链高级结构的副键遭到破坏,不仅表现出沉淀现象,而且它的空间结构、理化性质和生物学活性都发生了变化。因为水能使蛋白质分子中可氧化的基团充分暴露,水中溶解氧的量也会增加,氧就很容易转移到反应位置。所以,水分活度增大会加速蛋白质的氧化作用,使维持蛋白质高级结构的某些副键遭到破坏,导致蛋白质的变性。实验测定,当水分含量大于4%时,蛋白质的变性仍能缓慢进行;若水分含量在2%以下时,则不发生变性。

(3)对脂肪氧化酸败的影响。富含脂肪的食品很容易受空气中的氧、微生物的作用而发生氧化酸败。食品中的水分活度对氧化酸败的影响较为复杂。从水分活度的极低值开始,氧化速度随着水分的增加而降低。这是因为当水分活度很低时,食品中的水与过氧化物形成氢键而结合,此氢键可以保护过氧化物的分解,因此可降低过氧化物分解时的初速度,最终阻止了氧化的进行。同时这部分水也可以与金属离子结合,降低了它们催化氧化的活性,因而也阻止了氧化反应的进行。在 A_w 值为 0.3～0.4 时,氧化速度最慢;当 A_w 值＞0.4 时,氧在水中的溶解度增加,并使脂肪大分子肿胀,暴露了更多易氧化的部位,加快了氧化速度。当 A_w 值较大时(＞0.8时),进一步加入的水可以降低氧化速度,原因是水对催化剂的稀释降低了它们的催化活性和降低了反应物的浓度。

(4)对酶促褐变的影响。酶促褐变是在酶的催化下进行的。酶促褐变多发生在水果、蔬菜等新鲜植物性食物中,是酚酶催化酚类物质形成醌及其聚合物的结果。酶促褐变发生后,不仅影响食品的色泽、风味,也可能产生一些对营养有影响的物质。酶的活性与分子的构象关系密切,只有在适宜的水分活度时,酶的分子构象才能得到充分发挥,表现出它的催化活性。当 A_w 值降低到 0.25～0.30,就能有效地减慢或阻止酶促褐变的进行。

(5)对非酶褐变的影响。最常见的非酶褐变是美拉德反应,水分活度 A_w 值在 0.6～0.7 时最容易发生非酶褐变。当食品的水分活度在一定范围内时,非酶褐变的速度随水分活度的增加而加速,随水分活度的降低而受到抑制或减弱;当水分活度降到 0.2 以下时,非酶褐变难于进行。但如果水分活度大于褐变高峰的 A_w 值时,则由于溶质的浓度下降而导致褐变速度减慢。在一般情况下,浓缩食品的水分活度正好位于非酶褐变最适宜的范围内,褐变容易发生。

(6)对水溶性色素分解的影响。葡萄、山楂、草莓等水果中含有水溶性的花青素,花青素溶于水时很不稳定,1～2周后其特有的色泽就会消失。但花青素在这些水果的干制品中则十分稳定。经过数年的储藏也仅仅是轻微的分解。一般随着水分活度的增大,水溶性色素分解的速度就会加快。

综上所述,降低食品的水分活度 A_w 值,可以抑制微生物的生长和繁殖,延缓酶促褐变和非酶褐变的进行,减少食品营养成分的破坏,防止水溶性色素的分解。但水分活度 A_w 值过低,则会加速脂肪的氧化酸败,还能引起非酶褐变。要使食品具有较高的稳定性,最好将 A_w 值保持在结合水范围内,这样即可使化学变化难以发生,同时又不会使食品丧失吸水性和复原性。

任务 3　水分活度测定仪法

【要点】

1. 熟悉测定 A_w 的方法。
2. 能够安全使用水分活度测定仪。

【工作过程】

一、仪器校正

用小镊子将 2 张滤纸浸在 $BaCl_2$ 饱和溶液中,待滤纸均匀地浸湿后,轻轻地把它放在仪器的样品盒内,然后将具有传感器装置的表头放在样品盒上,小心拧紧,移至20℃恒温箱中。维持恒温 3 h 后,用小钥匙将表头上的校正螺丝扭动,使 A_w 值为 9.000;重复上述操作再校正一次。

二、样品测定

样品经 15~25℃恒温后,取 1 g 左右置于仪器样品盒内,保持样品表面平整而不高于盒内垫圈底部。然后,将具有传感器装置的表头置于样品盒上(切勿将表头黏上样品)轻轻拧紧,移至20℃恒温箱中,保持恒温放置 2 h 以后,不断从仪器表头上观察仪器指针的变化情况,待指针恒定不变时,所批示数值即为此温度下样品的 A_w 值。

如果试验条件不在 20℃恒温测定时,根据表1-7所列的 A_w 校正值,也可将其校正为 20℃时的数值。

表 1-7　A_w 值的温度校正　　　　　　　　　　　　　　　　　　℃

温度	校正值	温度	校正值
15	−0.010	21	+0.002
16	−0.008	22	+0.004
17	−0.006	23	+0.006
18	−0.004	24	+0.008
19	−0.002	25	+0.010

三、温度的校正

温度校正:如在 15℃时测得某样品的 $A_w=0.930$,查 A_w 值的温度校正表,得 15℃时校正值为 −0.010,则样品在 20℃时的 $A_w=0.930+(-0.010)=0.920$;同理,在 25℃时测得某样品 $A_w=0.934$,查 A_w 值温度校正表得校正值为 +0.010,则该样品在 20℃时的 $A_w=0.930+(+0.010)=0.950$。

四、相关知识

在一定的温度下,用标准饱和盐溶液校正水分活度测定仪的 A_w 值,在同一条件下测定样品,利用测定仪上的传感器,根据仪器中的蒸汽压力的变化,从食品上读出指示的 A_w 值。

五、仪器与试剂

1. 仪器

水分活度测定仪、20℃恒温箱、镊子、电子天平、滤纸;鸡肉(猪肉)、果蔬。

2. 试剂

氯化钡饱和溶液。

六、相关提示

(1)取样时,果蔬类样品要迅速捣碎或按比例取汤汁与固形物,肉、鱼等样品需适当切细。

(2)所用玻璃器皿必须清洗干净且干燥,以免影响测定结果。

(3)测量表属贵重精密器件,在使用时要轻拿轻放;切勿将表头直接接触样品和水;如不小心接触了液体,需要及时烘干、校准后才能使用。

(4)本仪器在常规测量时,一般需要半天校准一次。如果是准确度较高的测量,则每次测量前都必须进行校正。

【考核要点】

1. 水分活动测定仪的安全使用。

2. 电子天平操作。

3. 作图及测试结果。

【思考题】

水分活度测定仪和康维氏微量扩散皿测定的水分活度结果有何差异?

知识窗　你了解以下水的含义吗?

我们在市面上可以看到各式各样价格不同,保健作用不同的水饮品:矿泉水、纯净水、活性水、磁化水、富氧水,多维水。另外,还有实验用的蒸馏水和去离子水。

矿泉水:它是从地下深处自然涌出的或经人工抽出的、未受污染的地下水,含多种矿物元素,根据产地不同,含钙、硒、锶、硅等微量元素不等。此水经消毒灌装,成市面上矿泉水。市场上大部分矿泉水属于锶(Sr)型和偏硅酸型。主要作用是补充矿物质,特别是微量元素的作用。盛夏季节饮用矿泉水补充因出汗流失的矿物质,是有效的手段。

纯净水:它也可称为太空水,是采用离子交换法、反渗透法、精微过滤及其他适当的物理加工方法进行深度处理后产生的不含任何有害物质和细菌的水。它的作用是能有效安全地给人体补充水分,具有很强的溶解度,因此与人体细胞亲和力很强,有促进新陈代谢的作用。

磁化水:它是一种被磁场磁化了的水。让普通水以一定流速,沿着与磁力线垂直的方向,通过一定强度的磁场,普通水就会变成磁化水。磁化水有种种神奇的效能,在工业、农业和医学等领域有广泛的应用。在工业上,被广泛用于各种高温炉的冷却系统,对于提高冷却效率、延长炉子寿命起了很重要的作用。在农业上,用磁化水浸种育秧,能使种子出芽快,发芽率高,幼苗具有株高、茎粗、根长等优点;在医学上,磁化水不仅可以杀死多种细菌和病毒,还能治疗多种疾病。

富氧水:即在纯净水的基础上添加活性氧的一种饮用水。氧浓度是通常饮料的几倍至几十倍的富氧水及富氧饮品近来在市场上颇具人气,但日本专家近日指出,"喝氧"具有抗疲劳效果的说法缺乏科学依据。

蒸馏水:将水煮沸后令其蒸发再将水蒸气冷凝回收所制备的水,称蒸馏水。可分一次和多次蒸馏水。一般大型制水是通过锅炉产生的蒸气,再冷凝而得。用于制剂、制药等和要求不太高的实验用水。

去离子水:将水通过阴阳离子交换树脂处理,去除水中阴、阳离子,所出水为去离子水,一般用于化学实验室用水。

【必备知识】 食品加工中水分控制

> 思考:空气湿度与食品保湿有何关系?

食品的含水量实际是指在一定温度、湿度等外界条件下食品的平衡水分,它总是与外界条件相关联,如果外界条件发生变化,则食品的水分含量也会发生变化。食品中的水分由液相变气相而散失蒸气现象称为食品的水分蒸发。水分蒸发会导致食品含水量的改变,对食品的储藏性、加工性和商品性价值都有极大的影响。

一、食品保湿

食品在储藏过程中的水分变化,常常会引起食品品质的改变。外观会逐渐萎蔫皱缩,新鲜度和脆嫩度都会下降,商品价值会随之下降,营养成分也会减少;同样,面包、蛋糕等结构疏松的食品,会因为水分的蒸发而发生干缩僵硬等现象,使食用品质下降,严重的会丧失其商品价值。食品水分蒸发同时,还会促进食品中水解酶的活力增强,使用高分子物质水解,产品的货架寿命缩短。

空气湿度的变化就有可能引起食品水分的改变,即食品的水分蒸发与空气湿度变化关系密切。

> 思考:切开的蔬菜、水果外观会逐渐萎蔫,你能采取什么措施呢?

空气湿度的表示方法如下。

(1)绝对湿度。绝对湿度指空气中实际所含有水蒸气的数量,即单位体积空气中所含水蒸气的质量或水蒸气所具有的压力。

(2)饱和湿度。饱和湿度是指在一定温度下,单位体积空气所能容纳的最大水蒸气量或水蒸气所能具有的最大压力。

(3)相对湿度。空气绝对湿度与同温度下饱和湿度的比值,以%表示。相对湿度表明空气的绝对湿度接近饱和湿度的程度。对于果蔬储藏环境而言,在其他条件相同时,相对湿度越小,水分蒸发就越快,不利于果蔬的长期保存。

食品水分的蒸发主要与空气湿度及饱和湿度差有关。饱和湿度差为空气的饱和湿度与同一温度下空气中的绝对湿度之差。若饱和湿度差越小,则空气要达到饱和状态所能再容纳的水蒸气量就越少,食品水分的蒸发量就会减小。因此,饱和湿度差是决定食品水分蒸发量的一个极为重要的因素。除绝对湿度外,影响饱和湿度差的因素还有空气温度、空气流速等。在相对湿度一定时,降低温度,饱和湿度差更小或接近空气饱和,食品水分的蒸发量会很小或保持平衡状态;若温度不变,绝对湿度增大,则相对湿度也增大,饱和湿度差减少,食品水分蒸发量减少。当然,空气的流动会将食品周围空气中的水蒸气带走更多,降低了空气的水蒸气压,加大了饱和湿度差。因而,能加快食品中水分的蒸发,加速食品表面干燥。

二、食品干制

水不仅是食品中最丰富的组分,也是食品腐败变质的主要影响因素,食品企业运用一定的手段,实现对食品水分的控制,获得低水分活度的干制食品或浓缩食品。常用的控制手段有干燥、浓缩、冷冻等。

1. 食品干制分类

食品干制也称干燥。广义上是指采用加热的方法,使物料中所含的水分向气相转移,从而使物料成为固体制品的操作;而狭义上所指的干燥通常是指对固形物料的处理。如果干燥过程是利用自然的风能和太阳能把食物晒干或风干,称为自然干燥;在工业生产中,更多的是使用热风、蒸汽、热水、红外线、微波等热源对物料进行加热,通过人为控制的手段去除食品的水分,称为人工干燥,也称为脱水。

> 思考:防止干果霉烂,你会采取哪些控制措施?

2. 人工干燥

食品放置在一定的环境中,如果食品表面的水蒸气压高于周围空气中的水蒸气压,食品表面的水分就会汽化蒸发向空气中转移,食品表面的水分逐渐降低,造成食品内部水分与表面水分的差异,称为水分梯度;依此水分梯度,食品内部的水分也会逐渐向表面扩散,进而汽化进入空气,结果是食品中的水分在不断减少。食品的人工干燥过程,就是利用一定的手段(如减压、热风、微波等),制造有利于水分不断蒸发、汽化的环境,使用食品水分的表面蒸发与内部扩散加速的过程。

真空冷冻干燥是人工干燥领域的先进技术代表,是现代比较理想的食品干燥方法。它是将冻结的食品原料在近乎完全真空的状态下,以冰晶直接升华水蒸气的形式使食品干燥。该方法中排除了高温和空气中氧的影响,食品表面不硬化,避免出现较大的变形,且其内部形成多孔的海绵状,具有优异的复水性,可在短时间内恢复干燥前的状态;很好地保持了原料的色泽和食品营养成分的生物效能。因此,非常适合于蔬菜、肉类、汤料等食品的干燥。

当然,干制后的食品含水量低,水分活度小,应用进行适度的封闭包装,防止储藏过程中与环境空气进行湿交换。

> 思考:食品干制过程中你知道的先进技术有哪些?

三、食品浓缩

浓缩是将部分溶剂从溶液中去除的过程。食品浓缩通常是指从液态食品中除去一定量的水分,提高制品的浓度、减少包装中运输费用、增加产品的保藏性或形成特殊的风味制品等。

1. 蒸发浓缩

在食品工业中,蒸发浓缩通常是沸腾蒸发,即利用热源将食品升温至沸点,使食品中所含的自由水蒸发而达到去除部分水分的目的。根据操作时的压力控制,蒸发浓缩又有常压、加压和真空蒸发。由于食品成分对热比较敏感,所以,一般采用真空蒸发浓缩来降低沸点,保证了浓缩食品的营养价值。

液态食品在浓缩过程中,随着水由液态蒸发为气态,物料的体积缩小,固形物浓度增加,使液态食品的沸点不断升高、黏度增大、色泽加深。所以,精密控制工艺条件才能实现最后的浓缩。

2. 冷冻浓缩

冷冻浓缩是将液态食品部分冷冻形成冰结晶,再将冰结晶从体系中移走,达到去除水分的目的。冷冻浓缩只能控制在食品冰点以下进行,同时,因为冰晶形成后,固形物浓度不断增加,因此,冷冻的冰点会不断降低。

冷冻浓缩也会引起液态食品物理性状的改变,但与蒸发浓缩相比,冷冻浓缩对食品色泽的影响要小一些。

> 思考:如何运用液体食品浓缩技术?

3. 薄膜浓缩

在液态食品和水之间放置一特殊的薄膜,利用外加能量使水从液态食品一侧通过薄膜到达另一侧,去除食品中部分水分的过程称为薄膜浓缩。其中,特殊的薄膜为半透膜,有选择地使分子通过薄膜,形成相应的反渗透法、超滤法等薄膜浓缩的方法。

薄膜浓缩的优点之一不需加热,避免了食品中挥发性的减少、不稳定成分及营养成分的破坏,保证了食品的品质;优点之二所用能量更为有效,因为薄膜浓缩只需要水分子的移动,而没有水的相态的变化。

四、食品冻结

将食品温度降到冰点以下,使食品中大部分水分变成冰的过程,称为食品冻结。食品冻结过程及冻藏时,大部分水分处于冻结状态,其蒸气压大大降低,且未冻结水中固形物浓度大大提高,水的束缚程度增加,因此有效地降低了食品的水分活度;食品中各种成分的物理变化、化学变化和微生物的生长抑制到极小,所以,能保持食品的质量及适于食用的性质。市场上常见的冻结食品如焙烤制品、方便食品、肉制品等。

> **常识　冻结食品解冻对食品品质会有什么影响?**
>
> 1. 食品解冻。食品解冻是使食品的冰晶体融化,恢复原来的生鲜状和特性的过程。解冻过程温度上升,食品中酶的活性增强,氧化作用加速,并有利于微生物的活动。食品解冻后,在冰晶体融化的水溶液中,会有大量的可溶性固形物,例如水溶性蛋白质和维生素,各种盐类、酸类和萃取物质。这部分水溶液就是所谓的汁液。如果汁液流失严重,不仅会使食品的重量显著减轻,而且由于大量营养成分和风味物质的损失必将大大降低食品的营养价值和感官品质。
>
> 2. 影响汁液流失的因素。影响食品解冻水分不被组织细胞充分重新吸收的因素有以下几点。
>
> (1)冻结的速度。缓慢冻结的食品细胞严重脱水,经长期冰藏之后,细胞间隙存在的大型冰晶对组织细胞造成严重的机械损伤,蛋白质变性严重,以致解冻时细胞对水分重新吸收的能力差,汁液流失较为严重。

（2）冷藏的温度。冻结的食品在较高的温度下冻藏,细胞间隙中冰晶体生长的速度较大,形成的大型冰晶对细胞的破坏作用较为严重,解冻时汁液的流失较多;如果低温速冻冷藏,冰晶体生长的速度较慢且细小,对细胞无破坏,解冻时汁液流失就较少。

（3）原料的pH。蛋白质在等电点时,其胶体溶液的稳定性最差,对水的亲和力最弱,如果解冻时原料的pH正处于蛋白质的等电点附近,则汁液的流失就较大。因此,畜、禽、鱼肉解冻时汁液流失与它们的成熟度(pH随着成熟度不同而变化)有直接的关系,pH远离等电点时,汁液流失就较少,否则就增大。

（4）解冻的速度。解冻的速度有缓慢解冻与快速解冻之分,前者解冻时温度上升缓慢,后者温度上升迅速。一般认为缓慢解冻可减少汁液的流失,其理由是缓慢解冻可使冰晶体融化的速度与水分的转移、被吸附的速度相协调,从而减少汁液的流失,而快速解冻则相反。

快速解冻在保持烹饪原料品质方面的有利方面。食品解冻时,可迅速通过蛋白质变性和淀粉老化的温度带,从而减少蛋白质变性和淀粉老化;利用微波等快速解冻法,原料内外同时受热,细胞内冰晶体由于冻结点较低首先融化,故在食品内部解冻时外部尚有外罩,汁液流失也比较少;快速解冻由于解冻时间短,微生物的增量显著减少,同时由于酶、氧气所引起的对品质不利的影响及水分蒸发量均较小,所以烹调后菜肴的色泽、风味、营养价值等品质较佳。

【项目小结】

本项目以食品中水分测定、水分活度测定及水分活度测定仪使用三项任务驱动,引入水的结构与性质、水的生物功能及水的代谢平衡,介绍了食品中水的分布、存在状态及与非水组分的相互作用,着重关注水分活度与食品含水量、食品稳定性关系,应用食品保湿、食品干制、食品浓缩及冻结等措施,指导食品生产工艺控制,为控制食品品质及安全储藏提供帮助与指导。

【项目思考】

1. 水的理化性质有何特殊性?对冷冻食品何影响?

2. 食品变质与水分活度有何联系?

3. 冷冻保藏食品有何利弊?采取哪些方法可以克服不利因素的影响?

4. 举例说明控制食品水分含量或水分活度,科学指导加工与保藏。

5. 不同的物质其吸湿等温线不同,其曲线形状受哪些因素的影响?

项目二　糖类的性能与应用

【知识目标】

1. 熟悉糖的结构、分类及常见的单糖、低聚糖和多糖的生理性能与加工性能。

2. 熟识单糖的结构及其物理、化学性质在食品中的典型应用。

3. 熟识淀粉的结构与淀粉加工特性的关系。

【技能目标】

1. 能够进行淀粉、果胶等多糖提取或制备。

2. 具备比色法测定还原糖及总糖的能力。

3. 能够测试食品褐变。

4. 能把握典型单糖、低聚糖、淀粉、果胶及其产品的性能,指导食品加工过程。

【项目导入】

　　糖类存在于所有的谷物、蔬菜、水果以及其他人类能食用的植物中,是自然界蕴藏量最为丰富、对所有生物体非常重要的一类有机化合物,为人类提供了主要的膳食热量,还为食品提供了人们期望的质构、好的口感、喜爱的甜味。糖类是食品工业的主要原料,也是大多数食品的重要组成成分。

　　根据分子结构可将糖分为单糖、低聚糖、多糖及结合糖。常见的单糖包括葡萄糖、果糖和半乳糖;低聚糖包括蔗糖、乳糖、麦芽糖和棉子糖;多糖包括淀粉、纤维素、果胶;结合糖有糖脂、糖蛋白等。在食品加工中,糖类对食品的形态、组织结构、理化性质及其色、香、味等都有很大的影响。

任务1　淀粉提取与水解

【要点】

1. 提取马铃薯中淀粉。

2. 检测淀粉水解程度。

3. 淀粉与碘的特征反应。

【工作过程】

一、淀粉提取

①将生马铃薯(或甘薯)用清水洗净后,去皮,切成5～

> 思考:提取马铃薯淀粉时,加适量水与加入乙醚、乙醇、蒸馏水作用有何不同?

10 mm 大小的颗粒。称取 300 g,放入组织捣碎机中,加适量水捣碎。用四层纱布过滤,除去粗颗粒,滤液盛入大烧杯中。

②用玻璃棒将烧杯中的粗制淀粉滤液搅拌均匀,转移至漏斗中,用 50 mL 乙醚分两次洗涤,再用 100 mL 10%的乙醇洗涤 2～3 次,最后用蒸馏水洗涤淀粉 2～3 次,得湿淀粉。

③将滤纸上的湿淀粉转移到表面皿上,摊开,在空气中干燥,磨碎过筛,即得干淀粉。

二、淀粉与碘的特征反应

①取少量自制淀粉于白瓷板上,加 1～3 滴稀碘液,观察淀粉与碘液特征反应的颜色。

②取试管一支,加入 0.1%淀粉 5 mL,再加 2 滴稀碘液,摇匀后,观察颜色是否变化。将管内液体均分成 3 份于 3 支管中,编号 1#、2#、3#管。

> 思考:在 1#、2#、3#管进行的操作说明什么问题?

1#管在酒精灯上加热,观察颜色是否褪去,冷却后,再观察颜色变化。

2#管加入无水乙醇几滴,观察颜色变化,如无变化,可多加几滴。

3#管加入 10%NaOH 溶液几滴,观察颜色变化。

三、淀粉水解程度检验

> 思考:自制淀粉液在硫酸存在时加热煮沸,会有什么变化?用班氏试剂能检查哪一类物质的存在?

在一个小烧杯内加自制的 1%淀粉溶液 50 mL 及 20%硫酸 1 mL,于水浴锅中加热煮沸,每隔 3 min 取出反应液 2 滴,置于事先加入稀碘液的白瓷板上检验,待反应液与碘液无特征反应发生时,取 1 mL 此液置于试管内,用 10%碳酸钠溶液中和至呈碱性(pH 试纸检验)后,加入 2 mL 班氏试剂,加热,记录观察到的现象。

四、相关知识

1. 淀粉的分布与性质

淀粉广泛分布于植物界,谷类、颗粒、种子、块茎中含量丰富。食品、制药等工业原料淀粉主要从玉米、甘薯、马铃薯中提取。以马铃薯或甘薯为原料,利用淀粉不溶于水或难溶于水的性质提取淀粉,用乙醚、乙醇洗涤,除去粗制淀粉中的色素、可溶性糖及其他非淀粉物质。

碘被直链淀粉吸附形成复合物,呈蓝色。该复合物不稳定,易被乙醇、氢氧化钠和热等作用,使颜色褪去;其他多糖大多也能与碘呈特异的颜色,这些呈色物质亦不稳定。

2. 淀粉水解

淀粉在酸催化下加热,能逐步水解成相对分子质量较小的低聚糖,最终产物为葡萄糖。与碘特征反应如表 2-1 所示。

表 2-1 淀粉水解过程及碘特征反应

水解程度	淀粉	→ 蓝色糊精 →	紫色糊精 →	红色糊精 →	无色糊精 →	麦芽糖 →	葡萄糖
(分子式)	$(C_6H_{10}O_5)_m$		$(C_6H_{10}O_5)_n$			$C_{12}H_{22}O_{11}$	$C_6H_{12}O_6$
碘特征反应	蓝色	蓝色	紫色	红色	无色	无色	无色

根据淀粉水解液和碘液反应的颜色,判断水解进行的程度是否已完全。任务中采用酸水解的方法,加入过量的酸保证水解完全。

淀粉完全水解后,失去与碘的呈色特征,同时出现遇班氏试剂(Benedict 试剂,$CuSO_4$ 的碱性溶液)中 Cu^{2+} 还原为砖红色 Cu_2O 沉淀——单糖还原性特征。

五、仪器与试剂

1. 仪器

组织捣碎机、天平、表面皿、布氏漏斗、抽滤瓶、白瓷板、胶头滴管、水浴锅。

2. 材料

马铃薯或甘薯。

3. 试剂

(1)无水乙醇、10%乙醇。

(2)0.1%淀粉液。称取直链淀粉 1 g,加少量水,调匀,倾入沸水,边加边搅,并以热水稀释至 1 000 mL,可加数滴甲苯防腐。

(3)稀碘液。配制 2%碘化钾溶液,加入适量碘,使溶液呈淡棕黄色即可。

(4)10%NaOH 溶液。NaOH 固体 10 g,溶于蒸馏水中并稀释至 100 mL。

(5)班氏试剂。溶解 85 g 柠檬酸钠($Na_3C_6H_3O_7 \cdot 11H_2O$)及 50 g 无水碳酸钠于 400 mL 水中,另溶 8.5 g 硫酸铜于 50 mL 热水中。将冷却后的硫酸铜溶液缓缓倾入柠檬酸钠-碳酸钠溶液中(本试剂能长期使用,如果出现沉淀,可取其上层清液使用)。

(6)20%硫酸。量取蒸馏水 78 mL 置于 150 mL 烧杯中,加入浓硫酸 20 mL,混匀,冷却后贮于试剂瓶中。

(7)10%碳酸钠溶液。称取无水碳酸钠 10 g 溶于水,稀释至 100 mL。

(8)乙醚。

六、相关提示

①乙醚室温下极易挥发,其蒸气密度大于空气、易燃。因此,实验时需在通风橱中或通风良好的环境下,且避免明火。

②严格遵守浓硫酸作用安全操作规程。

③检验淀粉水解程度所用滴管,吸取水解液检验后须洗净以利下一次使用(不能残留水解液)。

【考核要点】

1. 准确快速配制所用试剂。

2. 正确使用布氏抽滤装置。

3. 会控制水浴锅进行水浴加热。

4. 及时准确记录数据、现象及分析得出结论。

【思考题】

1. 如何用化学方法区别葡萄糖与淀粉?

2. 为什么利用稀碘液能定性地了解淀粉水解进行的程度?

【必备知识】 淀粉

淀粉是有多个 α-D-葡萄糖通过糖苷键结合成链状结构的多糖,它们可用通式$(C_6H_{10}O_5)_n$表示。淀粉的相对密度为 1.6(不同植物来源的淀粉密度有所不同)。淀粉是大部分植物的营养物质主要储藏形式,主要分布在种子、根和茎中。淀粉是唯一的以颗粒形成存在的多糖类物质,淀粉粒结构紧密,在冷水中不溶,在热水中可溶胀。我国的商品淀粉主要是玉米淀粉、马铃薯淀粉、小麦淀粉和木薯淀粉。

一、淀粉的晶体结构

淀粉粒具有一个脐点,是成核中心,淀粉围绕着脐点生长,形成独特的层状结构,称为轮纹,在偏振光显微镜下观察,淀粉粒显现出黑色的十字,将淀粉粒分为四个白色的区域(图 2-1),称为偏光十字,不同来源的淀粉粒,偏光十字的位置、形状和明显程度均有差异,在偏光显微镜下观察,淀粉粒还具有双折射现象,表明淀粉粒具有晶体结构。

图 2-1　淀粉粒的偏光十字

因为不同来源的淀粉,其淀粉粒的大小和形状均不同(图 2-2)。因此,在显微镜下观察可以识别。一般淀粉粒的晶体结构大约占 60%,其余部分为不定形结构。

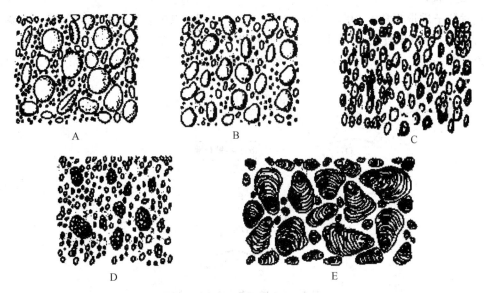

图 2-2　淀粉粒的大小与形状

A. 小麦;B. 大麦;C. 玉米;D. 大米;E. 马铃薯

(引自《食品分析》无锡轻工业学院、天津轻工业学院,1987)

二、淀粉的分类

淀粉颗粒通过氢键缔合形成的结晶结构,其表面比内部排列更紧密、更有秩序,所以不溶于冷水。

用热水处理淀粉时,一部分能溶解(称之为直链淀粉);另一部分不溶解(称为支链淀粉),这两部分的淀粉结构和理化性质都有差别,两者在淀粉中的比例随植物的品种而异,一般直链淀粉占 10%～30%,支链淀粉占 70%～90%。需要指出,糯玉米等淀粉有 99% 为支链淀粉,而豆类淀粉几乎全是直链淀粉。

1. 直链淀粉

相对分子质量在 60 000 左右,相当于 300～400 个葡萄糖分子缩合而成的淀粉。直链淀粉不是完全伸直的,它的分子通常是卷曲成螺旋形,螺旋一圈有 6 个葡萄糖分子,遇碘显示蓝色。在麦芽中的 α-淀粉酶、β-淀粉酶(切断 α-1,4 键)以及异淀粉酶的共同作用下,可完全水解至麦芽糖。直链淀粉的结构及螺旋形式见图 2-3。

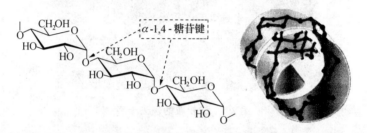

图 2-3 直链淀粉的糖苷链结构图与螺旋结构图

2. 支链淀粉

相对分子质量非常大,为 50 000～1 000 000。每 24～30 个葡萄糖单位含有一个端基,直链是由 α-1,4-糖苷键连接,分支是由 α-1,6-糖苷键连接。支链淀粉至少含有 300 个 α-1,6-糖苷键连接在一起。支链淀粉与碘反应呈紫色或紫红色。支链淀粉的结构与形状见图 2-4。

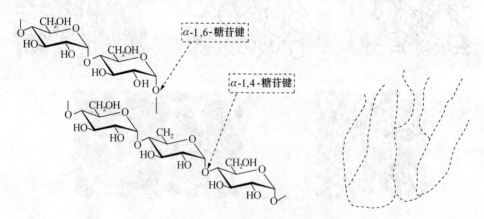

图 2-4 支链淀粉的结构与形状

三、淀粉的糊化

生淀粉分子依赖分子间氢键结合而排列得很紧密,形成束状的胶束,彼此之间的间隙很小,水分子很难渗透进去。

具有胶束结构的生淀粉称为 β-淀粉。β-淀粉在水中经加热后,一部分胶束被溶解而形成空隙,于是水分子进入内部,与余下部分淀粉分子进行结合,胶束逐渐被溶解,空隙逐渐扩大,淀粉粒因吸水,体积膨胀数十倍,生淀粉的胶束即行消失,称为膨润现象。继续加热,胶束则全部崩溃,形成淀粉单分子,并被水包围,而成为溶液状态,即为糊化。

> 思考:淀粉为什么不溶于冷水? 生食淀粉食物有什么问题?

处于糊化状态的淀粉为 α-淀粉。淀粉粒突然膨胀的温度称为糊化温度。各种淀粉糊化的温度不同,即使同一种淀粉由于颗粒大小不一,在较低的温度下糊化,糊化温度也不一致,通常糊化温度可在偏光显微镜下测定,偏光十字和双折射现象开始消失的温度为糊化开始时的温度。未被烹调的淀粉食物是不容易消化的,因为淀粉颗粒被包在植物细胞壁的内部,消化液难以渗入,烹调的作用就在于使淀粉颗粒糊化,易于被人体利用。糊化作用可分为三个阶段:

1. 可逆吸水阶段

淀粉吸水很少,进入淀粉粒的水分子主要与无定形部分的羟基结合,其体积膨胀很少;淀粉悬浮液黏度变化不大,若干燥后,其淀粉糊仍可看到偏光十字。

2. 不可逆吸水阶段

淀粉粒吸收大量的水,体积大幅度增加,黏度增高,成为胶体溶液,此时淀粉粒晶体结构解体,即使经过干燥,淀粉也不能恢复原状。糊化的本质是水分子进入淀粉粒的微晶束结构,淀粉分子的羟基与水分子发生高度水化作用的结构。

3. 淀粉粒解体阶段

继续膨胀成无定形的袋状,更多的淀粉分子溶于水中。淀粉糊化的难易,除了本身的结构外,还受水分、碱、某些盐类和脂类的影响。

四、淀粉的老化

经过糊化后的 α-淀粉在室温或低于室温下放置后,会变得不透明甚至凝结而沉淀,这种现象称为老化或返生。这是由于糊化后的淀粉分子在低温下又自动排列成序,相邻分子间的氢键又逐步恢复形成致密、高度晶化的淀粉分子微束的缘故。老化过程可看作是糊化的逆过程,但是老化不能使淀粉彻底复原到生淀粉(β-淀粉)的结构状态,它比生淀粉的晶化程度低。

老化后的淀粉与水失去亲和力,并难以被淀粉酶水解,因而也不易被人体消化吸收。淀粉老化作用的控制在食品工业中有重要意义。不同来源的淀粉,老化难易程度不同。这是由于淀粉的老化与所含直链淀粉及支链淀粉的比例有

> 思考:有些烹制后淀粉类食物放置一段时间后,口感、可消化性变差,为什么?

关,一般是直链淀粉较支链淀粉易于老化。直链淀粉越多,老化越快。支链淀粉老化则需要较长的时间,其原因是它的结构呈三维网状空间分布,妨碍微晶束氢键的形成。

淀粉含水量为 30%~60% 时较易老化,含水量小于 10% 或在大量水中则不易老化,老化作用最适宜温度为 2~4℃,大于 60℃ 或小于 -20℃ 都不发生老化。在偏酸(pH<4 以下)或偏碱性条件下也不易老化。

五、淀粉的水解

淀粉与水一起加热即可引起分子裂解。当与无机酸一起加热时,可彻底水解成葡萄糖。

水解过程分为几个阶段,同时有各种相应的中间产物形成:

$$淀粉 \rightarrow 可溶性淀粉 \rightarrow 糊精 \rightarrow 麦芽糖 \rightarrow 葡萄糖$$

淀粉酶在一定条件下也会使淀粉水解。根据淀粉酶的种类(α-淀粉酶、β-淀粉酶、葡萄糖淀粉酶及异淀粉酶)不同,可将淀粉水解成葡萄糖、麦芽糖、三糖、果葡糖、糊精等成分。工业上,以淀粉为原料生产的糖品统称为淀粉制糖,如麦芽糊精、葡萄糖浆、麦芽糖、果葡糖浆和各种低聚糖;用葡萄糖值(DE 值,dextrose equivalent)表示淀粉水解的程度。

麦芽糊精又称水溶性糊精、酶法糊精,是一种淀粉经低程度水解,控制水解 DE 值在 20% 以下的产品,为不同聚合度低聚糖和糊精的混合物。淀粉经不完全水解得葡萄糖和麦芽糖的混合糖浆,称为葡萄糖浆,亦称淀粉糖浆,这类糖浆中含有葡萄糖、麦芽糖以及低聚糖、糊精。

糖浆的组成可因水解程度不同和所用的酸、酶工艺不同而异。糖浆的分类按照转化程度高低可分为高、中、低转化糖浆。糖浆的 DE 值在 20~80。以 DE 值分界,DE 值在 30 以下的葡萄糖浆为地转化糖浆,55 以上的为高转化糖浆,DE 值在 30~55 的为中转化糖浆。工业上,生产历史最久、产量最大的是 DE 值为 42 的一类糖浆,以 42DE 表示,属中转化糖浆,又称普通糖浆或标准糖浆。

六、淀粉的改性

原淀粉是以各种含淀粉多的农产品原料提取的淀粉,是物理加工过程,获得的淀粉产品保持了天然淀粉的理化性质。淀粉改性是利用物理、化学或酶的手段改变淀粉分子的结构或大小,使淀粉的性质发生改变,改性后的生成物称作变性淀粉。目前,变性淀粉的品种、规格达 2 000 多种,工业上生产的变性淀粉主要有预糊化淀粉、酸变性淀粉、氧化淀粉、双醛淀粉、磷酸酯淀粉、阳离子淀粉、接枝淀粉等。

变性淀粉是普通淀粉的一种深加工产品,各种变性淀粉的性能变化主要体现在淀粉的耐热性、耐酸性、黏度、成糊稳定性、成膜性、吸水性、凝胶以及淀粉糊的透明度等方面的变化。变性淀粉广泛应用于食品、医药、造纸、纺织、化工、冶金、建筑材料、三废治理以及农林业生产等方面,其应用领域正在不断扩大。

七、糖原

糖原是由许多 α-D-葡萄糖缩合成的、结构与支链淀粉相似的支链多糖。相比之下,糖原的支链更多、更短,所以糖原的分子结构更紧密,整个分子呈球形。

糖原是动物体内的多糖类储藏物质,又称动物淀粉。它主要存在于肝和肌肉中,因此有肝糖原和肌糖原之分。糖原在动物体中的功用是调节血液中的含糖量,当血液中含糖量低于常态时,糖原就分解为葡萄糖,当血液中含糖量高于常态时,葡萄糖就合成糖原。

任务 2　植物中可溶性还原糖和总糖的测定

【要点】

1. 测定还原糖和总糖的方法。

2. 还原糖提取及用比色法定量测定还原糖。

3. 总糖水解及定量测定。

【工作过程】

一、葡萄糖标准曲线制作

> 思考：如表2-2所示，标准曲线制作中的"葡萄糖含量"值，从何而来？

取 6 支 1.5 cm×15 cm 试管,按表 2-2 所示。在标准管中加入 2.0 mg/mL 葡萄糖标准溶液、蒸馏水、显色、定容及测定。

表 2-2　葡萄糖标准曲线制作及糖的测定

管号	标准管						空白管		还原糖样液			总糖样液		
	1	2	3	4	5	6	1	2	3	4	5	6	7	8
葡萄糖标准液/mL	0	0.2	0.4	0.6	0.8	1.0	—	—	—	—	—	—	—	—
还原糖待测液 /mL	—	—	—	—	—	—	—	—	1.0	1.0	1.0	—	—	—
样品总糖水解液 /mL	—	—	—	—	—	—	—	—	—	—	—	1.0	1.0	1.0
蒸馏水/mL	1.0	0.8	0.6	0.4	0.2	0	1.0	1.0	—	—	—			
葡萄糖含量 /(mg/mL)	0	0.4	0.8	1.2	1.6	2.0								
DNS 试剂 2.0 mL	沸水浴中加热 2 min,显色,取出后用流水迅速冷却													
蒸馏水 9.0 mL	摇匀,在 540 nm 波长处测定光吸收值 A_{540}													
光吸收值 A_{540}														

以葡萄糖含量(mg/mL)为横坐标,光吸收值 A_{540} 为纵坐标,绘制葡萄糖标准曲线。

二、提取样品还原糖

准确称取 0.5 g 藕粉,放在 100 mL 烧杯中,先以少量蒸馏水调成糊状,然后加入约 40 mL 蒸馏水,混匀,于 50℃ 恒温水浴中保温 20 min,不时搅拌,使还原糖浸出。将浸出液(含沉淀)转移到 50 mL 离心管中,于 4 000 r/min 下离心 5 min,沉淀可用 20 mL 蒸馏水洗一次,再离心,将二次离心的上清液收集在 100 mL 容量瓶中,用蒸馏水定容至刻度,混匀,作为还原糖待测液。

三、水解总糖为还原糖

> 思考：样品还原糖提取与总糖水解样液制备,有何不同？

准确称取 0.5 g 淀粉,放在大试管中,加入 6 mol/L HCl 10 mL,蒸馏水 15 mL,在沸水浴中加热 0.5 h,取出 1~2 滴置于白瓷板上,加 1 滴 I_2-KI 溶液检查水解是否完全(水解完全,不呈现蓝色)。水解完毕,冷却至室温后加入 1 滴酚酞指示剂,以 6 mol/L NaOH 溶液中和至溶液呈微红色,并定容到 100 mL,混匀。将定容后的水解液过滤,取滤液 10 mL 于 100 mL 容量瓶中,定容至刻度,混匀,即为稀释 1 000 倍的样品总糖水解液,用于水解后总糖测定。

四、还原糖测定

取 8 支 1.5 cm×15 cm 试管,按表 2-2 所示,分别加入蒸馏水、还原糖待测液、样品总糖水解液及相应试剂,于沸水浴中加热显色、冷却及用蒸馏水定容。在 540 nm 波长处测定的光吸收值,用样品的光吸收平均值在葡萄糖标准曲线上查出相应糖的含量。

五、结果与计算

按下式计算出样品中还原糖和总糖的百分含量:

$$还原糖(以葡萄糖计) = \frac{c \times V}{m \times 1\,000} \times 100\%$$

$$总糖(以葡萄糖计) = \frac{c \times V}{m \times 1\,000} \times 100\%$$

式中,c 为还原糖或总糖提取液的浓度,mg/mL;V 为还原糖或总糖提取液的总体积,mL;m 为样品重量,g;1 000 为质量单位换算倍数。

六、相关知识

1. 可溶性还原糖

在 NaOH 和丙三醇存在条件下,3,5-二硝基水杨酸(DNS)与还原糖共热后被还原生成氨基化合物。在过量的 NaOH 碱性溶液中此化合物呈橘红色,在 540 nm 波长处有最大吸收,在一定的浓度范围内,还原糖的量与光吸收值呈线性关系,通过比色法测定样品中还原糖的含量。

植物类可溶性还原糖用水提取后,即可进行含糖量的测定。

2. 总糖

淀粉类多糖在酸催化下能彻底水解为葡萄糖,通过还原糖的测定间接得到植物总糖含量。

七、仪器与试剂

1. 仪器

大容量离心机、分光光度计、恒温水浴锅、分析天平。

试管 1.5 cm×15 cm(×14)、3.0 cm×20 cm(×1);烧杯 100 mL(×2);容量瓶 100 mL(×4)、1 000 mL(×1);移液管 1 mL(×9)、2 mL(×2)、10 mL(×1);白瓷板;胶头滴管;量筒 100 mL(×1);坐标纸。

2. 材料

藕粉、淀粉。

3. 试剂

(1)3,5-二硝基水杨酸(DNS)试剂。称取 6.5 g DNS 溶于少量热蒸馏水中,溶解后移入 1 000 mL 容量瓶中,加入 2 mol/L 氢氧化钠溶液 325 mL,再加入 45 g 丙三醇,摇匀,冷却后定容至 1 000 mL。

(2)葡萄糖标准溶液。准确称取干燥恒重的葡萄糖 200 mg,加少量蒸馏水溶解后,以蒸馏水定容至 100 mL,即含葡萄糖为 2.0 mg/mL。

(3)6 mol/L HCl。取 250 mL 浓 HCl(35%~38%)用蒸馏水稀释到 500 mL。

(4)碘-碘化钾溶液。称取 5 g 碘,10 g 碘化钾溶于 100 mL 蒸馏水中。

(5)6 mol/L NaOH 溶液。称取 120 g NaOH 溶于 500 mL 蒸馏水中。

(6)0.1%酚酞指示剂。0.1 g 指示剂溶于 100 mL 60%乙醇中。

八、相关提示

①移液管使用应规范，且前后标准一致。

②所用试管做好标记，反应所用试剂、加热、冷却等步骤最好一致。

【考核要点】

1. 分光光度计的使用。

2. 葡萄糖标准曲线制作。

3. 还原糖和总糖的测定结果准确性。

【思考题】

1. 制作葡萄糖标准曲线的关键控制点有几项？

2. 总糖含量测定中应用到了糖类物质的哪些性质？

【必备知识】　单糖

单糖是最简单的糖，是糖的最小组成单位，不能进一步水解；从结构上看，单糖是带有醛基或酮基的多元醇，有醛基的称为醛糖，有酮基的称为酮糖。有几种糖的衍生物，如有羰基被还原的糖醇、醛基被氧化的醛糖酸、羰基对侧末端的—CH_2OH 变成酸的糖醛酸、导入氨基的氨基糖、脱氧的脱氧糖、分子内脱水的脱水糖等。

根据构成单糖的碳原子数目，可称为丙糖、丁糖、戊糖、己糖、庚糖。食品中单糖多为 5 或 6 个碳原子的戊糖、己糖。

一、单糖结构

天然存在的单糖几乎都没有支链，其每个碳原子连接一个羟基或一个衍生的功能基。单糖至少含有一个手性（不对称）碳原子（二羟基丙酮例外），单糖皆有旋光活性，其对映异构体数目为 2^n，n 为手性碳原子的数目。

戊糖和多于 5 个碳原子的单糖，多数分子中的羰基与第 4 或第 5 个碳原子上的羟基生成半缩醛或半缩酮，使分子成为含氧的环（五元呋喃环或六元吡喃环），即单糖具有链式结构和环式结构。

1. 单糖的链式结构

人们很早就知道了葡萄糖，但它的化学结构直到 1900 年才由德国化学家费歇尔（Fischer）确定。单糖的链式结构及构型见图 2-5。

单糖的构型采用 *D*、*L* 标记法（图 2-6）。

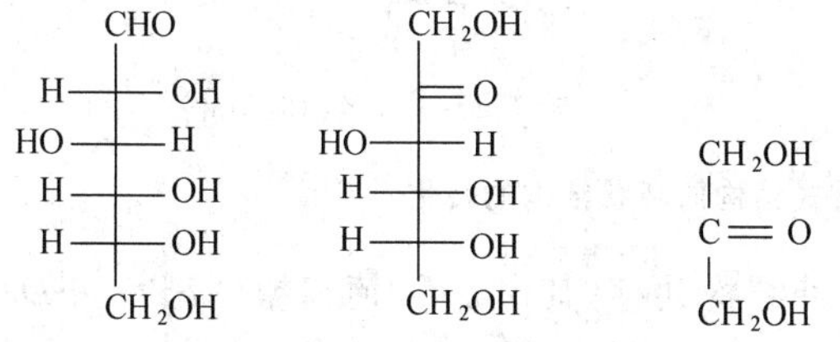

D-葡萄糖（己醛糖）　*D*-果糖（己酮糖）　丙酮糖（二羟丙酮）

图 2-5　单糖的链式结构

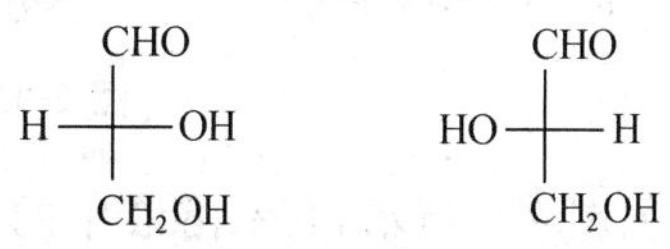

D-(+)-甘油醛　*L*-(-)-甘油醛

图 2-6　*D*、*L* 标记法

本方法只考虑与羰基相距最远的一个手性碳的构型,此手性碳上的羟基在右边的 D 型,在左边的 L 型(倒数第二位的羟基即离羰基最远的不对称碳原子上的羟基,在右侧为 D-型,在左侧为 L-型)。自然界存在的单糖多属 D-型糖。D-型糖是 D-甘油醛的衍生物。构型与旋光性(用+或−表示)无关。常见的重要单糖分子的链状结构见图 2-7、图 2-8 所示。

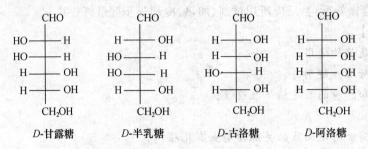

D-甘露糖　　　D-半乳糖　　　D-古洛糖　　　D-阿洛糖

图 2-7　几种醛糖的 D-型链式结构(C_6)

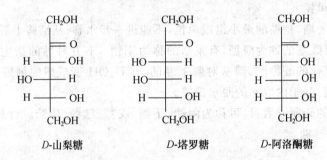

D-山梨糖　　　D-塔罗糖　　　D-阿洛酮糖

图 2-8　几种酮糖的 D-型链式结构(C_6)

2. 单糖的环式结构

实验证明葡萄糖在水溶液中有三种结构共存:一种链式结构,两种环式结构(图 2-9)。

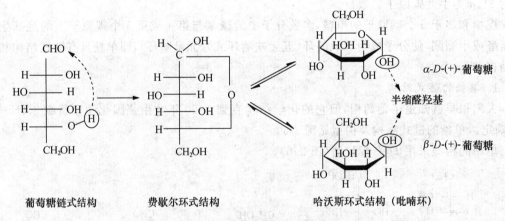

葡萄糖链式结构　　　费歇尔环式结构　　　哈沃斯环式结构（吡喃环）

图 2-9　葡萄糖链式结构向环状结构的转化

如图 2-9 所示,其水溶液中的葡萄糖 3 种结构共存,其中 α-D-葡萄糖(37%)、β-D-葡萄糖(63%)和直链式葡萄糖(0.1%),在溶液中它们可以互相转化,存在变旋现象。

在葡萄糖分子中,既具有醛基,也有醇羟基。因此,在分子内部可以形成环状的半缩醛结构。葡萄糖分子在成环时,其醛基可以与 C_5 上的羟基加成形成稳定的六元环(吡喃糖),见图

2-9。此外葡萄糖的醛基还可与 C_4 上的羟基加成,形成少量的、不稳定的五元环(呋喃糖)。

哈沃斯(Haworth)提出了透视式表示环状结构,从而能更确切地反映单糖分子中各原子或原子团的空间排布。即糖环为一平面,其伸出平面的 3 个 C—C 键用楔形线表示,连在环上的原子或原子团则垂直于糖环平面,分别写在环的上方和下方以表示其位置的排布(图 2-9、图 2-10),书写哈沃斯式时常省略成环的碳原子。

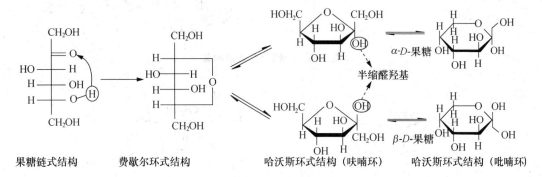

图 2-10 果糖的 3 种结构形式

呋喃环实际上接近平面,而吡喃环略皱起。因为果糖的环式结构也是由五个碳原子和一个氧原子组成的杂环,它与杂环化合物中的吡喃相似,故称作吡喃果糖。

哈沃斯(Haworth)结构式比 Fischer 投影式更能正确反映糖分子中的键角和键长度,所以,糖的环状结构一般用哈沃斯结构式表示。

3. 单糖的变旋现象

葡萄糖的晶体有两种。从乙醇中结晶出来的葡萄糖,熔点 146℃,用它新配溶液的比旋光度$[\alpha]_D$ 为 +112°,此溶液在放置过程中,比旋光度$[\alpha]_D$ 逐渐下降,达到 +52.17°以后维持不变;从吡啶中结晶出来的葡萄糖,熔点 150℃,新配溶液的$[\alpha]_D$ 为 +18.7°,此溶液在放置过程中,比旋光度逐渐上升,也达 +52.17°以后维持不变。糖在溶液中,比旋光度自行转变为定值的现象称为变旋现象。

葡萄糖的变旋现象,是链状结构与环状结构形成平衡体系过程中的比旋光度变化所引起的。在溶液中 α-D-葡萄糖可转变为开链式结构,再由链式结构转变为 β-D-葡萄糖(环状结构);同样 β-D-葡萄糖也变转变为链式结构,再转变为 α-D-葡萄糖(环状结构)。经过一段时间后,三种异构体达到平衡,形成一个互变异构平衡体系,其比旋光度亦不再改变(如图 2-9 所示,葡萄糖链式结构向两种环状结构的转化)。

不仅葡萄有变旋现象,凡能形成环状结构的单糖,都会产生变旋现象。

4. 单糖的构象

哈沃斯透视式中,以五元环形式存在的糖(如果糖、核糖等),分子成环的碳原子和氧原子都处于一个平面内,但以六元环形式存在的糖(如葡萄糖、半乳糖等),分子成环的碳原子和氧原子不在一个平面内。此时,透视式也不能真实地反映出环状半缩醛糖的真正空间结构。

构象式能够更合理地反映其结构。所谓构象是指一个分子中,不改变共价键结构,仅单键周围的原子或基团旋转所产生的原子和基团的空间排布。一种构象改变为另一种构象时,不要求共价键的断裂和重新形成。构象改变不会改变分子的光学活性。

吡喃糖的构象有两种(图 2-11),其中以较稳定的椅式构象占绝对优势。图 2-12 是葡萄糖的椅式构象。

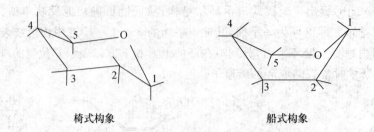

椅式构象   船式构象

图 2-11   吡喃葡萄糖的构象

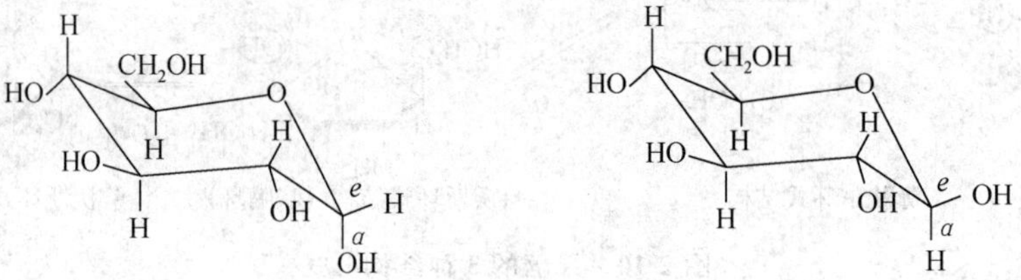

α-D-葡萄糖椅式构象   β-D-葡萄糖椅式构象

图 2-12   葡萄糖的椅式构象

对 D-型葡萄糖来说,直立环式右侧的羟基,在哈沃斯式中处在环平面下方;直立环式中左侧的羟基,在环平面的上方。成环时,为了使 C_5 上的羟基与醛基接近。C_4—C_5 单键须旋转 $120°$。因此,D 型糖末端的羟甲基即在环平面的上方了。C_1 上新形成的半缩醛羟基在环平面下方者为 α 型;在环平面上方者称为 β 型。

二、单糖的物理性质

1. 单糖的甜度

甜味是糖的重要物理性质,甜味的强弱用甜度来表示,不同的甜味物质其甜度大小不同。甜度是食品鉴评学中的单位,是一个相对值(甜度难以通过化学或物理的方法进行测定,只能通过感官比较法来得出相对的差别)。一般以 10% 或 15% 的蔗糖水溶液在 20℃ 时的甜度为 1.0,再确定其他甜味物质的甜度,因此又把甜度称为比甜度。表 2-3 为一些单糖的比甜度。

表 2-3   单糖的比甜度

糖类名称	比甜度	糖类名称	比甜度	糖类名称	比甜度
蔗糖	1.0	α-D-半乳糖	0.27	α-D-甘露糖	0.59
β-D-呋喃果糖	1.50	α-D-葡萄糖	0.70	α-D-木糖	0.50

不同的单糖其甜度不同,这种差别与分子质量及构型有关;一般地讲,分子质量越大,在水中的溶解度越小,甜度越小;环状结构的构型不同,甜度亦有差别,如葡萄糖的 α-构型甜度较大,而果糖的 β-构型甜度较大。

2. 旋光性

旋光性是一种物质使直线偏振光的振动平面发生旋转

> 思考:能测到糖溶液的比旋光度准确值吗?

的特性。旋光方向分为:右旋(+)、左旋(一)。除丙酮糖外,其余单糖分子结构中均有手性碳原子,因此都有旋光性,旋光性是鉴定糖的一个重要指标。

糖的比旋光度是指浓度为 1 g/mL 的糖溶液,其透光层厚度为 0.1 m 时,使偏振光旋转的角度,通常用 $[\alpha]_\lambda^t$ 表示。t 为测定时的温度,λ 为测定时的波长,一般采用钠光。常见单糖的比旋光度(20℃,钠光)如表 2-4 所示。

表 2-4　常见单糖 20℃(钠光)时的比旋光度值(°)$[\alpha]_D^{20}$

糖类名称	比旋光度	糖类名称	比旋光度	糖类名称	比旋光度	糖类名称	比旋光度
D-阿拉伯糖	−105.0	D-半乳糖	+80.2	L-阿拉伯糖	+104.5	D-木糖	+18.8
D-甘露糖	+14.2	D-果糖	−92.4	D-葡萄糖	+52.2		

刚溶解于水的糖,由于两种环状结构通过开链结构进行互相转化,其比旋光度处于变化中,但到一定时间后就会稳定在一恒定的旋光度上,即变旋现象。通过测定比旋光度确定单糖种类时,一定要注意静置一段时间(24 h)。

3. 溶解度

溶解过程以极性水分子为基础,单糖分子有多个羟基增加了它的水溶性,尤其是在热水中的溶解度,但不溶于乙醚、丙酮等有机溶剂。不同的单糖在水中的溶解度不同,果糖的溶解度最大,随着温度的变化,单糖在水中的溶解度亦有明显的变化,温度对溶解过程和溶解速度产生重大的影响。表 2-5 所示为一定温度范围内的饱和糖液的浓度及其溶解度。

表 2-5　单糖的溶解度及浓度

糖　类		20℃	30℃	40℃	50℃
果糖	浓度/%	78.94	81.54	84.34	86.94
	溶解度 g/100 g 水	374.78	441.70	538.63	665.58
葡萄糖	浓度/%	46.71	54.64	61.89	70.91
	溶解度 g/100 g 水	87.67	120.46	162.38	243.76

利用糖较大的溶解度及对渗透压的改变,抑制微生物的活性,能够达到延长食品保质期的目的。例如,果酱、蜜饯类食品用高浓度的糖长期保存。不过,糖的浓度只有在 70% 以上才能抑制酵母、霉菌的生长。在 20℃ 时,蔗糖、葡萄糖、果糖最高浓度分别是 66%、47%、79%,其中,果糖具有较好的食品保存性。

> 思考:生产果脯时,为什么不单独使用蔗糖或葡萄糖?

食品工业经常用果糖含量为 42%、55%、90% 的果葡糖浆代替果糖,当然,后者的保存性能较好。

4. 吸湿性、保湿性与结晶性

吸湿性是指糖在较高空气湿度条件下吸收水分的能力。保湿性反映糖在较低空气湿度下保持水分的能力。这两种性质对于保持食品的柔软性、弹性、储存及加工都有重要的意义。单糖中,果糖的吸湿性最强,葡萄糖次之。

> 思考:生产面包、糕点、软糖等食品时,为何多采用果糖或果葡糖浆?

不同的单糖其结晶形成的难易程度不同,如葡萄糖容易形成结晶且晶体细小,果糖和转化糖难结晶。

5. 冰点降低

在水中加入糖会引起溶液的冰点降低。糖的浓度越高,溶液冰点下降的越大。不同的糖,其降低冰点能力不同,在糖液浓度相同时,降低冰点程度:

葡萄糖＞蔗糖＞淀粉糖浆

应用:

> 糕点类冰冻食品生产,混合使用淀粉糖浆和蔗糖,其混合物的冰点降低较单独使用蔗糖小,能够节约用电;另外,低转化度的淀粉糖浆还可以促使冰晶细腻,黏稠度高,甜味适中。

6. 其他性质

单糖具有抗氧化性,有利于水果风味、颜色和维生素 C 含量的保持。单糖抗氧化的本质是在糖液中氧气的溶解度降低。

> **思考:** 为什么清凉型的饮料生产选用蔗糖,而果汁、糖浆等则选用淀粉糖浆?

单糖的黏度很低,且多数随着温度的升高而下降。在相同浓度下,糖液的黏度顺序为:

葡萄糖、果糖＜蔗糖＜淀粉糖浆

淀粉糖浆的黏度随转化度的增大而降低,蔗糖溶液的黏度也随温度的增大而降低。需要指出,葡萄糖溶液的黏度随温度的升高而增大。根据产品特点,选择性使用不同黏度的糖。

三、单糖的化学反应

单糖是多羟基醛或多羟基酮,具有醇羟基、醛基及羰基的一般化学性质,例如,醇羟基的酯化、成醚、缩醛反应,醛基的氧化及羰基的反应等,也有在食品或食品原料中发生的特殊的化学反应。

1. 美拉德反应

美拉德(Maillard)反应,又称羰氨反应,最初由法国化学家美拉德(Maillard, L. C.)于1912 年在将甘氨酸与葡萄糖的混合液共热时发现的,故以他的名字命名。美拉德反应指含羰基化合物(如糖分子)与含氨基化合物(如蛋白质等)通过缩合、聚合而生成类黑色素的反应。由于此类反应的产物是棕色缩合物,所以该反应又称为褐变反应,这种褐变不是由酶催化的,所以属于非酶褐变。

几乎所有的食品或食品原料内均含有羰基类物质和氨基类物质,因此均可能发生美拉德反应。在食品加工中由美拉德反应引起食品颜色加深的现象比较普遍,如焙烤面包、饼干产生的金黄色,烤肉产生的棕红色,松花皮蛋蛋清的茶褐色,啤酒的黄褐色以及酱油、陈醋的褐黑色等。

(1)美拉德反应过程。美拉德反应是食品的加热、长期贮存后发生褐变的主要原因,其反应过程非常复杂。该反应过程可分为初期、中期和末期 3 个阶段,每个阶段又分为若干反应。到目前为止,美拉德反应中还有许多反应的细节问题没有搞清楚。

①初期阶段:美拉德反应的初期阶段包括两个过程,即羟氨缩合(图 2-13)与分子重排(图

2-15、图 2-16)。

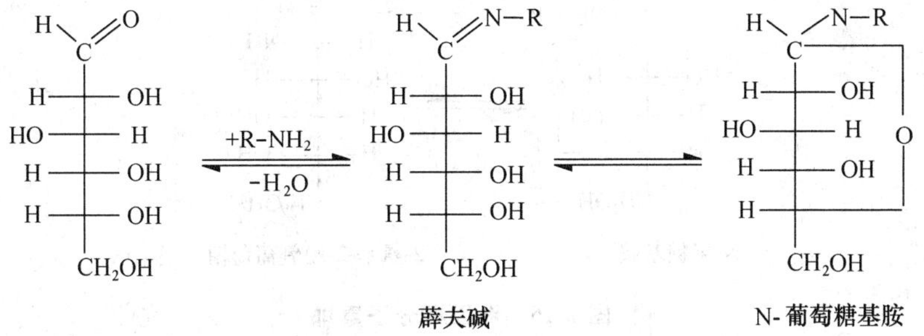

图 2-13 羰氨缩合反应

羰氨缩合:氨基化合物中的游离氨基与羰基化合物的游离羰基之间缩合,生成不稳定的亚胺衍生物,称为薛夫碱(Schiff's base),随后即转化为 N-葡萄糖基胺。在稀酸条件下,N-葡萄糖基胺极易水解。

羰氨缩合反应使游离氨基不断减少,反应体系的 pH 下降。因此,碱性条件有利于羰氨反应。

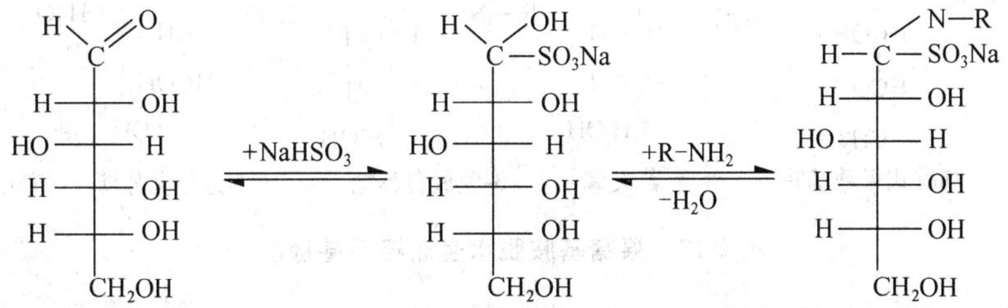

图 2-14 亚硫酸根与醛的加成反应

反应体系中如有亚硫酸根离子存在,能与醛加成(图 2-14),其产物再与 R—NH_2 缩合,使氨基受到结合而不再反应生成薛夫碱和 N-葡萄糖基胺,因此,亚硫酸根可以拟制羰氨反应。

分子重排:N-葡萄糖基胺在酸的催化下,经过阿姆德瑞(Amadori)分子重排作用,生成氨基脱氧酮糖即单果糖胺;酮糖与氨基化合物生成酮糖基胺,再经过海因斯(Heyenes)分子重排作用异构成 2-氨基-2-脱氧葡萄糖。

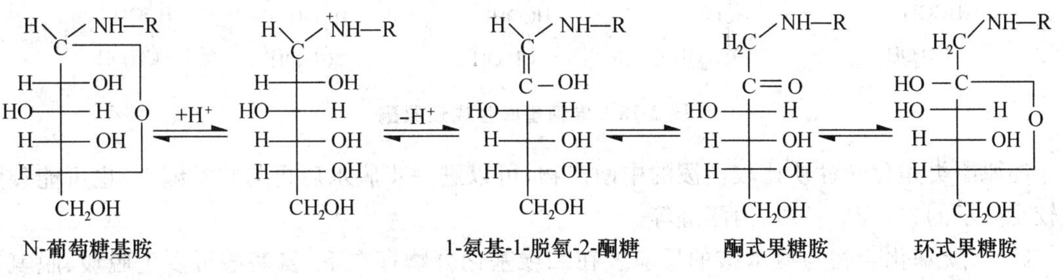

图 2-15 阿姆德瑞分子重排

②中期阶段:初期阶段的重排产物 1-氨基-1-脱氧-2-己酮糖(果糖基胺)在中期阶段反应的主要是分解途径,已经研究清楚的有以下 3 个途径:

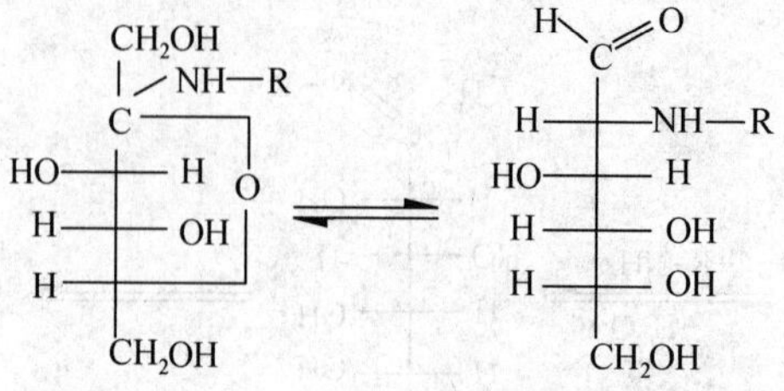

N-果糖基胺　　　　　2-氨基-2-脱氧葡萄糖

图 2-16　海因斯分子重排

A. 脱水转化成羟甲基糠醛(图 2-17)

生成羟甲基糠醛的结果是脱去胺残基($R-NH_2$)和糖衍生物的逐步脱水。如果含氮基团不消去,保留在分子上时的最终产物是 HMF 的薛夫碱。

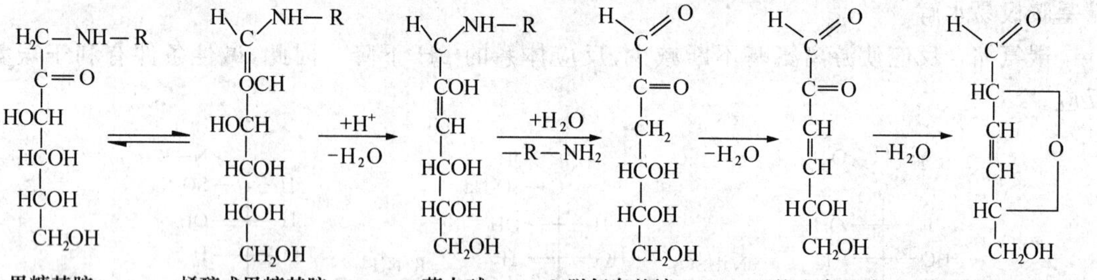

果糖基胺　　烯醇式果糖基胺　　　薛夫碱　　　3-脱氧奥苏糖　　不饱和奥苏糖　　羟甲基糠醛(HMF)

图 2-17　果糖基胺脱水生成羟甲基糠醛

研究表明,HMF 的积累与褐变速度有密切的相关性,HMF 的积累后不久就会发生褐变,因此,用分光光度计测定 HMF 积累水平可以作为预测褐变速度的指标。

B. 脱去胺基重排生成还原酮(图 2-18)

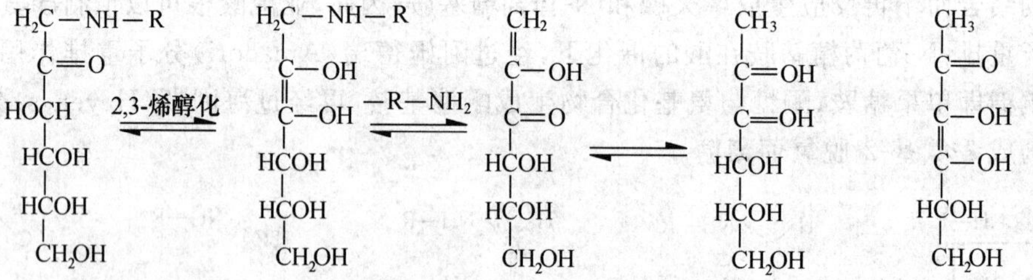

图 2-18　果糖基胺生成还原酮

还原酮类是化学性质比较活泼的中间产物,可以进一步脱水后再与胺类缩合,也可能裂解成较小分子的二乙酰、乙酸、丙酮醛等。

C. 二羰基化合物与氨基酸的反应。在二羰基化合物存在下,氨基酸可发生脱羧、脱氨反应,成为少一个碳的醛,氨基则转移至二羰基化合物上,这一反应称为斯特勒克(Strecker)降解反应。接受了氨基的二羰基化合物进一步形成了黑色素。美拉德发现在褐变反应中有二氧化碳放出,食品在贮存过程中会自发放出二氧化碳的现象也早有报道。但通过同位素示踪法证明,在羰氨反应中产生的二氧化碳中,有 90%～100% 来自氨基酸残基而不是来自糖残基部分。也就是说,在褐变反应体系中斯特勒克反应是产生二氧化碳的最主要来源。

③末期阶段。以上两个阶段虽无深色物质的形成,但前两个阶段尤其是中间阶段得到的许多产物及中间产物,如糠醛衍生物、二酮类等,仍然具有高的反应活性,这些物质可以相互聚合(包括醇醛缩合)而形成分子质量较大的深颜色的物质。

A. 醇醛缩合。两分子醛自身相互缩合,进一步脱水生成不饱和醛的过程(图 2-19)。

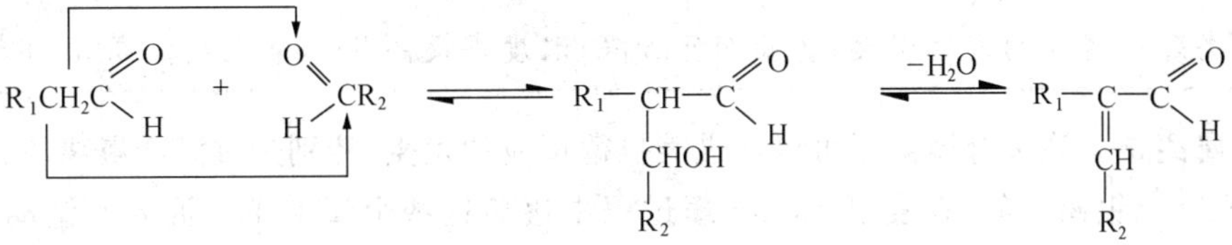

图 2-19 醇醛缩合

B. 生成黑色素的聚合反应。中期反应后的产物中有糖醛及其衍生物、二羰基化合物、还原酮类、由斯特勒克降解和糖的裂解所产生的醛等,这些产物进一步缩合、聚合形成复杂的高分子色素。

(2)影响美拉德反应的因素。

①羰基化合物的影响。还原糖的美拉德反应速度相差近 10 倍。如:

五碳糖(核糖>阿拉伯糖>木糖)>六碳糖(半乳糖>甘露糖)>葡萄糖

二糖或多聚糖由于分子质量增大反应的活性迅速降低。

食品中其他羰基类化合物,最容易发生美拉德反应的是 α、β 不饱和醛类(如 2-己烯醛);其次是 α-双羰基化合物;酮类的反应速度最慢(如还原酮类的抗坏血酸分子易被氧化成为 α-双羰基化合物)。

②氨基化合物的影响。氨基类化合物除氨基酸外,胺类、蛋白质、肽类也具有一定的反应活性。褐变反应速度比较:

胺类>氨基酸

碱性氨基酸>中性/酸性氨基酸

ε-氨基(或碳链末端)的氨基酸>α-氨基的氨基酸

蛋白质的褐变速度也十分缓慢。

③pH 的影响。美拉德反应在酸、碱环境中均能发生,但 pH 3 以上及碱性条件有利于美拉德反应的进行,而酸性环境,特别是 pH 3 以下可以有效地防止褐变反应的发生。

> 思考:为何泡菜类高酸性食品不易褐变?

④反应物浓度、含水及含脂肪量。美拉德反应与反应物浓度成正比;完全干燥的情况下美拉德反应难以发生,含水量在 10%～15% 时容易发生;脂肪含量特别是不饱和脂肪酸含量高的脂类化合物含量增加时,美拉德反应容易发生。

> 应用:
>   生产干蛋粉时,蛋粉干燥前加酸降低 pH,而在蛋粉复原时,要加碳酸钠来恢复 pH,实现有效抑制蛋粉褐变。

⑤温度。储藏或加工温度对美拉德反应的影响很大,温度相差 10℃,褐变的速度相差 3～5 倍。一般在 30℃以上褐变较快,而在 20℃以下则进行较慢。

不需要褐变的食品,在加工和贮存时以低温为宜,如将食品置于 10℃以下冷藏,可较好地防止褐变通。

> **应用:**
> 提高酿造酱油的发酵温度,酱油颜色加深;温度每提高 5℃,着色度提高 35.6%。

⑥金属离子。许多金属离子可以促进美拉德反应的发生,特别是过渡金属离子,如铁离子($Fe^{3+} > Fe^{2+}$)、铜离子等,在食品加工处理过程中避免这些金属离子的混入。钠离子对褐变没有影响。

> **应用:美拉德(Maillard)反应**
> ● **产生香气和色泽** 美拉德反应能产生人们所需要或不需要的香气和色泽,如茶叶的制作,可可豆、咖啡的烘焙,酱油的后期加热等;还原糖与牛奶蛋白质反应时,可以产生乳脂糖及奶糖的风味。在板栗、鱿鱼的生产、储藏,焦香糖果生产、奶制品加工与储藏中、果蔬饮料生产中却要有效地控制美拉德反应,避免产生是不受人欢迎的颜色。
> ● **降低营养价值** 还原糖同蛋白质部分肽段上的氨基酸相互结合,特别是必需氨基酸 L-赖氨酸所受影响最大(赖氨酸含有 ε-氨基,即使存在于蛋白质分子中也能参与美拉德反应),在精氨酸和组氨酸的侧链中也都含有能参与美拉德反应的含氮基团。蛋白质与糖结合,结合产物不易被酶利用,营养成分不被消化。
> ● **抗氧化性的产生** 美拉德反应产生的褐变色素中生成醛、酮等还原性中间产物,它们对油脂类自动氧化表现出抗氧化性。
> ● **产生有毒物质** 控制美拉德反应的措施 降低加热的温度和加热的时间、减少水分含量、降低 pH 等。

2. 焦糖化反应

糖尤其是单糖在没有氨基化合物存在的情况下,加热到熔点以上(一般为 140～170℃以上)时,会因发生脱水、降解等过程而产生褐变反应,这种反应称为焦糖化反应,又叫卡拉密尔作用(Caramelization)。

糖在强热条件下生成两类物质,一类是糖的脱水产物,即焦糖或酱色(Caramel);另一类是裂解产物,即一些挥发性的醛、酮类物质,它们能够进一步缩合、聚合,最终形成深色物质。焦糖化反应包括两方面产生的深色物质。这些反应在酸性、碱性条件下均可进行,其中,碱性条件下反应速度更快。

①形成焦糖。在无水条件下,加热糖或者高浓度的糖液用稀酸处理,能发生焦糖化反应。由葡萄糖能生成右旋光性的葡萄糖酐(1,2-脱水-α-D-葡萄糖)和左旋光性的葡萄糖酐(1,6-脱水-β-D-葡萄糖),两者的比旋光度分别为+69°和-67°,酵母菌只能发酵前者(用于区别两种焦糖反应产物)。同样条件下,果糖形成果糖酐(2,3-脱水-β-D-呋喃果糖)。在食品工业,利用蔗糖形成焦糖色素分为 3 个阶段。

A. 初始反应。蔗糖熔融,加热到 200℃时,经过 35 min 起泡,蔗糖同时发生水解和脱水两种反应,并迅即进行脱水产物的二聚合作用,产物为失去 1 分子水的蔗糖,叫做异蔗糖酐(无甜味且有温和的苦味)。

B. 二次起泡。异蔗糖酐生成后,起泡暂停。再次发生起泡现象,持续时间约为 55 min,此期间失水量达 9%,形成焦糖酐,平均分子式为 $C_{24}H_{36}O_{18}$。

$$2C_{12}H_{22}O_{11} \longrightarrow C_{24}H_{36}O_{18} + 4H_2O$$

焦糖酐的熔点为 138℃,能溶于水及乙醇,味苦。

C. 脱水形成焦糖稀。

$$3C_{12}H_{22}O_{11} \longrightarrow C_{36}H_{50}O_{25} + 8H_2O$$

焦糖稀的熔点为 154℃,可溶于水。继续加热,则生成高分子量的深色物质,称为焦糖素(Caramelin),分子式为 $C_{125}H_{188}O_{80}$。这些色素的聚合分子结构目前还不十分清楚,但可以肯定有羰基、羧基、羟基和酚羟基等官能团的存在。

> **应用:**
>
> 　pH 为 4~5 的饮料中使用等电点 pH 为 4.6 的焦糖,饮料就会凝絮、浑浊甚至出现沉淀。

焦糖表现为胶态,等电点在 pH 3.0~6.9,随制造方法的不同,pH 也可能更低。磷酸盐、无机酸、碱、柠檬酸、延胡索酸、酒石酸、苹果酸等对焦糖的形成有催化作用。

②形成糠醛和其他醛。糖在强热下的另一类变化是发生裂解脱水,生成一些醛类性质的活泼物质,也称为活性醛。如在酸性条件下加热,单糖脱水形成糠醛或糠醛微生物,经聚合或与胺类反应,生成深色色素;在碱性条件下加热单糖通过互变异构生成烯醇糖后,再断裂生成甲醛、五碳糖、乙醇糖、四碳糖、甘油醛、丙酮醛等,同样经过复杂缩合、聚合反应或发生羰氨反应生成黑褐色的物质。

单糖的熔点不同,焦糖化作用的速度也不同。例如,葡萄糖的熔点为 146℃,麦芽糖的熔点为 103℃,果糖的熔点为 95℃,由果糖引起的焦糖化反应最快。焦糖化作用控制得当,焙烤、油炸等产品会有悦人的色泽与风味。

蔗糖最常用于制造焦糖色素和风味物,通过催化剂加速反应,控制反应产物为不同类型的焦糖色素。

> **应用:商品焦糖色素**
>
> 　A. 耐酸焦糖色素。蔗糖在亚硫酸氢铵催化下加热形成,其水溶液 pH 2~4.5。含有负电荷的胶体离子;常用在可乐饮料、其他酸性饮料、焙烤食品、糖浆、糖果等产品的生产中。
>
> 　B. 糖与铵盐加热所得色素。红棕色,含有带正电荷的胶体离子,水溶液 pH 4.2~4.8;用于焙烤食品、糖浆、布丁等的生产。
>
> 　C. 蔗糖直接加热所得色素。红棕色,含有略带负电荷的胶体离子,水溶液的 pH 3~4;用于啤酒和其他含醇饮料的生产。

3. 与碱的作用

碱性溶液中糖的稳定性与温度关系密切，温度较低时单糖相当稳定，但随着温度升高，会很快发生异构化和分解反应，当然，反应进行的程度和产物的比例还受到其他因素的影响，如糖的种类和结构、碱的种类和浓度、作用的时间等。

(1)异构化反应(图 2-20)。葡萄糖用稀碱液处理时，会部分转变为甘露糖和果糖，成为复杂的混合物。

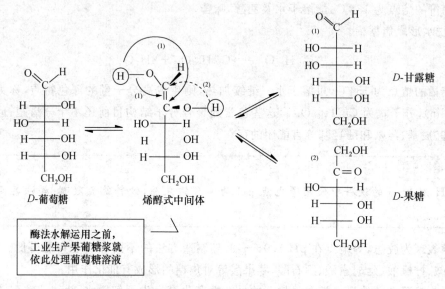

D-葡萄糖
烯醇式中间体
D-甘露糖
D-果糖
酶法水解运用之前，
工业生产果葡糖浆就
依此处理葡萄糖溶液

图 2-20 *D*-葡萄糖的差向异构

用稀碱处理 *D*-果糖或 *D*-甘露糖，也能得到相同的平衡混合物。

在含有多个手性碳原子、具有旋光性的异构体之间，凡只有一个手性碳原子的构型不同时，互称为差向异构体。*D*-葡萄糖和 *D*-甘露糖就是 C_2 差向异构体。因此，用稀碱处理 *D*-葡萄糖得到 *D*-葡萄糖、*D*-甘露糖、*D*-果糖三种物质平衡混合物的反应叫做差向异构化。

(2)分解反应与糖精酸的生成(图 2-21)。单糖与浓碱作用时，糖分解产生较小分子的糖、酸、醇和醛类化合物。例如，己糖受碱作用，先发生连续烯醇化，然后，在氧化剂作用下从双键处裂开，生成含 1、2、3、4 和 5 个碳原子的分解产物；若没有氧化剂存在，碳链断裂的位置为距离双键的第二单键上。

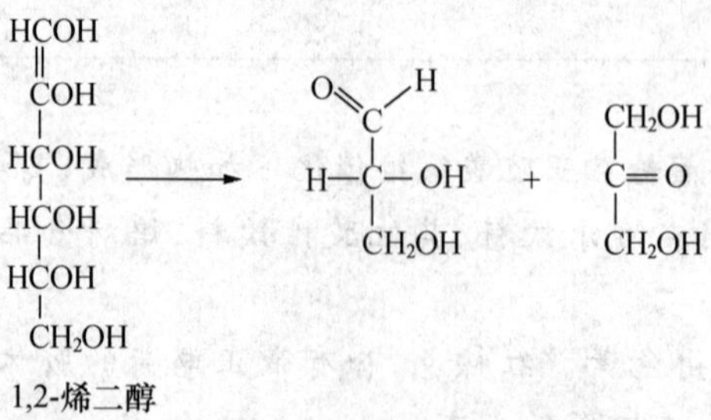

1,2-烯二醇

图 2-21 无氧化剂时糖与浓碱的反应

在浓碱环境中，糖除了分解外，随着碱浓度的增加或加热反应时间的延长，糖还会发生分

子内氧化与重排作用生成羧酸,此羧酸的总组成与原来糖的组成相似,称为糖精酸类化合物。糖精酸有多种异构体,因碱浓度不同而异。

酮糖在浓盐酸存在下与间苯二酚共热,能生成红色物质(红色)(醛糖只会有很浅的颜色),这种反应称为西里瓦诺夫试验(Sellwaneffs' test),能够鉴别酮糖和醛糖。

(3)与酸的作用。微弱的酸度就能促进单糖 α 和 β-异构体的转化。在室温下,稀酸对糖的稳定性无影响,但在较高温度下,能发生复合反应生成低聚糖。

```
┌ ─ ─ ─ ─ ─ ─ ─ ─ ─ ─ ─ ─ ─ ─ ─ ─ ─ ─ ─ ─ ─ ─ ┐
  鉴定:酮糖、醛糖
      在浓盐酸存在下与间苯二酚共热,酮糖能生成红色物质(呈红色),醛糖只会有很浅的
  颜色,此鉴定称为西里瓦诺夫试验(Sellwaneffs' test)。
└ ─ ─ ─ ─ ─ ─ ─ ─ ─ ─ ─ ─ ─ ─ ─ ─ ─ ─ ─ ─ ─ ─ ┘
```

糖和强酸共热,脱水生成糠醛。例如,戊糖生成糠醛,己糖生成5-羟甲基糠醛,己酮糖较己醛糖更易发生反应。糠醛与5-羟甲基糠醛都能与某些酚类作用生成有色的缩合物,利用这个性质能够鉴定糖类。

糖的脱水反应与 pH 有关。经验表明,在 pH 为 3.0 时,5-羟甲基糠醛的生成量和有色物质的生成量都低,同时有色物质的生成随反应时间和浓度的增加而增高。

> 思考:为何所有单糖(酮糖、醛糖)都是还原糖?

(4)糖的氧化与还原反应。单糖含有游离醛基或酮基,在稀碱溶液中酮基又能异构为醛基,既可被氧化成酸,又可被还原为醇。

A. 在弱氧化剂(如多伦试剂、费林试剂)中,单糖可被氧化成糖酸(图 2-22)。

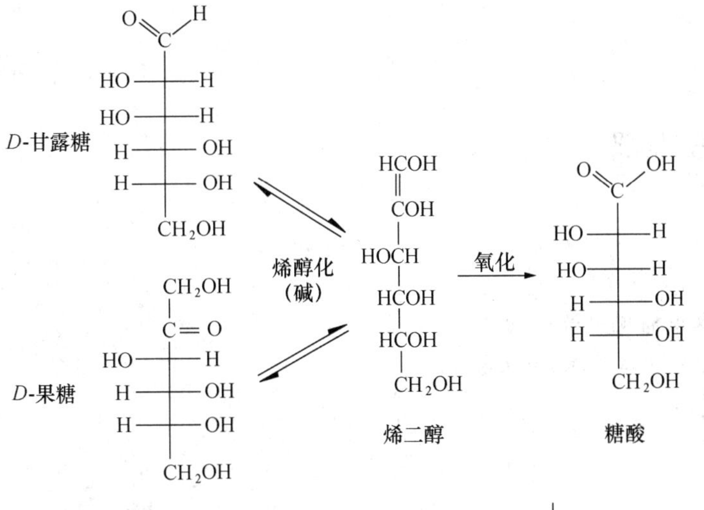

$$C_6H_{12}O_6+2[Ag(NH_3)_2]OH \xrightarrow{\triangle} C_6H_{11}O_7NH_4+2Ag\downarrow+3NH_3+H_2O$$

$$C_6H_{12}O_6+2Cu(OH)_2 \xrightarrow{NaOH} C_6H_{12}O_7+Cu_2O\downarrow+H_2O$$

图 2-22 糖的氧化与还原反应

B. 在溴水中,醛糖中醛基被氧化成羧基而生成糖酸,在加热时很易失水而得到 γ 和 δ-内酯。例如,D-葡萄糖酸和 D-葡萄糖酸-δ-内酯(GDL)。GDL 是一种温和的酸味剂,适用于肉制品与乳制品,特别在焙烤食品中可以作为膨松剂的组分;葡萄糖酸与钙离子生成葡萄糖酸钙,

是口服补钙制剂。

> **区别:酮糖、醛糖**
>
> 　加入溴水后稍加热,醛糖中溴水的棕色即可褪去,酮糖则不被氧化。

C. 用浓硝酸氧化时,单糖的醛基和伯醇基都能被氧化,生成具有相同碳原子数的二元酸。酮糖在强氧化剂作用下,在酮基裂解,生成草酸和酒石酸。

单糖与强氧化剂反应,能完全被氧化生成二氧化碳和水。

> **鉴定:半乳糖、其他己醛糖**
>
> 　半乳糖氧化后生成半乳糖二酸,不溶于酸性溶液,而其他己醛糖氧化后生成的二元酸都能溶于酸性溶液。

D. 葡萄糖在氧化酶的作用下,可以保持醛基不被氧化,只有第六号碳原子上的伯醇基被氧化生成羧基而形成葡萄糖醛酸。后者能与人体中的某些有毒物质结合形成苷类并随尿排出体外,从而起到解毒作用;人体内过多的激素和芳香物质也能与葡萄糖醛酸生成苷类从体内排出。

E. 单糖被还原成相应的糖醇。例如,葡萄糖被还原成 D-葡萄糖醇,又称山梨醇;D-甘露糖或 D-果糖经还原可得到甘露糖醇;木糖经还原可得到木糖醇。糖醇主要用于食品和医药加工业,山梨糖醇的甜度为蔗糖的 50%,可添加到糖果、糕点、香烟、调味品及化妆品中延长货架期或保湿剂;木糖醇的甜度为蔗糖的 70%,可替代蔗糖作为糖尿病患者的疗效食品或抗龋齿的胶姆糖的甜味剂。

任务 3　果胶提取

【要点】

1. 熟悉提取柑橘皮中果胶的方法。
2. 具备从柑橘中提取果胶的能力。

【工作过程】

一、清洗

称取新鲜柑橘皮 20 g(干品为 8 g),用清水洗净后,放入 250 mL 烧杯中,120 mL 水,加热至 90℃保温 5~10 min,使酶失活。用水冲洗后,切成 3~5 mm 大小的颗粒,用 50℃左右的热水漂洗,直至水为无色,果皮无异味为止。每次漂洗都要把果皮用尼龙布挤干,再进行下一次漂洗。

二、水解

将处理过的果皮粒放入烧杯中,加入 0.02 mol/L 的盐酸以浸没果皮为度,调溶液的 pH

在 2.0～2.5。加热至 90℃,在恒温水浴中保温 40 min,保温期间要不断地搅动;趁热用垫有尼龙布(100 目)的布氏漏斗抽滤,收集滤液。

思考:多次漂洗、挤干的作用是什么? 在盐酸存在和调节 pH 为2.0～2.5条件下,水浴、抽滤又是为何?

三、脱色

在滤液中加入 0.5%～1% 的活性炭,加热至 80℃,脱色 20 min,趁热抽滤(如橘皮漂洗干净,滤液清澈,则可不脱色)。

四、沉淀

滤液冷却后,用 6 mol/L 氨水调至 pH 在 3～4,在不断搅拌下缓缓地加入 95% 乙醇溶液,加入乙醇量为原滤液体积 1.5 倍(使其中乙醇的质量分数达到 50%～60%)。乙醇加入过程中即可看到絮状果胶物质析出,静置 20 min 后,用尼龙布(100 目)(或四层纱布)过滤制得湿果胶。

五、干燥

将湿果胶转移于 100 mL 烧杯中,加入 30 mL 无水乙醇洗涤湿果胶,再用尼龙布过滤、挤压。将脱水的果胶放入表面皿中摊开,在 60～70℃烘干。将烘干的果胶磨碎过筛,制得干果胶。

六、相关知识

1. 果胶的分布

果胶物质广泛存在于植物中,主要分布于细胞壁之间的中胶层,尤其以果蔬中含量为多。不同的果蔬含果胶物质的量不同,山楂约为 6.6%,柑橘为 0.7%～1.5%,南瓜含量较多,为 7%～17%。在果蔬中,尤其是在未成熟的水果和果皮中,果胶多数以原果胶存在,原果胶不溶于水,用酸水解,生成可溶果胶,再进行脱色、沉淀、干燥即得商品果胶。

2. 柑橘皮果胶

从柑橘皮中提取的果胶是高酯化度的果胶,在食品工业中常用来制作果酱、果冻等食品。

七、仪器与试剂

1. 仪器

布氏漏斗、白瓷板、抽滤瓶、玻璃棒、尼龙布(100 目)、表面皿、精密 pH 试纸或 pH 计、烧杯、电子天平、小刀、真空泵。

2. 材料

柑橘皮(新鲜)、山楂(新鲜)。

3. 试剂

(1)95% 乙醇、无水乙醇。

(2)0.02 mol/L 盐酸溶液。

(3)6 mol/L 氨水。

(4)活性炭。

八、相关提示

①脱色中如抽滤困难可加入 2%～4% 的硅藻土作助滤剂。

②湿果胶用无水乙醇洗涤,可进行 2 次。

③滤液可用分馏法回收乙醇。

【考核要点】

1. pH 计使用。

2. 布氏抽滤操作。

3. 果胶获得率。

【思考题】

1. 本任务提取果胶时,为什么要加热使酶失活?

2. 工业生产果胶,可用什么果蔬为提取原料?

【必备知识】 糖类

一、糖的结构

从分子结构上看,糖类是多羟基醛或多羟基酮以及它们脱水缩合的产物。从元素组成上看,糖由 C、H、O 3 种元素组成;由于最初发现的糖类化合物中 H 与 O 元素之比为 2∶1,分子式可以写成 $C_n(H_2O)_m$ 的形式,所以称为碳水化合物(carbohydrate)。现在已经知道,2-脱氧核糖($C_5H_{10}O_4$)分子中 H 和 O 元素之比不是 2∶1,鼠李糖($C_6H_{12}O_5$)也如此,但它们是糖;醋酸、乳酸等分子的 H 和 O 元素之比为 2∶1,但不是糖;由甲壳素得到的壳聚糖,其分子中含有 N 元素,也不符合糖的通式。所以,"碳水化合物"这一称谓不十分确切。

糖类化合物可以定义为多羟基的醛类、酮类化合物或其聚合物及其各类衍生物。单糖中含有酮基、醛基和数个羟基,能够发生醛酮类、醇类化合物的化学反应,容易被氧化、酰化、胺化和发生亲核加成反应;半缩醛的形成使得单糖既可以开链结构存在,也可以环状结构存在;同时,半缩醛的形成可使单糖能与其他成分或单糖以苷键结合,形成自然界广泛存在的低聚糖、多糖和苷类化合物。

二、糖的分类

1. 根据糖的来源

可分为植物性糖(蔗糖、果糖、淀粉、纤维素等)、动物性糖(乳糖、糖原等)及微生物糖。

2. 根据糖的功能

可分为支持性糖(如纤维素)、储备性糖(淀粉和糖原)、凝胶性糖(果胶、琼脂)等。

3. 根据糖分子的化学结构

可分为单糖、低聚糖和多糖。凡是不能被进一步水解成更小分子的糖,被称为单糖。单糖是糖类的基础单元。凡是可以水解生成少数(2～10 个)单糖分子的糖,称为低聚糖。凡是水解时可以生成多个单糖分子的糖,就称作为多糖。多糖是由多个单糖分子相互连接形成的,单糖残基数目差别很大,可变动在 10～5 000。

三、食品糖类的性能

糖类化合物是食品工业的主要原料,也是大多数食品的重要组成成分,具有不可替代的生理功能和加工性能。

1. 食品中的糖类化合物

(1)谷物中的游离糖类。谷物中游离单糖及多糖含量很低,如大米 $0.19\%\sim0.2\%$、小麦 $0.1\%\sim2.4\%$、大豆 0.1%、玉米 $0.6\%\sim0.9\%$、鲜嫩菜青豆 2.3%、鲜青豌豆 0.55%。

(2)蔬菜中单糖和蔗糖的含量(表 2-6)。

表 2-6 蔬菜中的葡萄糖、果糖和蔗糖的含量 %

名称	D-葡萄糖	D-果糖	蔗糖
甜菜	0.18	0.16	6.11
胡萝卜	0.85	0.85	4.24
黄瓜	0.86	0.86	低
菠菜	0.09	0.04	低
洋葱	2.07	1.09	低
甜玉米	0.34	0.31	3.03
甘薯	0.33	0.30	3.07

(3)水果中单糖和二糖的含量(表 2-7)。

表 2-7 水果中葡萄糖、果糖和蔗糖的含量 %

名称	D-葡萄糖	D-果糖	蔗糖
苹果	1.17	6.04	3.78
葡萄	6.68	7.84	2.25
桃	0.91	1.18	6.92
梨	0.95	6.77	1.61
樱桃	6.49	7.38	0.22
香蕉	6.04	2.01	10.03
西瓜	0.74	3.42	3.11
番茄	1.52	1.51	0.12
蜜橘	1.50	1.10	6.01

2. 糖主要的生理功能

(1)构成机体的重要物质。糖是构成机体的重要物质,并参与细胞的许多生命活动。糖可与脂类形成糖脂,是构成神经组织与细胞膜的成分;糖还可与蛋白质结合成糖蛋白及黏蛋白,其中,糖蛋白是一些具有重要生理功能的物质如某些抗体、酶和激素的组成部分;纤维素、半纤维素、木质素是植物细胞壁的主要成分;肽聚糖是细菌细胞壁的主要成分;核糖和脱氧核糖是核酸的重要组成成分。

(2)提供能量。糖的主要功能是提供热能。植物的淀粉和动物的糖原都是能量的储存形式。每克葡萄糖在人体内氧化产生 $4.17\ kJ$ 能量,它相当于 $1\ g$ 蛋白质提供的热量和 $0.44\ g$ 脂肪提供的热量。人体所需要的 70% 左右的能量由糖提供。糖作能源具有很大的优点,在正常条件下它能促进脂肪的利用,从而减少脂肪积累避免肥胖症,它与脂肪蛋白质相比更为经济和丰富。糖是人和动物体主要的供能物质。

(3)维持神经系统的功能与解毒。机体大多数体细胞都可由脂肪和蛋白质代替糖作为能源,但脑神经组织需要葡萄糖作为能源,血、脑中缺葡萄糖将引起不良反应。另外,机体肝糖原丰富则对某些细菌毒素抵抗能力增强。动物实验显示,肝糖原不足则对酒精、砷等毒素解毒作用下降。葡萄糖醛酸是葡萄糖的代谢产物,它对某些药物如吗啡、水杨酸、磺胺类药物有解毒作用。

(4)抗生酮作用。脂肪在体内的正常代谢需要糖的参与。糖不足,脂肪氧化不完全,会产生过量的酮体,导致酮血症。充足的糖具有抗生酮作用。

(5)节约蛋白质作用。当机体的糖供给充足时,可免于蛋白质作为能源物质而过多地消耗,而有利于发挥蛋白质特有的生理功能。这种生理作用称为糖对蛋白质的保护。

(6)细胞间识别和生物分子间的识别。细胞膜表面糖蛋白的寡糖链参与细胞间的识别。一些细胞的细胞膜表面含有糖分子或寡糖链,构成细胞的天线,参与细胞通信。红细胞表面A、B、O 血型决定簇就含有岩藻糖。

3. 糖主要的加工性能

在食品加工工艺中,糖类主要表现在以下几个方面。

(1)亲水性能。糖含有许多亲水性羟基,羟基靠氢键键合与水分子相互作用,使糖及其聚合物发生溶剂化或者增溶。

糖类化合物结合水的能力和控制食品中水的活性是最重要的功能性质之一,结合水的能力通常称为保湿性。根据这些性质可以确定不同种类食品是需要限制从外界吸入水分或是控制食品中水分的损失,如生产糖霜粉时需添加不易吸收水分的糖,生产蜜饯、焙烤食品时需添加吸湿性较强的淀粉糖浆、转化糖、糖醇等。

(2)风味前体功能。低分子质量糖类化合物的甜味是最容易辨别和令人喜爱的性质之一。蜂蜜和大多数果实的甜味主要取决于蔗糖、D-果糖或 D-葡萄糖的含量。

人能感受到的甜味因糖的组成、构型和物理形态而异。自然界中还存在少量只有较高甜味的糖苷如甜菊苷、甜菊双糖苷、甘草甜素等。一些多糖水解后的产物可作为甜味剂,如淀粉水解的产物淀粉糖浆、麦芽糖浆、果葡糖浆、葡萄糖等。一些糖的非酶褐变反应除了产生深颜色类黑精色素外,还生成多种挥发性风味物。

当产生的挥发性和刺激性产物超过一定范围时,也会使人产生厌恶感。

(3)风味结合功能。通过喷雾或冷冻干燥后脱水的食品,糖在脱水过程中对于保持食品的色泽和挥发性风味成分起着重要作用,它可以使糖水的相互作用转变成糖-风味剂的相互作用。

$$糖\text{-}水+风味剂\Longleftrightarrow 糖\text{-}风味剂+水$$

应用 1:生成风味物质

面包香味:亮氨酸与葡萄糖在高温下反应产生。

烤猪肉香味:核糖和半胱氨酸。

烤牛肉香味:核糖和谷胱甘肽。

葡萄糖和氨基酸 100℃时产生的焦糖香味。

应用 2:产生色泽

焙烤面包的金黄色、烤肉的棕红色、松花皮蛋蛋清的茶褐色、熏蒸产生的棕褐色、啤酒的黄褐色、酱油和陈醋的褐黑色。

食品中的双糖比单糖能更有效地保留挥发性风味成分,双糖和相对分子质量较大的低聚糖是有效的风味结合剂。例如,沙丁格糊精因能形成包合结构,所以能有效地截留风味剂和其他小分子化合物。

(4)调节食品风味。糖能发生焦糖化反应和美拉德反应,反应的产物富有特殊的风味和颜色。

(5)增稠、胶凝和稳定作用。多糖(亲水胶体或胶)主要具有增稠和胶凝的功能,此外,还能控制流体食品与饮料的流动性质与质构特性以及改变半固体食品的变形性等。在食品生产中,一般使用0.25%～0.5%浓度的胶即能产生极大的黏度甚至形成凝胶。

四、多糖——果胶

果胶广泛存在于植物中,尤以水果、蔬菜中含量较多。果胶物质存在于植物细胞的细胞壁和包间层中,起着将细胞黏在一起的作用。

果胶是部分甲酯化的 D-半乳糖醛酸通过 α-1,4-糖苷键连接形成的线性多糖,主要为半乳糖醛酸骨架,另外还有少量的鼠李糖、半乳糖、阿拉伯糖、木糖构成侧链,相对分子质量为32 000～71 000。各种果胶的主要差别是它们的甲氧基含量或酯化度不同。植物成熟时甲氧基和酯化度略微减少,酯化度(DE)用 D-半乳糖醛酸残基总数中 D-半乳糖醛酸残基的酯化分数×100表示。例如,酯化度50%的果胶的化学结构片段如图2-23所示。

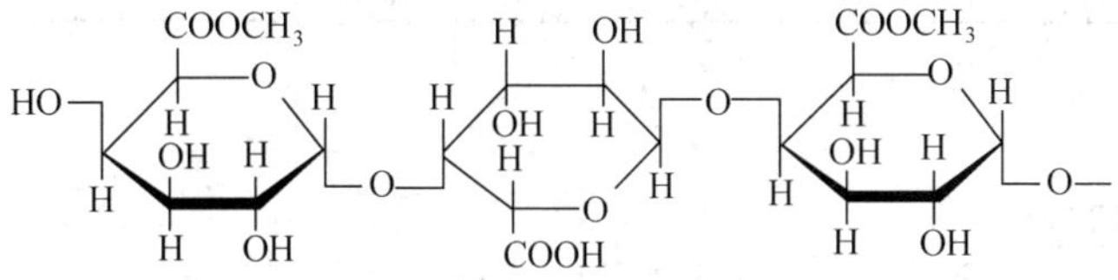

半乳糖醛酸甲酯　　　半乳糖醛酸　　　半乳糖醛酸甲酯

图2-23　果胶化学结构示意图

将酯化度大于50%的果胶通常称为高甲氧基果胶,酯化度低于50%的是低甲氧基果胶。原果胶是未成熟的果实、蔬菜中高度甲酯化且不溶于水的果胶,它使果实、蔬菜具有较硬的质地。果胶酯酸是甲酯化程度不太高的果胶,原果胶在原果胶酶和果胶甲酯酶的作用下转变成果胶酯酸。果胶酯酸因聚合度和甲酯化程度的不同可以是胶体形式或水溶性的,水溶性果胶酯酸又称为低甲氧基果胶,果胶酯酸在果胶甲酯酶的持续作用下,甲酯基可全部脱去,形成果胶酸。

果胶能形成具有弹性的凝胶,凝胶加热至温度接近100℃时仍保持其特性。果胶的胶凝作用不仅与其浓度有关,而且因果胶的种类而异,普通果胶在浓度1%时可形成很好的凝胶。低酯化度果胶在没有糖存在时也能形成稳定的凝胶,但必须有二价金属离子(M^{2+})存在。例如,钙离子在果胶分子间形成交联键,随着 Ca^{2+} 浓度的增加,胶凝温度和凝胶强度也增加,这种凝胶为热可塑性凝胶,常用来加工不含糖或低糖营养果酱或果冻。低甲氧基果胶对pH的变化没有普通果胶那样敏感,在pH 2.5～6.5可以形成凝胶,而普通果胶只能在pH 2.7～3.5形成凝胶,最适pH为3.2。虽然低甲氧基果胶不添加糖也能形成凝胶,但加入10%～20%的蔗糖可明显改善凝胶的质地。低甲基果胶凝胶中如果不添加糖或增塑剂,则比普通果胶的凝胶更容易脆裂,且弹性小。钙离子对凝胶的硬化作用适用于增加番茄、酸黄瓜罐头的硬度,以及制备含低甲氧基果胶的营养果酱和果冻。

果胶凝胶在受到弱的机械力作用时,会出现可塑性流动,作用力强度增大会使凝胶破碎。

目前,商品果胶主要原料仍然是柑橘类果皮和苹果渣,在 pH 1.5～3 和温度 60～100℃提取,然后通过离子(如 Al^{3+})沉淀纯化,使果胶形成不溶于水的果胶盐,沉淀用酸性乙醇洗涤以除去添加的离子。另外,柠檬皮的果胶平均含量高达 35.5 %,橘皮为 25 %,葡萄皮中平均含量达 20 %。

果胶常用于制作果酱和果冻的胶凝剂,生产酸奶的水果基质,以及饮料和冰淇淋的稳定剂与增稠剂。

应用:果胶加工

　　果冻的冻胶态,果酱、果泥的黏稠度,果丹皮的凝固态,都是依赖果胶的胶凝作用来实现的。水果中山楂的果胶含量最高,因此,山楂是生产果糕、果冻、果酱的最好原料。山楂中所含的果胶是高甲氧基果胶(甲氧基含量在 7%以上),容易形成凝胶。高甲氧基果胶形成凝胶的条件是 pH 2～3.5,最适 3.1;含糖量达 50%;温度 50℃以下;生产果糕、果冻、果酱时要创造这样的条件,才能生产出优质的产品。

　　由柠檬皮制得的果胶最易分离,质量最高。

任务 4　褐变控制

【要点】

1. 食品褐变及控制酶促褐变方法与手段。

2. 应用于食品加工的非酶褐变。

【工作过程】

一、酶促褐变控制

①将苹果、马铃薯、西瓜、橘子去皮切片后,分置于表面皿上,20 min 后观察各样品颜色的变化,记录结果,分析原因。

②取 8 个烧杯,1～8 编号,依以下要求操作:

1# 空杯置于空气中;

2# 加近沸的蒸馏水;

3# 加蒸馏水(室温);

4# 加 5%抗坏血酸溶液;

5# 加 5%亚硫酸氢钠溶液;

6# 加 0.5%柠檬酸和 0.3%抗坏血酸等体积混合液。

a.将马铃薯(或苹果)去皮后,切成 5.0 cm×1.5 cm×0.5 cm 的薄片(7 片)分别置于 1#～

$6^{\#}$ 号烧杯中，$3^{\#}$ 烧杯置两片，其溶液均要浸没样品。

b. 0.5 min 后从 $2^{\#}$ 烧杯中取出样品，置于干燥的 $7^{\#}$ 烧杯中。

c. 20 min 后，观察各烧杯中马铃薯片颜色的变化，并与 $1^{\#}$ 烧杯样品比较，分析原因。

d. 从 $3^{\#}$ 烧杯中取出其中一片样品置于干燥的 $8^{\#}$ 烧杯中，再过 20 min 后，观察马铃薯片颜色的变化，分析原因。

③对比、总结出控制酶促褐变的方法。

二、非酶褐变控制

1. 美拉德反应

(1)温度测试。在 2 支干燥试管中加入果糖和甘氨酸各 0.5 g，再各加水 2 mL，摇匀。其中一支试管置于室温下静置，另一支试管置于沸水浴中加热 5 min，观察两支试管内溶液颜色变化；20 min 后再一次观察两试管溶液的颜色并记录。

(2)pH 测试。在 3 支干燥试管中均加入果糖和甘氨酸各 0.5 g，再各加水 2 mL。分别滴入 10％盐酸、10％氢氧化钠、蒸馏水各 10 滴，摇匀后同置于沸水浴中加热，仔细观察各试管溶液颜色变化的速度，2 min 后比较各试管溶液颜色深浅。列表记录变化速度及颜色深浅。

(3)底物测试。在 3 干燥试管中分别加入果糖和甘氨酸各 0.5 g、蔗糖和甘氨酸各 0.5 g、核糖和甘氨酸各 0.5 g，再各加水 2 mL，摇匀后置于沸水浴中加热，仔细观察各试管溶液颜色变化的速度，5 min 后记录颜色深浅，分析原因。

2. 焦糖生成

称食糖 25 g 置于有柄瓷蒸发皿中，加水 1 mL，在电炉上加热至 150℃左右，关闭电源，使温度上升至 190～195℃，再恒温 10 min，食糖呈深褐色胶态(焦糖)。稍冷后，在蒸发皿中加入少量的蒸馏水使其溶解。转移至 250 mL 烧杯中，加水约至 200 mL。记录焦糖生成过程中颜色变化、发泡现象及溶液颜色等，分析得出结论。

3. 焙烤色形成

将提前备好的面包面胚 8 个(50 g/个)，1～8 编号。1、2 号面胚表面刷糖水，3、4 号面胚表面刷一层蛋液，5、6 号面胚表面刷一层含葡萄糖的蛋液，7、8 号面胚保持原样。

8 个面胚同时入烤箱烘烤，入炉温度要低，逐渐升温，出炉前温度再逐渐降低。180～200℃烘烤 15～20 min 出炉。对比观察 4 组面包皮的颜色，嗅其香气，分析原因。

三、相关知识

1. 褐变

褐变是食品中较普遍的变色现象，包括酶促褐变、美拉德反应、焦糖化反应和抗坏血酸反应。酶促褐变必须具备 3 个条件，缺一不可，所以某些果蔬无此褐变现象。后三种褐变因不需要酶作催化剂，又称为非酶褐变。由此，通过改变测试的环境条件，实现褐变的控制。

非酶褐变历程复杂，产物多样。通过焦糖生成和面包的烤制，对比焦糖化过程、焦糖色、焙烤色的形成条件。

2. 柑橘皮果胶

从柑橘皮中提取的果胶是高酯化度的果胶，在食品工业中常用来制作果酱、果冻等食品。改变各组间反应条件，总结影响美拉德反应的环境温度、pH 及反应物的颜色变化。

四、仪器与试剂

1. 仪器

有柄瓷蒸发皿、酒精灯、试管和试管架、试管夹、小刀、恒温水浴、表面皿、温度计、烧杯、电子天平、食品烤箱、电炉。

2. 材料

苹果、马铃薯、西瓜、橘子、食糖、面包面胚(或高筋面粉与干酵母)、鸡蛋。

3. 试剂

(1)5%抗坏血酸溶液。

(2)5%亚硫酸氢钠溶液。

(3)0.5%柠檬酸和0.3%抗坏血酸等体积混合液。

(4)10%氢氧化钠溶液。

(5)10%盐酸溶液。

(6)甘氨酸。

(7)果糖。

(8)核糖。

(9)蔗糖。

(10)葡萄糖。

(11)赖氨酸。

(12)谷氨酸。

五、友情提示

①焦糖制作过程温度控制和加热时间很关键,如果结焦,会不溶于水且难于洗涤。

②面包面胚如自己做,需提前2～4 h准备;操作过程中,禁止接触任何化学试剂,且只作观察不入口。

【考核要点】

1. 对比试验的操作与记录。

2. 焦糖的生成与水溶性。

3. 焙烤色泽对比与分析。

【思考题】

1. 酶促褐变控制途径有哪些?

2. 不同糖类、氨基酸对美拉德反应速率有何影响?

3. 你会控制面包皮的色泽吗?

【必备知识】 **低聚糖**

低聚糖(Oligosaccharide)又称为寡糖,由2～10个单糖通过糖苷键连接形成的直链或支链的低度聚合糖。低聚糖普遍存在于自然界中,按水解后所生成单糖分子的数目,低聚糖分为二糖、三糖、四糖等,其中主要的是二糖和三糖,更重要是二糖,如蔗糖、麦芽糖等。根据构成低聚糖的单糖分子相同与否又分为均低聚糖和杂低聚糖,前者是由同种单糖分子失水形成,如麦芽糖、环糊精等,后者由不同种单糖分子失水形成,称为杂低聚糖,如乳糖、棉子糖等。天然存在的低聚糖根据还原性还可分为还原性低聚糖和非还原性低聚糖。

一、食品中低聚糖的性质

1. 褐变反应

低聚糖发生褐变的程度,尤其是参与美拉德反应的程度相对单糖较小。

2. 黏度

糖浆的黏度特性对食品加工具有重要的指导意义。蔗糖的黏度比单糖高,低聚糖的黏度多数比蔗糖高,在一定黏度范围能使由糖浆熬煮而成的糖膏具有可塑性,能够适合糖果工艺中的拉条和成型的需要。在搅拌蛋糕蛋白时,加入熬好的糖浆,利用其黏度来包裹稳定蛋白中的气泡。

3. 抗氧化性

同样,氧气在低聚糖溶液中的溶解度也大为减少,使其具有抗化性(20℃时,60%蔗糖溶液中,氧气溶解度仅为纯水的1/6)。在食品加工业,糖液用于延缓糕饼中油脂的氧化酸败,也可用于防止果蔬氧化,阻隔水果与大气中氧的接触,使氧化作用大为降低,同时可防止水果挥发性酯类的损失。若在糖液中加入少许抗坏血酸和柠檬酸则可以增强其抗氧化效果。

4. 渗透压

高浓度的低聚糖也具有较高的渗透压,在食品加工中用来降低食品的水分活度,抑制微生物生长繁殖,提高食品的储藏性并改善风味。

5. 发酵性

酵母菌能使葡萄糖、果糖、蔗糖、甘露糖等发酵生成酒精,同时产生二氧化碳,这是酿酒及面包疏松的基础。多数酵母菌发酵糖的顺序为:

$$葡萄糖>果糖>蔗糖>麦芽糖$$

乳酸菌可以发酵以上糖类,还可发酵乳糖产生乳酸。不过,多数低聚糖不能直接被酵母菌和乳酸菌发酵,要在水解产生单糖后才能被发酵。

6. 吸湿性、保温性与结晶性

低聚糖多数吸湿性较小,可用于硬糖、酥性饼干的甜味剂或糖衣材料。

应用:蔗糖被替代的缘由

蔗糖具有发酵性,在某些食品加工中,能被微生物发酵而使其生长繁殖,引起食品变质或汤汁发生混浊现象。

蔗糖易结晶,且晶粒粗大,但在淀粉糖浆(葡萄糖、低聚糖和糊精的混合物)中不结晶。可以应用糖结晶性质上的差别指导糖果生产。例如,生产硬糖不单独使用蔗糖,否则,当熬煮到水分小于3%时冷却下来,会出现蔗糖结晶破裂而得不到透明坚韧的产品;如果添加适量的淀粉糖浆(DE值42,不含果糖,吸湿性较小),增加糖果的黏性、韧性和强度,不易破裂,保存性也大为增强。

蜜饯生产若使用高浓度蔗糖,易产生返砂现象,影响外观,防腐效果降低;如果在加工时添加果糖或果葡糖浆替代蔗糖,则可大大改善产品的品质。

二、食品中重要的低聚糖

食品加工中最常见的低聚糖是二糖,如蔗糖、麦芽糖、乳糖,但它们的生理功能性质一般;更多的低聚糖因在机体胃肠道内不被消化吸收而直接进入大肠内优先为双歧杆菌所利用,是双歧杆菌的增殖因子,成为功能性低聚糖,近年来备受业内专家的重视和开发应用。

1. 蔗糖

蔗糖(Sucrose,Cane sugar)是最重要的甜味剂之一,是食品加工的主要用糖。蔗糖广泛分布于植物的果实、根、茎、叶、花及种子内,尤以甘蔗、甜菜中含量最多。蔗糖是人类需求最大的、能量型甜味剂,在营养上起着巨大的作用。但近来发现许多疾病可能与过多摄入蔗糖有关,如龋齿、肥胖症、高血压、糖尿病。

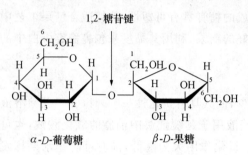

1,2-糖苷键

α-D-葡萄糖   β-D-果糖

图 2-24   蔗糖的分子结构

蔗糖是由 1 分子 α-D-葡萄糖 C_1 上的半缩醛羟基,与 1 分子 β-D-果糖 C_2 上的半缩醛羟基相互缩合,通过 1,2-糖苷键连接而成的非还原性二糖。

蔗糖是无色结晶,易溶于水,溶解度随温度上升而增加,不溶于乙醇、氯仿、醚等有机溶液。蔗糖具有极大的吸湿性和溶解性,因此,能形成高度浓缩的高渗透压溶液,对微生物有抑制效应。

蔗糖(图 2-24)的比旋光度为 +66.5°。在稀酸或者蔗糖酶的作用下,可以水解得到葡萄糖和果糖的等量混合物,该混合物的比旋光度为 -19.8°。蔗糖在水解过程中,溶液的旋光度由右旋变成左旋,故将蔗糖的水解作用又称为转化作用。转化作用所生成的等量葡萄糖与果糖的混合物称为转化糖。因为蜜蜂体内有蔗糖酶,所以在蜂蜜中存在转化糖。蔗糖水解后,因其含有果糖,所以甜度比蔗糖大。

> 思考:蔗糖溶液水解有什么改变?

2. 乳糖

乳糖(Lactose milksugar)是哺乳动物乳汁中的主要糖分,牛乳含乳糖 4.6%~5.0%,人乳含乳糖 5%~

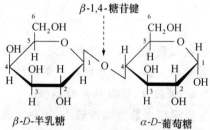

β-1,4-糖苷键

β-D-半乳糖   α-D-葡萄糖

图 2-25   乳糖的分子结构

7%,乳糖在植物界十分罕见,曾在连翘属的花药中发现过。

乳糖(图 2-25)是由 1 分子 β-D-半乳糖与 1 分子 α-D-葡萄糖以 β-1,4-糖苷键结合而成的分子。

乳糖分子结构中具有半缩醛羟基,具有还原性和变旋现象。乳糖的比旋光度为 +55.4°。常温下,乳糖为白色固体。乳糖溶解度小,甜度仅为蔗糖的 1/6,无吸湿性。乳糖在乳酸菌的作用下发酵变成乳酸,可促进婴儿肠道双歧杆菌的生长。

> **应用:低乳糖酶症**
>
> 低乳糖酶症是指乳糖酶活性降低,未吸收的乳糖停留在肠腔,引起渗透性腹泻及其他消化道症状。
>
> 低乳糖酶症在我国小儿和老年人群发生率较高。

乳糖在乳糖酶的作用下，可水解成 D-半乳糖而被人体吸收。研究适应低乳糖酶症人群相关乳制品，改善慢性腹泻症状，为乳品工业又一重要发展方向。

3. 麦芽糖（图 2-26）

麦芽糖（Maltose，Maltsugar）在自然界中以游离态主要存在于发芽的谷粒，尤其是麦芽中。面团发酵和甘薯蒸烤麦芽糖生成，饴糖及啤酒生产用麦芽汁中所含糖的主要成分都是麦芽糖。麦芽糖易消化，在糖类中营养最为丰富。麦芽糖，甜度约为蔗糖的 40%，可用于制作糖果、糖浆等食品。

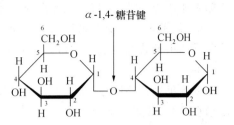

图 2-26 麦芽糖的分子结构

> **应用：麦芽糖浆**
>
> 有良好的抗结晶性，在果酱、果冻等食品制造时能防止蔗糖的结晶析出，延长保存期；有良好的发酵性，用于面包、糕点、啤酒制造，延长糕点的淀粉老化。
>
> 高麦芽糖浆在糖果生产中可代替酸水解生产的淀粉糖浆，制品口味柔和，甜度适中，产品不易着色，硬糖具有良好的透明度，有较好的抗沙性，可延长保存期。

麦芽糖由 2 分子葡萄糖通过 α-1,4-糖苷键结合而成的二糖，是淀粉和糖原在 β-淀粉酶作用下的最终水解产物。麦芽糖易溶于水，具还原性，比旋光度为 +136°。

麦芽糖浆经酶法或酸酶结合的方法水解淀粉制成的一种以麦芽糖为主的糖浆，按制法与麦芽糖的含量不同可分为饴糖、高麦芽糖将和超高麦芽糖浆。麦芽糖浆含大量的糊精，具有良好的抗结晶性；麦芽糖浆具有良好的发酵性，高麦芽糖浆还可代替酸水解生产的淀粉糖浆生产糖果。

4. 果葡糖浆

果葡糖浆（Fructose，Corn syrups）又称高果糖浆或异构糖浆，是在酶法糖化淀粉得到糖化液，再经葡萄糖异构酶的异构化，使部分葡萄糖异构成果糖后，主要成分为果糖和葡萄糖混合糖的糖浆。其果糖含量分别为 42%、55%、90% 的三代产品，甜度依次为蔗糖的 1.0、1.4、1.7 倍。

> **应用：新型甜味剂——果葡糖浆**
>
> 果葡糖浆中含有相当数量的果糖，具有甜度上协同增效、冷甜爽口、高溶解度、高渗透压、吸湿性、保温性与抗结晶性，优越的发酵性与加工储藏稳定性，显著的褐变反应等，且随果糖含量增加而更显突出，目前作为蔗糖的替代品在食品加工领域中应用广泛。

5. 其他低聚糖

三糖中较常见的有棉子糖、低聚果糖、低聚木糖、异麦芽酮糖、环糊精、龙胆三糖、水苏糖、麦芽三糖等。

（1）棉子糖。棉子糖（Raffinose）又称蜜三糖，与水苏糖一起组成大豆低聚糖的主要成分，是除蔗糖外的另一种广泛存在于植物界的低聚糖。棉子糖的食物来源包括棉子、甜菜、豆科植物种子、马铃薯、各种谷物粮食、蜂蜜及酵母等。

棉子糖吸湿性在所有低聚糖中最低，即使在相对湿度为 90% 的环境中也不吸水结块。棉子糖是非还原性糖,参与美拉德反应的程度小,热稳定性较好。

(2)低聚果糖。低聚果糖(Fructooligosacchsride)又称寡果糖或蔗果三糖低聚糖,是指蔗糖分子的果糖残基上通过 β-1,2 糖苷键连接 1～3 个果糖基而成的蔗果三糖、蔗果四糖及蔗果五糖的混合物。

低聚果糖无还原性,几乎不参与美拉德反应,但它的抑制淀粉回生作用非常明显而应用于淀粉食品时,效果非常突出。

> **应用:低聚果糖**
>
> 存在于菊芋、芦笋、洋葱、番茄、牛蒡、蜂蜜及某些草本植物中。它是双歧杆菌的增殖因子等卓越的生理功能,是低热值甜味剂,水溶性膳食纤维并能促进肠胃功能及抗龋齿等。

(3)环状糊精(Cyclodextrin)。环状糊精(图 2-27)又称环状淀粉,是 D-葡萄糖以 α-1,4-糖苷键连接而成的环状低聚糖,是软化芽孢杆菌作用于淀粉的产物。环糊精的结构类似一个圆形的空筒(图 2-28),亲水性的羟基位于筒的外侧,疏水性基团朝向筒内;当溶液中同时有亲水性物质和疏水性物质时,疏水物质被环糊精包含在分子内部。环糊精的聚合度有 6、7、8 3 种,分别称为 α-、β-、γ-环糊精。

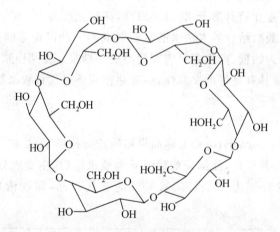

图 2-27 环状糊精的平面结构

(4)低聚木糖(Xylooligosaccharide)。低聚木糖是由2～7 个木糖以 β-1,4-糖苷键连接而成的低聚糖。其甜度为蔗糖的 50%,甜味特性类似于蔗糖。最大特点是稳定性好,具有独特的耐酸、耐热及不分解性,是使双歧杆菌增殖所需用量最小的低聚糖,此外,它对肠道菌群有明显改善作用,能促进机体对钙的吸收,有抗龋齿作用,在体内不依赖于胰岛素代谢等。

(5)异麦芽酮糖(Isomaltulose)。异麦芽酮糖又称帕拉金糖,没有吸湿性且抗酸水解性强,不为大多数细菌和酵母所发酵利用等,其最大生理作用是具有很低的致龋齿性。

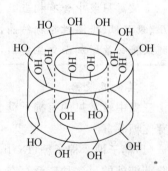

图 2-28 环状糊精的立方体结构

知识窗 *β*-环糊精应用

β-环糊精具有保持挥发性物质长期稳定,对光、热及在空气中不稳定的化合物增加稳定性,改变物质的溶解性及乳化作用等。

A. *β*-环糊精是香气及色素的稳定剂。包含香气物质和色素物质,减少香气的挥发、减少色素与氧的接触和氧化分解,在速溶食品生产中应用良好。

B. *β*-环糊精能改善食品的风味和气味。吸附鱼类、肉类、乳制品、海产品的异味,减少橘子汁中由糖苷引发的苦味和沉淀,在大豆制品生产中消除腥味和苦涩味。

C. *β*-环糊精作乳化剂和起泡促进剂。乳化食用油脂、冰淇淋原料,提高产品的食用品质;与其他表面活性剂共同添加到焙烤食品中,可提高表面活性剂的乳化能力和起泡能力,稳定泡沫。

D. *β*-环糊精保护营养成分。在维生素类营养强化食品中,添加环糊精,可以减少高温对维生素的破坏。

三、多糖中的纤维素

多糖是由多个单糖分子缩合、失水而成的长链聚合物,多糖链即有线状结构、也有带分支的结构,是自然界中分子结构复杂且庞大的糖类物质。动物体内,过量的葡萄糖的多糖贮存形式是糖原,而大多数植物葡萄糖的多糖贮存形式是淀粉,细菌和酵母葡萄糖的多糖贮存形式是葡聚糖。多糖是能量的贮蓄库,在需要时被降解成,形成的单糖经代谢得到能量。植物的纤维素和动物的甲壳多糖,是构成植物和动物骨架的原料,属于结构多糖。

根据多糖中单糖的种类,由一种单糖缩合而成称为均多糖,如戊糖胶、木糖胶、阿拉伯糖胶、己糖胶(淀粉、糖原、纤维素等);由不同类型的单糖缩合而成的称为杂多糖,如半乳糖甘露糖胶、果胶等。

1. 纤维素

纤维素是自然界中分布最广、含量最多的一种多糖,占植物界碳含量的 50% 以上的纤维素是组成植物的最普遍的骨架多糖,植物的细胞壁和木材中有一半是纤维素,通常与半纤维素、果胶和木质素结合在一起,其结合方式和程度对植物食品的质地产生很大的影响。

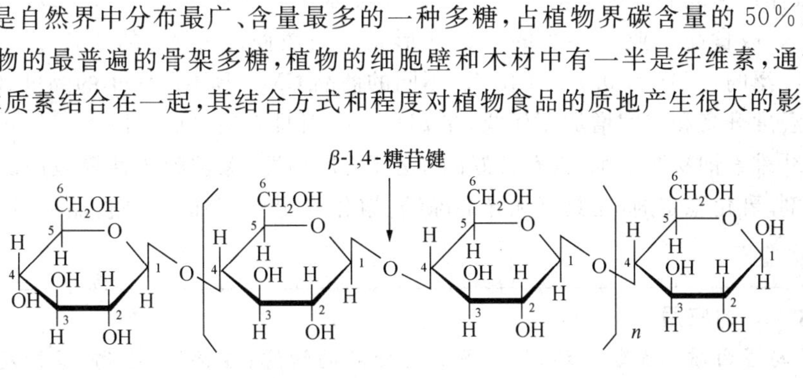

图 2-29 纤维素分子结构

纤维素分子由许多 *β*-D-葡萄糖通过 *β*-1,4-糖苷键连接成的不溶性直链多糖(图 2-29)。组成纤维素的葡萄糖单位数目随纤维素的来源不同而异,一般在 5 000～15 000 个之间。一般认为,纤维素分子由 8 000 个左右的葡萄糖单位构成的。

纤维素不溶于水和乙醇、乙醚等有机溶剂。水可使纤维素发生有限溶胀,某些酸、碱和盐的水溶液可渗入纤维结晶区,产生无限溶胀,使纤维素溶解。纤维素加热到约 150℃ 时不发生显著变化,超过这温度会由于脱水而逐渐焦化。但在高温、高压的稀硫酸溶液中,纤维素可被水解为 β-葡萄糖。纤维束与较浓的苛性碱溶液作用生成碱纤维素,与强氧化剂作用生成氧化纤维素。

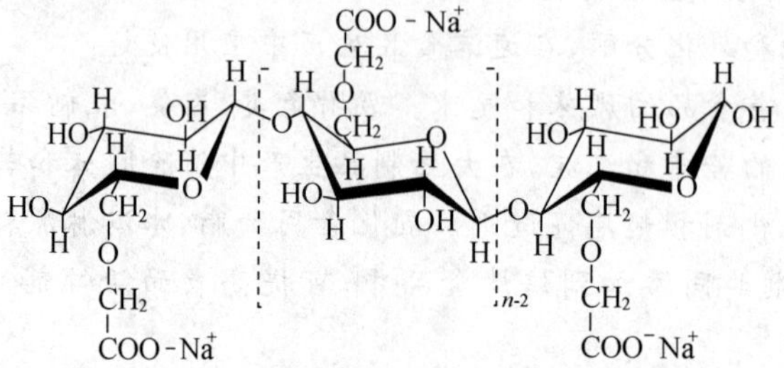

图 2-30   羧甲基纤维素

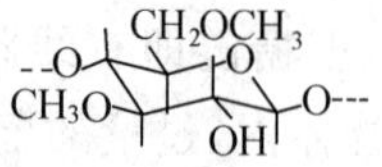

图 2-31   甲基纤维素

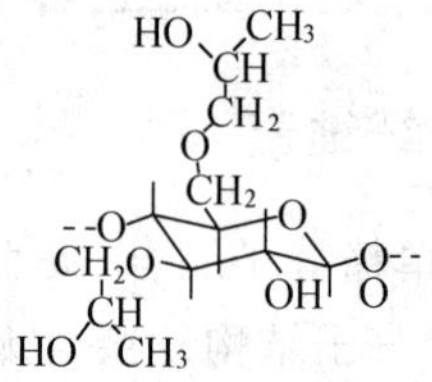

图 2-32   羟丙基甲基纤维素

2. 改性纤维素

天然纤维素经适当处理,改变其原有性质以适应不同食品的加工需要,称为改性纤维素。主要有:羧甲基纤维素(CMC)(图 2-30)、甲基纤维素(MC)(图 2-31)、羟丙基甲基纤维素(HPMC)(图 2-32)、微晶纤维素(MCC)。

①羧甲基纤维素(CMC)。羧甲基纤维素是一种广泛使用的食品胶。由纤维素与氢氧化钠、一氯乙酸作用生成的含羧甲基醚钠盐的纤维素称为羧甲基纤维素(CMC),由于其游离酸形式不溶于水,故食品工业中多用的是钠盐形式。一般商品 CMC 的取代度(DS)为 0.4～0.8,用得最广泛的是 DS 为 0.7 的 CMC。不同的商品 CMC 具不同大小的黏度,CMC 溶于水后其黏度随温度升高和酸度增加而降低,在 pH 7～9 时具有最高稳定性。

羧甲基纤维素钠易溶于水,具有良好的持水性、黏稠性、保护胶体性等被广泛用于食品工业中作增稠剂、乳化稳定剂,还具有优异的冻结、熔化稳定性,并能提高食品的风味,延长储藏时间。

知识窗   CMC 的应用

CMC 与蛋白质形成复合物,帮助蛋白质食品的增溶;在馅饼、牛奶、蛋糊及布丁中作增稠剂和黏接剂;在冰淇淋和其他冷冻食品中,可阻止冰晶的形成。CMC 能防止糖果、糖浆中产生糖结晶,增加蛋糕等烘烤食品的体积,延长食品的货架期。

---

②甲基纤维素(MC)和羟丙基纤维素(HPMC)。甲基纤维素是纤维素的醚化衍生物,其制备方法与羧甲基纤维素相似,在强碱性条件下将纤维素同三氯甲烷反应即得到甲基纤维素(MC),商业产品的取代度一般为 1.1～2.2。

甲基纤维素是热胶凝性，即溶液加热时形成凝胶，冷却后又恢复溶液状态。甲基纤维素溶液加热时，最初黏度降低，然后迅速增大并形成凝胶（分子周围的水合层受热后破裂，聚合物之间的疏水键作用增强）。电解质（如 NaCl）、非电解质（如蔗糖或山梨醇）均可使胶凝温度降低，因为它们争夺水分子的作用很强。甲基纤维素不能被人体消化，是膳食中无热量多糖。

羟丙基甲基纤维素（HPMC）是纤维素与氯甲烷和环氧丙烷在碱性条件下反应制备的，取代度通常在 0.002～0.3。

同甲基纤维素一样，可溶于冷水，但由于极性羟基减少，其水合作用降低。纤维素被醚化后，使分子具有一些表面活性且易在界面吸附，这有助于乳浊液和泡沫稳定。

甲基纤维素和羟丙基纤维素的起始黏度随着温度上升而下降，在特定温度可形成可逆性凝胶。改变甲基与羟丙基的比例，可使凝胶在较广的温度范围内凝结。

> **知识窗　MC 与 HPMC 的应用**
>
> a. 增强食品对水的吸收和保持，使油炸饼等食品不至于过度吸收油脂。
>
> b. 作为质地和结构物质，用于不含面筋的加工食品。
>
> c. 抑制冷冻食品脱水收缩，特别是沙司、肉、水果、蔬菜以及在色拉调味汁中可作为增稠剂和稳定剂。
>
> d. 用于各种食品的可食涂布料和代脂肪。
>
> f. 保健食品起脱水收缩抑制剂和填充剂的作用。

③微晶纤维素（MCC）。纤维素无定形区受溶剂和化学试剂的作用，即无定形区被酸水解，剩下很小的耐酸结晶区，这种产物商业上叫做微晶纤维素（MCC）。

微晶纤维素为白色细小结晶性粉末，无臭、无味，不溶于水、稀酸、稀碱溶液和大多数有机溶剂，可吸水胀润。用在低热量食品加工中作填充剂和流变控制剂，也用作抗结剂、乳化剂、黏结剂、分散剂、无营养的疏松剂等。

3. 膳食纤维

膳食纤维包括两类化合物，一类是不溶性的植物细胞壁材料，主要是纤维素和木质素；另一类为非淀粉可溶性多糖。这些物质都是不能被消化的大分子聚合物，同样经过修饰的胶如羧甲基纤维素，羟丙基甲基纤维素，甲基纤维素等都是不被消化的改性多糖，也属于膳食纤维。

人体消化液对膳食纤维不起作用，是不被消化、分解、吸收的多糖，其中包括果胶、树胶、海藻多糖、半纤维素、纤维素，以及不属于糖的木质素等，这些物质对人体有利于通便、减少易变腐物质、胆固醇及致癌因素停留在肠道过久，防止盲肠炎、便秘、心血管病和肠癌等"现代病"的发生。已知水溶性 β-葡聚糖是膳食纤维中的一种天然化合物，在燕麦和大麦中含量较高。水溶性膳食纤维不仅能提供体积，改善食品的质地，同时还具有多种生物功能。

食草动物如牛、马、羊等的消化道中含有的可分泌纤维素分解酶的微生物，可以消化纤维素，将纤维素分解为低聚糖和葡萄糖。

四、多糖中的半纤维素

半纤维素是一类聚合物,与纤维素、木质素、果胶物质构成结构复杂的植物细胞壁。

半纤维素一般是由戊糖、葡萄糖醛酸和某些脱氧糖的糖基组成的杂多糖,不同来源的半纤维素成分各不相同,食品中最普遍存在的半纤维素是由 β-1,4-D-吡喃木糖单位组成的木聚糖,某些 D-木糖基 3 碳位上带有 β-1-呋喃阿拉伯糖基侧链,故称阿拉伯木聚糖,其次还有木糖葡聚糖、半乳糖甘露聚糖、β-1-3,1-4-葡聚糖等。

知识窗　半纤维素的应用

①在焙烤食品中提高面粉结合水的能力,改善面包面团的混合品质,有助于蛋白质的掺和,增加面包体积。含植物半纤维素的面包比不含半纤维素的面包可推迟变干、变硬的时间。

②作为膳食纤维,在体内能促进胆汁酸的消除和降低血清中胆固醇含量,有利于肠道蠕动和粪便排泄。

③减少心血管疾病和结肠失调的危险,特别是结肠癌的预防。

④糖尿病人采用高纤维膳食可减少胰岛素的需要量。

不过,多糖树胶和纤维素对某些维生素和必需微量矿物质在小肠内的吸收会产生不利影响。

五、其他多糖

1. 琼脂

琼脂又称琼胶(Agar),俗称洋菜、凉粉,是从海藻类中提取的黏质类多糖,其基本单位是半乳糖和脱水半乳糖。

琼脂不溶于冷水,溶于热水形成溶胶。琼脂很稳定,唾液、胰液中的酶也不能分解琼脂,微生物也不能利用琼脂,因此,琼脂能作为微生物的培养基。

琼脂凝胶最独特的性质是当温度大大超过胶凝起始温度时仍然保持稳定性。例如,1.5%琼脂的水分散液在温度 30℃形成凝胶,熔点 35℃,琼脂凝胶具有热可逆性,是一种最稳定的凝胶。

在食品工业中可作为稳定剂及胶凝剂,抑制冷冻食品脱水收缩,提高凝结能力和黏稠度、防止冰晶析出,保持良好的口感;提高干酪产品加工稳定性,控制焙烤食品和糖衣中水分活度、推迟陈化;此外,还用于肉制品罐头。琼脂通常可与其他高聚物如黄蓍胶、角豆胶或明胶合并使用,用量一般为 0.1%～1%。

2. 阿拉伯胶

阿拉伯胶(Gum arabic)是天然植物金合欢树皮渗出的多糖胶,是阿拉伯半乳糖寡糖、多聚糖和蛋白糖的混合物。阿拉伯胶是一种糖聚合体,可在大肠中被部分降解。

阿拉伯胶为水溶性胶体,溶液黏度低;在高浓度时黏度才开始急剧增大,溶解度高,可达到50%(W/W),生成和淀粉相似的高固形物凝胶。阿拉伯树胶禁与明胶、海藻酸钠配伍,但可以与大多数其他树胶合并使用。

阿拉伯树胶对油的表面具有很强的亲和力,并有一个足够覆盖分散液滴的大分子,使之能在油滴周围形成一层空间稳定的厚的大分子层,防止油滴聚集。通常将香精油与阿拉伯树胶制成乳状液,然后喷雾干燥制备固体香精。

阿拉伯树胶与高浓度糖具有相溶性,广泛用于高糖或低糖含量的糖果,如太妃糖、果胶软糖和软果糕等,以防止蔗糖结晶和乳化、分散脂肪组分,阻止脂肪从表面析出产生"白霜"。

> **知识窗　阿拉伯树胶的应用**
>
> ①防止糖果产生糖结晶,稳定乳胶液并使之产生黏性。
>
> ②阻止焙烤食品的顶端配料糖霜或糖衣吸收过多的水分。
>
> ③在冷冻乳制品,如在冰淇淋、冰水饮料、冰冻果子露中,有助于小冰晶的形成和稳定。
>
> ④在饮料中,作为乳化剂和乳胶液与泡沫的稳定剂。
>
> ⑤在粉末或固体饮料中,能起到固定风味的作用,特别是在喷雾干燥的柑橘固体饮料中能够保留挥发性香味成分。

3. 槐豆胶

槐豆胶(Locust bean gum),结构式为一种半乳甘露聚糖,主链由甘露糖构成,支链有半乳糖。甘露糖与半乳糖的比例是 4∶1。相对分子质量 300 000～3 600 000。槐豆胶为白色或微黄色粉末,无臭或稍带臭味。在 8℃水中可完全溶解而成黏性液体,pH 为 3.5～9 时,其黏度无变化,但在此范围以外时黏度降低。

槐豆胶是重要的增稠多糖,其产品近 85% 用于乳制品与冷冻甜食制品生产,也可应用于鱼、肉及其他海产品的制品。

4. 黄杆菌胶

黄杆菌(Flavobacterium)胶是 D-葡萄糖 β-1,4-糖苷键连接的主链和三糖侧链组成的生物高分子聚合物,它是由甘蓝黑病黄杆菌发酵产生的一种杂多糖,是微生物多糖。

黄杆菌胶能随咀嚼及舌头转动的剪切速率,调整食物黏度,口感细腻,食品的风味得以充分释放。典型的假塑性流体,溶液的黏度随剪切速度的增减能降低或即刻恢复。黄杆菌胶食品在高温处理后,溶液的黏度几乎不受温度的影响。

黄杆菌胶是非胶凝多糖,易溶于水,广泛应用于食品工业。

> **知识窗　黄杆菌胶的应用**
>
> A. 作巧克力悬浮液的稳定剂,对乳浊液和悬浮液颗粒有很大的稳定作用。
>
> B. 用于浓缩汁、饮料、调味品等食品的增稠剂和稳定剂。
>
> C. 应用于软奶糖、冰淇淋和果酱的生产。
>
> D. 低浓度也有良好的增黏性能;与其他非胶凝多糖混合,易形成凝胶。
>
> E. 较高温度时保持稳定且黏度不下降。

5. 微生物多糖

微生物多糖是由微生物合成的食用胶,例如,葡聚糖和黄原胶。

葡聚糖(Glucan,Glucosan):它是由 α-D-吡喃葡萄糖单位构成的多糖,各种葡聚糖的糖苷键和数量都不相同,使有些葡聚糖是水溶性的,而另一些不溶于水。

葡聚糖能提高糖果的保湿性、黏度和抑制糖结晶,在口香糖和软糖中作为胶凝剂;防止糖霜发生糖结晶,在冰淇淋中抑制冰晶的形成,对布丁混合物可提供适宜的黏性和口感。

黄原胶(Xanthan gum):它是几种黄杆菌所合成的细胞外多糖,生产上用的菌种是甘蓝黑腐病黄杆菌。这种多糖的结构,是连接有 3 个低聚糖基(β-D-吡喃甘露糖、β-D-吡喃葡萄糖醛酸、α-D-吡喃甘露糖)侧链的纤维素主链。在溶液中三糖侧链与主链平行,形成稳定的硬棒状结构,当加热到 100℃以上,这种硬棒状结构转变成无规线团结构,在溶液中黄原胶通过分子间缔合形成双螺旋,进一步缠结成为网状结构。

黄原胶易溶于热水或冷水,在低浓度时可以形成高黏度的溶液,但在高浓度时胶凝作用较弱,它是一种假塑性黏滞悬浮体,并显示出明显的剪切稀化作用,温度在 60~70℃变化对黄原胶的黏度影响不大,在 pH 6~9 范围内黏度也不受影响,甚至 pH 超过这个范围黏度变化仍然很小。黄原胶能够和大多数食用盐和食用酸共存于食品体系之中,与瓜尔豆胶共存时产生协同效应,黏性增大,与角豆胶合并使用则形成热可逆性凝胶。

知识窗　食品中微生物多糖——黄原胶

(1)增强饮料口感和改善风味,在橙汁中能稳定混浊果汁。

(2)罐头食品中用作悬浮剂和稳定剂。

(3)淀粉增稠的冷冻食品,在水果饼馅中添加黄原胶,能够明显提高冷冻-解冻稳定性和降低脱水收缩作用。

(4)用于含高盐分或酸的调味料。

(5)黄原胶-角豆胶形成的凝胶用来生产以牛奶为主料的速溶布丁,具有不黏结和极好的口感,在口腔内可发生假塑性剪切稀化,能很好地释放出布丁风味。

【项目小结】

本项目由淀粉的提取与水解、植物中可溶性还原糖和总糖的测定、果胶提取及褐变控制 4 个任务引领,探讨了淀粉的晶体结构、分类、糊化、老化、水解及改性,单糖、低聚糖、多糖的结构、分类、生理性能、理化性能、加工性能,运用重要单糖、低聚糖、糖原、果胶、纤维素、半纤维素及其他多糖的加工性能,为食品生产工艺控制和产品品质控制提供应用支撑。

【项目思考】

1. 有哪些因素影响淀粉糊化程度?

2. 食品加工中如何利用淀粉的老化?

3. 如何控制加工苹果罐制品时的非酶褐变?

4. 淀粉糖浆在食品加工中有何应用?

项目三　脂类的性能与应用

【知识目标】

1. 熟悉脂类的结构与分类。

2. 熟识食用油脂的理化性质及加工性能。

【技能目标】

1. 能够利用油脂评价指标对食用油脂进行品质评定。

2. 具备测定油脂过氧化值、碘值能力。

3. 能够进行卵磷脂的提取及品质鉴定。

食物之美味来源！

【项目导入】

油脂(甘油三酯)和类脂(磷脂、蜡、萜类、甾类)都称为脂类。油脂能赋予食物以风味和可口性,并给人饭后以饱腹感。氢化植物油是一种人工油脂,因不含有胆固醇类物质且相对于动物奶油价格低廉,很多人以人造奶油替代动物奶油。在动物的脑、卵及大豆种子中,磷脂的含量较多;胆固醇及甾类化合物(类固醇)等物质主要包括胆固醇、胆酸、性激素及维生素 D 等。

生活好了，为什么健康少了？

油脂能提供脂肪、胆固醇、亚麻酸、亚油酸以及 EPA、DHA 等营养素。摄入油脂重量不重质、不均衡,是造成人们身体健康水平下降的重要原因之一。

任务 1　油脂烟点测定

【要点】

1. 食用油脂的发烟是油脂中存在的小分子物质挥发而引起的。

思考:制作油炸食品时,有时会有很多油烟,对食品有何影响?

2. 小分子物质多是毛油在贮存过程因酸败或因油脂的热不稳定、热分解产生。

3. 油脂的烟点是衡量高级烹调油、色拉油等油品加工质量的主要指标。

【工作过程】

一、准备

将油试样小心装入样品杯中,使液面恰好在装样线上,调节仪器的位置,使火苗集中在杯底部的中央,将温度计垂直地悬挂在杯子中央,水银球离杯底约 6 mm 处。

二、检测

迅速加热试样到发烟点前 42℃ 左右,调节热源,使试样升温速度为每分钟 5~6℃,判断烟点。

三、结果与计算

①每种试样做 2 个平行结果,允许差不超过 2℃,求其平均值为试验结果,测定结果取小数点后第一位。

②将测定结果列表记录,比较油品的加工质量。

四、仪器与材料

1. 仪器

烟点试验箱、水银温度计、样品杯、加热板、石棉板、可调电炉。

2. 材料

豆油(粗制和精制)、玉米胚芽油(粗制和精制)、菜籽油(粗制和精制)、色拉油。

五、相关提示

①烟点的定义。在规定条件下,油脂加热至肉眼能初次看见连续发烟时的最低温度。

②发烟点。试样出现少量烟,同时继续有浅蓝色的烟冒出时的温度,借助 100 W 灯光看发烟时的温度。

③测量时注意水银下端的液泡要悬在油中不要接触杯底,防止局部受热炸裂或导致实验结果不准确。

【考核要点】

1. 烟点试验箱的正确使用。

2. 烟点判断。

【思考题】

1. 油脂中游离脂肪酸的含量与烟点的高低有什么关系?

2. 一般油脂的烟点为 210~220℃,长期存放后,为什么会降低?

【必备知识】 脂类

脂类(lipid)是一类不溶于水而能被乙醚、氯仿、苯等非极性有机溶剂抽提出的化合物。

脂类是食品中重要的组成成分和人类的营养成分,是热量最高的营养素,每克油脂能提供 39.58 kJ 的热能和必需脂肪酸。

> 思考:脂肪能赋予食品怎样的外观、口感及风味?

一、脂类结构与分类

脂类一般分为油脂和类脂两大类,是机体内有机大分子物质。脂类的化学结构有很大差异,具有多种应用性能。例如,为食品提供滑润的口感、光润的外观,赋予油炸食品香酥的风味,塑性脂肪还具有造型功能等。

常温下，油脂呈液体时称为油，呈固体称为脂肪。随着室温的变化，脂类的固态和液态可以互相转化。油脂能与蛋白质、碳水化合物一起构成活细胞重要结构成分及有关的衍生物。

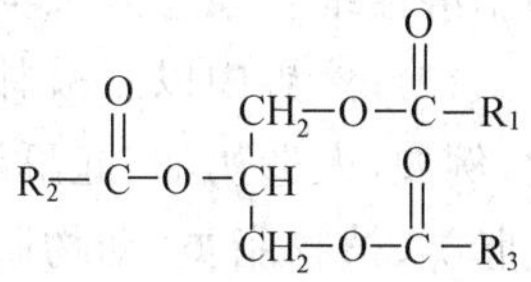

图 3-1 三酰基甘油结构图

1. 油脂的结构

天然脂肪由甘油与脂肪酸生成的一酯、二酯和三酯混合而成，分别称为一酰基甘油、二酰基甘油和三酰基甘油。食用油脂中最丰富的是三酰基甘油类，它是动物脂肪和植物油的主要成分（图 3-1）。

图 3-1 中，R_1、R_2 和 R_3 代表着不同的脂肪酸的烷基，它们可以是相同，也可以是不同的。若 R_1、R_2 和 R_3 代表着相同的烷基，这样的油脂称为单纯甘油酯（例如，橄榄油中有 70％ 以上的三油酸甘油酯）；若 R_1、R_2 和 R_3 不完全相同，则称为混合甘油酯（例如，一软脂酸二硬脂酸甘油酯），天然油脂多为混合甘油酯。将甘油的碳原子进行编号，自上而下为 1～3，当 R_1 和 R_3 不相同时，则 C_2 原子具有手性，天然油脂多为 L 型。天然甘油酯中的脂肪酸，无论是否饱和，其碳原子数多为偶数，且多为直链脂肪酸。

> 思考：怎样理解油脂的熔点（或熔程）？

2. 脂类的分类

油脂是油和脂肪的总称，是甘油和脂肪酸所组成的中性酯，又称真脂。类脂在物态及物理性质方面与油脂相似，如磷脂，糖脂，甾醇等，因此称为类脂。

脂类化合物的共同特征是难溶于水而易溶于有机溶剂（如丙酮，乙醚，氯仿等）；具有酯的结构或成酯的可能，是维持生物体正常生命活动不可缺少的物质。在大多数的文献中，通常是按照脂类结构和组成的不同对其进行分类，可分为简单脂质、复合脂质和衍生脂质（表 3-1 所示）。

表 3-1 脂类化合物的分类

（赵新淮，2006）

主　类	亚　类	组　成
简单脂质	三酰甘油	甘油＋脂肪酸
	蜡类	长链脂肪醇＋长链脂肪酸
复合脂质	甘油磷脂	甘油＋脂肪酸＋磷酸基＋其他含氮基团
	神经鞘磷脂	鞘氨醇＋脂肪酸＋磷酸基＋胆碱
	脑苷脂	鞘氨醇＋脂肪酸＋糖
	神经节苷脂	鞘氨醇＋脂肪酸＋碳水化合物
衍生脂质		类胡萝卜素、类固醇、脂溶性维生素

（1）简单脂质。简单脂质是单纯由脂肪酸和醇通过缩合反应形成的酯，典型分子是三酰甘油和蜡类，在食品中甘油形成的脂类化合物占绝对的比例。

（2）复合脂质。复合脂质的分子组成除了脂肪酸和醇外，还含有 P、S、N 等其他元素或基团。根据非脂分子的不同区分为两大类：一类是磷脂，非脂成分是磷酸或者含氮碱，典型分子是卵磷脂、脑磷脂和鞘磷脂；另一类是糖脂，非脂成分是糖，典型分子是甘油糖脂。

（3）衍生脂质。衍生脂质是由简单脂质和复合脂质衍生而来或者与之密切相关的一类分子，组成众多，基本单位是环戊烷多氢菲。一般可分为脂肪酸、甾醇化合物、脂肪醇、烃类和各种脂溶性维生素等五大类。

在自然界中以三酰甘油酯最为丰富,是食品的重要组分之一,用于加工组合食品的脂肪和油,例如,人造奶油、起酥油等几乎全是纯甘油三酯混合物。此外,油脂按照来源不同还可分为乳脂类、植物脂类、动物脂类、微生物脂类和海产动物脂类等。

> **【知识拓展】　食物中的脂肪**
>
> 　　食物中油脂主要是油和脂肪。
>
> 　　除食用油脂含约 100% 的脂肪外,含脂肪丰富的食品为动物性食物和坚果类。动物性食物以畜肉类含脂肪最丰富,且多为饱和脂肪酸;一般动物内脏除大肠外含脂肪量皆较低,但蛋白质的含量较高。禽肉一般含脂肪量较低,多数在 10% 以下。鱼类脂肪含量基本在 10% 以下,多数在 5% 左右,且其脂肪含不饱和脂肪酸多。蛋类以蛋黄含脂肪最高,约为 30% 左右,而全蛋仅为 10% 左右,其组成以单不饱和脂肪酸为多。除动物性食物外,植物性食物中以坚果类含脂肪量最高,最高可达 50% 以上,不过其脂肪组成多以亚油酸为主,所以是多不饱和脂肪酸的重要来源。高脂肪的食物有坚果类(花生、芝麻、开心果、核桃、松仁等)还有动物类皮肉(肥猪肉、猪油、黄油、酥油、植物油等)还有些油炸食品,面食,点心,蛋糕等。低脂肪的食物有水果类(苹果、柠檬等),蔬菜类(冬瓜、黄瓜、丝瓜、白萝卜、苦瓜、韭菜、绿豆芽、辣椒等),鸡肉、鱼肉、紫菜、木耳、荷叶茶、醋等。

二、脂肪酸分类及生理功能

脂肪酸是一类羧酸化合物,由碳氢组成的烃类基团连接羧基所构成。低级的脂肪酸是无色液体,有刺激性气味,高级的脂肪酸是蜡状固体,无可明显嗅到的气味。脂肪酸是最简单的一种脂,它是许多更复杂脂的组成成分。脂肪酸在有充足氧供给的情况下,可氧化分解为 CO_2 和 H_2O,释放大量能量,因此,脂肪酸是机体主要能量来源之一。

1. 脂肪酸的结构与命名

根据碳链长短,脂肪酸可分为短链脂肪酸(6 碳以下)、中链脂肪酸(含 6～12 碳)和长链(12 碳以上)脂肪酸 3 类,按脂肪链饱和程度又可分为饱和脂肪酸和不饱和脂肪酸。一般食物所含的脂肪酸大多是长链脂肪酸,以 18 碳链长为主。脂肪随其脂肪酸的饱和程度越高,碳链越长,其熔点也越高。动物脂肪中含饱和脂肪酸多,故常温下是固态,如牛油、羊油、猪油等;植物油脂中含不饱和脂肪酸较多,故常温下呈现液态,如花生油、玉米油、豆油、菜子油等。但也有例外,如深海鱼油虽然是动物脂肪,但它富含多不饱和脂肪酸,如 20 碳 5 烯酸(EPA)和 22 碳 6 烯酸(DHA),因而在室温下呈液态。棕榈油和可可籽油虽然含饱和脂肪酸较多,但因碳链较短,故其熔点低于大多数的动物脂肪。

脂肪酸常用俗名或系统命名法命名。天然脂肪酸以偶数直链饱和与不饱和脂肪酸所占的比例最大,但现在已知有少量其他脂肪酸存在,包括奇数脂肪酸、支链脂肪酸和羟基脂肪酸等。

(1)普通命名或俗名。许多脂肪酸最初是从某种天然产物中得到的,因此常常是根据其来源命名,例如,酪酸、棕榈酸、月桂酸、硬脂酸和油酸等。

(2)系统命名法。选择含羧基和双键的最长碳链为主链,从羧基端开始编号。例如,亚油酸:$CH_3(CH_2)_4CH=CHCH_2CH=CH(CH_2)_7COOH$ 9,12-十八碳二烯酸。

不饱和键的位置也可用 △ 表示。例如,油酸(18:1,△9 顺)表示含 18 个碳原子,一个不饱和键,在第 9～10 位碳原子之间有一个顺式双键;α-亚麻酸(18:3,△9,12,15),表示含 18 个碳原子,3 个不饱和键,双键位置按碳原子编号依次为 9、12、15。

（3）数字命名法。缩写为 $n:m$（n 为碳原子数,m 为双键数）。最远端的甲基碳也叫做 ω 碳原子,脂肪酸的碳原子从离羧基最远的碳原子即最远端的甲基碳原子 ω 开始计数,按字母编号依次为 $\omega1$、$\omega2$、$\omega3$……不饱和键的位置用 ω 来表示。例如,油酸(18:1,ω9),表示含 18 个碳原子,1 个不饱和键,第一个双键从甲基端数起,在第 9 碳与第 10 碳之间;亚麻酸(18:3,ω3),表示含 18 个碳原子,3 个不饱和键,第一个双键从甲基端数起,在第 3 碳与第 4 碳之间;$CH_3(CH_2)_4CH=CHCH_2CH=CH(CH_2)_7COOH$ 可缩写为(18:2,ω-6)或 18:2(6,9),双键位是从甲基端开始记数。

不过,此法仅用于顺式双键结构和五碳双烯结构,即具有非共轭双键的结构,其他结构的脂肪酸不能用 ω 法或 n 法表示。因此,第一个双键定位后,其余双键的位置也随之而

> 思考:双键表示为△9,12、ω-6的 C_{18}脂肪酸有何不同?

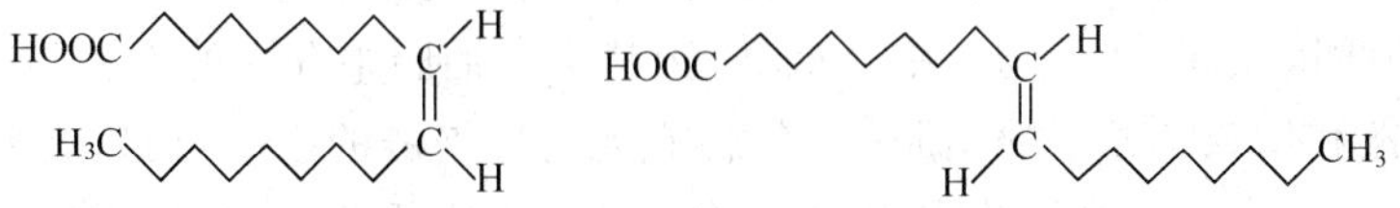

定,只需标出第一个双键碳原子的位置即可。有时还需标出双键的顺反结构及位置,烷基处于分子的同一侧为顺式(用 c 表示),反之为反式(用 t 表示),位置从羧基端编号,例如,5t,9c-18:2。

图 3-2　顺式、反式脂肪酸结构示意图

（4）英文缩写法。用英文缩写符号代表一个酸的名字。例如,月桂酸为 La,肉豆蔻酸为 M,棕榈酸为 P 等。一些常见脂肪酸的命名见表 3-2。

表 3-2　一些常见脂肪酸的名称和代号

数字缩写	系统名称	俗名或普通名	英文缩写
4:0	丁酸	酪酸(butyric acid)	B
6:0	己酸	己酸(caproic acid)	H
8:0	辛酸	辛酸(caprylic acid)	Oc
10:0	癸酸	癸酸(capric acid)	D
12:0	十二酸	月桂酸(lauric acid)	La
14:0	十四酸	肉豆蔻酸(myristic acid)	M
16:0	十六酸	棕榈酸(palmtic acid)	P
16:1	9-十六烯酸	棕榈油酸(palmitoleic acid)	Po
18:0	十八酸	硬脂酸(stearic acid)	St
18:1(n-9)	9-十八烯酸	油酸(oleic acid)	O
18:2(n-6)	9,12-十八烯酸	亚油酸(linoleic acid)	L
18:3(n-3)	9,12,15-十八烯酸	α-亚麻酸(linolenic acid)	α-Ln, SA

续表 3-2

数字缩写	系统名称	俗名或普通名	英文缩写
18：3(n-6)	6,9,12-十八烯酸	γ-亚麻酸(linolenic acid)	γ-Ln ,GLA
20：0	二十酸	花生酸(arachidic acid)	Ad
20：3(n-6)	8,11,14-二十碳三烯酸	DH-γ-亚麻酸(linolenic acid)	DGLA
20：4(n-6)	5,8,11,14-二十碳四烯酸	花生四烯酸(arachidonic acid)	An
20：5(n-3)	5,8,11,14,17-二十碳五烯酸	EPA(eciosapentanoic acid)	EPA
22：1(n-9)	13-二十二烯酸	芥酸(erucic acid)	E
22：5(n-3)	7,10,13,16,19-二十二碳五烯酸	—	—
22：6(n-6)	4,7,10,13,16,19-二十二碳六烯酸	DHA(docosahexanoic acid)	DHA

2. 脂肪酸的种类与生理功能

所有脂肪酸均能够氧化供能,根据化学结构可分为饱和脂肪酸和不饱和脂肪酸;根据人体需要与否,可以分为必需脂肪酸和非必需脂肪酸。

> 思考:牛、羊奶的"膻味"有何缘由?

(1)饱和脂肪酸。碳链中不含有碳碳双键的脂肪酸称为饱和脂肪酸,碳链长度 8~18 个碳原子。饱和脂肪酸熔点高,在动物脂中比例高,天然食用油脂中存在的饱和脂肪酸主要是长链(碳数>14)、直链和偶数碳原子的脂肪酸,奇数碳链或具支链的极少,而短链脂肪酸在乳脂中有一定量的存在。通常将碳原子数少于 10 个的饱和脂肪酸称为低级饱和脂肪酸,它们在常温下是液体,并都具有令人不愉快的气味,沸点较低,容易挥发,因此,也称为挥发性脂肪酸。低级饱和脂肪酸多存在于牛、羊奶及羊脂中,使牛奶、羊奶具有膻味。羧酸分子中的碳原子数在 10 个以上的脂肪酸称为中、高级饱和脂肪酸。油脂中多数是 12~26 个偶数碳的中高级饱和脂肪酸,多存在于动物脂肪中,植物油中也含有。

(2)不饱和脂肪酸。含有碳碳双键的脂肪酸,熔点低,植物油、水产油中比例高。根据所含双键的多少,不饱和脂肪酸又分为单不饱和脂肪酸(其碳链中只含一个不饱和双键)和多不饱和脂肪酸(碳链中含有两个以上双键)。不饱和脂肪酸的化学性质活泼,容易发生氧化、加成、聚合等反应,因此,不饱和脂肪酸对脂肪性质的影响比饱和脂肪酸要大得多。天然食用油脂中存在的不饱和脂肪酸常含有一个或多个烯丙基(—CH =CH—CH$_2$—)结构,两个双键之间夹有一个亚甲基。

多不饱和脂肪酸通常分为 n-3 系列和 n-6 系列两大类,都具有强大的生理保健功能。在多不饱和脂肪酸分子中,距羧基最远端的双键在倒数第三个碳原子上的,称为 n-3 系列多不饱和脂肪酸;在第六个碳原子上的,则称为 n-6 系列多不饱和脂肪酸。

n-3 系列不饱和脂肪酸中对人体最重要的两种不饱和脂肪酸是 EPA(二十碳五烯酸)和 DHA(二十二碳六烯酸)。EPA 具有清理血管中的垃圾(胆固醇和甘油三酯)的功能,

> 思考:何物被誉为"血管清道夫"、"脑黄金"?

被誉为"血管清道夫";DHA 具有软化血管、健脑益智、改善视力的功效,具有"脑黄金"的美誉。

n-6 系列多不饱和脂肪酸主要的代表是亚油酸、花生四烯酸。亚油酸的重要性在于与其他 n-6 和 n-3 脂肪酸一样,有助于生长、发育及妊娠,特别是皮肤和肾脏的完整性。花生四烯

酸和亚油酸一样,除了是构成细胞膜结构脂质必需成分和类二十烷酸前体外,还是神经组织和脑中占绝对优势的多不饱和脂肪酸。在一些抗肿瘤动物试验中,已证明花生四烯酸在体外,能显著杀灭肿瘤细胞。此外,花生四烯酸和 DHA 一起对维持视网膜的正常功能起决定作用。

(3)必需脂肪酸。自然界存在的脂肪酸有 40 多种,一些脂肪酸人体不能合成或合成量不足,必须从食物中摄入来满足人生命需要,这类脂肪酸称为必需脂肪酸。以往认为亚油酸、亚麻酸和花生四烯酸这三种多不饱和脂肪酸都是必需脂肪酸。近年来的研究证明,只有亚油酸和亚麻酸是必需脂肪酸,而花生四烯酸则可利用亚油酸由人体自身合成。

必需脂肪酸具有重要的生理意义。必需脂肪酸是磷脂的重要组成成分。磷脂是细胞膜的主要结构成分,所以必需脂肪酸与细胞膜的结构和功能直接相关。亚油酸是合成前列腺素的前体,后者具有多种生理功能,如使血管扩张和收缩、神经刺激的传导等。必需脂肪酸与胆固醇的代谢有关,体内约 70% 的胆固醇与必需脂肪酸酯化成酯,被转运和代谢。缺乏必需脂肪酸可引起生长迟缓,生殖障碍,皮肤损伤以及肾脏、肝脏、神经和视觉方面的多种疾病。但是过多的多不饱和脂肪酸的摄入,也可使体内有害的氧化物、过氧化物等增加,同样对身体可产生多种慢性危害。

(4)非必需脂肪酸。能在人体合成且合成量足够,无需从食物中摄入的脂肪酸,包括所有饱和脂肪酸和部分不饱和脂肪酸。

任务 2　油脂特征常数测定及氧化程度评价

【要点】

1. 测定脂肪氧化的初级产物氢过氧化物(ROOH)的量,评价脂肪氧化程度。

2. 测定氢过氧化物进一步分解产生的小分子醛、酮、酸的量(酸价),评价脂肪变质程度。

3. 定期测定在不同条件下储藏的油脂的过氧化值和酸价,掌控影响油脂氧化的主要因素。

4. 比较空白油样品与添加抗氧化剂油样品的过氧化值和酸价,考察抗氧化剂的性能。

【工作过程】

> 思考:如何评价脂肪变质程度?

一、油脂的氧化

在干燥的小烧杯中,将 120 g 油分为 2 等份,向其中一份中加入 0.012 g BHT,分别对两份中油脂作同样的搅拌至加入的 BHT 完全溶解。向 3 个广口瓶中各装入 20 g 未添加 BHT 的油脂,另 3 个广口瓶中各装入 20 g 已添加 BHT 的油脂,按表 3-3 所列编号存放于对应的环境条件下,1 周后测定过氧化值和酸价。

表 3-3　油脂贮存条件与氧化程度的观察

编号	存放条件	添加 BHT 情况
1	室温光照	未添加 BHT 的油脂
2		添加 BHT 的油脂

续表 3-3

编号	存放条件	添加 BHT 情况
3	室温避光	未添加 BHT 的油脂
4		添加 BHT 的油脂
5	60℃（恒温箱）	未添加 BHT 的油脂
6		添加 BHT 的油脂

二、过氧化值的测定

①称取混合均匀的油样 2～3 g（精确到 0.01 g），置于干燥的碘量瓶底部，加入 30 mL 氯仿-冰乙酸混合液，轻轻摇动充分混合。

②加入 1 mL 饱和碘化钾溶液，加塞后摇匀，在暗处放置 5 min。

③取出碘量瓶，立即加入 50 mL 蒸馏水，充分混合后，立即用 0.01 mol/L $Na_2S_2O_3$ 标准溶液滴定至水层呈浅黄色时，加入 1 mL 淀粉指示剂，继续滴定至蓝色消失为止，记下体积 V_1，并计算过氧化值（POV）。

④同时，做不加油样的空白试验，记下体积 V_2。

> 思考："哈喇味"是什么成分？

三、酸价的测定

①称取均匀的油样 4 g（精确到 0.01 g），注入锥形瓶。

②加入中性乙醚-乙醇溶液 50 mL，小心旋转摇动，使油样完全溶解。

③加 2～3 滴酚酞指示剂，用 0.1 mol/L 碱液滴定至出现微红色并在 30 s 内不消失，记下消耗碱液的毫升数（V），并计算酸价。

四、结果与计算

（一）过氧化值（POV）的计算

$$X = \frac{(V_1 - V_2) \times c}{m} \times 1\,000$$

式中，X 为试样的过氧化值，mmol/kg；V_1 为试样消耗硫代硫酸钠标准滴定溶液体积，mL；V_2 为试剂空白消耗硫代硫酸钠标准滴定溶液体积，mL；c 为硫代硫酸钠标准滴定溶液浓度，mol/L；m 为样品质量，g；1 000 为质量单位换算倍数。

（二）酸价的计算

$$酸价/(mg/g) = \frac{c \times V \times 56.1}{m}$$

式中，酸价为每克油滴定时消耗的氢氧化钾质量，mg/g；c 为氢氧化钾溶液物质的量浓度，mol/L；V 为滴定消耗的氢氧化钾溶液体积，mL；56.1 为与 0.1 mL 氢氧化钾标准滴定溶液[c(KOH)＝1.000 mol/L]相当的氢氧化钾毫克数；m 为试样质量，g。

平行试验结果允许差不超过每克油脂中 0.2 mg 的 KOH，求其平均数，即为测定结果；计算结果保留两位有效数字。

五、相关知识

(1)过氧化值的测定为碘量法。在酸性条件下,脂肪中的过氧化物与过量 KI 反应生成 I_2,析出的 I_2 用硫代硫酸钠($Na_2S_2O_3$)溶液滴定,根据硫代硫酸钠的用量来计算油脂的过氧化值。求出每千克油中所含过氧化物的毫摩尔数,即为脂肪的过氧化值(POV)。

(2)酸价的测定为滴定法。利用酸碱中和反应,测出脂肪中游离酸的含量。油脂的酸价以中和 1 克脂肪中游离酸所需消耗的氢氧化钾的毫克数表示。

六、仪器与试剂

1. 材料

油脂。

2. 仪器

(1)小广口瓶(40 mL)6 个,保证规格一致,并干燥。

(2)恒温箱(可控 60℃左右)。

(3)其他。碘价瓶 250 mL、微量滴定管(5 mL)、量筒(5 mL、50 mL)、移液管、容量瓶(100 mL、1 000 mL)、滴瓶、烧瓶、碱式滴定管(25.00 mL)、锥形瓶(250 mL)、试剂瓶、称量瓶、天平(感量 0.001 g)。

3. 试剂

(1)丁基羟基甲苯(BHT)。

(2)0.01 mol/L $Na_2S_2O_3$。用标定的 0.1 mol/L $Na_2S_2O_3$ 稀释而成。

(3)氯仿-冰乙酸混合液。取氯仿 40 mL 加冰乙酸 60 mL,混匀。

(4)饱和碘化钾溶液。取碘化钾 10 g,加水 5 mL,贮于棕色瓶中,如发现溶液变黄,应重新配制。

(5)0.5%淀粉指示剂。500 mg 淀粉加少量冷水调匀,再加一定量沸水(最后体积约为100 mL)。

(6)0.1 mol/L 氢氧化钾(或氢氧化钠)标准溶液。

(7)中性乙醚-95%乙醇(2∶1)混合溶剂。临用前用 0.1 mol/L 碱液滴定至中性。

(8)指示剂。1%酚酞乙醇溶液。

七、相关提示

①气温低时,油脂贮放两星期后进行。

②滴定过氧化值时,应充分摇匀溶液,以保证 I_2 被萃取至水相中。

【考核要点】

1. 各种溶液的配制。

2. 过氧化值、酸价的测定操作及数据处理。

【思考题】

1. 如何确定实验中所用的硫代硫酸钠、氢氧化钠的标准溶液浓度?

2. 一般油脂的烟点为 210～220℃,长期存放后,为什么会降低?

3. 如果从天然产物中提取一种抗氧化成分,拟用于油脂抗氧化剂,如何设计实验方案评价它? 在评价前应了解它的哪些性质?

【必备知识】 食用油脂

一、食用油脂的物理性质

> 思考:牛、羊畜产品"膻味"源何而来?

1. 色泽和气味

纯净的食用油脂是无色、无臭、无味的物质,油脂愈纯其颜色和气味愈淡。

通常情况下,油脂受提炼、贮存的条件和方法等因素的影响,具有不同程度的色泽。一般商品油脂都带有色泽,例如,羊油、牛油、硬化油、猪油、椰子油等为白色至灰白色;豆、花生油和精炼的棉籽油等为淡黄色至棕黄色;蓖麻油为黄绿色至暗绿色;骨油为棕红色至棕褐色等。油脂的色泽直接影响其产品的色泽。例如,色泽较深的油脂生产的肥皂,其色泽也较深,这样的产品不受消费者欢迎,所以,色泽是油脂质量指标必不可少的项目。

油脂经过长期储存,在空气的氧气和微生物的作用下极易发生氧化酸败,产生低分子的醛、酮、醌等,使油脂形成酸败气味,因此,食用油脂不宜长期储存。

2. 烟点、闪点和着火点

食用油脂的烟点、闪点和着火点俗称油脂的三点,是反映油脂在接触空气的情况下的热稳定性的重要指标。

烟点是指在不通风的条件下观察到油脂发烟时的温度,一般为 240℃。闪点是油脂挥发能被点燃、但不能持续燃烧的温度,一般为 340℃。着火点是指油脂被点燃能够维持燃烧 5 s 以上时间的温度,一般为 370℃。在油脂的加工过程中,这些指标也可以反映产品中杂质的含量情况。例如,精炼以后的油脂烟点通常会高于 240℃,而对于未被精炼或长时间加热过的油脂,其烟点会大大降低。

> 思考:烟点、闪点及着火点三点有怎样的联系?

3. 熔点和沸点

油脂的熔点与脂肪酸的组成有关,一般最高在 40～55℃,组成油脂的脂肪酸饱和程度越高、碳链越长,油脂的熔点越高;反式结构的熔点高于顺式结构,共轭双键比非共轭双键熔点高。

天然油脂由于是不同三脂酰甘油的混合物,所以没有固定的熔点,只有一个熔点范围(即熔程);此外,固态油脂存在不同的晶体形态,熔化过程中伴随着不同晶体形态之间的转变,这也需要一个温度段。油脂的主要成分是三酰甘油,但也伴有少量二酰甘油、一酰甘油和游离脂肪酸,当酰基相同时,这些物质的沸点依次降低。因此,油脂较纯时,沸点较高,油脂中的脂肪酸残基饱和程度越高,碳原子数目越多,油脂的沸点越高。

油脂的熔点和人体的消化率密切相关,一般当油脂熔点低于 37℃ 时,消化率达 96% 以上;熔点高于 37℃ 越多,越不易消化。油脂的熔点与消化率的关系见表 3-4。

油脂的沸点一般在 180～200℃,沸点随脂肪酸碳链的增长而增高,但碳链长度相同、饱和度不同的脂肪酸,其沸点变化不大。油脂在储藏和使用过程中随着游离脂肪酸增多,油脂变得易冒烟,发烟点低于沸点。

表 3-4　几种常用食用油脂的熔点与消化率的关系

油　脂	熔点/℃	消化率/%
大豆油	−18～−8	97.5
花生油	0～3	98.3
向日葵油	−16～19	96.5
棉子油	3～4	98.0
奶油	28～36	98.0
猪油	36～50	94.0
牛脂	42～50	89.0
羊脂	44～55	81.0
人造黄油	—	87.0

4. 塑性

在室温下表现为固体的脂肪,实际上是固体脂和液体油的混合物,两者交织在一起,用一般的方法无法分开,这种脂具有可塑造性,可保持一定的外形。所谓油脂的塑性是指在一定外力下,表观固体脂肪具有的抗变形的能力。

油脂的塑性取决于以下几点。

> 思考:为何奶油用机器打制后可用于蛋糕裱花、造型?

(1)固体脂肪指数。油脂中固液比适当时,塑性最好。固体脂过多,则过硬塑性不好;液体油过多,则过软,易变形,塑性同样不好。

(2)脂肪的晶型。当脂肪为 β' 晶型时,可塑性最强。因为 β' 型在结晶时将大量小空气泡引入产品,赋予产品较好的塑性和奶油凝聚性质;而 β 型结晶所包含的气泡少且大,塑性较差。

(3)熔化温度范围。如果从熔化开始到熔化结束之间温差越大,则脂肪的塑性越大。

塑性油脂具有良好的涂抹性(涂抹黄油等)和可塑性(用于蛋糕的裱花),在饼干、糕点、面包生产中专用的塑性油脂称为起酥油。将塑性油脂加入到面团中,可以使饼干、薄脆甜饼等烘烤面制品的质地变得酥脆,这种性质称为油脂的起酥性。调制面团时,加入的塑性油脂形成面积较大的薄膜和细条,覆盖在面粉颗粒表面,增加面团的延展性,同时使已形成的面筋微粒不易黏合,增加了面团的可塑性;塑性油脂还能包含一定量的空气,使面团的体积增大,烘烤时形成蜂窝状的细密小孔,能改善制品质地;油脂的覆盖还可限制面粉吸水,从而限制面筋的形成,这对酥性饼

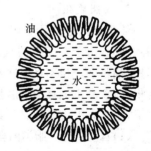

图 3-3　W/O 型乳化作用

干的制作是相当重要的。塑性油脂与蛋白质、淀粉、乳化剂、抗氧化剂和调味料混合可制成粉末状油脂,具有良好的分散性、速溶性和稳定性,使用方便,在食品加工中广泛应用于面包糕点的制作中。

5. 乳化及乳化剂

油、水本互不相容,但在一定条件下,两者却可以形成介稳态的乳浊液。乳浊液的基本条件是其中一相以直径 0.1～50 μm 的小液滴分散在另一相中,前者被称为内相或分散相,后者被称为外相或连续相。食品中油水乳化体系最多见的是乳浊液,常用 O/W 型表示油分散在

水中(水包油),W/O 型表示水分散在油中(油包水)。

乳化剂(图 3-3)是用来稳定乳浊液的表面活性剂,在结构特点上具有两亲性,即分子中既有亲油的基团,又有亲水的基团。它们中的绝大多数既不全溶于水,也不全溶于油,其部分结构处于亲水的环境(如水或某种亲水物质)中,而另一部分结构则处于疏水环境(如油、空气或某种疏水物质)中,即分子位于两相的界面,因此降低了两相间的界面张力,从而提高了乳浊液的稳定性。食品中常见的乳化剂有大豆磷脂、蔗糖酯和山梨糖醇酯等。

二、食用油脂在加工和储藏过程中的化学变化

1. 水解和皂化

油脂的化学本质属于酯类,因此,在酸、碱或酶催化下,油脂会发生水解反应,水解程度可能差异较大,但产物中都会有游离脂肪酸生成。在加热条件下,油脂水解速度加快;有碱存在时,油脂水解进行得比较完全(油脂的碱性水解亦称皂化)。使 1 g 油脂完全皂化所需的氢氧化钾的毫克数称为皂化值。根据皂化值的大小,可以判断油脂中所含脂肪酸的平均相对分子质量大小。皂化值越大,脂肪的平均相对分子质量越小。

活体动物组织中的脂肪实际上不存在游离脂肪酸,但在动物宰后,通过酶的作用能生成游离脂肪酸,故在动物宰后尽快炼油就显得非常必要。与动物脂肪相反,在收获时,成

> 思考:皂化值的大小能说明脂肪的什么品质?

熟的油料种子中的油脂在脂酶的作用,已有相当数量的水解,产生大量的游离脂肪酸。例如,棕榈油由于脂酶的作用,产生的游离脂肪酸可高达 75%,因此,大多数植物油在精炼时需用碱中和。乳脂水解释放出短链脂肪酸,使生牛奶产生酸败味,但添加微生物和乳脂酶能产生某些典型的干酪风味。控制和选择脂肪水解能应用于酸牛奶、面包等加工过程。在油炸食品时,食品中大量水分进入油脂,促进较高温度下的油脂水解,引起游离脂肪酸含量增加,进而引起油脂发烟点和表面张力降低,使油炸食品品质变劣。

2. 油脂氧化

油脂氧化是食品败坏的主要原因之一。在食品加工和储藏期间,由于空气中的氧、光照、微生物、酶和金属离子等

> 思考:食品有"哈喇味",只是味道在改变吗?

作用,油脂会产生不良风味和气味(氧化哈败)、降低食品营养价值,甚至产生一些有毒性的化合物,使食品不能被消费者接受,因此,脂质氧化对于食品工业的影响至关重要。但在某些情况下,脂类有限度氧化又是某些食品加工过程需要的,如油炸食品香气的产生。

(1)自动氧化。脂类的自动氧化是由于油脂中的不饱和脂肪酸被空气中的氧氧化,氧化产物进一步分解为低级脂肪酸、醛、酮等小分子物质,而使油脂发生酸败、产生异味。自动氧化的大致过程是不饱和油脂和脂肪酸先形成游离基,再经过氧化作用生成过氧化物游离基,后者与另外的油脂或脂肪酸作用生成氢过氧化物和新的脂质游离基,新的脂质游离基又可参与上述过程,如此循环连锁反应。以 RH 代表不饱和脂肪酸,其自动氧化过程大致可有以下 3 个阶段:

a. 诱导阶段。油脂中不饱和脂肪酸(RH)在氧气的作用下,脱去氢(H)生成自由基(R・、・OH、・H),其反应速度较缓慢,油脂分子在光、热、金属催化剂的作用下产生自由基。

$$RH \xrightarrow{\text{光、热、微生物}} R \cdot + \cdot H$$

b. 传递阶段。自由基(R・)与氧作用生成过氧化自由基(ROO・),后者可以夺取其他不

饱和脂肪酸的氢生成过氧化物（ROOH），而失去氢（H）的不饱和脂肪酸形成新的自由基（R·），构成了油脂的自动氧化链式反应。

$$R· + O_2 \longrightarrow ROO·$$
$$ROO· + RH \longrightarrow R· + ROOH$$

这个阶段反应速度快、可循环进行，产生了大量氢过氧化物，直至食品油脂中的不饱和脂肪酸全部氧化成过氧化物，油脂的感官变化明显。

c. 终结阶段。各种自由基和过氧化自由基之间形成稳定的化合物，链式反应中止。

$$R· + R· \longrightarrow R—R$$
$$ROO· + R· \longrightarrow ROOR$$
$$ROO· + ROO· \longrightarrow ROOR + O_2$$

> 思考：能控制脂肪的氧化酸败吗？

传递阶段（b）中生成的过氧化物在本阶段进一步分解成小分子的醛、酮或酸，具哈喇味和酸的口感（脂肪和油脂酸败的特征）。有资料显示，这些过氧化物是促发癌症和加速衰老的因素之一。

光照、受热、氧、水分活度、Fe、Cu、Co 等重金属离子以及血红素、脂氧化酶等都会加速脂肪的自氧化速度。所以，为了阻止含脂食品的氧化变质，最普遍的办法是排除 O_2，采用真空或充 N_2 包装和使用透气性低的有色或遮光的包装材料，并尽可能避免在加工中混入 Fe、Cu 等金属离子。家中油脂应用有色玻璃瓶装，避免用金属罐装。

（2）光敏氧化。光敏氧化是不饱和脂肪酸在光的作用下与单线态氧直接发生氧化反应。单线态氧是指不含未成对电子的氧，有一个未成对电子的称为双线态，有两个未成对电子的成为三线态。所以基态氧为三线态。食品体系中的三线态氧是在食品体系中的光敏剂在吸收光能后形成激发态光敏素，激发态光敏素与基态氧发生作用，能量转移使基态氧转变为单线态氧。单线态氧具有极强的亲电性，能以极快的速度与脂类分子中具有高电子密度的部位（双键）发生结合，从而引发常规的自由基链式反应，进一步形成氢过氧化物。在含脂肪的食品中常存在着一些天然色素如叶绿色和肌红蛋白，它们能作为光敏剂，产生单线态的氧。一些合成色素如赤藓红也可作为光敏剂将氧转变为活泼的单线态氧。

（3）酶促氧化。自然界中存在的脂肪氧合酶可以使氧气与油脂发生反应而生成氢过氧化物，植物体中的脂肪氧合酶具有高度的基团专一性，它只能作用于 1,4-顺、顺-戊二烯基位置，且此基团应处于脂肪酸的 ω-8 位。在脂氧合酶的作用下脂肪酸的 ω-8 先失去质子形成自由基，而后进一步被氧化。大豆制品的腥味就是不饱和脂肪酸氧化形成六硫醛醇。

> 思考：食品的油炸过程，究竟会有哪些改变？

3. 油脂在高温下的化学变化

经长时间加热后，油脂也会发生变质，其外观的变化是显而易见的。色泽变深、流动性变差、味感变劣、易发烟等，这些外观的变化包含了油脂酸值的变化及一些有毒物质的产生。这些导致食品品质及营养价值的下降的原因是由于油脂在高温条件下，发生聚合、分解等化学反应，形成许多聚合、分解产物而造成的。

（1）热聚合。无氧条件下，油脂加热到 200～300℃ 的高温时，主要发生热聚合反应（图 3-4）。

聚合过程中，多烯化合物转化成共轭双键后参与聚合，生成具有一个双键的六元环状化合

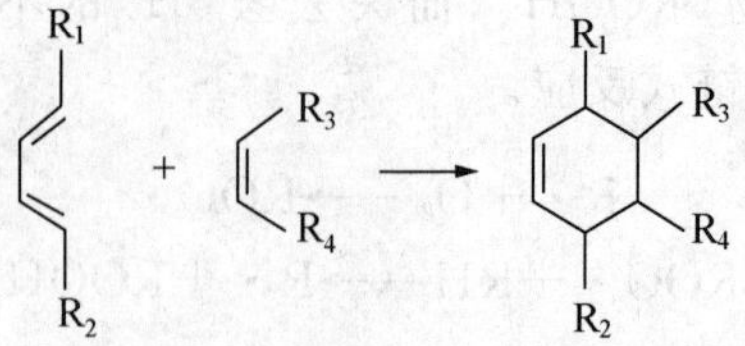

图 3-4 无氧热聚合反应

物。聚合作用可以发生在同一分子的脂肪酸残基之间,也可发生在不同分子的脂肪酸残基之间。游离的脂肪酸也可发生这种热聚合反应。聚合反应导致油脂黏度增大,泡沫增多。

(2)热氧化。如果油脂在空气中,有氧状态下加热到 $200\sim300\ ℃$ 时,三酰甘油分子在双键 α-碳上均裂,产生自由基,自由基之间结合聚合成二聚体(图 3-5)。部分产物为有毒物质。

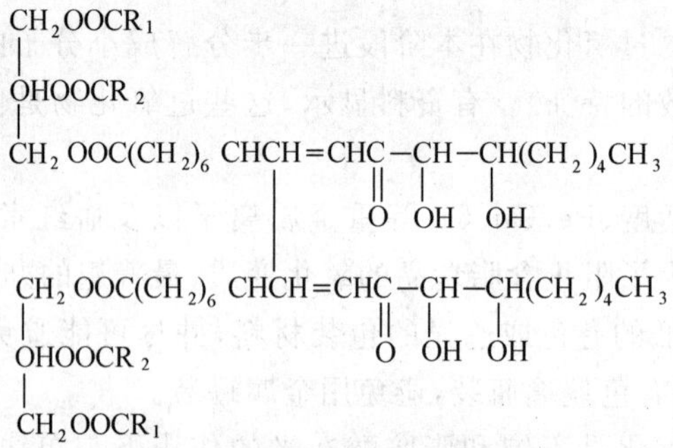

图 3-5 无氧热聚合反应产物

在氧化过程中产生的自由基能聚合成氧化聚合物,成为另一条聚合途径,而且以碳碳聚合为主要产物,这种氧化、聚合产物复杂多样,在体内被吸收后,使酶失活而会引起生理异常。分析油炸鱼虾出现的细泡沫,发现也是一种二聚物。

热氧化反应的机理与自动氧化没有本质的区别,只是在热氧化过程中,饱和脂肪酸的反应速度也很快,而且氢过氧化物的分解也很快,几乎马上分解为低级醛、酮、酸、醇等。

(3)热分解(图 3-6)。无氧条件下,饱和脂肪热分解在相对更高的温度下发生($350℃$),生成丙烯醛、脂肪酸、二氧化碳、甲基酮及小分子的酯等。

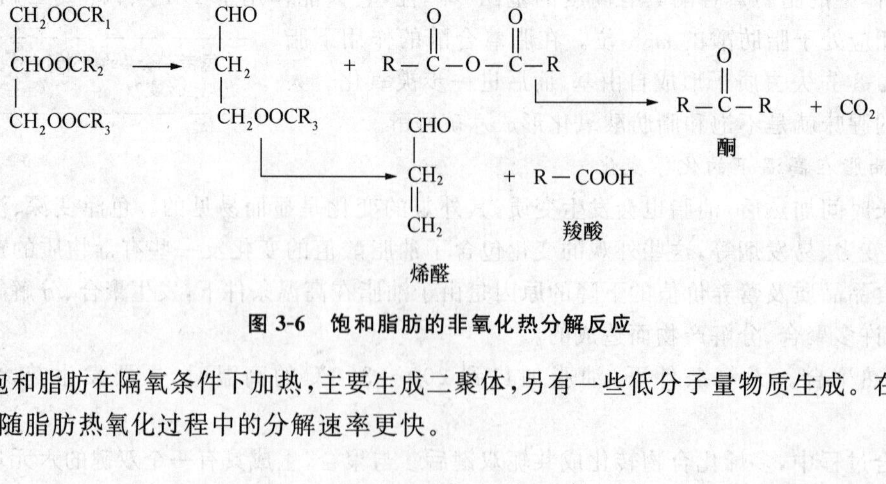

图 3-6 饱和脂肪的非氧化热分解反应

不饱和脂肪在隔氧条件下加热,主要生成二聚体,另有一些低分子量物质生成。在有氧条件下,伴随脂肪热氧化过程中的分解速率更快。

（4）水解与缩合（图3-7）。高温油炸过程中，由于水分的引入，使油脂分子与水接触的部位发生水解，水解产物之间可以缩合成醚型化合物。

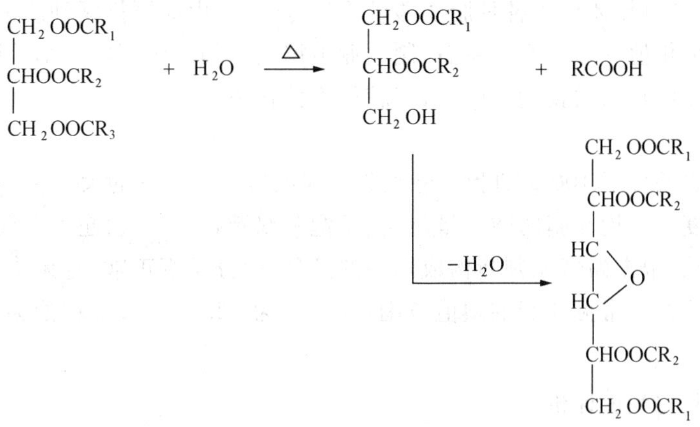

$$
\begin{array}{l}
CH_2OOCR_1 \\
CHOOCR_2 \\
CH_2OOCR_3
\end{array}
+ H_2O \xrightarrow{\triangle}
\begin{array}{l}
CH_2OOCR_1 \\
CHOOCR_2 \\
CH_2OH
\end{array}
+ RCOOH
$$

$$
\xrightarrow{-H_2O}
\begin{array}{l}
CH_2OOCR_1 \\
CHOOCR_2 \\
HC \\
\quad\quad O \\
HC \\
CHOOCR_2 \\
CH_2OOCR_1
\end{array}
$$

图 3-7　油脂的缩合反应生成环氧化合物

油在高温下发生的化学反应也是油炸食品中香气的形成过程，通常油炸食品香气的主要成分是羰基化合物（烯醛类）。例如，将三亚油酸甘油酯加热到185℃，每30 min通2 min水蒸气，前后72 h，从其挥发物中发现有五种直链2,4-二烯醛和内酯，呈现油炸物特有的香气。

综上所述，为了保持食品的营养价值，防止由于高温而发生的各种不利于人体健康和食品储藏的化学反应，在食品加工过程中油温一般要控制在200 ℃以下，最好在150℃下为宜。

4. 辐照下油脂的化学变化

食品辐照作为一种灭菌手段，其目的是消灭微生物和延长食品的货架寿命，是一种重要的食品保藏方法。然而，辐照处理常常会诱导化学变化，使食品产生大量自由基，进而导致油脂发生腐败、褪色、褐变，并产生不愉快的感官风味。目前，食品辐照加工和储藏过程中，食品中油脂氧化是导致食品质量降低的主要原因之一，大大限制了辐照技术在农产品储藏与保藏中的应用。因此，有效地控制辐照处理条件，避免该技术产生危害食品品质和人体健康的毒性物质，是科学家今后的重点研究方向之一。

> 思考：如何合理使用辐照处理技术？

三、油脂的质量评价

（一）评价油脂品质的特征常数

1. 酸值（AV）

食品的酸值（酸价）是指中和1 g油脂中的游离脂肪酸所需氢氧化钾的毫克数（mg），它是脂肪中游离脂肪酸含量的标志。脂肪在长期保藏过程中，由于微生物、酶和热的作用发生缓慢水解，产生游离脂肪酸，而脂肪的质量与其中游离脂肪酸的含量有关，一般常用酸值作为衡量标准之一。在脂肪生产的条件下，酸值可作为水解程度的指标，在其保藏的条件下，则可作为酸败的指标。酸值越小，说明油脂质量越好，新鲜度和精炼程度越好。

> 思考：酸值与皂化值都用氢氧化钾的质量（mg）表示，二者在应用上有何区别？

2. 皂化值(SV)

1 g 油脂完全被皂化时所需氢氧化钾的质量(mg)称为皂化值。皂化值与油脂所含脂肪酸的分子质量有关,它直接体现了各种脂肪酸的平均分子量,由此可推断油脂内脂肪酸碳链的平均长度。油脂的皂化值一般在 200 左右,制皂业根据油脂的皂化值的大小,可以确定合理的用碱量和配方。皂化值较大的食用油脂,熔点较低而消化率较高。

3. 碘值(IV)

碘值是在一定条件下 100 g 油脂所能吸收的碘的质量(g),它的大小在一定范围内反映了油脂的不饱和程度。不饱和脂肪酸含量越高,不饱和双键越多,碘值越大。油脂氢化后双键数目减少,碘值下降。根据碘值能判断构成油脂的品种、组分是否正常,有无掺杂等,还可对油脂的氢化过程进行监控。常见油脂的碘值范围:大豆油为 123～142;菜籽油为 94～120;花生油为 80～106。

(二)油脂的氧化程度评价

1. 过氧化值(POV)评价

过氧化值是表示油脂自动氧化初期形成的一级反应产物——氢过氧化物的数量,一般是通过标准硫代硫酸钠溶液滴定氢过氧化物与碘化钾作用放出的游离碘来定量,以 1 kg 油脂中所产生碘的毫摩尔数(mmol)来表示。POV 值用碘量法测定依据为:

$$ROOH + 2KI \longrightarrow ROH + I_2 + K_2O$$
$$I_2 + 2Na_2S_2O_3 \longrightarrow 2NaI + Na_2S_4O_6$$

过氧化值是评价油脂氧化程度最广泛使用的方法,因为油脂的质量保证和控制主要在于发现其早期的氧化。一般来说,过氧化值越高其酸败就越厉害。

国际推荐标准和中国各级别食用植物油国家标准中的质量指标规定:食用植物油过氧化值不超过 10 mmol。

2. 硫代巴比妥酸值(TAB)评价

这是广泛用于评价脂类氧化程度的方法之一。不饱和脂肪酸的氧化产物(丙二醛及其他较低分子量醛等)与硫代巴比妥酸反应生成红色和黄色物质。例如,两分子 TBA 与一分子丙二醛反应形成粉红色物质,在 530 nm 处有最大吸收;饱和醛、单烯醛和甘油醛等与硫代巴比妥酸反应产物为黄色,在 450 nm 处有最大的吸收。可同时在这两个最高吸收波长处测定油脂的氧化产物的含量,以此来衡量油脂的氧化程度。

TBA 值广泛用于评价油脂的氧化程度,但单糖、蛋白质、木材烟中的成分都可以干扰该反应,故该反应对不同体系的含油食品的氧化程度难以评价,而只能用于比较单一物质(如纯油脂)在不同氧化阶段的氧化程度的评价。

3. 活性氧法(AOM 法)

这是一种广泛采用的检验方法,油脂试样保持在 97.8℃ 条件下迅速通入速度为 2.33 mL/s 的空气,测定植物油脂 POV 达到 100 或动物油脂 POV 达到 20 所需的时间(h)。AOM 值越大,说明油脂的抗氧化稳定性越好。一般油的 AOM 值仅 10 h 左右,但抗氧化性强的油脂可达到 100 多小时。该法也是评价不同抗氧化剂抗氧化性能的常规方法。

4. Schaal 温箱测试

史卡尔(Schaal)温箱测试法是指置油脂试样于(63 ± 0.5)℃烘箱内,定期取样检验,直至出现氧化性酸败为止。也可以采用感官检验或测定 POV 的方法判断油脂是否已经酸败。

5. 感官评价

最终判断食品的氧化风味需要进行感官检验,风味评价通常是由受过训练或经过培训的人员组成评价小组,采用特殊的评价方式进行的。

任务 3　卵磷脂的提取、鉴定与应用

【要点】

1. 磷脂类物质的结构与性质。

2. 卵磷脂提取、鉴定的依据及工作过程。

> 思考: 卵磷脂的水溶性如何? 为何要加入乙醚、搅拌?

【工作过程】

一、卵磷脂的提取

取 15 g 生鸡蛋黄(通常含水 50%,脂类 32%,蛋白质 16%,灰分 2%),于 150 mL 三角锥形瓶中,加入 40 mL 乙醚,放入磁力搅拌器,室温下搅拌提取 15 min。然后静置 30 min,上层清液用带棉花漏斗过滤。往残渣中再加入 15 mL 乙醚,搅拌提取 5 min。第二次提取液过滤后,与第一次提取液合并,于 60℃ 热水浴蒸去乙醚,将残留物倒入烧杯中,放入真空干燥箱中减压干燥 30 min 以除尽乙醚,约可得 5 g 粗提取物。

粗提取物进行离心(4 000 r/min)10 min,下层为卵磷脂,约得 2.5～2.8 g。卵磷脂可以通过冷冻干燥得到无水的产物。

> 思考: 依据卵磷脂的何种性质鉴定?

二、卵磷脂的鉴定

取以上提取物 0.1 g,于试管内加入 10% 氢氧化钠溶液 2 mL,水浴加热数分钟,嗅之是否有鱼腥味,以确定是否为卵磷脂。

三、乳化作用

两只试管中各加入 3～5 mL 水,一支加卵磷脂少许,溶解后滴加 5 滴花生油。另一支也滴入 5 滴花生油,加塞后用力振摇试管,使花生油分散。观察比较两支试管内的乳化状态。

四、相关知识

磷脂是生物体组织细胞的重要成分,主要存在于大豆等植物组织以及动物的肝、脑、脾、心等组织中,尤其在蛋黄中含量较多(10% 左右)。卵磷脂是甘油磷脂的一种,由磷酸、脂肪酸、甘油和胆碱组成。卵磷脂溶于乙醚而不溶于丙酮,利用此性质可将其与中性脂肪分离开;此外,卵磷脂能溶于乙醇而脑磷脂不溶,利用此性质又可将卵磷脂和脑磷脂分离。

卵磷脂被碱水解后可分解为脂肪酸盐、甘油、胆碱和磷酸盐。甘油与硫酸氢钾共热,可生成具有特殊臭味的丙烯醛;磷酸盐在酸性条件下与钼酸铵作用,生成黄色的磷钼酸沉淀;胆碱在碱的进一步作用下生成无色且具有氨和鱼腥气味的三甲胺。这样通过对分解产物的检验可以对卵磷脂进行鉴定。

> **思考：** 类脂的特殊结构决定了哪些应用？

五、仪器与试剂

1. 仪器

三角瓶(150 mL)、试管、磁力搅拌器、离心机。

2. 试剂

鸡蛋、花生油、乙醚、10%NaOH。

六、相关提示

新提取的卵磷脂为白色蜡状物,遇空气即氧化变成黄褐色,这是由于其中不饱和脂肪酸被氧化所致。

【考核要点】

1. 正确使用磁力搅拌器。

2. 过滤、洗涤及挥发过程的操作。

3. 离心机的正确操作。

【思考题】

1. 依据卵磷脂的化学结构解释卵磷脂为什么是一种良好的乳化剂？

2. 怎样分离卵磷脂和中性脂肪？怎样分离卵磷脂和脑磷脂？

【必备知识】 油脂加工

一、油脂精炼

毛油中含有各种杂质,只有除去这些杂质后,毛油才能变为人们日常食用的油脂。油脂的精炼就是进一步采取物理和化学的方法,除去油脂中的杂质。

> **油脂精炼的基本流程：**
> 毛油──→脱胶──→静置分层──→脱酸──→水洗──→干燥──→脱色──→过滤──→脱臭──→冷却──→精制油

其中,脱胶、脱酸、脱色、脱臭是油脂精炼的核心工序。

1. 沉降和脱胶

如果油脂中磷脂含量高,加热时易起泡沫、冒烟且多有臭味,同时磷脂氧化可使油脂呈焦褐色,影响煎炸食品的风味。将毛油中含有的磷脂等胶溶性杂质脱除的工艺过程称为脱胶。脱胶的方法是向油脂中加入2%～3%的热水或通入水蒸气,在50℃左右搅拌,由于磷脂有亲水性,吸水后比重增大,然后可通过沉降或离心分离除去水相即可除去磷脂和部分蛋白质。

2. 中和

中和的目的是除去毛油中含有的游离脂肪酸,降低油脂的酸价,使生产的油脂达到中性。其方法是向加热的油脂中(30～60)℃加入一定浓度氢氧化钠,维持一段时间后直到水相析出,生成脂肪酸钠盐也就是俗称的皂角(肥皂的主要成分),然后通过沉降或离心的方法除去油中皂角,进而除去游离脂肪酸。此过程还能使磷脂和有色物质明显减少。

3. 漂白

毛油中含有类胡萝卜素、叶绿素等色素,影响到油脂的外观甚至稳定性,因此需要除去。其方法是将油加热到85℃左右,通过装有吸附剂,如酸性白土(1%)和活性炭(0.3%)等的吸附柱,可将有色物质几乎完全地除去。该操作后油脂中的其他物质如磷脂、皂化物和一些氧化产物可与色素一起被吸附,降低了磷脂含量及酸价和油脂的过氧化值。

4. 脱臭

脱臭的目的是除掉各种植物油中所特殊的气味。脱臭可采用减压蒸馏法进行,即通入一定压力的水蒸气,在一定真空度下控制油温(220~240℃)保持几十分钟左右,便可将这些有气味的物质除去。在此过程中为了防止再度氧化常常添加柠檬酸以螯合除去油中的痕量金属离子。

油脂精炼一方面,可提高油的氧化稳定性,并且明显改善油脂的色泽和风味,还能有效去除油脂中的一些有毒成分(如花生油中的黄曲霉毒素和棉籽油中的棉酚);另一方面,也除去了油脂中存在的天然抗氧化剂——生育酚(V_E)。

> 思考:滑润、香脆的美味食品其成分有多少?

二、油脂改性

油脂改性技术现主要分为油脂氢化、酯交换和油脂分提技术。

1. 油脂氢化

氢化反应是在镍等催化剂作用下,直接将氢气加成到不饱和脂肪酸双键上一种化学反应。氢化工艺在油脂工业中具有极大的重要性,它能够提高油脂的熔点,使液态油转变为半固体或塑性脂肪,以满足特殊用途的需要。例如,起酥油和人造奶油的生产。油脂氢化还可以增强油脂的抗氧化能力和在一定程度上改变油脂的风味。例如,含有臭味的鱼油经过氢化后臭味消失。

油脂氢化后,多不饱和脂肪酸的含量下降,一些脂溶性维生素被破坏,同时,在氢化的过程中还伴随着双键的位移和反式异构体的产生,即生成了反式脂肪酸。反式脂肪酸目前被食品加工业者广泛添加于食品中,因为食品中添加反式脂肪酸后,会增加口感,让食物变得更松脆美味。当油脂中所有双键都被氢化后,所得全氢化脂肪通常只能用于制肥皂。

近年来,科学家们通过研究发现,反式脂肪酸的过量摄入会引起影响生长发育、导致血栓形成、促进动脉硬化、诱发妇女患Ⅱ型糖尿病、引起大脑功能的衰退以及致癌性等诸多危害。因此,作为消费者,要学会在生活中保护自己,控制食用氢化油加工食品,可以减少反式脂肪酸的摄入。

2. 油脂的酯交换

油脂特定的物理性质如结晶特性、熔点等,不仅受到组成甘油三酯的脂肪酸种类影响还与天然油脂中脂肪酸的分布模式有关。油脂的特定物理性质有时限制了它们在工业上的应用,但人们可以采用化学改性的方法如酯交换改变脂肪酸的分布模式,以适应特定的工业需要。例如,猪油的结晶颗粒大,口感粗糙,不利于产品的稠度,也不利于用在糕点制品上,但经过酯交换后,改性猪油可结晶成细小颗粒,稠度改善,熔点和黏度降低,适合于作为人造奶油和糖果用油。具体方法是在催化剂(甲醇钠或碱金属及其合金等)的作用下,使甘油三酯在分子内或分子间发生酯交换反应(图3-8)。

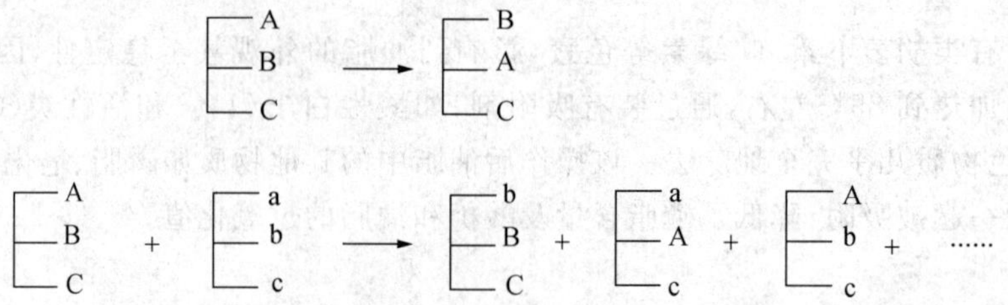

图 3-8　甘油三酯发生酯交换反应示意图

通过酯交换,可以改变油脂的甘油酯组成、结构和性质,生产出天然没有的、具有全新结构的油脂,或人们希望得到的某种天然油脂,以适应某种需要。这种方法目前已用于工业化生产。

【健康贴士】　人造奶油食品

人造奶油是指用植物油加部分动物油、水、调味料经调配加工而成的可塑性的油脂品,用以代替从牛奶取得的天然奶油。人造奶油主要成分是反式脂肪酸,反式脂肪酸的名称也多种多样,有人造脂肪、人工黄油、人造奶油、人造植物黄油、食用氢化油、起酥油、植物脂末等。许多蛋糕房使用的植脂奶油也是同一个概念。

因为烘烤味道鲜美、口感好、货架保质期长,"植物奶油"在以西点为代表的食品中广泛存在。据调查国内市场上 52 个著名食品品牌、167 种加工食品中,87%的样品含有"植物奶油",包括所有的奶酪制品、95%的"洋快餐"(汉堡、蛋塔、奶昔、炸薯条等)、蛋糕、面包等;约 90%的冰淇淋、80%的人造奶油,以及 71%的饼干中,也检出含有"植物奶油"。

虽然反式脂肪酸可以使食物的味道、口感更好,但反式脂肪酸对人体健康危害很大,却一直没有引起人们的重视。其实当脂肪酸的结构发生改变,其性质也跟着起了变化。许多人知道,含多不饱和脂肪酸的红花油、玉米油、棉子油可以降低人体血液中的胆固醇水平,但是当它们被氢化为反式脂肪酸后,作用却恰恰相反,反式脂肪酸能升高 LDL(即低密度脂蛋白胆固醇,其水平升高可增加患冠心病的危险),降低 HDL(即高密度脂蛋白胆固醇,其水平升高可降低患冠心病的危险),因而增加患冠心病的危险性。欧洲 8 个国家联合开展的多项有关反式脂肪酸危害的研究显示,对于心血管疾病的发生发展,反式脂肪酸负有极大的责任。它导致心血管疾病的几率是饱和脂肪酸的 3～5 倍,甚至还会损害人的认知功能。此外,反式脂肪酸还会诱发肿瘤(乳腺癌等)、哮喘、Ⅱ型糖尿病、过敏等疾病,导致妇女患不孕症的几率增加 70%以上,对胎儿体重、青少年发育也有不利影响。

据了解,如今在美国食品标签必须注明反式脂肪含量,而且规定含量不得超过 2%;在加拿大,食品标签必须注明反式脂肪含量,并鼓励减少含反式脂肪酸食物的摄入。然而目前我国还没有食品反式脂肪酸含量标准,人们对反式脂肪酸也知之甚少。专家建议市民在购买食品时,最好要特别留意一下有无"人造奶油"、"氢化植物油"、"植物黄(奶)油"等字样,以区分是否含有反式脂肪酸。除此之外,洋快餐中含有大量反式脂肪酸,年轻人和孕妇要特别当心。

---

3. 油脂的分提

天然油脂主要是多种甘油三酯所组成的混合物。由于组成甘油三酯的脂肪酸的碳链长短、不饱和程度、双链的构型和位置及甘油三酯中脂肪酸的分布不同,构成了各种甘油三酯组分在物理及化学性质上的差异。利用在一定温度下构成油脂的各种三酰基甘油的熔点差异及溶解度的不同,将天然油脂中含有的不同种类的甘油三酯组分分离的过程称为油脂的分提。

分提的方法有干法分提、表面活性剂分提和溶剂分提。无论哪一种分提都由结晶和分离两步构成,即都要将油脂冷却,以析出结晶为第一步,至关重要的是析出容易与液态油分离的结晶形态,然后进行晶、液分离,从而得到优质的固态脂与液态油,只不过不同的方法呈现不同的特征而已。分提的原理都是基于不同类型的甘三酯的熔点差异或不同温度下其互溶度不同,或是在一定温度下其对某种溶剂的溶解度不同,应用冷却结晶或液—液萃取法而达到分提目的。现今,油脂加工工业越来越多地使用分提来替代化学改性的方法,拓宽油脂品种的使用用途。

【拓展知识】 焙烤食品中的油脂

油脂是焙烤食品的主料之一,有的糕点用油量高达50%。焙烤食品中常用的油脂有植物油、动物油、氢化油,而豆油是焙烤食品中较常用的植物油之一。氢化油因其具有优于一般油脂的可塑性、乳化性、起酥性和稠度成为焙烤食品的理想原料。全氢化植物性起酥油能吸收150%~200%的水分,乳化性能良好,制品保持一定的水分,使糕点松软可口。

【项目小结】

本项目以油脂烟点、油脂特征常数的测定、油脂氧化程度评价、卵磷脂提取、鉴定及应用为任务驱动引入项目学习。通过食用油脂烟点、特征常数的测定,开展油脂氧化程度评价、提取、鉴定卵磷脂并实际运用,提升实操技能水平;有针对性地学习了脂类的结构与分类、食用油脂的理化性质及质量评价手段、食品加工中精炼油脂和改性油脂等相关知识。依据食品中脂类的功能与加工特性,对食品中脂类进行水解、氧化程度判断,指导食品生产中使用符合标准的原料或食品添加剂,或食品在加工、贮运过程中不受污染。

【项目思考】

1. 食用油脂在储藏加工过程有哪些改变?

2. 食用油脂的氧化与哪些因素相关?

3. 精炼食用油脂的方法与应用。

项目四 食品蛋白质的性能与控制

【知识目标】

1. 熟悉氨基酸与蛋白质的结构特点、理化性质。
2. 熟悉必需氨基酸及蛋白食品营养性能评价。
3. 熟知蛋白质的功能性质及其影响因素。

【技能目标】

1. 能够应用纸层析法分离、检验氨基酸。
2. 会控制等电点，并利用沉淀法提取蛋白质。
3. 具有检验蛋白质功能性质的能力。
4. 能够利用或防止蛋白质在食品加工、储藏过程中的性能变化。

【项目导入】

蛋白质(protein)是人体主要成分，是细胞组分中含量最为丰富、功能最多的高分子物质。蛋白质是重要的产能营养素，并提供人体必需的氨基酸，以维持生长和各种组织蛋白质的补充更新。蛋白质对食品的质构、风味、加工和储藏产生重大影响。在机体新陈代谢过程中起催化作用的酶，调节生长、代谢的各种激素以及有免疫功能的抗体都是由蛋白质构成的。此外，蛋白质对维持体内酸碱平衡、水分的正常分布及能量供给也有着重要作用。

2003 年安徽阜阳农村"大头娃娃"；2008 年三鹿"结石奶粉"以及 2009 年国外品牌婴幼儿配方奶粉被退货等事件的发生，其核心问题都与蛋白质相关。

任务 1　纸层析分离、鉴定氨基酸

【要点】

1. 氨基酸纸层析法的分离、鉴定依据。
2. 纸层析法分离、鉴定技术。

【工作过程】

一、准备滤纸

取两张滤纸(12 cm×12 cm)，按图 4-1 所示，画好平行线和样点并在样点上标号。

二、点样

①用毛细管依次点上氨基酸标准样液和混合液于样点并记录各样点所点氨基酸。点样时注意：第一，样点直径控制在 3 mm 内；第二，每样点需要重复点 3 次，但每次需经干燥后方可再点，为了加快干燥速度，可借助电吹风在较低档温度下风干。

②点好样的滤纸卷成筒状，用透明胶带粘好。注意卷纸筒时，两纸之间留有空隙，不能搭接。

三、展层

①在层析缸内放好展层剂 A（展层剂页面高度约 1 cm），将一张点好样的滤纸小心地移入层析缸，点样端浸入展层剂 A 中，注意不要使样点浸入展层剂。盖好层析缸。

②当看到展层剂到达划定的溶剂前沿线时，取出滤纸，用较低档温度电吹风吹干。同时将另一张点好样的纸重复试验，该纸只用一次单向层析。

③将吹干的滤纸旋转 90°，再卷筒状，用透明胶固定，放入另一个放置有展层剂 B 的层析缸内展层。展层完毕吹干，此纸为双向层析。

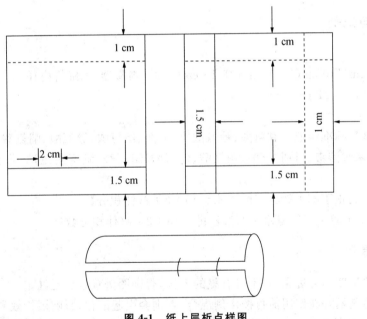

图 4-1　纸上层析点样图

四、显色

将上述单向层析和双向层析的滤纸经吹干后用喷雾器把适量茚三酮溶液均匀的喷洒在纸上，取下纸，悬放进 65℃烘箱中显色 30 min，或用电吹风吹干显色，即可看到紫红色氨基酸斑点，将图谱上的斑点用铅笔圈出。

五、计算

用直尺量出各斑点中心与原点的距离以及溶剂前沿与原点的距离，代入比移值 R_f 计算公式,求出各氨基酸的 R_f 值。

将各显色斑点的 R_f 值与标准氨基酸的 R_f 值比较,可得知该斑点的准确成分。

六、相关知识

纸层析法是属于分配层析法的一种,是以滤纸作为惰性支持物。滤纸纤维上分布大量的亲水性羟基,因此能使纸吸附水作为固定相,通常把有机溶剂作为流动相。将样品点在滤纸上(原点),用有机溶剂进行展层时,样品中的各种溶质即在两相溶剂中不断进行分配。由于各种溶质在两相溶剂中的分配系数不同,因而不同溶质随流动相移动的速率不等,于是从点样的一端向另一端展开时,样品中不同溶质被分离开来,形成距离原点距离不等的层析点。

样品被分离后在纸层析图谱上的位置,用比移值 R_f 来表示:

$$R_f = \frac{原点到层析点中心的距离}{原点到溶剂前沿的距离}$$

在一定条件下(如温度、展层剂的组成,层析纸质量等不变),某物质的 R_f 值是一个常数,借此可作定性分析依据。本实验只利用纸层析分离、鉴定氨基酸。

七、仪器与试剂

1. 仪器

层析缸 25 cm×40 cm(×2)、培养皿 15 cm(×2)、喷雾器、毛细管内径 0.1 cm、电吹风、烘箱、层析滤纸 12 cm×12 cm、铅笔、尺等。

2. 试剂

(1)1%氨基酸标准溶液。甘氨酸、赖氨酸、色氨酸、组氨酸、缬氨酸、脯氨酸。

(2)混合氨基酸溶液。将甘氨酸、赖氨酸、色氨酸、组氨酸、缬氨酸、脯氨酸也按 1%浓度制成的混合溶液。

(3)展层剂 A:正丁醇:80%甲酸:水=15:3:2(体积分数)

展层剂 B:正丁醇:12%氨水:95%乙醇=13:3:3(体积分数)

八、相关提示

①烘箱加热温度不可过高,且不可有氨的干扰,否则图谱背景会泛红。

②第一相溶剂最好在使用前再按比例混合,否则会引起酯化,影响层析效果。

③样品点不要吹得太干燥,否则,样品物质的分子,会牢吸在层析纸的纤维上,出现拖尾现象。

④整个实验操作应戴手套进行。

⑤层析溶剂要求:

a. 被分离物质在该溶剂系统中 R_f 在 0.05~0.8,各组分之 R_f 值相差最好能大于 0.05,以免斑点重叠。

b. 溶剂系统中任一组分与被分离物之间不能起化学反应。

c. 被分离物质在溶剂系统中的分配较恒定,不随温度而变化,且易迅速达到平衡,这样所得斑点较圆整。

【考核要点】

1. 纸层析的依据,单向层析和双向层析操作上的区别。

2. 确定氨基酸成分的方法。

3. 影响 R_f 的因素。

【思考题】

1. 怎样理解本实验为什么要设计单向层析和双向层析?

2. 本任务中哪些操作有利于定性和更准确定量?

【必备知识】 蛋白质的组成与结构

19 世纪中叶,荷兰化学家穆尔德(G J Mulder)从动物组织和植物体液中提取出一种共有的物质,并认为生命的存在很可能与这种物质有关。1883 年,根据著名瑞典化学家 Berzelius 的提议,Mulder 把这种物质命名为 Protein(蛋白质)。该词源自希腊语"Πρoτo",意思是"最重要的"、"最原始的"、"第一的"。翻译成汉语时,曾有学者建议根据原意译为"朊",因蛋白质一词沿用已久而被保留。

早在 100 多年以前,恩格斯就指出:"生命是蛋白体的存在方式","无论在什么地方,只要我们遇到生命,我们就会发现生命是和某种蛋白质相联系的"。

生命是物质运动的高级形式,这种运动形式依赖于蛋白质的生物学功能,蛋白质是生物功能的载体,一切细胞活性都离不开蛋白质生物功能的发挥,没有不依赖蛋白质生物功能的生命活动。

一、蛋白质的元素组成

思考:产生三鹿"结石奶粉"的源由?

蛋白质是最基本的生命物质之一,是细胞组分中含量丰富、功能最多的生物大分子。许多蛋白质已获得结晶纯品。对蛋白质的元素组成分析发现,除含碳、氢、氧、氮,分别为 $50\%\sim55\%$、$6\%\sim8\%$、$20\%\sim30\%$、$15\%\sim18\%$ 外,大部分蛋白质都含硫($0\sim4\%$),许多蛋白质中还含有微量的磷($0.4\%\sim0.9\%$)、铁、铜、锌以及钼、碘、硒等。其中,N 元素的含量在各种蛋白质中很相近,平均为 16%,这是蛋白质元素组成的特点,也是凯氏(Kjedahl)定氮法测定蛋白质含量的依据。

$$蛋白质含量 = 蛋白氮 \times 6.25$$

不论是何种动植物,蛋白质占活细胞干重的 50% 以上。作为食品原料的动物和植物,其体内蛋白质的含量是差异很大的,一般在新鲜植物组织中含量约为 $0.5\%\sim3\%$,在植物的种子中含量可达 15%,在豆类种子中可高达 39%。常见食物中蛋白质的含量见表 4-1。

表 4-1 常见食物中的蛋白质含量 %

食物	蛋白质	食物	蛋白质	食物	蛋白质	食物	蛋白质
猪肉	13.3~18.5	肝	18~19	玉米	8.6	大豆	39.0
羊肉	14.3~18.7	鸡蛋	13.4	小米	9.4	大白菜	1.1
牛肉	15.8~21.5	牛乳	3.5	小麦	12.4	苹果	0.2
鸡肉	21.5	大米	8.5	花生	25.8		

二、蛋白质的基本构成单位——氨基酸

(1)氨基酸的结构通式。蛋白质是由多种 α-氨基酸(Amino acid)按各种不同顺序排列结合成的高分子有机物。组成蛋白质的 20 种氨基酸都有共同的结构特征,即在 α-碳原子上都含有一个羧基和一个氨基(仅脯氨酸为亚氨基),并有一个氢原子和碳原子共价连接。各种氨基酸不同之处在于和 α-碳原子相连的侧链(R 基)结构差异,如图 4-2 所示。脯氨酸和羟基脯氨酸的 R 基团来自吡咯烷,它们并不符合一般结构。

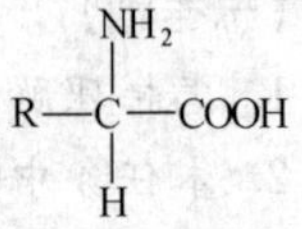

图 4-2　α-氨基酸

α-氨基酸的构型通过同甘油醛对比来确定,通常要以 D、L 来标记。天然氨基酸除个别例外,都是 L 构型,如图 4-3 所示。

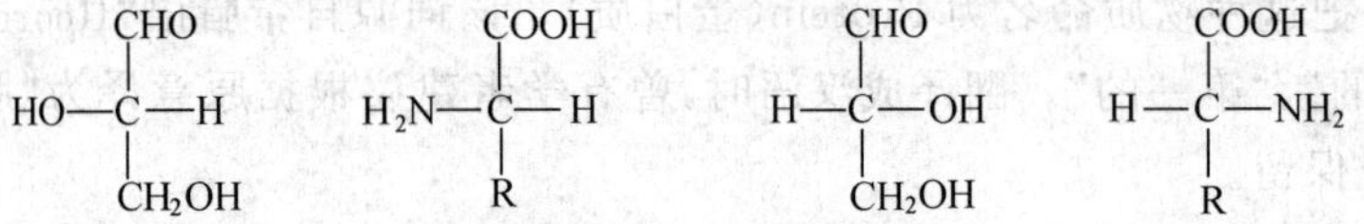

L-甘油醛　　L-氨基酸　　D-甘油醛　　D-氨基酸

图 4-3　氨基酸的构型

(2)氨基酸的分类。组成体内蛋白质的 20 种氨基酸,根据其侧链的结构和理化性质可进行分类。侧链(R)为疏水性的(如脂肪族侧链、芳香族侧链),这类氨基酸的疏水性随脂肪族侧链长度的增加而增加,称为非极性或疏水性氨基酸;R 基团有极性,但不能解离或解离极弱,并具亲水性称极性中性氨基酸;含有两个羧基一个氨基,其 R 基团有极性。在中性溶液中,羧基完全解离呈酸性,使分子带负电荷,亲水性强,称酸性氨基酸;含有两个氨基一个羧基,其 R 基团有极性。在中性溶液中,这些基团可质子化,呈碱性,使分子带正电荷,亲水性强,称碱性氨基酸(表 4-2)。

> 思考:中性氨基酸溶液的pH是7吗?

表 4-2　氨基酸的分类

序号	名　称	结　构	等电点	缩写符号	分类
1	甘氨酸 Glycine	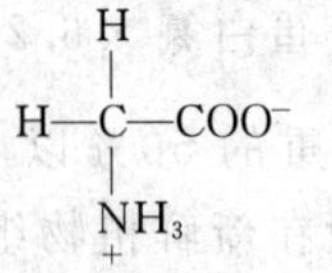 H—C—COO⁻ (H上, NH₃⁺下)	5.97	Gly(G)	非极性或疏水性氨基酸
2	丙氨酸 Alanine	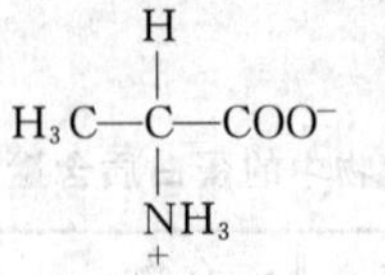 H₃C—C—COO⁻ (NH₃⁺下)	6.00	Ala(A)	非极性或疏水性氨基酸
3	*缬氨酸 Valine	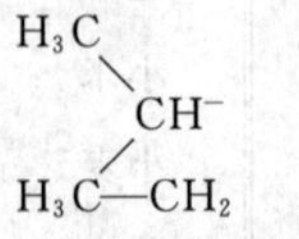 H₃C、H₃C—CH—CH₂	5.96	Val(V)	非极性或疏水性氨基酸

续表 4-2

序号	名称	结构	等电点	缩写符号	分类
4	*亮氨酸 Leucine	$\begin{array}{c} H_3C \\ {}\quad CH-CH_2-\overset{H}{\underset{\overset{+}{N}H_3}{C}}-COO^- \\ H_3C \end{array}$	5.98	Leu(L)	非极性或 疏水性氨基酸
5	*异亮氨酸 Isoleucine	$H_3C-CH_2-\underset{CH_3}{CH}-\overset{H}{\underset{\overset{+}{N}H_3}{C}}-COO^-$	6.02	Ile(I)	非极性或 疏水性氨基酸
6	*苯丙氨酸 Phenylalanine	$C_6H_5-CH_2-\overset{H}{\underset{\overset{+}{N}H_3}{C}}-COO^-$	5.48	Phe(F)	非极性或 疏水性氨基酸
7	脯氨酸 Proline	$\begin{array}{c} CH_2-\overset{H}{\underset{\overset{+}{N}H_2}{C}}-COO^- \\ H_2C\quad CH_2 \end{array}$	6.30	Pro(P)	非极性 疏水性氨基酸
8	*色氨酸 Tryptophan	$C-CH_2-\overset{H}{\underset{\overset{+}{N}H_3}{C}}-COO^-$	5.89	Trp(W)	极性、中性氨基酸
9	丝氨酸 Serine	$HO-CH_2-\overset{H}{\underset{\overset{+}{N}H_3}{C}}-COO^-$	5.68	Ser(S)	极性、中性氨基酸
10	酪氨酸 Tyrosine	$HO-C_6H_4-CH_2-\overset{H}{\underset{\overset{+}{N}H_3}{C}}-COO^-$	5.66	Tyr(Y)	极性、中性氨基酸
11	半胱氨酸 Cysteine	$HS-CH_2-\overset{H}{\underset{\overset{+}{N}H_3}{C}}-COO^-$	5.07	Cys(C)	极性、中性氨基酸

续表 4-2

序号	名称	结构	等电点	缩写符号	分类
12	*蛋氨酸 Methionine	$H_3C-S-(CH_2)_2-\overset{\overset{H}{|}}{\underset{\underset{+}{NH_3}}{C}}-COO^-$	5.74	Met(M)	极性、中性氨基酸
13	天冬酰胺 Asparagine	$\overset{H_2N}{\underset{O}{\diagdown}}C-CH_2-\overset{\overset{H}{|}}{\underset{\underset{+}{NH_3}}{C}}-COO^-$	5.41	Asn(N)	极性、中性氨基酸
14	谷氨酰胺 Glutamine	$\overset{H_2N}{\underset{O}{\diagdown}}C-(CH_2)_2-\overset{\overset{H}{|}}{\underset{\underset{+}{NH_3}}{C}}-COO^-$	5.65	Glu(Q)	极性、中性氨基酸
15	*苏氨酸 Threonine	$\overset{H_3N}{\underset{HO}{\diagdown}}CH_2-\overset{\overset{H}{|}}{\underset{\underset{+}{NH_3}}{C}}-COO^-$	5.60	Thr(T)	极性、中性氨基酸
16	天冬氨酸 Aspartic acid	$^-OOC-CH_2-\overset{\overset{H}{|}}{\underset{\underset{+}{NH_3}}{C}}-COO^-$	2.97	Asp(D)	酸性氨基酸
17	谷氨酸 Glutamic Acide	$^-OOC-CH_2-CH_2-\overset{\overset{H}{|}}{\underset{\underset{+}{NH_3}}{C}}-COO^-$	3.22	Glu(E)	酸性氨基酸
18	*赖氨酸 Lysine	$\overset{+}{N_3}H-(CH_2)_4-\overset{\overset{H}{|}}{\underset{\underset{+}{NH_3}}{C}}-COO^-$	9.74	Lys(K)	碱性氨基酸
19	精氨酸 Arginine	$\overset{NH}{\underset{H_2O}{\diagdown}}C-NH-(CH_2)_3-\overset{\overset{H}{|}}{\underset{\underset{+}{NH_3}}{C}}-COO^-$	10.76	Arg(R)	碱性氨基酸
20	*组氨酸 Histine	$\underset{N}{\overset{}{\diagup}}\underset{NH}{\diagdown}CH_2-\overset{\overset{H}{|}}{\underset{\underset{+}{NH_3}}{C}}-COO^-$	7.59	His(H)	碱性氨基酸

注:带"＊"是必需氨基酸。

在组成蛋白质的 20 种氨基酸中,有一些是人体内不能合成的,或者合成速度很慢且不能满足需要,必须由食物中的蛋白质供给,称为必需氨基酸。必需氨基酸有八种:色氨酸、苯丙氨酸、亮氨酸、异亮氨酸、赖氨酸、蛋氨酸、苏氨酸、缬氨酸,对儿童来讲,组氨酸也是一种必需氨基酸。其余的氨基酸在人体内可以合成,称为非必需氨基酸。从营养方面来考虑,食品组成中含必需氨基酸多的蛋白质营养价值就高。一般来讲,动物性蛋白质含有的必需氨基酸多于植物性蛋白质,因此,动物性蛋白质比植物性蛋白质的营养价值高。

（3）氨基酸的特点。从表 4-2 氨基酸的共有结构中可以看出,除了 R 侧链结构的特有性质外,氨基酸还具有下列特点:

> **思考:** 怎样评价蛋白质食品的营养价值?

A. 氨基酸 α-碳原子连接有—COOH,—NH$_2$,—H 和—R(侧链) 4 个不同的基团(甘氨酸除外),所以氨基酸的 α-碳原子是不对称碳原子(即 C$_\alpha$),如图 4-4 所示。

B. α-碳原子上 4 个不同基团只有两种不同的空间排列,这种排列相互不能重叠,但互为镜面,称为对映体(Enantiomoph)。两种对映体又称为立体异构体(Stereomer)。

C. 苏氨酸、异亮氨酸分子中除了 α-碳原子外,还含有第二个不对称碳原子(β-碳原子)。

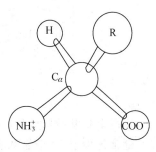

图 4-4　氨基酸 α-碳原子构型

（4）氨基酸的物理性质。构成蛋白质的 α-氨基酸均为无色晶体,熔点高于 200℃,一般能溶于水、稀酸、稀碱,不溶于有机溶剂,用酒精可把氨基酸从水溶液中沉淀析出。除甘氨酸外,其他均具有旋光性,可用旋光法测定氨基酸的纯度。氨基酸多具有不同的味感,D-型氨基酸多有甜味,最强者为 D-色氨酸,可达蔗糖的 40 倍。L-型氨基酸有甜、苦、鲜、酸 4 种味感,甘、丙、丝、苏、脯氨酸甜味均较强,具有苦味的 L-氨基酸较多,例如,缬、亮、异亮、蛋、苯丙、色、精、组氨酸等;有些氨基酸盐则显示出鲜及酸味,例如,谷氨酸钠(味精)具有很强的鲜味。

（5）氨基酸的化学性质。

A. 氨基酸等电点。氨基酸分子中既含有 α-羧基和 α-氨基,它能像酸和碱一样离解,因此,氨基酸是两性电解质。在酸性介质中,氨基酸主要以正离子状态存在,电解时即移向阴极。而在碱性介质中,氨基酸主要以负离子状态存在,电解时移向阳极(图 4-5)。

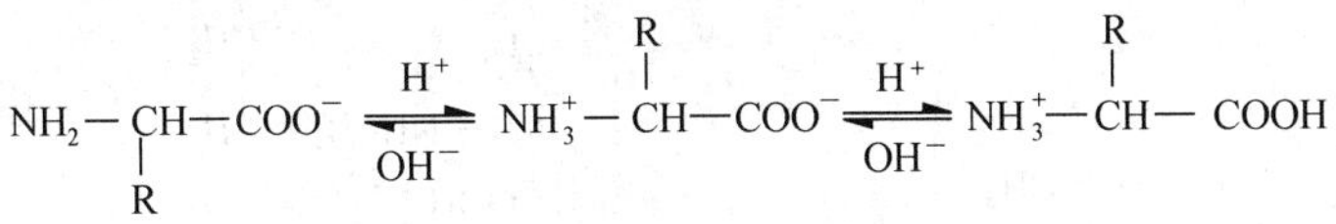

> **思考:** 分离、提取氨基酸时,最好怎样控制?

$$NH_2-CH-COO^- \underset{OH^-}{\overset{H^+}{\rightleftharpoons}} NH_3^+-CH-COO^- \underset{OH^-}{\overset{H^+}{\rightleftharpoons}} NH_3^+-CH-COOH$$

（以 R 在侧链）

负离子　　　　　　　　　偶极离子　　　　　　　　正离子
(在强碱性溶液中的主要存在形式)　　　(在强酸性溶液中的主要存在形式)

图 4-5　氨基酸在强碱、强酸溶液中的主要形式

当介质的酸碱度达到一定的 pH 时,氨基酸就以电中性的偶极离子状态存在,此时,它既不向阴极移动也不向阳极移动,此时,溶液的 pH 就称为该氨基酸的等电点(pI)。中性氨基酸的等电点在 5.0～6.3,酸性氨基酸在 2.8～3.2,碱性氨基酸在 7.6～10.8。由于静电作用,氨基酸在等电点时在水中的溶解度最小,易于结晶沉淀。利用这一性质,可以在工业上提取氨基酸产品。例如,谷氨酸的生产,就是将发酵液的 pH 调节到 3.22(谷氨酸的等电点)而使大量谷氨酸沉淀析出。

B. 紫外吸收。芳香族氨基酸(色氨酸、酪氨酸)有吸收紫外光的特性,它们在波长为 280 nm 附近有最大吸收峰。不同蛋白质含有一定量的酪氨酸和色氨酸残基,在一定条件下,280 nm 的紫外光吸收与蛋白质溶液浓度成正比,利用该性质可以测定样品中蛋白质的含量。

某些氨基酸如精氨酸、色氨酸和酪氨酸等由于具有特殊的 R 基团,能与某种试剂作用产生一种独特的颜色反应。利用这些反应,不仅可以作为这些氨基酸各自的定性试验,也可以利用它作为蛋白质定量分析的基础。

C. 成肽反应。氨基酸分子 α-氨基与另一个氨基酸分子 α-羧基通过脱水缩合形成的肽键(Peptide Bond)连接生成线型聚合物,称为肽或肽链,该反应称为成肽反应(图 4-6)。

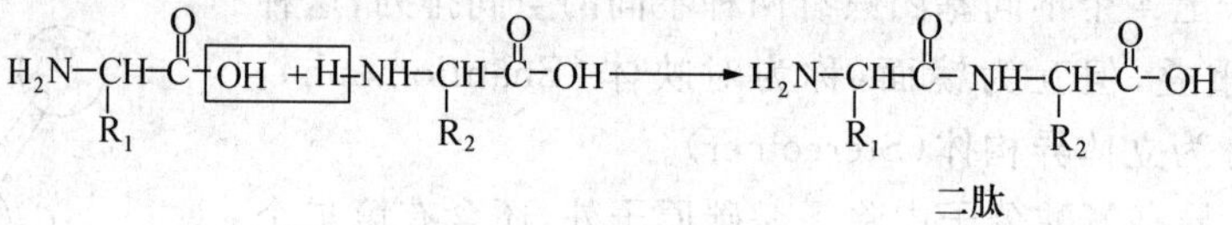

图 4-6 两个氨基酸构成二肽

由两个氨基酸构成的肽称为二肽,3 个氨基酸形成的称为三肽,依此类推。

通常把少于 10 个氨基酸构成的肽称为寡肽,把多于 10 个氨基酸构成的肽称为多肽。蛋白质是由一条或多条具有确定氨基酸序列的多肽链构成的大分子,其中所含的氨基酸单位称氨基酸残基(Amino Acid Residue),肽键又称酰胺键(图 4-7),是蛋白质结构中主要的化学键,比较稳定,不易被破坏。

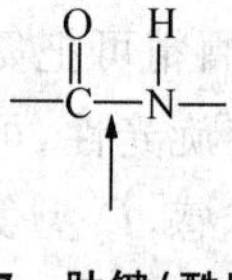

图 4-7 肽键(酰胺键)

肽含有一个游离的 α-氨基,称 N 末端;一个游离的 α-羧基,称 C 末端。习惯上将 N 末端写于肽链左端(图 4-8)。一些短链肽的命名常以组成的氨基酸顺序命名,从氨基末端残基开始,以羧基末端残基终止,后面加上肽字。例如,由谷氨酸、甘氨酸、半胱氨酸组成的三肽,N 末端残基是谷氨酸,C 末端残基是甘氨酸,就称为谷胱甘肽(glutathione, GSH)(图 4-9)。

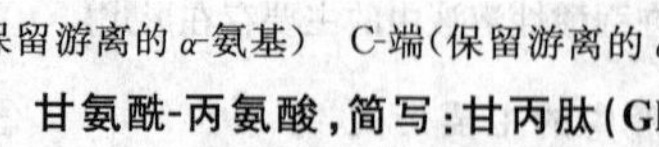

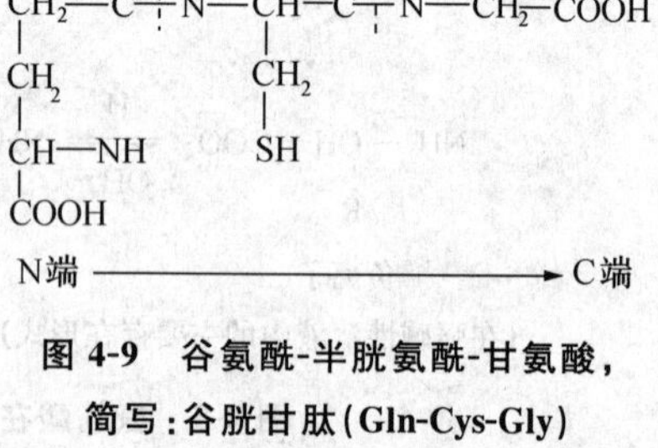

图 4-9 谷氨酰-半胱氨酰-甘氨酸,
简写:谷胱甘肽(Gln-Cys-Gly)

N-端(保留游离的 α-氨基) C-端(保留游离的 α-羧基)

图 4-8 甘氨酰-丙氨酸,简写:甘丙肽(Gly-Ala)

思考:氨基酸自动分析仪检测依据是什么?

D. 与茚三酮反应。在微酸条件下,α-氨基酸与茚三酮(Ninhydrin)一起加热,经氧化脱氨、脱羧作用,氨基酸被茚三酮氧化成醛、CO_2 和 NH_3,生成的还原型茚三酮再和另一

分子的茚三酮及 NH_3 作用生成蓝紫色化合物,在 570 nm 处有吸收峰(图 4-10)。由于脯氨酸的氨基形成亚氨基结构,它的反应产物是黄色。

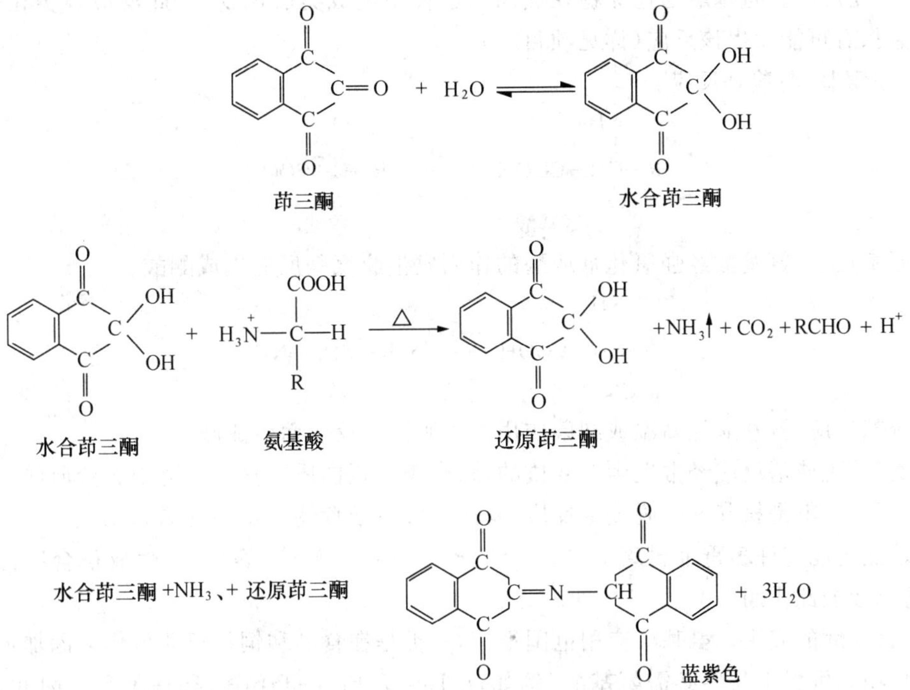

图 4-10 α-氨基酸与茚三酮反应

在适当的条件下,颜色的深浅与氨基酸的浓度称正比,通过与标准溶液进行比较,可用于氨基酸浓度的测定。这种方法可以定性和定量测定微克级数量的氨基酸,是一种简单、精确和极灵敏的氨基酸测定方法。常用的氨基酸自动分析仪的显色剂也是茚三酮。

E. 与甲醛反应。氨基酸在溶液中主要以偶极离子形式存在,其氨基与羧基相距很近。受氨基的影响,用碱滴定羧基到终点时羧基也不能完全解离,故不能用酸碱滴定法测定。若加入中性甲醛则其氨基与甲醛反应被保护起来,使氨基酸不能生成两性离子,再以酚酞为指示剂用碱来滴定放出的 H^+,就能测定氨基酸的量。有关反应如下:

$$R{-}CH{-}COO^- + 2HCHO \rightleftharpoons R{-}CH{-}COO^- + H^+$$
$$\ \ \ \ \ \ \ \underset{NH_3^+}{|} \qquad\qquad\qquad\qquad \underset{N(CH_2OH)_2}{|}$$

$$H^+ + OH^- \rightleftharpoons H_2O$$

这一测定方法称为甲醛滴定法(Formol Titration),因为每放出 1 个 H^+ 就相当于有 1 个氨基氮,所以是工业上生物化工产品、食品、发酵产品等生产中常用的测定氨基氮的原理和方法。

> 思考:酱油定级检测氨基氮的依据是什么?

F. 与亚硝酸的作用。氨基酸与亚硝酸作用放出氮气,得到羟基酸,此反应称为范斯莱克(Van-Slyke)氨基测定法。

$$R{-}CH{-}COOH + HNO_2 \rightarrow R{-}CH{-}COOH + N_2 + H_2O$$
$$\ \ \ \ \ \ \underset{NH_2}{|} \qquad\qquad\qquad\quad \underset{OH}{|}$$

反应迅速且定量完成,测定放出氮气的体积,可计算含伯氨基的氨基酸分子中的氨基的含量。

G. 褐变反应。氨基酸与还原糖在热加工过程中生成类黑色物质,此反应称美拉德反应。所有食品都有可能发生该反应(详见项目二)。

H. 脱氨基、脱羧基反应。

$$\underset{\alpha\text{-氨基酸}}{R-\overset{\overset{\displaystyle NH_2}{|}}{CH}-COOH} \xrightarrow[+[O]]{-NH_2} \underset{\text{羧酸}}{R-\overset{\overset{\displaystyle O}{\|}}{C}-COOH}$$

脱氨基反应,氨基酸经强氧化剂或酶的作用发生脱氨基反应生成酮酸。

$$\underset{\alpha\text{-氨基酸}}{R-\overset{\overset{\displaystyle NH_2}{|}}{CH}-COOH} \xrightarrow{-CO_2} \underset{\text{胺}}{R-CH_2-NH_2}$$

脱羧基反应,氨基酸经高温或细菌作用发生脱羧基反应而生成胺。

脱氨基、脱羧基反应经常发生在变质的鱼、肉类等蛋白质丰富的食物中。变质的食物不能食用,原因之一就是氨基酸的脱羧基反应,其产物胺赋予食物不良的气味和毒性。

氨基酸还能与许多重金属离子(如 Cu^{2+}、Fe^{2+}、Co^{2+}、Mn^{2+} 等)作用生成螯合物,羧基、氨基、巯基都参加此作用。

(6)氨基酸的应用。氨基酸应用范围很广,一类是在食品和饲料行业可作为添加剂。由于谷物等食物和饲料中某些必需氨基酸(例如,L-Lys、L-hr、L-Trp 等)往往不足。因此,为了保证充分的营养价值,通常需要补充这些氨基酸,这是当前氨基酸的主要应用之一。另一类是作为调味剂,例如,谷氨酸钠即常用的味精,在面包烘焙加工时利用半胱氨酸的还原性可提高色香风味。在医药领域,氨基酸常配成输液用于病人,也可直接用于治疗。例如,L-Arg 能通过诱导肝中的精氨酸酶,治疗高血氨和肝病患者;L-Cys 可用于治疗支气管炎和鼻黏膜炎,而 L-Gln 和 L-His 则对治疗胃溃疡有效。此外,氨基酸也常用作化妆品成分;氨基酸的衍生物如多聚 γ-甲基谷氨酸用于合成皮革制作,还可以用于表面活性剂、杀菌药、杀虫药等生产。

任务 2　牛乳中酪蛋白的分离

【要点】

1. 等电点法沉淀、纯化蛋白质的操作技术。

2. 牛乳中酪蛋白的分离、纯化。

【工作过程】

一、酪蛋白的粗提

> 思考:为何用缓冲溶液?再准确调整pH至4.7?

(1)将 50 mL 鲜牛奶置 250 mL 烧杯中,在水浴中加热至 40℃,在搅拌下慢慢加入预热至 40℃、pH 4.7 的醋酸-醋酸钠缓冲液 50 mL,用精密 pH 试纸或酸度计检查并用 0.2 mol/L 醋酸溶液或 0.1 mol/L NaOH 溶液调整 pH 至 4.7。

（2）将上述悬浮液静置冷却至室温。悬浮液出现大量沉淀后，转移至离心管中，在 3 500 r/min 下离心 10 min。弃去上清液，所得沉淀为酪蛋白的粗制品。

二、酪蛋白的纯化

①用 40 mL 蒸馏水洗涤、搅起沉淀，反复 3 次，离心 10 min(3 000 r/min)，弃去上清液。

②在沉淀中加入 30 mL 95%乙醇，搅拌沉淀至呈悬浊液，全部转移至布氏漏斗中抽滤。用乙醇-乙醚混合液洗涤沉淀 2 次。最后用乙醚洗涤沉淀 2 次，抽干。

③将沉淀摊开在表面皿上，风干，得酪蛋白纯品。

三、称取酪蛋白的质量

电子天平称量酪蛋白纯品质量(g)。

【计算含量和得率】

$$酪蛋白(g/100\ mL) = \frac{酪蛋白质量(g)}{50\ mL} \times 100\%$$

$$得率 = \frac{测得含量}{理论含量} \times 100\%$$

式中：牛乳酪蛋白的理论含量为 35 g/L。

【相关知识】

牛乳中主要的蛋白质是酪蛋白，含量约为 35g/L。酪蛋白是一些含磷蛋白质的混合物，等电点为 4.7。利用等电点时蛋白质溶解度最低的原理，将牛乳的 pH 调至 4.7 时，酪蛋白就沉淀出来。用乙醇洗涤沉淀物，除去脂质杂质后便可得到纯的酪蛋白。

【仪器与试剂】

1. 材料

鲜牛奶。

2. 仪器

大容量离心机、离心管(100 mL)、量筒(50 mL)、恒温水浴锅、抽滤装置、精密 pH 试纸或酸度计、电炉、温度计、烧杯(250 mL)、电子天平。

3. 试剂

(1)95%乙醇，200 mL。

(2)无水乙醚，200 mL。

(3)0.1mol/L NaOH。

(4)0.2mol/L 的醋酸。

(5)0.2mol/L、pH 4.7 的醋酸-醋酸钠缓冲液，1 000 mL。

A 液(0.2mol/L 的醋酸钠溶液)：称 NaAc·3H₂O 27.22 g，定容至 1 000 mL。

B 液(0.2 mol/L 的醋酸溶液)：称优级纯醋酸（含量大于 99.8%）12.0 g，定容至 1 000 mL。

取 A 液 590 mL，B 液 410 mL，混合即得 pH 4.7 的醋酸-醋酸钠缓冲液 1 000 mL。

【相关提示】

①由于本法是应用等电点沉淀法来制备蛋白质,故调节牛奶液的等电点一定要准确。最好用酸度计测定。

②精制过程用乙醚是挥发性、有毒的有机溶剂,最好在通风橱内操作。

③目前市面上出售的牛奶是经加工的奶制品,不是纯净牛奶,所以计算时应按产品的相应指标计算。

【考核要点】

1. 分离酪蛋白的方法。

2. 含量和得率的计算。

3. 醋酸缓冲液 pH 的控制。

【思考题】

1. 提高任务酪蛋白得率有哪些措施?

2. 用乙醇洗涤沉淀为何要充分搅起呈悬浊液状态?

【必备知识】 蛋白质的组成与结构

一、蛋白质的分类与结构

1. 蛋白质的分类

天然蛋白质种类繁多,结构复杂,目前对蛋白质的分类是依据蛋白质的化学组成、形状及功能的不同而进行的。

> 思考:你熟悉的蛋白质属何种类?

①按化学组成分为单纯蛋白质和结合蛋白质。单纯蛋白质是水解时只产生氨基酸的蛋白质。结合蛋白质是由简单蛋白质与非蛋白质部分结合而成的化合物。

②按蛋白质分子的形状分为球蛋白和纤维蛋白。球蛋白是分子像球状的蛋白质,它较易溶解,是蛋白质中最多的一种,食品中的蛋白质大部分都是球蛋白。纤维蛋白是分子像纤维状的蛋白质,它不溶于水,如指甲、羽毛中的角蛋白、蚕丝中的丝蛋白等。

③按蛋白质的功能不同可分为结构蛋白质、生物活性蛋白质和食品蛋白质。结构蛋白质存在于所有的生物组织(如肌肉、骨、皮、内脏、细胞膜和细胞器)中,像角蛋白、胶原蛋白、弹性蛋白等,它们的主要功能就是构成组织。生物活性蛋白质是在所有的生物过程中起着某种活性作用的蛋白质,包括生物催化剂酶和能调节代谢反应的激素等。食品蛋白质是可口的、易消化的、无毒的蛋白质。

下面主要介绍按蛋白质组成成分不同来分类的单纯蛋白质和结合蛋白质。它们除氨基酸外,按是否含有糖、脂类来大致划分为不同类别;进一步细分,则根据溶解性、聚合成分来分类。

(1)单纯蛋白质。单纯蛋白质又称简单蛋白质,其组分只有氨基酸,根据溶解性不同又分为白蛋白、球蛋白、谷蛋白、醇溶谷蛋白、组蛋白、鱼精蛋白和硬蛋白。其中,白蛋白溶于水,溶液加热后凝固,如卵白蛋白、牛奶中的乳白蛋白等。球蛋白不溶于水,溶于稀盐溶液,加热后和白蛋白一样凝固,如肌肉中的肌球蛋白、牛奶中的乳球蛋白、大豆中的大豆球蛋白、花生中的花生球蛋白等。谷蛋白不溶于水及盐溶液,溶于酸、碱的稀溶液,谷物种子中含量较多,例如,小麦的麦谷蛋白、米中的米谷蛋白等。醇溶谷蛋白可溶于乙醇浓度高达 $70\% \sim 80\%$,这种特殊的溶解性是因为存在高含量的脯氨酸,如小麦的麦醇溶蛋白、玉米的玉米醇溶蛋白等。组蛋白是组成成分中碱性氨基酸含量高,所以呈碱性。溶于水、酸,但不溶于氨水,例如,血红蛋白、肌红蛋白等蛋白质部分的组蛋白。鱼精蛋白和组蛋白一样,碱性氨基酸含量高而呈碱性,但溶于氨水,比如分子量较小、含于鱼精液中的蛋白质。硬蛋白这类蛋白质是动物体中作为结缔组织或具有保护功能,不溶于水、盐溶液、稀碱和稀酸,主要有角蛋白、胶原蛋白、网硬蛋白和弹性蛋白等,如结缔组织的胶原,毛发、指甲中的角蛋白等。

(2)结合蛋白质。结合蛋白质与单纯蛋白质不同,结合蛋白质组成成分除氨基酸之外,还含有糖、矿物质、色素等。根据这些组成成分不同又可以分磷蛋白、糖蛋白、脂蛋白、色蛋白和核蛋白。其中,磷蛋白是带羟基氨基酸(如丝氨酸、苏氨酸)和磷酸成酯结合的蛋白质,如牛奶的酪蛋白、蛋黄的卵黄磷蛋白等。糖蛋白是蛋白质与糖以共价键结合而成,基于糖链的长短,把短链的叫做糖蛋白,具有数百个单位的长链的叫蛋白多糖;糖蛋白广泛存在于生物体内,如各种黏液、血液、皮肤软骨等组织中。脂蛋白是蛋白质与脂质结合的蛋白质,脂质成分有磷脂、固醇和中性脂等,若脂类包于分子内呈水溶性即为脂蛋白,如卵黄球蛋白、血清中的 α 脂蛋白和 β 脂蛋白;若脂类包于外侧呈水不溶性,就是蛋白质,如脑中小的蛋白质,广泛存在于细胞膜内。色蛋白为含有叶绿素、血红蛋白等具有金属卟啉的蛋白质,如肌肉中的肌红蛋白、过氧化氢酶、过氧化物酶等。核蛋白是蛋白质与核酸通过离子键结合形成,存在于细胞核中。

2. 蛋白质的结构

蛋白质是由不同种类、数量的氨基酸按一定排列顺序构成的生物大分子,相对分子质量常在 10 000 以上,有的可达

> **思考**:蛋白质一级结构是指什么?

数十万,甚至上百万,其结构非常复杂。研究表明,蛋白质的结构有不同层次,人们为了便于研究和认识,将它们分为一级结构、二级结构、结构域、三级结构和四级结构。不同的蛋白质其结构层次有所不同,有些只有一、二、三级结构,有些还有四级结构。

(1)蛋白质的一级结构。根据国际理论化学和应用化学协会(International Union of Pure and Applied Chemistry,IUPAC)规定,蛋白质一级结构(Primary structure)是指蛋白质肽链中氨基酸的排列顺序。蛋白质的一级结构也称为蛋白质共价结构。蛋白质的种类和生物活性都与构成多肽链的氨基酸种类及氨基酸排列顺序有关,基于这种一级结构,通过定下蛋白质长链本身的折叠方式(二级结构),再进一步在空间形成立体构象(三级结构)及亚基的聚合,从而形成一个蛋白质整体,即蛋白质的一级结构决定它的二级和三级结构。正因为蛋白质有各自独特的构造和氨基酸排列方式,所以显示了特有的化学性质、物理性质、生物活性及功能。

(2)蛋白质的二级结构。蛋白质的二级结构是指多肽链中彼此靠近的氨基酸残基之间通过氢键相互作用而形成的空间关系,也指蛋白质分子中多肽链本身的折叠方式。二级结构主要是 α-螺旋结构,其次是 β-折叠结构和 β-转角。

α-螺旋是蛋白质中最常见、含量最丰富的二级结构。每圈螺旋有 3.6 个氨基酸残基,沿螺旋轴方向上升 0.54 nm,每个残基绕轴旋转 $100°$,沿轴上升 0.15 nm,如图 4-11 所示。蛋白质中的螺旋几乎都是右手的,因其空间位阻较小,比较符合立体化学的要求,易于形成,构象也稳定。

一条多肽链能否形成螺旋,以及形成的螺旋是否稳定,与它的氨基酸组成和排列顺序有极大的关系。R 基的大小及电荷性质对多肽链能否形成 α-螺旋也有影响。如果 R 基小,并且是不带电荷的多聚丙氨酸,在 pH 7.0 的水溶液中能自发地卷曲成 α-螺旋;含有脯氨酸的肽链不具备亚氨基,不能形成链内氢键,因此,多肽链中只要存在脯氨酸(或羟脯氨酸),α-螺旋即被中断,并产生一个"结节"。

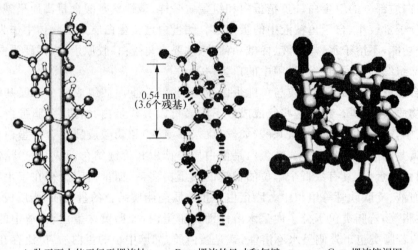

A.肽平面大体平行于螺旋轴　　　B.α-螺旋的尺寸和氢键　　　C.α-螺旋俯视图

图 4-11　α-螺旋(右手)结构

β-折叠或 β-折叠片是蛋白质中第二种最常见的二级结构。两条或多条几乎完全伸展的多肽链侧向聚集在一起,相邻肽链主链上的—NH 和 C—O 之间形成有规则的氢键,这样的多肽构象就是折叠片,如图 4-12 所示。除作为某些纤维状蛋白质的基本构象之外,β-折叠也普遍存在于球状蛋白质中。β-转角是在蛋白质分子中肽链出现 180°回折部分。

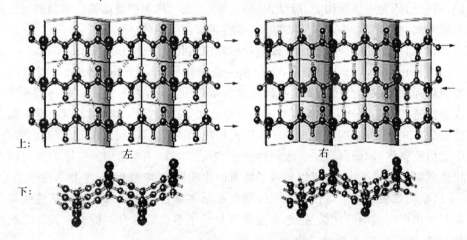

左:平行 β-折叠;右:反平行 β-折叠;上:俯视;下:侧视

图 4-12　β-折叠结构

(3)蛋白质的三级结构。蛋白质的三级结构是指多肽链中相距较远的氨基酸之间的相互作用而使多肽链弯曲或折叠形成的紧密而具有一定刚性的结构,是二级结构的多肽链进一步折叠、卷曲形成复杂的球状分子结构,如图 4-13 所示。多肽链所发生的盘旋是由蛋白质分子中氨基酸残基侧链(R 基团)的顺序决定的,产生与维持三级结构的作用力是肽链中 R 基团间的相互作用,即二硫键(共价键)、盐键(离子键)、氢键及疏水键的相互作用。

(4)蛋白质的四级结构。有些球状蛋白质分子含有两条以上肽链,每条肽链都有自己的三级结构,称之为蛋白质的亚单位,从结构上看,亚单位是蛋白质分子的最小共价单位,一般由一条肽

思考：与蛋白质生物活性相关的结构？

链组成，也可由以二硫键（—S—S—）交联的几条肽链组成。几个亚单位再按一定方式缔合，这种亚单位的空间排布和相互作用，称为四级结构，如图 4-14 所示。维系四级结构的力主要是疏水键和范德华力。四级结构中肽链以特殊方式结合，形成了有生物活性的蛋白质。

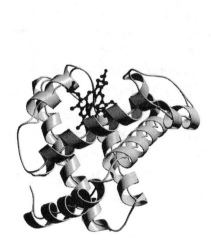

图 4-13　肌红蛋白的三级结构

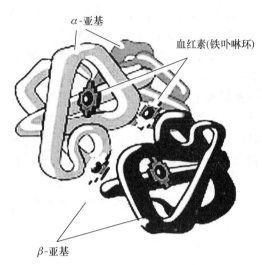

图 4-14　血红蛋白四级结构示意图

　　研究表明，各种蛋白质（包括酶）的生物功能不同，其亚基数也不同。有些蛋白质分子只由 1 条多肽链组成三级结构，但大多数蛋白质（特别是酶）是在三级结构基础上，组装成四级结构。蛋白质不同结构层次之间的关系，如图 4-15 所示。

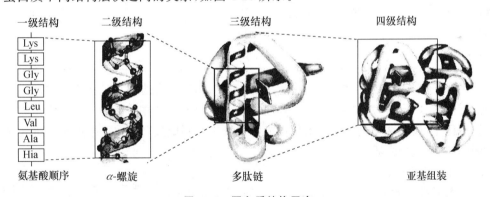

图 4-15　蛋白质结构层次

二、蛋白质的性质

　　蛋白质是由许多氨基酸组成的高分子化合物，其性质是由构成其的氨基酸的化学结构、种类和数量所决定。

（一）蛋白质的理化性质

1. 蛋白质的两性解离与等电点

　　（1）蛋白质的两性解离。蛋白质分子中除了仍具有末端 α-氨基和 α-羧基外，还有 β-羧基、γ-羧基、ε-氨基、咪唑基、胍基、酚基、巯基等侧链酸性基团和碱性基团，在不同的 pH 条件下，这些基团发生不同程度的解离,使蛋白质呈酸性或碱性。所以,蛋白质与氨基酸相似,是一种两性电解质,只是可解离基团增多,两性解离情况比氨基酸复杂。在一定 pH 条件下,产生多价解离,其分子所带电荷的性质和数量是由蛋白质分子中可解离基团的种类以及溶液的 pH 所决定。

(2)蛋白质的等电点。在一定 pH 条件下,蛋白质分子以酸性基团解离为主时所带净电荷为负,在电场中向正极迁移;以碱性基团解离为主时所带净电荷为正,在电场中向负极迁移;当某一 pH 时该蛋白质分子所带正负电荷相等,净电荷为零,就成为偶极离子(两性离子),在电场中既不向正极也不向负极迁移,此时溶液的 pH

阳离子 pH<pI   两性离子 pH=pI   阴离子 pH>pI

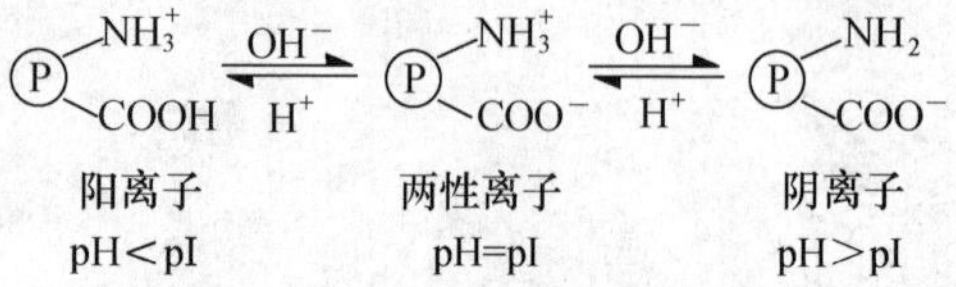

图 4-16　蛋白质的等电点

即为该蛋白质的等电点(pI)(图 4-16)。不同带电性质和不同大小、形状的蛋白质分子在电场中的迁移方向和速度不同。因此,可用电泳的方法分离、纯化、鉴定和制备蛋白质。

蛋白质的等电点决定于其所含氨基酸的种类和数目(即碱性氨基酸与酸性氨基酸的比例)。所含碱性和酸性氨基酸数目相近的蛋白质称中性蛋白质,等电点大多为中性偏酸(因羧基解离度略大于氨基);含碱性氨基酸较多的碱性蛋白质,等电点在碱性区域;含酸性氨基酸较多的酸性蛋白质,等电点则在酸性区域。表 4-3 列出了部分蛋白质的等电点与所含酸性和碱性氨基酸的比例。

表 4-3　部分蛋白质的等电点和含酸性氨基酸与碱性氨基酸的比例

蛋白质名称	每摩尔含酸性氨基酸残基摩尔数	每摩尔含碱性氨基酸残基摩尔数	碱性氨基酸 酸性氨基酸	等电点 (pI)
胃蛋白酶	37	6	0.2	1.0
血清蛋白	82	99	1.2	4.7
血红蛋白	53	88	1.7	6.7
核糖核酸酶	7	20	2.9	9.5

蛋白质分子在等电点时,导电率、渗透压、溶解度、黏度等均达到其最低值。这是因为在等电点时,蛋白质分子以两性离子存在,本身所带净电荷为零。这样的蛋白质分子间无电荷排斥作用,最不稳定,极易结合成较大的聚集体而沉淀析出。利用蛋白质在等电点时溶解度最小的性质可分离和纯化蛋白质。

2. 蛋白质的胶体性质

(1)蛋白质是亲水溶胶。蛋白质是高分子化合物,分子质量大,它在水溶液中所形成的单分子颗粒,已达到胶体颗

思考:用牛乳提取酪蛋白的依据是什么?

粒直径 1～100 nm 的范围。蛋白质又是两性电解质,在非等电点时同种蛋白质分子带相同电荷而相互排斥;同时,蛋白质分子表面有许多极性亲水基团,为水分子所包围形成水化膜,满足胶体溶液形成的 3 个必要条件。故蛋白质分子是亲水溶胶(Hydrophilic Sol),它的水溶液具有胶体溶液的通性,如布朗运动、丁达尔现象、不能通过半透膜、具有吸附能力等。

(2)蛋白质的溶解性与沉淀。由于蛋白质在非等电点溶液中形成带电离子,则溶液的离子强度不同其溶解性不同。在一定范围内,加入少量中性盐离子增加溶液的离子强度其溶解性将增大,这种现象称为盐溶(Salting in)。这是因为低离子强度时蛋白质分子吸附盐离子后,带电表层使它们彼此排斥,有利于克服蛋白质分子间的聚集作用力,如图 4-17 所示。

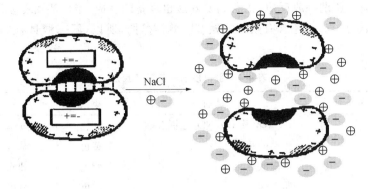

图 4-17　蛋白质的盐溶作用

思考：解释向蛋清溶液中加饱和 NaCl 后变澄清的缘由。

　　而当加入高浓度的中性盐时,则大量的盐离子将破坏蛋白质分子表面的水化层,中和它们的电荷,使蛋白质沉淀析出(图 4-18),这种现象称盐析(Salting out)。各种蛋白质的亲水性及荷电性均有差别。因此,不同蛋白质所需中性盐浓度也不同,只要调节中性盐浓度,就可使混合蛋白质溶液中的几种蛋白质分段沉淀析出,这种方法称为分段盐析(Fractional salting out)。盐析法所沉淀的蛋白质仍保持原有的生物活性,因此,是分离制备蛋白质常用的方法。

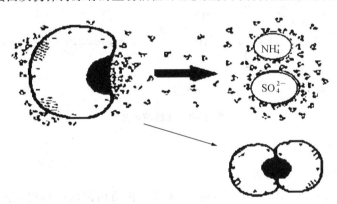

图 4-18　蛋白质的盐析作用

　　不仅加入大量中性盐可以使蛋白质沉淀,任何使蛋白质溶液稳定的因素受破坏的措施都能使蛋白质沉淀。因此,常用沉淀蛋白质的方法还有①有机溶剂法,有机溶剂可破坏蛋

思考：解释蛋清中球蛋白、蛋清蛋白分别从溶液中沉淀、析出的原因。

白质分子的水化膜使蛋白质沉淀。②重金属离子沉淀法,重金属离子带正电荷,能与在 pH>pI 的溶液中带静负电荷的蛋白质结合成不溶性蛋白盐沉淀。误服重金属盐后采用口服大量牛奶、豆浆或生蛋清,再服催吐剂的办法解救就是利用这一原理。③生物碱和某些酸类沉淀法,蛋白质在 pH<pI 的溶液中解离成带净正电荷的离子,苦味酸、单宁酸、三氯乙酸、钨酸等均能与之作用生成沉淀析出。④加热变性等,变性后蛋白质溶解度降低析出沉淀。

　　3. 蛋白质的显色反应

　　在蛋白质分析工作中,常利用蛋白质分子中某些氨基酸或其他特殊结构与某些试剂产生颜色反应来进行定性和定量测定。其主要呈色反应有以下几种。

（1）一般反应。所谓一般反应，指游离氨基酸也具备的反应，蛋白质由氨基酸构成，除了末端 α-氨基和末端 α-羧基外，还含有众多的氨基酸侧链基团，所以，氨基酸具有的反应蛋白质都具有，其主要反应列于表4-4。

表 4-4   蛋白质的一般颜色反应

反应名称	试剂	颜色	反应基团
米伦反应	$HgNO_3$ 及 $Hg(NO_3)_2$ 混合物	红色	酚基
黄色反应	浓硝酸及碱	黄色	苯基
乙醛酸反应	乙醛酸	紫色	吲哚基
茚三酮反应	茚三酮	蓝色	自由氨基及羧基
酚试剂反应	硫酸铜及磷钨酸—钼酸	蓝色	酚基、吲哚基
α-萘酚-次氯酸盐反应	A-萘酚、次氯酸盐	红色	胍基

（2）双缩脲反应。尿素加热到180℃生成双缩脲，双缩脲在碱性溶液中与硫酸铜反应产生紫红色化合物，故称双缩脲反应（Biuret reaction）。因为蛋白质中的肽键与双缩脲结构相似，所以蛋白质与硫酸铜在碱性条件下作用也发生双缩脲反应产生紫红色化合物，这一反应是蛋白质具有的特殊呈色反应，可用于蛋白质或肽的定性和定量分析（图4-19）。

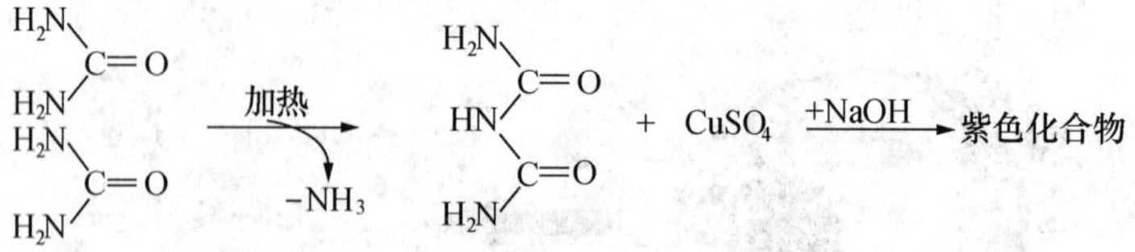

图 4-19   双缩脲反应

（二）蛋白质的变性

1. 影响蛋白质变性的理化因素

天然蛋白质因受物理或化学因素影响，破坏了蛋白质内部的次级键，分子构象发生变化，从有序而紧密的结构变为无序结构，致使蛋白质的理化性质和生物学功能随之发生变化，但一级结构未遭破坏，这种现象称为变性作用（Denaturation），变性后的蛋白质称为变性蛋白，如图4-20所示。中国科学家吴宪在1931年最先提出蛋白质变性学说"天然蛋白质之分子，因环境种种之关系从有序而紧密之构造，变为无序散漫之构造，是为变性作用"。

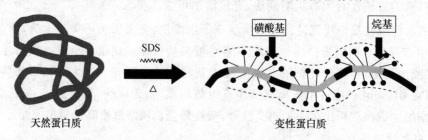

图 4-20   蛋白质的变性作用

导致蛋白质变性因素很多：物理因素如加热、高压、紫外线照射、X射线、超声波、剧烈振荡和搅拌等;化学因素如强酸、强碱、脲、去污剂、重金属盐、三氯醋酸、浓乙醇等。蛋白质变性包括二硫键的断裂、非共价键的破坏,以及除肽链断裂(肽链断裂称降解 Degradation)以外的其他变化。变性结果使蛋白质出现下列特征:①蛋白质的空间结构由有序转为无序,生物活性随之丧失,如酶失去催化功能、血红蛋白丧失载氧能力等;②原本包藏在分子内部的疏水侧基外露,疏水性增加,溶解度下降,黏度增加,扩散系数降低,蛋白质易成絮状凝结;③原来埋藏在蛋白质分子内部的芳香族侧链基团(Tyr、Trp 等)暴露到分子表面,从而出现光谱吸收变化;④生物化学性质发生改变,变性蛋白分子结构伸展松散,易被蛋白水解酶作用,如熟食就易被消化。

当引起变性的因素作用比较温和,蛋白质构象仅仅是有些松散时,如果除去变性因素,蛋白质可按照热力学原理缓慢地重新自发折叠恢复成原来的构象,这种现象称作复性(Renaturation)。例如,核糖核酸酶用尿素和 β-巯乙醇处理后,构象破坏,成为变性蛋白,失去催化活性,当用透析法除去变性剂(尿素)和还原剂(β-巯基乙醇)后,天然构象恢复,酶活性也随之恢复,这种情况属可逆变性。当变性条件剧烈时,蛋白质分子变性后相互凝集成块,成为凝固状态,这样的变性是不可逆变性。煮鸡蛋就是众所周知的例子,加热使鸡蛋清的构象改变,天然的多肽链产生变性,形成凝固蛋白,再也无法复性。

在生物体的生命活动中,有不少现象与蛋白质变性有关。例如,机体衰老时,有关蛋白质逐渐变性,亲水性渐弱,皮肤失去弹性;再如,种子贮存过久,蛋白质的亲水性降低而丧失发芽力。

2. 变性的应用

蛋白质变性原理在生产和生活中具有重要的应用。例如,生活中把大豆蛋白溶液加热制成豆腐;在防止病虫害、灭菌和临床上常用酒精、加热、紫外线照射等方法进行消毒,使细菌菌体或病毒蛋白质变性而失去致病和繁殖能力;分析非蛋白质成分时,常常用三氯乙酸将样品中的蛋白质变性沉淀除去。另外,在制备蛋白质和酶制剂过程中,为了保持其天然构象,必须防止发生变性,操作过程中就必须注意保持低温,避免各种因素引起蛋白质变性。

任务 3　蛋白质功能性质测定

【要点】

1. 蛋白质功能性质的测定方法,所用试剂配制。

2. 以卵蛋白、大豆蛋白为代表,定性检验蛋白质结构与功能性质的联系。

【工作过程】

一、蛋白质水溶性测试

> 思考:饱和NaCl对蛋清蛋白与水的混合有何作用?

(1)在 50 mL 的小烧杯中加入 0.5 mL 蛋清蛋白,加入 5 mL 水,摇匀,观察其水溶性,有无沉淀产生。在溶液中逐滴加入饱和 NaCl 溶液,摇匀,得到澄清的蛋白质的氯化钠溶液。

(2)取上述蛋白质的氯化钠溶液 3 mL,加入 3 mL 饱和的硫酸铵溶液,观察球蛋白的沉淀、析出;再加入粉末硫酸铵至饱和,摇匀,观察蛋清蛋白从溶液中析出,解释蛋清蛋白质在水中及氯化钠溶液中的溶解度以及蛋白质沉淀的原因。

（3）在四支试管中各加入 0.1～0.2 g 大豆分离蛋白粉，分别加入 5 mL 水、5 mL NaCl 饱和溶液、5 mL 1 mol/L NaOH 溶液、5 mL 1 mol/L 的 HCl 溶液，摇匀，在温水浴中温热片刻；观察大豆蛋白在不同溶液中的溶解度。

（4）在上述第一、第二支试管中加入饱和$(NH_4)_2SO_4$ 溶液 3 mL，析出大豆球蛋白沉淀；在第三、第四支试管中分别用 1 mol/L HCl 及 1 mol/L NaOH 中和至 pH 4～4.5，观察沉淀的生成，解释大豆蛋白的溶解性以及 pH 对大豆蛋白溶解性的影响。

二、蛋白质乳化性测试

（1）取 5 g 卵黄蛋白加入 250 mL 的烧杯中，加入 95 mL 水，0.5 g NaCl，用电动搅拌器搅匀后，在不断搅拌下滴加植物油 10 mL，滴加完后，强烈搅拌 5 min 使其分散成均匀的乳状液，静置 10 min。

（2）待泡沫大部分消除后，取出 10 mL，加入少量水溶性红色素染色，不断搅拌直至染色均匀，取一滴乳状液在显微镜下仔细观察，被染色部分为水相，未被染色部分为油相，根据显微镜下观察所得到的染料分布，确定该乳状液是属于水包油型还是油包水型。

（3）配制 5% 的大豆分离蛋白溶液 100 mL，加 0.5 g NaCl，在水浴上温热搅拌均匀，同上法加 10 mL 植物油进行乳化。静止 10 min 后，观察其乳状液的稳定性，同样在显微镜下观察乳状液的类型。

三、蛋白质起泡性测试

> 思考：只要用力搅拌蛋清蛋白，就能得到丰富、稳定的泡沫吗？

（1）不同的搅拌方式对蛋白质起泡性的影响。在 3 个 250 mL 的烧杯中各加入 2% 的蛋清蛋白溶液 50 mL，一份用电动搅拌器连续搅拌 1～2 min；一份用玻璃棒不断搅打 1～2 min；另一份用玻璃管不断鼓入空气泡 1～2 min，观察泡沫的生成，估计泡沫的多少及泡沫稳定时间的长短。评价不同的搅拌方式对蛋白质起泡性的影响结果。

（2）温度对蛋白质起泡性的影响。取两个 250 mL 的烧杯各加入 2% 的蛋清蛋白溶液 50 mL，一份放入冷水或冰箱中冷至 10℃，一份保持常温（30～35℃），同时以相同的方式搅拌 1～2 min，评价泡沫产生的数量及泡沫稳定性有何不同。

（3）酸或盐对蛋白质起泡性的影响。取 3 个 250 mL 烧杯各加入 2% 蛋清蛋白溶液 50 mL，其中一份加入酒石酸 0.5 g，一份加入 NaCl 0.1 g，以相同的方式搅拌 1～2 min，观察泡沫产生的多少及泡沫稳定性有何不同。

用 2% 的大豆蛋白溶液进行以上的同样实验，比较蛋清蛋白与大豆蛋白的起泡性。

四、蛋白质的凝胶作用

（1）在试管中取 1 mL 蛋清蛋白，加 1 mL 水和几滴饱和氯化钠溶液至溶解澄清，放入沸水浴中，加热片刻观察凝胶的形成。

（2）在 100 mL 烧杯中加入 2 g 大豆分离蛋白粉和 40 mL 水，在沸水浴中加热不断搅拌均匀，稍冷。将其分成两份，一份加入 5 滴饱和 $CaCl_2$，另一份加 0.1～0.2 g δ-葡萄糖酸内酯，放置温水浴中数分钟，观察凝胶的生成。

（3）在试管中加入 0.5 g 明胶、5 mL 水，水浴中温热溶解形成黏稠溶液，冷却后，观察凝胶的生成。

五、相关知识

蛋白质的功能性质一般是指对食品的加工、储藏、销售过程中发生有利作用的性质,可分为水化性质、表面性质、蛋白质与蛋白质相互作用三个主要类型,主要包括有吸水性、溶解性、保水性、分散性、黏度和黏着性、乳化性、起泡性、凝胶作用等。这些性质与蛋白质在食品体系中的用途有着十分密切的关系,是开发和有效利用蛋白质资源的重要依据。

六、仪器与试剂

1. 仪器

烧杯(250 mL、100 mL、50 mL)、试管、电动搅拌器、显微镜、冰箱等、恒温水浴锅。

2. 试剂与试样

(1)2%蛋清蛋白溶液:取 2 g 蛋清加 98 g 蒸馏水稀释,过滤取清液。

(2)卵黄蛋白:鸡蛋除蛋清后剩下的蛋黄捣碎。

(3)大豆分离蛋白粉。

(4)1 mol/L HCl;1 mol/L NaOH;NaCl 饱和溶液、饱和 $(NH_4)_2SO_4$ 溶液、酒石酸、$(NH_4)_2SO_4$、NaCl、δ-葡萄糖酸内酯、$CaCl_2$ 饱和溶液、水溶性红色素、明胶。

【考核要点】

1. 蛋白质主要的功能性质。

2. 凝胶形成的条件。

3. 蛋白质水合能力的影响因素。

【思考题】

1. 分析蛋白质的溶解性和水合能力关系。

2. 蛋白质起泡性与哪些因素相关?

3. 解释 Ca^{2+} 促进蛋白质胶凝作用原因。

【必备知识】 食品蛋白质的功能性质及加工储藏对蛋白质的影响

一、食品蛋白质的功能性质

> 思考:蛋糕具有的细腻、爽滑口感与什么性质相关?

食品蛋白质的功能性质(Functionality)是指在食品加工、储藏和销售过程中蛋白质对食品产生必要特征的那些物理和化学性质。食品蛋白质的功能性质分为三大类:①水合性质(取决于蛋白质与水的相互作用,包括水的吸收和保持能力、湿润性、溶胀性、黏附性、分散性、溶解度和黏度);②表面性质(包括蛋白质的表面张力、乳化作用、起泡性、成膜性、气味吸收持续性等);③蛋白质-蛋白质相互作用的有关性质(包括弹性、沉淀、凝胶作用和形成其他各种结构时起作用的性质)。这些性质相互关联、相互影响,如凝胶作用不仅取决于蛋白质-蛋白质相互作用,而且也受到蛋白质与水相互作用的影响。

系统测定各种食品蛋白质的功能性质,有助于在食品加工业中合理开发和使用蛋白质资源。

1. 水合性质

蛋白质的水合(Hydration)主要取决于蛋白质分子的肽键和氨基酸侧链与水分子间的相

互作用,其作用示意如图 4-21 所示。

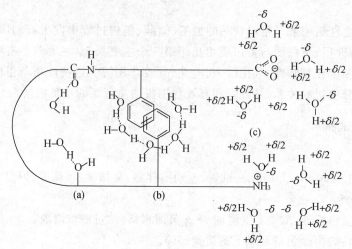

图 4-21　蛋白质与水相互作用示意图

蛋白质从干燥状态开始逐步水合的过程,如图 4-22 所示。

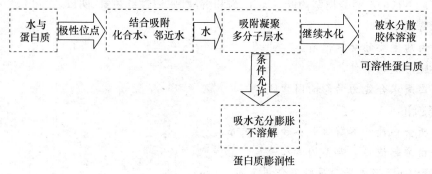

图 4-22　干燥蛋白质水合的过程

大多数食品是水合固态体系。食品中的蛋白质和其他成分的物理、化学及流变学性质,不仅受到体系中水的强烈影响,而且还受到水分活度的影响。

环境因素对蛋白质水合作用有一定的影响,如蛋白质的浓度、pH、温度、时间、离子强度以及其他成分的存在都能影响蛋白质-蛋白质和蛋白质-水的相互作用。

①浓度的影响。蛋白质的总水吸附率随蛋白质浓度的增加而增加。

②pH 的影响。由于 pH 的变化能影响蛋白质的解离和净电荷量,因而能改变蛋白质的相互吸引力、排斥力以及它们缔合水的能力。在等电点时,蛋白质-蛋白质的相互作用达到最大,而缔合和收缩的蛋白质表现出最小的水合作用和膨胀力。例如,在宰后僵直期的生牛肉中,当 pH 从 6.5 降至 5.0 左右等

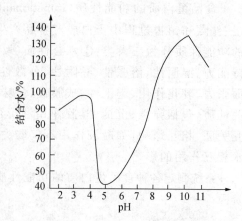

图 4-23　pH 对生牛肉持水容量的影响

电点时,其持水容量明显下降(图 4-23),因而导致生牛肉的汁液减少,嫩度降低。

③温度的影响。温度在 0～40℃或 50℃时,蛋白质的水合能力会随温度的升高而提高,更高温时,蛋白质会发生变性和凝集,产生胶凝作用会降低蛋白质的表面积和侧链极性氨基酸与水结合的有效性。蛋白质中结合水的含量受温度的影响不大,但随温度升高,氢键的结合水和表面结合水会下降,可溶性也随温度的升高而降低。另外,当将结构十分致密的蛋白质加热时,会发生解离和伸展,会使原来掩蔽的肽键和极性侧链暴露到表面上来,因而提高了蛋白质的吸水能力。

④离子的种类和浓度对蛋白质的影响。蛋白质的水合性质主要用吸水能力、持水性和溶解度表示。水、盐和氨基酸侧链之间常常会发生竞争性结合,低盐浓度时,蛋白质的

> 思考：怎样储藏的牛肉细嫩、多汁?

水合作用增加,而在高盐浓度时,水-盐间的相互作用会超过水-蛋白质之间的相互作用,此时可能会引起蛋白质的脱水。蛋白质吸附和保持水的能力对各种食品的质地性质起着重要的作用,尤其是对碎肉和面团。大豆蛋白质因具有良好的保水性而被广泛用于肉制品中,对于肉制品来说,添加大豆蛋白质有利于保持肉汁,有助于肉制品长期保持良好的口感和风味。

如果蛋白质不溶解,则因吸水性会导致膨胀,这会改变它的质构、黏度和黏着力等特性。食品中蛋白质的水分蒸发干燥后即可得到具有多孔结构的不溶性蛋白质凝胶,吸水后又变为柔软而富有弹性。这种蛋白质干物质的吸水称为膨润。膨润在食品加工中是常见的过程,如谷类和豆类的浸泡,面团的调制,泡发明胶、鱿鱼等制品。干燥的蛋白质凝胶,由于不溶性蛋白网络内毛细管作用力增加,而使蛋白质的吸水显著增强。

膨润过程受 pH 的影响,如酸碱物质对面筋的膨润能力影响很大,在等电点左右时由于水化作用弱,膨润程度差,使面筋变得坚硬。而在远离等电点的 pH 下,水化作用变强,面筋膨润程度好,变得易于拉长。在泡发鱼翅、海参时碱可加速膨润,也是由于 pH 增高时蛋白质的亲水性增强的缘故。若在干制时蛋白质变性程度越小,则膨润后复原性越好。膨润受温度的影响也很明显,升高温度不仅可加速膨润,而且也可提高膨润度,但若温度太高,蛋白质发生变性,则效果相反。膨润过程还与水中溶解的中性盐有关,由于中性盐也减小水化作用,可使面筋凝胶的韧性加强,若和面时加点食盐,则使面团更富于弹性。干燥蛋白质颗粒的大小、表面及内部的孔隙也会影响水吸收的速率与程度。

2. 蛋白质的溶解度

蛋白质的溶解度(Solubility)是蛋白质-蛋白质和蛋白质-溶剂相互作用达到平衡的热力学表现形式。Bigelow 认

> 思考：泡发的海产品有碱味,是什么原因?

为,蛋白质的溶解度与氨基酸残基的平均疏水性和电荷频率有关。平均疏水性越小和电荷频率越大,蛋白质的溶解度越大。

蛋白质的溶解性,可用水溶性蛋白质(WSP)、水可分散蛋白(WDP)、蛋白质分散性指标(PDI)、氮溶解性指标(NSI)来评价;其中 PDI 和 NSI 已是美国油脂化学家协会采纳的法定评价方法。

蛋白质的溶解度大小还与 pH、离子强度、温度和蛋白质浓度有关。大多数食品蛋白质的溶解度与 pH 图是一条 U 形曲线(图 4-22),最低溶解度出现在蛋白质的等电点附近。在低于和高于等电点 pH 时,蛋白质分别带有净的正电荷或净的负电荷,带电的氨基酸残基的静电推斥和水合作用促进了蛋白质的溶解。但 β-乳球蛋白(pI 5.2)和牛血清蛋白(pI 4.8)即使在它

们的等电点时,仍然是高度溶解的。这是因为其分子中表面亲水性残基的数量远高于疏水性残基数量。由于大多数蛋白质在碱性 pH 8~9 是高度溶解的。因此,在此 pH 范围从植物资源中提取蛋白质,然后在 pH 4.5~4.8 处采用等电点沉淀法从提取液中回收蛋白质。

在低离子强度(<0.5)溶液中,盐的离子中和蛋白质表面的电荷,从而产生了电荷屏蔽效应,如果蛋白质含有高比例的非极性区域,那么此电荷屏蔽效应使它的溶解度下降;反之,溶解度提高。当离子强度>1.0时,盐对蛋白质溶解度具有特异的离子效应,硫酸盐和氟化物(盐)逐渐降低蛋白质的溶解度(盐析 Salting out),硫氰酸盐和过氯酸盐逐渐提高蛋白质的溶解度(盐溶 Salting in)。在相同的离子强度时,各种离子对蛋白质溶解度的相对影响遵循 Hofmeister 系列规律,阴离子提高蛋白质溶解度的能力按下列顺序:$SO_4^{2-} < F^- < Cl^- < Br^- < I^- < ClO_4^- < SCN^-$,阳离子降低蛋白质溶解度的能力按下列顺序:$NH_4^+ < K^+ < Na^+ < Li^+ < Mg^{2+} < Ca^{2+}$,离子的这个性能类似于盐对蛋白质热变性温度的影响。

在恒定的 pH 和离子强度下,大多数蛋白质的溶解度在 0~40℃ 随温度的升高而提高,而一些高疏水性蛋白质,如 β-酪蛋白和一些谷类蛋白质的溶解度却和温度呈负相关。当温度超过 40℃ 时,由于热导致蛋白质结构的展开(变性),促进了聚集和沉淀作用,使蛋白质的溶解度下降。

加入能与水互溶的有机溶剂,如乙醇和丙酮,降低了水介质的介电常数,从而提高了蛋白质分子内和分子间的静电作用力(排斥和吸引),导致蛋白质分子结构的展开;在此展开状态下,介电常数的降低又能促进暴露的肽基团之间氢键的形成和带相反电荷的基团之间的静电相互吸引作用,这些相互作用均导致蛋白质在有机溶剂-水体系中溶解度减少甚至沉淀。有机溶剂-水体系中的疏水相互作用对蛋白质沉淀所起的作用是最低的,这是因为有机溶剂对非极性残基具有增溶的效果。

> 思考:有哪些方法能提高蛋白质的溶解度?

由于蛋白质的溶解度与它们的结构状态紧密相关,因此,在蛋白质的提取、分离和纯化过程中,它常被用来衡量蛋白质的变性程度。它还是判断蛋白质潜在的应用价值的一个指标。

3. 蛋白质流体的黏度

流体的黏度(Viscosity)反映它对流动的阻力。蛋白质流体的黏度主要由蛋白质粒子在其中的表观直径决定(表观直径越大,黏度越大)。表观直径又依下列参数而变:①蛋白质分子的固有特性(如摩尔浓度、大小、体积、结构及电荷等)。②蛋白质-溶剂间的相互作用,这种作用会影响膨胀、溶解度和水合作用。③蛋白质-蛋白质之间的相互作用会影响凝集体的大小。

当大多数亲水性溶液的分散体系(匀浆或悬浊液)、乳浊液、糊状物或凝胶(包括蛋白质)的流速增加时,它的黏度系数降低,这种现象称为剪切稀释(Shear thining)。剪切稀释可以用下面的现象来解释:①分子在流动的方向逐步定向,因而使摩擦阻力下降。②蛋白质水化球在流动方向变形。③氢键和其他弱键的断裂导致蛋白质聚集体或网络结构的解体。这些情况下,蛋白质分子或粒子在流动方向的表观直径减小,因而其黏度系数也减小。当剪切处理停止时,断裂的氢键和其他次级键若重新生成而产生同前的聚集体,那么黏度又重新恢复,这样的体系称为触变(Thixotropic)体系。例如,大豆分离蛋白和乳清蛋白的分散体系就是触变体系。

黏度和蛋白质的溶解度无直接关系,但与蛋白质的吸水膨润性关系很大。一般情况下,蛋白质吸水膨润性越大,分散体系的黏度也越大。

蛋白质体系的黏度和稠度是流体食品如饮料、肉汤、汤汁、沙司和奶油的主要功能性质。

蛋白质分散体的主要功能性质对于最适加工过程也同样具有实际意义。例如,在输送、混合、加热、冷却和喷雾干燥中都包括质量或热的传递。

4. 蛋白质的胶凝作用

蛋白质的胶凝作用(Gelation)与蛋白质在溶液中分散性降低(如缔合、聚集、聚合、沉淀、絮凝和凝结等)不同。蛋白

> 思考:凝结作用与胶凝作用结果最大不同是什么?

质的缔合(Association)一般是指蛋白质在亚单位或分子水平上发生的变化;聚集(Aggregation)或聚合(Polymerzation)一般是指大的复合物的形成;沉淀作用(Precipitation)是指由于蛋白质的溶解性完全或部分丧失而引起的聚集反应;絮凝(Flocculation)是指蛋白质未发生变性时的无规则聚集反应,经常发生于链间的静电排斥降低而发生的一种现象;凝结作用(coagultion)则是蛋白质发生变性后无规则聚集反应和蛋白质-蛋白质的相互作用大于蛋白质-溶剂的相互作用引起的聚集反应,并且可形成粗糙的凝块。而胶凝是变性的蛋白质分子聚集并形成有序的蛋白质网络结构的过程。

胶凝作用可看成水分散于蛋白质所形成的具有部分固体性质的胶体,在许多食品如豆腐、皮冻、奶酪、碎肉制品等生产中都发挥着重要的作用。蛋白质的凝胶作用还能增稠,提高吸水性、颗粒黏结和乳浊液或泡沫的稳定性。

大多数情况下,热处理就能产生胶凝作用。加热使蛋白分子变性,变性蛋白分子互相作用,然后冷却形成蛋白质的凝固态,如生鸡蛋蛋白溶液受热凝固。还有增加盐类,尤其是 Ca^{2+} 可以提高胶凝速率和胶凝强度,如制作豆腐时使用石膏(含 $CaCl_2$)作凝固剂。但是某些蛋白质不加热也可胶凝,通过调节 pH 到等电点附近,就可发生胶凝作用,如牛奶变酸结成奶块。虽然许多凝胶是由蛋白质溶液形成的,但不溶或难溶性的蛋白质水溶液或盐水分散液也可以形成凝胶,如动物血浆中加入食盐后成血豆腐。因此,加热并不是胶凝作用必需的条件。

一般认为蛋白质网络的形成是由于蛋白质-蛋白质、蛋白质-溶剂间的相互作用,邻近肽链之间的吸引力和排斥力达到平衡时所引起的。当蛋白质浓度高时,因分子间接触的概率大,更容易产生蛋白质分子间的吸引力和胶凝作用。当 pH 和等电点相差很大,静电排斥和蛋白质-水之间的相互作用有利于肽链的分离时,如果蛋白质溶液浓度高,促进共价二硫交联键形成也能生成凝胶。当球状蛋白的分子质量低于 23 000 U 时,在任何蛋白质浓度下,都不能形成热诱导凝胶(蛋白质分子中含有至少 1 个游离的—SH 基或 1 个二硫键除外)。

因为凝胶中蛋白质分子间的作用力不一样,凝胶有可逆与不可逆之分。明胶凝胶则主要通过氢键形成而保持稳定,加热时(约 30℃)会熔化,而且这种凝结熔化可反复循环多次而不失去胶凝性。但是以二硫键作用为主的凝胶(蛋清蛋白),在热作用下一旦形成凝胶,就成为稳定状态,即热不可逆凝胶。

5. 蛋白质的质构化

蛋白质的质构化(Texturization)或者叫组织形成性,是在开发利用植物蛋白和新蛋白质中要特别强调的一种功能

> 思考:蛋白质的质构化对提供理想食品有哪些帮助?

性质。因为这些蛋白质本身不具有像畜肉那样的组织结构和咀嚼性,经过质构化后可使它们变为具有咀嚼性和持水性良好的片状或纤维状产品,从而制造出仿造肉制品或代用品。另外,质构化加工方法还可用于动物蛋白质的"重质构化"(Retexturization)或"重整",如牛肉或禽肉的"重整"。

蛋白质的质构化技术应用介绍:

（1）热凝结和形成薄膜。浓缩的大豆蛋白质溶液能在滚筒干燥机等同类型机械的金属表面热凝结，产生薄而水化的蛋白质膜，能被折叠压缩在一起切割。豆乳在 95℃ 下保持几小时，表面水分蒸发，热凝结而形成一层薄的蛋白质-脂类膜，将这层膜被揭除后，又形成一层膜，然后又能重新反复几次再产生同样的膜，这就是我国加工腐竹（豆腐衣）的传统方法。

（2）纤维的形成。大豆蛋白和乳蛋白液都可喷丝而组织化，就像人造纺织纤维一样，这种蛋白质的功能特性就叫做蛋白质的纤维形成作用。利用这种功能特性，将植物蛋白或乳蛋白浓溶液喷丝、缔合、成形、调味后，可制成各种风味的人造肉。其工艺过程：在 pH 10 以上制备 10%～40% 的蛋白质浓溶液，经脱气、澄清（防止喷丝时发生纤维断裂）后，在压力下通过一块含有 1 000 目/cm² 以上小孔（直径为 50～150 μm）的模板，产生的细丝进入酸性 NaCl 溶液中，由于等电点 pH 和盐析效应致使蛋白质凝结，再通过滚筒取出。滚筒转动速度应与纤维拉直、多肽链的定位以及紧密结合相匹配，以便形成更多的分子间的键，这种局部结晶作用可增加纤维的机械阻力和咀嚼性，并降低其持水容量。再将纤维置于滚筒之间压延和加热使之除去一部分水，以提高黏着力和增加韧性。加热前可添加黏结剂如明胶、卵清、谷蛋白（面筋）或胶凝多糖，或其他食品添加剂如增香剂或脂类。凝结和调味后的蛋白质细丝，经过切割、成型、压缩等处理，便加工形成与火腿、禽肉或鱼肌肉相似的人造肉制品。

（3）热塑性挤压。目前，用于植物蛋白质构化的主要方法是热塑性挤压，采用这种方法可以得到干燥的纤维状多孔颗粒或小块，当复水时具有咀嚼性质地。进行这种加工的原料不需用蛋白质离析物，可用价格低廉的蛋白质浓缩物或粉状物（含 45%～70% 蛋白质）即可，其中酪蛋白或明胶既能作为蛋白质添加物又可直接质构化，若添加少量淀粉或直链淀粉就可改进产品的质地，但脂类含量不应超过 5%～10%，氯化钠或钙盐添加量应低于 3%，否则，将使产品质地变硬。

热塑性挤压技术：含水（10%～30%）的蛋白质-多糖混合物通过一个圆筒，在高压（10～20 MPa）下的剪切力和高温（在 20～150 s 时间内，混合料的温度升高到 150～200℃）作用下转变成黏稠状态，然后快速地挤压通过一个模板进入正常的大气压环境，膨胀形成的水蒸气使内部的水闪蒸，冷却后，蛋白质-多糖混合物便具有高度膨胀、干燥的结构。

热塑性挤压可产生良好的质构化，但要求蛋白质具有适宜的起始溶解度、大的分子量以及蛋白质-多糖混料在管芯内能产生适宜的可塑性和黏稠性。含水量较高的蛋白质同样也可以在挤压机内因热凝固而质构化，这将导致水合、非膨胀薄膜或凝胶的形成，添加交联剂戊二醛可以增大最终产物的硬度。这种技术还可用于血液、机械去骨的鱼、肉及其他动物副产品的质构化。

6. 面团的形成

小麦胚乳面筋蛋白质于室温下与水混合、揉搓，能够形成黏稠、有弹性和可塑性的面团，这种作用就称为面团的形

> 思考：小麦面粉制作馒头为什么松软可口、有弹性？

成。黑麦、燕麦、大麦的面粉也有这种特性，但是较小麦面粉差。小麦面粉中除含有面筋蛋白质（麦醇溶蛋白和麦谷蛋白）外，还含有淀粉粒、戊聚糖、极性和非极性脂类及可溶性蛋白质，所有这些成分都有助于面团网络和面团质地的形成。麦醇溶蛋白和麦谷蛋白的组成（二者含量近似相等）及大分子体积使面筋富有很多特性。由于它们可解离氨基酸含量低，使面筋蛋白质不溶于中性水溶液。面筋蛋白质富含谷氨酰胺（超过 33%）、脯氨酸（15%～20%）和丝氨酸及苏氨酸，它们倾向于形成氢键，这在很大程度上解释了面筋蛋白的吸水能力（面筋吸水量为干

蛋白质的 180%～200%）和黏着性质；面筋中还含有较多的非极性氨基酸，这与水化面筋蛋白质的聚集作用、黏弹性和与脂肪的有效结合有关；面筋蛋白质中还含有众多的二硫键，这是面团物质产生坚韧性的原因。

麦醇溶蛋白和麦谷蛋白构成面筋蛋白质。麦谷蛋白分子质量比麦醇溶蛋白分子质量大，前者分子质量可达数百万，既含有链内二硫键，又含有大量链间二硫键；麦醇溶蛋白仅含有链内二硫键，相对分子质量在 35 000～75 000。麦谷蛋白决定着面团的弹性、黏合性和抗张强度，而麦醇溶蛋白促进面团的流动性、伸展性和膨胀性。

制作面包的面团时，两类蛋白质的适当平衡是很重要的。当面粉和水混合并被揉搓时，面筋蛋白开始水化、定向排列和部分展开，促进了分子内和分子间二硫键的交换反应以及增强了疏水相互作用，当最初面筋蛋白质颗粒转变成薄膜时，二硫键也使水化面筋形成了黏弹性的三维蛋白质网络，从而形成截留淀粉粒和其他面粉成分的作用。如果面团过度黏结（麦谷蛋白过多），会抑制发酵期间所截留的 CO_2 气泡的膨胀，抑制面团发起和成品面包中的空气泡，加入还原剂半胱氨酸、偏亚硫酸氢盐可打断部分二硫键而降低面团的黏弹性；面团过度延展（麦醇溶蛋白过多），产生的气泡膜是易破裂的和可渗透的，不能很好地保留 CO_2，从而使面团和面包塌陷，加入溴酸盐、脱氢抗坏血酸氧化剂可使二硫键形成而提高面团的硬度和黏弹性。面团揉搓不足时因网络还来不及形成而使"强度"不足，但过多揉搓时可能由于二硫键断裂使"强度"降低。面粉中存在的氢醌类、超氧离子和易被氧化的脂类也被认为是促进二硫键形成的天然因素。

焙烤不会引起面筋蛋白质大的再变性，因为麦醇溶蛋白和麦谷蛋白在面粉中已经部分伸展，在捏揉面团时更加被伸展，而在正常温度下焙烤面包时面筋蛋白质不会再进一步伸展。当焙烤温度高于 70～80℃时，面筋蛋白质释放出的水分能被部分糊化的淀粉粒所吸收，因此即使在焙烤时，面筋蛋白质也仍然能使面包柔软和保持水分（含 40%～50% 水），但焙烤能使面粉中可溶性蛋白质（清蛋白和球蛋白）变性和凝集，这种部分的胶凝作用有利于面包心的形成。

7. 蛋白质的乳化作用

许多加工食品都是蛋白质稳定的乳浊液（牛乳、乳脂、冰淇淋等）。蛋白质成分通常在稳定这些胶体系统中起着主要的作用。

> 思考：增强蛋白质乳化作用效果有哪些方法？

天然的乳状液是靠着脂肪球"膜"来稳定。这种膜是由三酰甘油、磷脂、不溶性脂蛋白和可溶性蛋白质的连续吸附层所构成。牛乳的均质化能提高乳状液的稳定性，因为均质化能使脂肪球变小，新形成的酪蛋白亚胶束能取代免疫球蛋白并吸收在脂肪球上。在油/水体系中，蛋白质能自发地迁移至油-水界面和气-水界面上，疏水基定向到油相液滴和气相而亲水基定向到水相并广泛展开和散布，在界面形成一蛋白质吸附层，能使液滴产生耐凝集性的物理和流变性质（稠度、黏度和弹性-坚硬度）。

蛋白质的溶解度和乳状液稳定性之间通常存在正相关。可溶性蛋白质在乳化特性中最重要的属性是它具有向油/水界面扩散和吸附的能力。不溶解的蛋白质对乳化作用的影响很小。

通常蛋白质的一部分与界面接触，其非极性氨基酸残基朝向非水相，于是系统中的自由能降低，其余部分的蛋白质可自发地吸附在界面上。球蛋白具有稳定的结构和很大的表面疏水性，不是一种良好的乳化剂，但能够在已经形成的乳状液中起到加强稳定作用，如乳清蛋白、溶菌酶和卵清蛋白。酪蛋白胶束（脱脂奶粉），肉和鱼肉蛋白、大豆蛋白（特别是大豆离析物）以及血液的血浆和球蛋白等蛋白质成分都具有很好的乳化性质。吸附在界面上的蛋白质膜由于膜薄高度水化和带有电荷,可能导致形成最适宜、最稳定的乳状液和泡沫。

pH 对蛋白质的乳化性质因蛋白质而有所不同。有些蛋白质在等电点时具有良好的乳化性质(明胶、卵清蛋白),其他蛋白质在非等电点 pH 时,乳化作用更好(大豆蛋白、花生蛋白、酪蛋白、乳清蛋白、牛血清蛋白和肌原纤维蛋白)。

加热通常能降低吸附在界面的蛋白质膜的黏度和硬度,因而会降低乳状液的稳定性。但是具有高度水合的界面蛋白质膜的胶凝作用,能提高表面黏度和硬度,并能使乳状液稳定。因此,肌原纤维蛋白的胶凝作用对乳状液(如灌肠)的热稳定性是有好处的,其结果是提高食品对水和脂肪的保持性和增强黏结性。

另外,小分子表面活性剂(如磷脂、甘油-酰酯等)的加入,与蛋白质竞争地吸附在界面上,也降低了蛋白质膜的硬度,削弱了保留蛋白质留在界面上的作用力,也使蛋白质的乳化性能下降。

8. 蛋白质的发泡作用

食品泡沫通常是指气泡在连续的液相或含可溶性表面活性剂的半固相中形成的分散体系。蛋白质能作为发泡剂主要决定于蛋白质的表面活性和成膜性。例如,在鸡蛋清中,水溶性蛋白质在搅打时可被吸附到气泡表面来降低表面张力,又因为搅打过程中的变性,逐渐凝固。

形成泡沫方法通常有三种,一是鼓泡法,将气体通过一个多孔分配器鼓入低浓度(0.01～2.0 g/100 mL)的蛋白质水溶液中产生泡沫,一般可膨胀 10～100 倍;二是搅打(搅拌)振荡法,通过搅打产生更强的机械应力和剪切作用,产生气泡,还使气体分散更均匀,但过于剧烈的应力会影响气泡的聚集和形成,阻碍蛋白质在界面的吸附;三是突然减压法,即将一个预先被加压的气体溶于要生成泡沫的蛋白质溶液中,突然减压膨胀形成泡沫。

具有良好起泡性质的蛋白质包括蛋清蛋白质、血红蛋白和球蛋白部分、牛血清蛋白、明胶、乳清蛋白、酪蛋白胶束、β-酪蛋白、小麦蛋白质(特别是谷蛋白)、大豆蛋白和一些水解蛋白质(低水解度)。

典型的食品泡沫应有如下特点:①含有大量的气体(低密度);②在气相和连续的液相之间要有较大的表面积;③溶质的浓度在表面较高;④要有能胀大,具刚性或半刚性并有

> 思考:怎样调制能使蛋清蛋白的泡沫既丰富又稳定?

弹性的膜或壁;⑤有可反射的光,所以看起来不透明。这些性质与食品的质地、感官或加工需要有关系。例如,蛋糕、搅打奶油、冰淇淋的加工需要低密度、薄壁而胀大的构造,才会柔软。泡沫食品的柔软性,依气泡体积及薄层的厚度和流变学性质而定。

蛋白质起泡性质的评价指标主要有蛋白质的起泡能力、泡沫稳定性、泡沫密度、强度、气泡平均直径等,实际最常用的是前两项指标。

当起始液中蛋白质的浓度在 2%～8% 以内时,一般可达到最大膨胀度,这时,液相具有最好的黏度,吸附的膜也具有合适的厚度。但当蛋白质浓度增加超过一定范围时(10%)则会使气泡变小,泡沫变硬。为了形成适度的泡沫,搅拌的时间和强度必须适合蛋白质的伸展,这样才能产生吸附。而过度、强烈搅拌会降低膨胀度和泡沫稳定性。例如,鸡蛋清或卵清蛋白搅拌时间超过 6～8 min 时会引起蛋白质在空气/水界而上发生聚集凝结,这些不溶解的蛋白质不能够适当地吸附在界面上,使液体薄片的黏度不能适合泡沫稳定性的要求。

pH 影响蛋白质的电荷状态,因而改变了蛋白质的溶解度、相互作用力和持水力,也就改

变了蛋白质的起泡性和泡沫的稳定性。在等电点附近,有利于蛋白质-蛋白质的相互作用和形成黏稠的膜,被吸附至界面的蛋白质的数量也将增加,这两个因素均能提高蛋白质的起泡能力和泡沫稳定性。

盐类不仅影响蛋白质的溶解度、黏度、伸展和聚集,而且还能改变发泡性质。例如,氯化钠能增加膨胀量和降低泡沫的稳定性,这与蛋白质的黏度被降低相关;钙离子能同蛋白质的羧基形成桥键而提高了泡沫的稳定性。通常在指定的盐溶液中蛋白质被盐析时则显示较好的起泡性质,被盐溶时则显示较差的起泡性质。表面活性剂可保持界面,防止气泡聚集,这是因为它们能够降低表面张力和在被截留的气泡之间形成一个有弹性的保护阻挡层。

蔗糖和其他糖类通常能够抑制泡沫的膨胀,但也可以提高泡沫的稳定性。因为糖类物质能够增加体积黏度,所以制作蛋白酥皮和其他泡沫胶体时,应在泡沫膨胀时加糖。蛋清中的糖蛋白有助于泡沫体积的稳定性,因为它们能够吸附和保持薄层的水分。此外,当蛋白质沾污低浓度脂类时会严重损害蛋白质的发泡性能。因此,大豆蛋白制备液中不应含有磷脂,卵清蛋白中不应存在蛋黄脂,乳清蛋白中脂类含量很低。

此外,在泡沫产生前适当的加热处理可提高大豆蛋白、乳清、鸡蛋清及血清蛋白等的发泡性。热处理能够增加膨胀量,但泡沫稳定性会降低。更剧烈的热处理会损害发泡能力,加热会使泡沫中的空气膨胀,黏性降低,气泡破裂和泡沫塌陷。

9. 蛋白质与风味物质结合

风味物质能够部分被吸附或结合在食品的蛋白质中,对于豆腥味、酸败味和苦涩味物质等不良风味物质的结合常降低了蛋白质的食用性质,而对肉的风味物质和其他需宜风味物质的可逆结合,可使食品在保藏和加工过程中保持其风味。

蛋白质与风味物质的结合包括物理吸附和化学吸附。前者主要通过范德华力和毛细管作用吸附,后者包括静电吸附、氢键结合和共价结合。

蛋白质中有的部位与极性风味物质结合,如乙醇可与极性氨基酸残基形成氢键;有的部位则与弱极性风味物质结合,如中等链长的醇、醛和杂环风味物可能在蛋白质的疏水区发生结合;还有的部位能与醛、酮、胺等挥发物发生较强的结合,如赖氨酸的 ε-氨基可与风味物的醛和酮基形成薛夫碱(Schiff's base),而谷氨酸和天冬氨酸的游离羧基可与风味物的氨基结合成酰胺。

当风味物与蛋白质相结合时,蛋白质的构象实际上发生了变化。如风味物扩散至蛋白质分子的内部则打断了蛋白质链段之间的疏水基相互作用,使蛋白质的结构失去稳定性;含活性基团的风味物,像醛类化合物,能共价地与赖氨基酸残基的 ε-氨基相结合,改变了蛋白质的净电荷,导致蛋白质分子展开,更有利于风味物的结合。因此,任何能改变蛋白质构象的因素都能影响其与风味物的结合。

水能促进极性挥发物的结合而对非极性化合物则没有影响。在干燥的蛋白质中挥发物的扩散是有限的,加水就能提高极性挥发物的扩散速度和与结合部位的机会。但脱水处理,即使是冷冻干燥也使最初被蛋白质结合的挥发物质降低50%以上。

pH 的影响一般与 pH 诱导的蛋白质构象变化有关,通常在碱性 pH 条件下比在酸性 pH 条件下更有利于与风味物的结合,这是由于蛋白质在碱性 pH 比在酸性 pH 发生了更广泛的变性。

热变性蛋白质显示较高结合风味物的能力。如 10% 的大豆蛋白离析物水溶液在有正己醛存在时于 90℃ 加热 1 h 或 24 h，然后冷冻干燥，发现其对正己醛的结合量比未加热的对照组分别大 3 倍和 6 倍。

化学改性会改变蛋白质的风味物结合性质。如蛋白质分子中的二硫键被亚硫酸盐裂开引起蛋白质结构的展开，这通常会提高蛋白质与风味物结合的能力；蛋白质经酶催化水解后，原先分子结构中的疏水区被打破，疏水区的数量也减少，这会降低蛋白质与风味物的结合能力。因此，蛋白质经水解后可减轻大豆蛋白质的豆腥味。除此之外，蛋白质还能通过弱相作用或共价键结合很多其他物质，如色素、合成染料和致突变及致敏等其他生物活性物质，这些物质的结合可导致毒性增强或解毒，同时蛋白质的营养价值也受到了影响。

二、食品中的蛋白质

1. 肉类蛋白质

肉类是食物蛋白质的主要来源。肉类蛋白质主要存在于肌肉组织中，以牛、羊、鸡、鸭肉等最为重要，肌肉组织中蛋

> 思考：用简单的方法能使熬制肉汤更鲜美、蛋白质营养更丰富吗？

白质含量为 20% 左右。肉类中的蛋白质可分为肌原纤维蛋白质、肌浆蛋白质和基质蛋白质。这三类蛋白质在溶解性质上存在着显著的差别，采用水或低离子强度的缓冲液（0.15 mol/L 或更低浓度）能将肌浆蛋白质提取出来，提取肌原纤维蛋白质则需要采用更高浓度的盐溶液，而基质蛋白质则是不溶解的。

肌浆蛋白质主要有肌溶蛋白和球蛋白 X 两大类，占肌肉蛋白质总量的 20%～30%。肌溶蛋白溶于水，在 55～65℃ 变性凝固；球蛋白 X 溶于盐溶液，在 50℃ 时变性凝固。此外，肌浆蛋白质中还包括有少量的使肌肉呈现红色的肌红蛋白。

肌原纤维蛋白质（亦称为肌肉的结构蛋白质），包括肌球蛋白（即肌凝蛋白）、肌动蛋白（即肌纤蛋白）、肌动球蛋白（即肌纤凝蛋白）和肌原球蛋白等，这些蛋白质占肌肉蛋白质总量的 51%～53%。其中，肌球蛋白溶于盐溶液，其变性开始温度是 30℃，肌球蛋白占肌原纤维蛋白质的 55%，是肉中含量最多的一种蛋白质。在屠宰以后的成熟过程中，肌球蛋白与肌动蛋白结合成肌动球蛋白，肌动球蛋白溶于盐溶液中，其变性凝固的温度是 45～50℃。由于肌原纤维蛋白质溶于一定浓度的盐溶液，所以也称盐溶性肌肉蛋白质。

基质蛋白质主要有胶原蛋白和弹性蛋白，都属于硬蛋白类，不溶于水和盐溶液。

2. 胶原和明胶

胶原蛋白（Collagen）分布于动物的筋、腱、皮、血管、软骨和肌肉中，一般占动物蛋白质的 1/3，在肉蛋白的功能性质中起着重要作用。胶原蛋白含氮量较高，不含色氨酸、胱氨酸和半胱氨酸，酪氨酸和蛋氨酸含量也比较少，但含有丰富的羟脯氨酸（10%）和脯氨酸，甘氨酸含量更丰富（约 33%），还含有羟赖氨酸。因此，胶原属于不完全蛋白质。这种特殊的氨基酸组成是胶原蛋白特殊结构的重要基础，现已发现，Ⅰ型胶原（一种胶原蛋白亚基）中 96% 的肽段都是由 Gly-X-Y 三联体重复顺序组成，其中 X 常为 Pro（脯氨酸），而 Y 常为 Hyp（羟脯氨酸）。

胶原蛋白可以链间和链内共价交联，从而改变了肉的坚韧性，陆生动物比鱼类的肌肉坚韧，老动物肉比小动物肉坚韧就是其交联度提高造成的。在胶原蛋白肽链间的交联过程中，首先是胶原蛋白肽链的末端非螺旋区的赖氨酸和羟赖氨酸残基的 ε-氨基，在赖氨酸氧化酶作用下氧化脱氨形成醛基，醛基赖氨酸和醛基羟赖氨酸残基再与其他赖氨酸残基反应并经重排而

产生脱氢赖氨酰正亮氨酸和赖氨酰-5-酮正亮氨酸,而赖氨酰-5-酮正亮氨酸还可以继续缩合和环化形成三条链间的吡啶交联。这些交联作用的结果形成了具有高抗张强度的三维胶原蛋白纤维,从而使肌腱、韧带、软骨、血管和肌肉的强韧性提高。

天然胶原蛋白不溶于水、稀酸和稀碱,蛋白酶对它的作用也很弱。它在水中膨胀,可使重量增加 0.5～1 倍。胶原蛋白在水中加热时,由于氢键断裂和蛋白质空间结构的破坏,胶原变性(三股螺旋分离),变成水溶性物质——明胶(Glutin)。

3. 乳蛋白质

乳是哺乳动物的乳腺分泌物,其蛋白质组成因动物种类而异。牛乳由三个不同的相组成:连续的水溶液(乳清),分散的脂肪球和以酪蛋白为主的固体胶粒。乳蛋白质同时存在于各相中。

(1)酪蛋白。酪蛋白(Casein)以固体微胶粒的形式分散于乳清中,是乳中含量最多的蛋白质,约占乳蛋白总量的 80%～82%。酪蛋白属于结合蛋白质,是典型的磷蛋白。酪蛋白虽然是一种两性电解质,但是具有明显的酸性,所以在化学上常把酪蛋白看成是一种酸性物质。酪蛋白含有 4 种蛋白亚基,即 α_{s1}-,α_{s2}-、β-、κ-酪蛋白,它们的比例约为 3:1:3:1,随遗传类型不同而略有变化。

α_{s1}-和 α_{s2}-酪蛋白的分子质量相似,约 23 500,等电点也都是 pH 5.1,α_{s2}-酪蛋白仅略为更亲水一些,两者共占总酪蛋白的 48%。从一级结构看,它们含有非常均衡分布的亲水

思考:都说乳是理想的补钙食品,怎样加工与饮用更能发挥其营养作用?

残基和非极性残基,很少含半胱氨酸和脯氨酸,成簇的磷酸丝氨酸残基分布在第 40～80 位氨基酸肽之间,C 末端部分相当疏水。这种结构特点使其形成较多 α-螺旋和 β-折叠片二级结构,并且易和 Ca^{2+} 发生结合,Ca^{2+} 浓度高时不溶解。

β-酪蛋白相对分子质量约 24 000,它占酪蛋白的 30%～35%,等电点为 pH 5.3,β-酪蛋白高度疏水,但它的 N-末端含有较多亲水基,因此它的两亲性使其可作为一个乳化剂。在中性 pH 下加热,β-酪蛋白会形成线团状的聚集体。

κ-酪蛋白占酪蛋白的 15%,相对分子质量为 19 000,等电点在 pI 3.7～4.2。它含有半胱氨酸并可通过二硫键形成多聚体,虽然它只含有一个磷酸化残基,但它含有碳水化合物成分,这提高了其亲水性。

酪蛋白与钙结合形成酪蛋白酸钙,再与磷酸钙构成酪蛋白酸钙-磷酸钙复合体,复合体与水形成悬浊状胶体(酪蛋白胶团)存在于鲜乳(pH 6.7)中。酪蛋白胶团在牛乳中比较稳定,但经冻结或加热等处理,也会发生凝胶现象。130℃加热经数分钟,酪蛋白变性而凝固沉淀。添加酸或凝乳酶,酪蛋白胶粒的稳定性被破坏而凝固,干酪就是利用凝乳酶对酪蛋白的凝固作用而制成的。

(2)乳清蛋白。牛乳中酪蛋白凝固以后,从中分离出的清液即为乳清(Whey),存在于乳清中的蛋白质称为乳清蛋白,乳清蛋白有许多组分,其中最主要的是 β-乳球蛋白和 α-乳清蛋白。

①β-乳球蛋白。约占乳清蛋白质的 50%,仅存在于 pH 3.5 以下和 7.5 以上的乳清中,在 pH 3.5～7.5 则以二聚体形式存在。β-乳球蛋白是一种简单蛋白质,含有游离的巯基(—SH),牛奶加热产生气味可能与它有关。加热、增加钙离子浓度或 pH 超过 8.6 等都能使它变性。

②α-乳清蛋白。α-乳清蛋白在乳清蛋白中占 25%,比较稳定。分子中含有 4 个二硫键,但

不含游离—SH。

乳清中还有血清蛋白、免疫球蛋白和酶等其他蛋白质。血清蛋白是大分子球形蛋白质,相对分子质量 66 000,含有 17 个二硫键和 1 个半胱氨酸残基,该蛋白结合着一些脂类和风味物,而这些物质有利于其耐变性力的提高。免疫球蛋白相对分子质量大到 150 000～950 000,它是热不稳定球蛋白。

(3)脂肪球膜蛋白质。乳脂肪球周围的薄膜是由蛋白质、磷脂、高熔点甘油三酸酯、甾醇、维生素、金属、酶类及结合水等化合物构成,其中起主导作用均是卵磷脂-蛋白质配合物。这层膜控制着牛乳中脂肪-水分散体系的稳定性。

4. 卵蛋白质

(1)卵蛋白质的组成。鸡蛋可以作为卵类的代表,全蛋中蛋白质约占 9%,蛋清中蛋白质约占 10.6%,蛋黄中蛋白质约占 16.6%,蛋清蛋白质组成见表 4-5,蛋黄中蛋白质组成见表4-6。

表 4-5 鸡蛋清蛋白质组成

组成	占总固体百分比	等电点	特性
卵清蛋白(Ovalbumin)	54	4.6	易变性,含巯基
伴清蛋白(Conalbumin)	13	6.0	与铁复合,能抗微生物
卵类黏蛋白(Ovomucoid)	11	4.3	能抑制胰蛋白酶
溶菌酶(Lysozyme)	3.5	10.7	为分解多糖的酶,抗微生物
卵黏蛋白(Ovomucin)	1.5		具黏性,含唾液酸,能与病毒作用
黄素蛋白-脱辅基蛋白(Flovoprotein-apoprotein)	0.8	4.1	与核黄素结合
蛋白酶抑制剂(Proteinase inhibitor)	0.1	5.2	抑制细菌蛋白酶
抗生物素(Avidin)	0.05	9.5	与生物素结合,抗微生物
未确定的蛋白质成分(Unidentified proteins)	8	5.5,7.5	主要为球蛋白
非蛋白质氮(Nonprotein)	8	8.0,9.0	其中一半为糖和盐(性质不明确)

表 4-6 鸡蛋黄蛋白质组成

组成	占卵黄固体百分比	特性
卵黄蛋白	5	含有酶,性质不明
卵黄高磷蛋白	7	含 10% 的磷
卵黄脂蛋白	21	乳化剂

(2)卵蛋白质的功能性质。从鸡蛋蛋白质的组成可以看出,鸡蛋清蛋白质中有些具有独特的功能性质。例如,鸡蛋清中由于存在溶菌酶、抗生物素蛋白、免疫球蛋白和蛋白酶

思考:你怎样评价"喝生鸡蛋能治病"?

抑制剂等,能抑制微生物生长,这对鸡蛋的储藏是十分有利,因为它们将易受微生物侵染的蛋黄保护起来。我国中医外科常用蛋清调制药物用于贴疮的膏药,正是这种功能的应用实例之一。

鸡蛋清中的卵清蛋白、伴清蛋白和卵类黏蛋白都是易热变性蛋白质,这些蛋白质的存在使鸡蛋清在受热后产生半固体的胶状,但由于这种半固体胶体不耐冷冻,因此不要将煮制的蛋放在冷冻条件下贮存。

鸡蛋清中的卵黏蛋白和球蛋白是分子质量很大的蛋白质,它们具有良好的搅打起泡性,食品中常用鲜蛋或鲜蛋清来形成泡沫。在焙烤过程中还发现,仅由卵黏蛋白形成的泡沫在焙烤过程中易破裂,加入少量溶菌酶后却对形成的泡沫有保护作用。

皮蛋的加工,利用了碱对卵蛋白质的部分变性和水解,产生黑褐色并透明的蛋清凝胶,蛋黄这时也变成黑色稠糊或半塑状。

蛋黄中的蛋白质也具有凝胶性质,这在煮蛋和煎蛋中最重要,但蛋黄蛋白更重要的性质是它们的乳化性,这对保持焙烤食品的网状结构具有重要意义。蛋黄蛋白质作乳化剂的另一个典型例子是生产蛋黄酱,蛋黄酱是色拉油、少量水、少量芥茉和蛋黄及盐等调味品的均匀混合物,在制作过程中通过搅拌,蛋黄蛋白质就发挥其乳化作用而使混合物变为均匀乳化的乳状体系。

(3)卵蛋白质在加工中的变化。蛋清在巴氏杀菌中,如果温度超过60℃,会造成热变性而降低其搅打起泡力。在 pH 7 时卵白蛋白、卵类黏蛋白、卵黏蛋白和溶菌酶对60℃以下加热是稳定的,最不耐热的伴白蛋白,此时也基本稳定。因此,蛋清的巴氏杀菌应控制在60℃以下。另外,加六偏磷酸钠(2%)可提高伴清蛋白的热稳定性。

蛋黄也不耐高温,在60℃或更高温下,蛋黄中的蛋白质和脂蛋白就产生显著变化。在利用喷雾干燥工艺制做全蛋粉时,由于蛋清和蛋黄中的部分蛋白质受热变性,造成蛋白质的分散度、溶解度、起泡力等功能性质下降,产品颜色和风味也变劣。为了防止这种不利变化,在喷雾干燥前向全蛋糊中加入少量蔗糖或玉米糖浆,可以部分减缓蛋白质受热变性。

蛋黄制品不应在-6℃以下冻藏。否则解冻后的产品黏度增大,这是过度冷冻造成了蛋黄中蛋白质发生凝胶作用。一旦发生这种作用,蛋白质的功能性质就会下降。例如,用这种蛋黄制作蛋糕时,产品网状结构失常,蛋糕体积变小。对于这种变化,可通过向预冷蛋黄中加入蔗糖、葡萄糖或半乳糖来抑制,也可应用胶体磨处理而使"凝胶作用"减轻。加入NaCl,产品黏度会增加,但远不是促进"凝胶作用"而引起,实际上的效果正好相反,能阻止"凝胶作用"。

鲜蛋在贮放中质量会不断下降。应当强调下列变化的作用:储藏中蛋内的蛋白质会受天然存在的蛋白酶的作用而

思考:贴壳、变轻、浑汤等现象,为何能判断鸡蛋新鲜程度?

造成蛋清部分稀化,蛋内的 CO_2 和水分会通过气孔向外散失,结果蛋清 pH 从 7.6 升至最大值 9.7,蛋黄 pH 从 6 升至 6.4 左右,稠厚蛋清的凝胶结构部分破坏,蛋黄向外膨胀扩散,气室变大。

卵粘蛋白的糖苷键受某种作用而部分被切开是蛋清变稀的最合理解释,蛋清胶态结构的

破坏应与 pH 变化有关,蛋黄膨胀的一个原因可能是蛋清水分向蛋黄转移所致。糖蛋白的糖苷键究竟因何断裂? 是否主要是因 pH 上升时发生 β-消除反应而引起? 这些问题还有待深入研究。

5. 鱼肉中的蛋白质

鱼肉中蛋白质的含量因鱼的种类及年龄不同而异,在 10%～21%。鱼肉中蛋白质与畜禽肉类中的蛋白质一样,可分为三类:肌浆蛋白、肌原纤维蛋白和基质蛋白。

鱼的骨骼肌是一种短纤维,它们排列在结缔组织(基质蛋白)的片层之中,但鱼肉中结缔组织的含量要比畜禽肉少,而且纤维也较短,因而鱼肉更为嫩软。鱼肉的肌原纤维与畜禽肉类中相似,为细条纹状,并且所含的蛋白质如肌球蛋白、肌动蛋白、肌动球蛋白等也很相似,但鱼肉中的肌动球蛋白十分不稳定,在加工和贮存过程中很容易发生变化,即使在冷冻保存中,肌动球蛋白也会逐渐变成不溶性的而增加了鱼肉的硬度。例如,肌动球蛋白当贮存在稀的中性溶液中时很快发生变性并可逐步凝聚而形成不同浓度的二聚体、三聚体或更高的聚合体,但多为部分凝聚,而只有少部分是全部凝聚,这可能是引起鱼肉不稳定的主要因素之一。

6. 谷物类蛋白质

成熟、干燥的谷粒,其蛋白质含量依种类不同,在 6%～20%。谷类又因去胚、麸及研磨而损失少量蛋白质。种核外面往往包着一层保护组织,不易为人消化,而要将其中的蛋白质分离出来也很困难,故仅宜用作饲料,而内胚乳蛋白常被用作人类食品。

(1)小麦蛋白。面粉主要成分是小麦的内胚乳,其淀粉粒包埋在蛋白质基质中。麦醇溶蛋白(Gliadin)和麦谷蛋白(Glutenin)占蛋白质总量的 80%～85%,比例约为 1:1,两者与水混合后就能形成具有黏性和弹性的面筋蛋白(Gluten),它能使面包中的其他成分如淀粉、气泡粘在一起,是形成面包空隙结构的基础。非面筋的清蛋白和球蛋白占面粉蛋白质总量的 15%～20%,它们能溶于水,具凝聚性和发泡性。小麦蛋白缺乏赖氨酸,所以与玉米一样,属于不完全蛋白质来源。但若能配以牛乳或其他蛋白,就可补其不足。

小麦面筋中的二硫键在多肽链的交联中起着重要的作用。

(2)玉米蛋白质。玉米胚乳蛋白主要是基质蛋白和存在于基质中的颗粒蛋白体两种,玉米醇溶蛋白(Zein)就在蛋白体中,占蛋白质总量的 15%～20%,它缺乏赖氨酸和色氨酸两种必需氨基酸。

(3)稻米蛋白质。稻米蛋白主要存在于内胚乳的蛋白体中,在碾米过程中几乎全部保存,其中 80% 为碱溶性蛋白——谷蛋白。稻米是唯一具有高含量谷蛋白和低含量醇溶谷蛋白(5%)的谷类,因此其赖氨酸的含量也比较高。

7. 大豆蛋白质

(1)大豆蛋白质的分类和组分。大豆蛋白可分为两类:清蛋白和球蛋白。清蛋白一般占大豆蛋白的 5%(以粗蛋白计)左右,球蛋白约占 90%。大豆球蛋白可溶于水、碱或食盐溶液,加酸调 pH 至等电点 4.5 或加硫酸铵至饱和,则沉淀析出,故又称为酸沉蛋白,而清蛋白无此特性,则称为非酸沉蛋白。

> 思考:不完全蛋白质的谷类食品,怎样食用更科学?

按照溶液在离心机中沉降速度来分,大豆蛋白质可分为 4 个组分,即 2S,7S,11S 和 15S(S 为沉降系数,$1S=1\times10^{-13}s=1$ Svedberg 单位)。其中 7S 和 11S 最为重要,7S 占总蛋白的 37%,而 11S 占总蛋白的 31%(表 4-7)。

表 4-7　大豆蛋白的组分

沉降系数	占总蛋白的百分数	已知的组分	相对分子质量
2S	22	胰蛋白酶抑制剂	8 000~21 500
		细胞色素 c	12 000
7S	37	血球凝集素	110 000
		脂肪氧合酶	102 000
		β-淀粉酶	61 700
7S		球蛋白	180 000~210 000
11S	31	11S 球蛋白	350 000
15S	11	—	600 000

（2）大豆蛋白质的溶解度。大豆蛋白质在溶解状态下才发挥出机能特性。溶解度受 pH 和离子强度影响很大。在 pH 4.5~4.8 时溶解度最小。加盐可使酸沉蛋白质溶解度增大，但在酸性 pH 2.0 时低离子强度下溶解度很大。在中性（pH 6.8）条件下，溶解度随离子强度变化不大。在碱性条件下溶解度增大。

（3）大豆蛋白质的机能特性。7S 球蛋白是一种糖蛋白，含糖量约为 5.0%，其中，甘露糖 3.8%，氨基葡萄糖为 1.2%；7S 多肽是紧密折叠的，其中 α-螺旋结构、β-折叠结构和不规则结构分别占 5%、35% 和 60%。11S 球蛋白含有较多的谷氨酸、天冬酰胺。与 11S 球蛋白相比，7S 球蛋白中色氨酸、蛋氨酸、胱氨酸含量略低，而赖氨酸含量则较高。因此，7S 球蛋白更能代表大豆蛋白质的氨基酸组成。

> 思考：制作豆腐选用的大豆，在成分上有何要求？

7S 组分与大豆蛋白的加工性能密切相关，7S 组分含量高的大豆制得的豆腐就比较细嫩。11S 组分具有冷沉性，脱脂大豆的水浸出蛋白液在 0~2℃水中放置后，约有 86% 的 11S 组分沉淀出来，利用这一特征可以分离浓缩 11S 组分。11S 组分和 7S 组分在食品加工中性质不同，由 11S 组分形成的钙胶冻比由 7S 组分形成的坚实得多，这是因为 11S 和 7S 组分同钙反应上的不同所致。

不同的大豆蛋白质组分，乳化特性也不一样，7S 与 11S 的乳化稳定性稍好，在实际应用中，不同的大豆蛋白制品具有不同的乳化效果，如大豆浓缩蛋白的溶解度低，作为加工香肠用乳化剂不理想，而用分离大豆蛋白其效果则好得多。

大豆蛋白制品的吸油性与蛋白质含量有密切关系，大豆粉、浓缩蛋白和分离蛋白的吸油率分别为 84%、133% 和 150%，组织化大豆蛋白的吸油率为 60%~130%，最大吸油量发生在 15~20 min 内，而且粉愈细吸油率愈高。

大豆蛋白沿着它的肽链骨架，含有许多极性基团，在与水分子接触时，很容易发生水化作用。当向肉制品、面包、糕点等食品添加大豆蛋白时，其吸水性和保水性平衡非常重要，因为添加大豆蛋白之后，若不了解大豆蛋白的吸水性和保水性以及不相应地调节工艺，就可能会因为大豆蛋白质从其他成分中夺取水分，而影响面团的工艺性能和产品质量。相反，若给予适当的工艺处理，则对改善食品质量非常有益，不但可以增加面包产量、改进面包的加工特性，而且可以减少糕点的收缩、延长面包和糕点的货架期。

大豆蛋白质分散于水中形成胶体。这种胶体在一定条件(包括蛋白质的浓度、加热温度、时间、pH 以及盐类和巯基化合物等)下可转变为凝胶,其中大豆蛋白质的浓度及其组

思考:大豆蛋白为何是理想的面包增白剂?

成是凝胶能否形成的决定性因素,大豆蛋白质浓度愈高,凝胶强度愈大。在浓度相同的情况下,大豆蛋白质的组成不同,其凝胶性也不同,在大豆蛋白质中,只有 7S 和 11S 组分才有凝胶性,而且 11S 形成凝胶的硬度和组织性高于 7S 组分凝胶。

大豆蛋白制品在食品加工中的调色作用表现在两个方面,一是漂白,二是增色。如在面包加工过程中添加活性大豆粉后,一方面,大豆粉中的脂肪氧合酶能氧化多种不饱和脂肪酸,产生氧化脂质,氧化脂质对小麦粉中的类胡萝卜素有漂白作用,使之由黄变白,形成内瓤很白的面包;另一方面,大豆蛋白又与面粉中的糖类发生美拉德反应,可以增加其表面的颜色。

三、加工储藏对蛋白质的影响

食品加工通常能延长食品的保质期,并可以使各种季节性的食品能以稳定的形式供应,对蛋白质的营养价值起到改善作用。有时也发生一些不需要的反应,使蛋白质一级结构改变,使必需氨基酸含量降低或形成抗营养的可能有毒的衍生物。当破坏的氨基酸并未构成膳食中营养限制因素时,或者受损坏的蛋白质仅为膳食中蛋白质很少的一部分时,营养价值降低是不重要的。如果膳食是由有限几类食品所构成时,如牛乳、谷物或豆类,或者膳食仅具有营养要求的最低含量的蛋白质时,那么这种损坏就十分有害了。

(一)加热处理的影响

热处理是常见的一种加工手段,对蛋白质质量影响较大,影响的程度与结果取决于热处理的时间、温度、湿度以及有无其他还原性物质存在等因素。热处理时蛋白质可能发生的变化包括:变性、分解、氨基酸氧化、氨基酸新键的形成等。

1. 单纯热处理

从有利方面看,绝大多数蛋白质加热后营养价值得到提高,因为在适宜的加热条件下,蛋白质发生变性以后,肽链因

思考:加热处理蛋白食品,有何益处?

受热而使副键断裂,蛋白质原来折叠部分的肽链松散,容易受到消化酶的作用,从而提高消化率和必需氨基酸的生物有效性。

热烫或蒸煮使酶蛋白失活(如脂酶、脂肪氧合酶、蛋白酶、多酚氧化酶和酵解酶类),从而防止食品产生非需要的颜色、风味、质地变化和维生素的损失。食品中存在的大多数天然蛋白质毒素或抗营养因子都可通过加热而变性钝化,如大豆中的胰蛋白酶抑制剂和胰凝乳蛋白酶抑制剂,在一定条件下加热,可消除其毒性;少数微生物蛋白需高温灭活,如肉毒杆菌毒素在 100℃ 下加热 10 min 可被破坏,而金黄色葡萄球菌产生的毒素,必须经 218～248℃ 下加热 30 min,才使毒素完全消除。

蛋白质加热凝固有利于食品的成形及形成一定的强度。在食品加工中具有成形作用的营养成分有糖类、高熔点脂类、蛋白质以及高熔点的其他物质。大多数蛋白质在热处理达到凝固程度后才能起到食品的骨骼作用,从而赋予食品具有应有的形态和强度。如饼干、面包中的面筋蛋白,糖果中的发泡剂(植物蛋白、鸡蛋蛋白和明胶),肉糜罐头中的肌肉蛋白和胶原蛋白等。

热处理过程中,蛋白质及赖氨酸、精氨酸、色氨酸、苏氨酸和组氨酸等,很容易与还原糖(如葡萄糖、果糖、乳糖)发生羰氨反应,即美拉德反应。使产品带有金黄色至棕褐色的焙烤食品特

有色泽,这在糖果、焙烤食品、熏制食品等的加工过程中有广泛的应用。但美拉德反应往往使蛋白质和氨基酸的营养价值下降。

对食品进行单纯热处理,食品中的蛋白质也可能发生各种不利的化学反应。最典型的是导致蛋白质中的氨基酸残基脱硫、脱氨、异构化及其他化学改性,甚至会伴随有毒物质产生。

热处理温度高于100℃,就能使部分氨基酸残基脱氨,释放的氨主要来自于谷氨酰氨和天冬酰氨残基,这类反应不损失蛋白质的营养,但是由于氨基脱除后,在蛋白质侧链间会形成新的共价键,一般会导致蛋白质等电点和功能特性的改变。

食品杀菌的温度大多在115℃以上,在此温度下半胱氨酸及胱氨酸会发生部分不可逆的分解,产生硫化氢、二甲基硫化物、磺基丙氨酸等物质,如加工动物源性食品时,烧烤的肉类风味就是由氨基酸分解的硫化氢及其它挥发性成分组成。这种分解反应一方面有利于食品特征风味的形成;另一方面严重的损失含硫氨基酸,色氨酸残基在有氧的条件下加热,也会部分结构破坏。

高温(200℃)处理可导致氨基酸残基的异构化(图4-23),在这类反应中首先是β-消去反应形成负炭离子,然后负炭离子的平衡混合物再质子化,在这一反应过程中部分L-氨基酸转化为D-氨基酸,最终产物是内消旋氨基酸残基混合物,既D-构型和L-构型氨基酸各占$1/2$,由于D-氨基酸基本无营养价值,另外D-氨基酸的肽键难水解,因此导致蛋白质的消化性和蛋白质的营养价值显著降低。此外,某些D-氨基酸被人体吸收后还有一定毒性。因此在确保安全的前提下,食品蛋白质应尽可能避免高温加工。

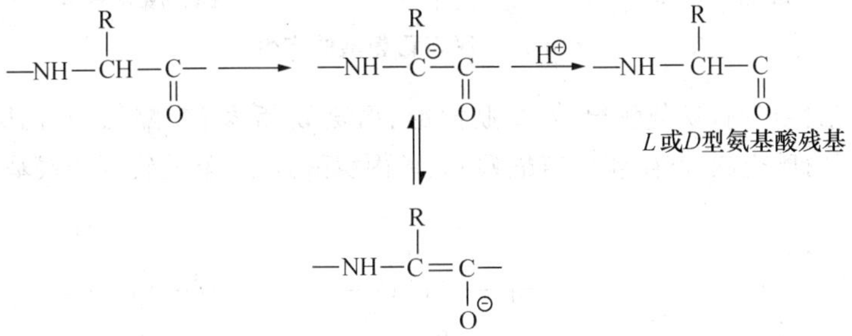

图 4-23　氨基酸残基的异构化反应

色氨酸是一种不稳定的氨基酸,高于200℃处理时,会产生强致突变作用的物质咔啉(Carboline)。从热解的色氨酸中可分离出α-咔啉(R_1＝NH_2;R_2＝H 或 CH_3)β-咔啉(R_3＝H 或 CH_3)、γ-咔啉(R_4＝H 或 CH_3;R_5＝NH_2;R_6＝CH_3),见图4-23。

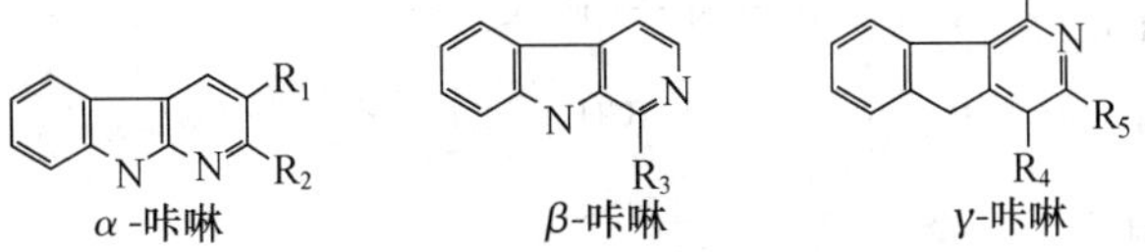

> 思考:为什么不提倡食用烧烤、油炸蛋白类食品?

图 4-24　色氨酸的热解产物

高温处理蛋白质含量高而碳水化合物含量低的食品,如畜肉、鱼肉等,会形成蛋白质之间的异肽键交联。异肽键是指由蛋白质侧链的自由氨基和自由羧基形成的肽键,蛋白质分子中提供自由氨基的氨基酸有赖氨酸残基、精氨酸残基等,提供自由羧基的氨基酸有谷氨酸残基、天冬氨酸残基等(图4-25)。从营养学角度考虑,形成的这类交联,不利于蛋白质的消化吸收,另外也使食品中的必需氨基酸损失，明显降低蛋白质的营养价值。

2. 碱性条件下的热处理

食品加工中碱处理常常与加热同时进行，蛋白质在碱性条件下处理，一般是为了植物蛋白的增溶，制备酪蛋白盐、油料种子除去黄曲霉毒素、煮玉米等。如果需要改变蛋白质的功能特性，使其具有或增强某种特殊功能如起泡、乳化或使溶液中的蛋白质连成纤维状，也要靠碱处理。

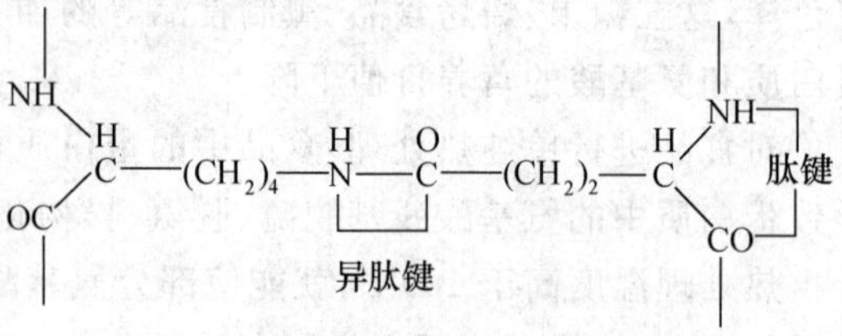

ε-N-(γ-谷氨酸残基)-L-赖氨酸残基

图 4-25   蛋白质分子中形成的异肽键

该种条件下处理食品，典型的反应是蛋白质的分子内及分子间的共价交联。这种交联的产生首先是由于半胱氨酸和磷酸丝氨酸残基通过 β-消去反应形成脱氢丙氨酸残基（Dehydroalanine DHA）（图 4-26）。

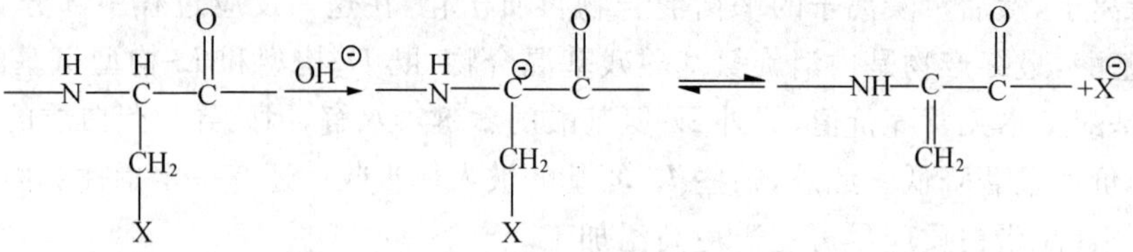

式中：X=SH或OPO$_3$H$_2$ 脱氢丙氨酸残基（DHA）

图 4-26   脱氢丙氨酸的产生

该物质反应活性很高，易与赖氨酸、半胱氨酸、鸟氨酸、精氨酸、酪氨酸、色氨酸、丝氨酸等形成共价键，导致蛋白质交联，产生赖丙氨酸残基、鸟丙氨酸残基、羊毛硫氨酸残基等见图 4-27。

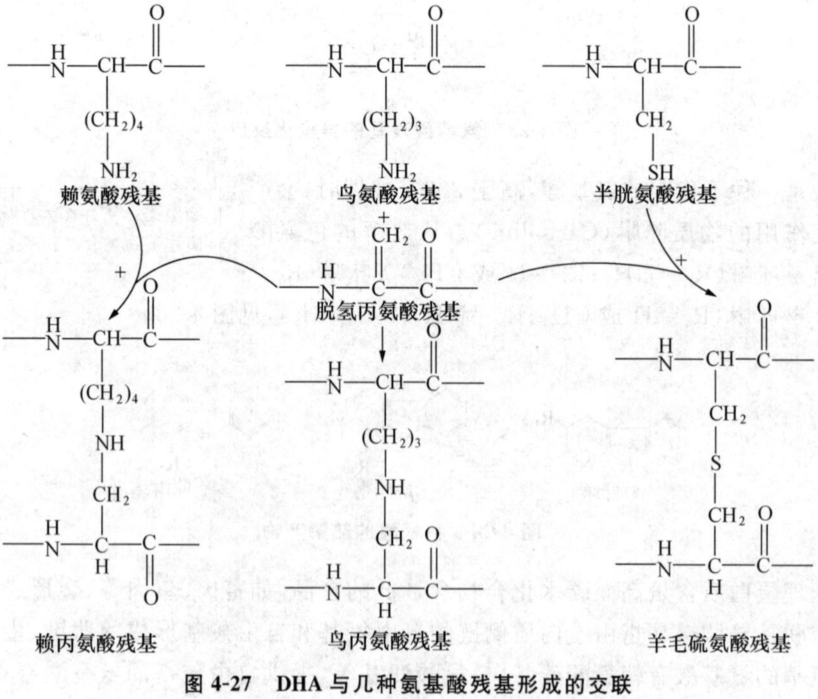

赖氨酸残基   鸟氨酸残基   半胱氨酸残基

脱氢丙氨酸残基

赖丙氨酸残基   鸟丙氨酸残基   羊毛硫氨酸残基

图 4-27   DHA 与几种氨基酸残基形成的交联

这类交联反应对食品营养价值的损坏也较严重,不仅降低了蛋白质的消化吸收率,降低含硫氨基酸与赖氨酸,有些产物还危害人体健康。一项研究指出,小白鼠摄入含赖丙氨酸残基的蛋白质,出现拉稀、胰腺增生、脱毛等现象。如果制备大豆分离蛋白时,若以 pH 12.2,40℃ 处理 4 h,就会产生赖丙氨酸残基,温度越高,时间越长,生成的赖丙氨酸残基就越多。

(二)低温处理的影响

食品的低温储藏可延缓或阻止微生物的生长并抑制酶的活性及化学变化。

1. 冷藏

冷却(冷藏)即将温度控制在稍高于冻结温度之上,蛋白质较稳定,微生物生长也受到抑制。

2. 冻藏

冷冻(冻藏)即将温度控制在低于冻结温度之下(一般为 $-18℃$),对食品的风味多少有些损害,但若控制得好,蛋白质的营养价值不会降低。

> 思考:冷冻时,有办法控制蛋白不变性吗?

肉类食品经冷冻、解冻,细胞及细胞膜被破坏,酶被释放出来,随着温度的升高酶活性增强致使蛋白质降解,而且蛋白质-蛋白质间的不可逆结合,代替了水和蛋白质间的结合,使蛋白质的质地发生变化,保水性也降低,但对蛋白质的营养价值影响很少。

鱼蛋白质很不稳定,经冷冻和冻藏后,肌球蛋白变性,然后与肌动蛋白反应,使肌肉变硬,持水性降低,因此,解冻后鱼肉变得干而强韧,而且鱼中的脂肪在冻藏期间仍会进行自动氧化作用,生成过氧化物和自由基,再与肌肉蛋白作用,使蛋白聚合,氨基酸破坏。蛋黄能冷冻并贮于 $-6℃$,解冻后呈胶状结构,黏度也增大,若在冷冻前加 10% 的糖或盐则可防止此现象。而牛乳经巴氏低温杀菌,以 $-24℃$ 冷冻,可储藏 4 个月,但加糖炼乳的储藏期却很短,这是因为酪蛋白在解冻后形成不易分散的沉淀。

关于冷冻使蛋白质变性的原因,主要是由于蛋白质质点分散密度的变化而引起的。由于温度下降,冰晶逐渐形成,使蛋白质分子中的水化膜减弱甚至消失,蛋白质侧链暴露出来,同时加上冰晶的挤压,使蛋白质质点互相靠近而结合,致使蛋白质质点凝集沉淀。这种作用主要与冻结速度有关,冻结速度越快,冰晶越小,挤压作用也越小,变性程度就越小。食品工业根据这原理常采用快速冷冻法以避免蛋白质变性,保持食品原有的风味。

(三)脱水干制的影响

脱水是食品加工的一个重要的操作单元,其目的在于保藏食品、减轻食品重量及增加食品的稳定性,但脱水处理也会给食品加工带来许多不利的变化。当蛋白质溶液中的水分被全部除去时,由于蛋白质-蛋白质的相互作用,引起蛋白质大量聚集,特别是在高温下除去水分时可导致蛋白质溶解度和表面活性急剧降低。

干燥处理是制备蛋白质配料的最后一道工序,应该注意干燥处理对蛋白质功能性质的影响;干燥条件直接影响粉末颗粒的大小以及内部和表面孔率,这将会改变蛋白质的可湿润性、吸水性、分散性和溶解度,从而影响这类食品的功能性质。

食品工业中常用的脱水方法有多种,引起蛋白质变化的程度也不相同。

1. 传统脱水

以自然的温热空气干燥脱水的畜禽肉、鱼肉会变得坚硬、萎缩且回复性差,烹调后感觉坚韧而无其原来风味。

2. 真空干燥

这种干燥方法较传统脱水法对肉的品质损害较小,因无氧气,所以氧化反应较慢,而且在低温下还可减少非酶褐变及其他化学反应的发生。

3. 冷冻干燥

冷冻干燥的食品可保持原形及大小,具有多孔性,有较好的回复性,是肉类脱水的最好方法。但会使部分蛋白质变性,肉质坚韧、保水性下降。与通常的干燥方法相比,冷冻干燥肉类其必需氨基酸含量及消化率与新鲜肉类差异不大,冷冻干燥是最好的保持食品营养成分的方法。

4. 喷雾干燥

蛋乳的脱水常用此法。喷雾干燥对蛋白质损害较小。

5. 鼓膜干燥

将原料置于蒸汽加热的旋转鼓表面,脱水成膜。例如,浓缩的大豆蛋白质溶液加工生产腐竹(豆腐衣)。

(四)氧化处理的影响

在食品加工过程中常会使用一些氧化剂,如过氧化氢、过氧化苯甲酰、次氯酸钠等。过氧化氢在乳品工业中用于牛乳冷灭菌;还可以用来改善鱼蛋白质浓缩物、谷物面粉、麦片、油料种籽蛋白质离析物等产品的色泽;也可用于含黄曲霉毒素的面粉,豆类和麦片脱毒以及种籽去皮。在 2011 年 5 月 1 日以前,过氧化苯甲酰可用于国内面粉生产中漂白,在某些情况下用作乳清粉的漂白剂。次氯酸钠具有杀菌作用,在食品工业上应用也非常广泛,如肉品的喷雾法杀菌,黄曲霉毒素污染的花生粉脱毒等。

很多食品体系自身也会产生各种具有氧化性的物质。例如,脂类氧化产生的过氧化物及其降解产物,它们通常是引起食品蛋白质成分发生交联的原因。很多植物中存在多酚类物质,有氧存在、中性或碱性 pH 条件下,易被氧化生成醌类化合物,这种反应生成的过氧化物属于强氧化剂。

蛋白质中一些氨基酸残基有可能被各种氧化剂所氧化,其反应机理一般都很复杂,对氧化最敏感的氨基酸残基是含硫氨基酸和芳香族氨基酸,易氧化的程度可排列为:蛋氨酸＞半胱氨酸＞胱氨酸＞色氨酸,其氧化反应见如图 4-27 所示。

蛋氨酸氧化的主要产物为亚砜、砜,亚砜在人体内还可以还原被利用,但砜就不能利用。半胱氨酸的氧化产物按氧化程度从小到大依次为半胱氨酸次磺酸、半胱氨酸亚磺

酸与半胱氨酸磺酸,以上产物中半胱氨酸次磺酸还可以部分还原被人体所利用,而后两者则不能被利用。胱氨酸的氧化产物亦为砜类化合物。色氨酸的氧化产物由于氧化剂的不同而不同,其中已发现的氧化产物之一,N-甲酰犬尿氨酸是一种致癌物。氨基酸残基的氧化明显的改变蛋白质的结构与风味,损失蛋白质营养,形成有毒物质,因此显著氧化了的蛋白质不宜食用。

(五)机械处理的影响

机械处理对食品中的蛋白质有较大的影响。例如,充分干磨的蛋白质粉或浓缩物可形成

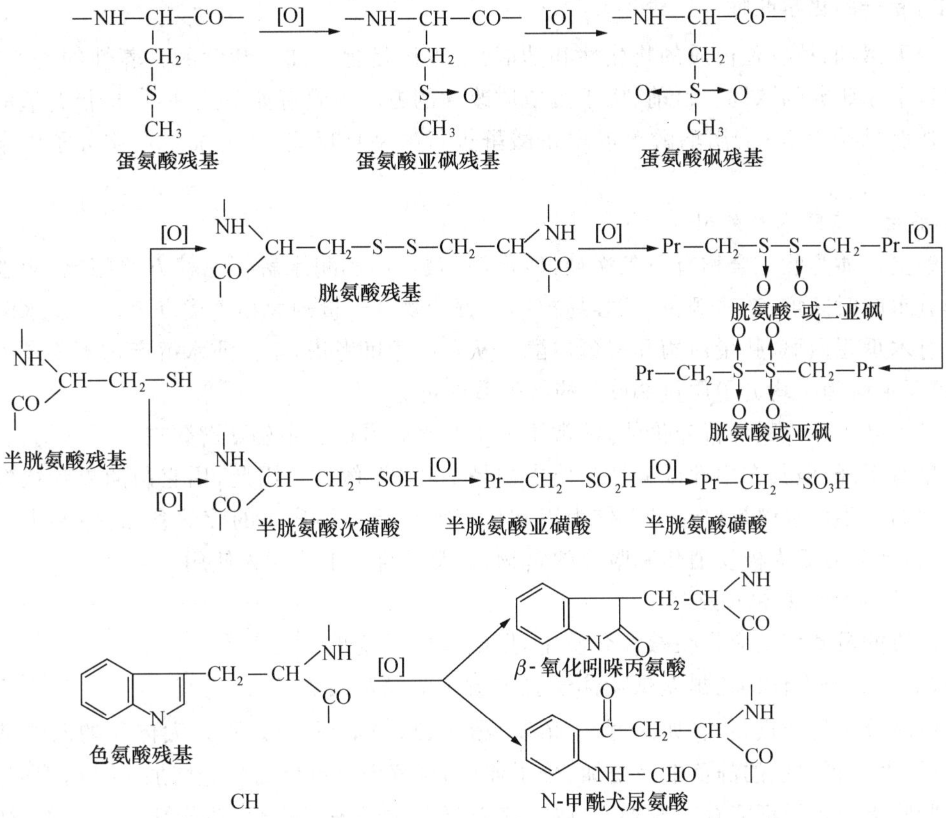

图 4-27 蛋白质中几种氨基酸残基的氧化反应

小的颗粒和大的表面积,与未磨细的对应物相比,它提高了吸水性、蛋白质溶解度、脂肪的吸收和起泡性。

蛋白质悬浊液或溶液体系在强剪切力的作用下(如牛乳均质),可使蛋白质聚集体(胶束)碎裂成亚单位,这种处理一般可提高蛋白质的乳化能力。在空气/水界面施加剪切力,通常会引起蛋白质变性和聚集,而部分蛋白质变性可以使泡沫变得更稳定。某些蛋白质,如过度搅打鸡卵蛋白时会发生蛋白质聚集,使形成泡沫的能力和泡沫稳定性降低。

机械力同样对蛋白质的质构化过程起重要作用。例如,面团受挤压加工时,剪切力能促使蛋白质改变分子的定向排列、二硫键交换和蛋白质网络的形成。

(六)酶处理的影响

食品加工中常常用到酶制剂对食物原料进行处理。例如,从油料种子中分离蛋白质;制备浓缩鱼蛋白质;改进明胶生产工艺;凝乳酶和其他蛋白酶应用于干酪生产;从加工肉制品的下脚料中回收蛋白质和对猪(牛)血蛋白质进行酶法改性脱色等。

蛋白质经蛋白酶的作用最终可水解为氨基酸。蛋白酶可以作为食品添加剂用来改善食品的品质。例如,以蛋白酶为主要成分配制的肉类嫩化剂;啤酒生产的浸麦过程中,添加蛋白酶(主要为木瓜蛋白酶和细菌蛋白酶),提高麦汁 α-氨基氮的含量,从而提高发酵能力,加快发酵速度,加速啤酒成熟;用羧肽酶 A 来除去蛋白水解物中的苦味肽等。

(七)专一的化学改性

改变天然动、植物蛋白质的物化性和功能性,以满足食品加工和食品营养性的需要,已成为食品科学家研究的课题。目前,用于蛋白质改性的方法大致有如下几种:①选择合适的酶水解蛋白质为肽化合物;②用醋酸酐或琥珀酸酐进行酰基化反应;③增加蛋白质分子中亲水性基团。

1. 蛋白质有限水解处理

水解蛋白质为肽化合物有三条途径:酸水解、碱水解和酶水解。三种方法相比,酶水解蛋白质具有水解时间短、产物颜色浅、容易控制水解产物分子量的大小等优点。常用于水解蛋白质的酶有木瓜蛋白酶、胰蛋白酶和胃蛋白酶。从食品角度考虑,蛋白质水解产物不要求生成氨基酸,只要水解为平均分子质量 900 u 的低聚肽即可。

为了提高果汁饮料的营养价值,常常添加牛奶水解蛋白。牛奶水解蛋白与原料奶相比,营养价值略有下降,但其在中性或酸性介质中都是 100% 溶解的。因此,用它制的果汁饮料仍是透明清澈的。牛奶水解蛋白还可以作为胃和食道疾病严重的病人的疗效食品,牛奶本身营养价值较高,水解后成为极易消化和吸收的食物,非常适合于上述病人使用。

2. 蛋白质的酰基化反应

蛋白质的酰基化反应是在碱性介质中,用醋酸酐或琥珀酸酐完成的,此时中性的乙酰基或阴离子型的琥珀酸酰基结合在蛋白质分子的亲核残基(如 δ-氨基、巯基、酚基、眯唑基等)上。引入大体积的乙酰基或琥珀酸根后,由于蛋白质的静负电荷增加、分子伸展,离解为亚单位的趋势增加,所以,溶解度、乳化力和脂肪吸收容量都能获得改善。例如,燕麦蛋白质经酰基化后,功能性大为改善,结果见表 4-8。

> 思考:酰基化蛋白有何益处或优势?

表 4-8   酰基化的燕麦蛋白质功能性比较

样品	乳化活性指数 /(m²/g)	乳液稳定性/%	持水能力	脂肪结合力	堆积密度 /(g/mL)
燕麦蛋白	32.3	24.6	1.8~2.0	127.2	0.45
乙酰化燕麦蛋白	40.2	31.0	2.0~2.2	166.4	0.50
琥珀酰化燕麦蛋白	44.2	33.9	3.2~3.4	141.9	0.52
乳清蛋白	52.2	17.8	0.8~1.0	113.3	—

燕麦蛋白酰基化后,乳化活性指数和乳液稳定性都比没有酰基化后大,其中琥珀酰化的又比乙酰化后大。酰基化能提高蛋白质的持水性和脂肪结合力,这是由于所接上去的羧基与邻近原存在的羧基之间产生了静电排斥作用,引起蛋白质分子伸展,增加与水结合的机会。类似情况,在酰基化的豌豆蛋白质中也同样观察到。

酰基化燕麦蛋白质的溶解度一般比未酰基化大,但在 pH 3.0 的介质中,接入酰基量多的样品溶解度低于酰基化前的样品。另外琥珀酰化时无论加入酰基试剂多少,此时溶解度比原始样的低。

蛋白质酰基化反应还能除去一些抗营养因子,如豆类食物中的植酸,主要是因为蛋白质接入酰基试剂后,对蛋白质-植酸的结合产生了较大位阻,植酸-蛋白质-矿物质三元结合物的稳定性遭到破坏,其离解为可溶性的蛋白质盐和不溶性的植酸钙。

蛋白质酰基化处理的方法:取豆类蛋白质分离物加水调成 10%(W/V)分散体系,加入琥珀酸酐或乙酰酐(0.018 3~0.186 g/g 蛋白质),用氢氧化钠调整 pH 8.5,室温下进行酰基化反应 1 h,离心,取上清液,用盐酸调整 pH 3.0~3.5,搅拌 15 min,使蛋白质析出。然后于 1 000 r/min 下离心 25 min,弃去上清液,沉淀用去离子水洗涤两次,离心,弃去洗涤水。沉淀物用冷冻干燥或真空干燥,粉碎成能通过 100 目(100 目=149 μm)的粉末即为植酸含量低且功能性得到改善的豆类蛋白质。

3. 蛋白质分子中添加亲水性基团

在蛋白质分子中增加亲水性基团的方法有两种:一是在蛋白质本身分子中脱去氨基,如将谷氨酰氨和天冬酰氨基转化为谷氨酰基和天冬酰基;二是在蛋白质分子中接入亲水性氨基酸残基、糖基或磷酸根。

在小麦和谷类食物的蛋白质分子中谷氨酰基可占总氨基酸量的很大比例,有的多到 1/3。它对蛋白质性质有很大影响。在高温下,保持 pH 8~9,可完成天冬氨酰氨的脱氨作用。

蛋白质的磷酸化也可用于改善蛋白质功能性。蛋白质分子中的-OH、-NH₂、-COOH 等基团可与 $POCl_3$ 或三聚磷酸钠反应,生成磷酸化蛋白质。例如,大豆分离蛋白用 3%三聚磷酸钠于 35 ℃下保温 3.5 h 处理后,大豆蛋白的等电点由 pH 4.5 变化为 3.9,引入的磷酸基还有很高亲水性,大豆蛋白的功能特性如水化能力、乳化能力、发泡能力和持水能力也有了很大的改善。

> 【知识窗】　安全食用豆浆
>
> 　　豆浆是人们喜爱的一种饮品,又是一种老少皆宜的营养食品,安全食用是关键。
>
> 　　豆浆性偏寒,故平素胃寒、脾虚易腹泻、腹胀的人不宜饮用。
>
> 　　饮未煮熟的豆浆会发生恶心呕吐的中毒症状,这是因为大豆中含有胰蛋白酶抑制物、细胞凝集素、皂素等物质,会导致蛋白质代谢障碍,并对胃肠道产生刺激,引起中毒症状。
>
> 　　不能冲入鸡蛋,鸡蛋的蛋清会与豆浆中的胰蛋白结合产生不易被人体吸收的物质。
>
> 　　不要加红糖,红糖里的有机酸和豆浆中的蛋白质结合后,可产生变性沉淀物,大大破坏了营养成分。
>
> 　　不要用豆浆代替牛奶喂婴儿,因为它的营养不足以满足婴儿成长的需要。
>
> 　　不要空腹饮豆浆,豆浆里的蛋白质大都会在人体内转化为热量而被消耗掉,不能充分起到补益作用。饮豆浆的同时吃些面包、糕点、馒头等淀粉类食品,可使豆浆中蛋白质等在淀粉的作用下,与胃液较充分地发生酶解,使营养物质被充分吸收。
>
> 　　不要与药物同饮,有些药物会破坏豆浆里的营养成分,如四环素、红霉素等抗生素药物。
>
> 　　不要饮用过量,一次喝豆浆过多容易引起蛋白质消化不良,出现腹胀、腹泻等不适症状。

【项目小结】

本项目以完成纸层析法分离鉴定氨基酸、牛乳中酪蛋白分离、测定蛋白质功能性质三个任务驱动,介绍了氨基酸、蛋白质的基本组成、结构、理化性质,在分子水平剖析了蛋白质的变性及其影响因素,进行蛋白质的分离;着重阐述食品蛋白质的水合、胶凝、质构化、鼓胀、发泡、乳化和溶解度等功能性质及条件控制,运用现代加工技术于食品加工和储藏过程,提升对食品品质和营养成分的控制能力。

【项目思考】

1. 怎样发挥乳浊液中蛋白质的功能性质?

2. 碱性条件下热处理食品蛋白会有哪些变化?

3. 畜禽肉蛋白质在热处理过程中营养和安全性有哪些变化?

项目五 食品维生素的性能与应用

【知识目标】

1. 熟悉维生素的结构特点和缺乏症表现。

2. 熟悉脂溶性维生素、水溶性维生素的食物来源及功能性。

【技能目标】

1. 会检测食品加工中维生素的含量。

2. 能够运用吸附层析技术进行食品维生素的分离、提取。

3. 具有维持食品维生素稳定性和安全性理念,能够平衡膳食。

【项目导入】

维生素不参与机体内各种组织器官的组成,也不能为机体提供能量,它们主要以辅酶形式参与细胞的物质代谢和能量代谢过程,缺乏时会引起机体代谢紊乱,导致特定的缺乏症或综合征。Vitamin 曾音译为"维他命"就充分说明其对人和动物健康的重要性。

> 思考:人体缺少维生素A,为何易患夜盲症?

维生素除具有重要的生理作用外,有些维生素还可作为自由基的清除剂、风味物质的前体、还原剂以及参与褐变反应,从而影响食品的某些属性。

任务1 热加工中果蔬维生素 C 的测定

【要点】

1. 维生素 C 的生理意义及其不稳定性。

2. 2,6-二氯靛酚滴定法测定食物维生素 C 技术。

【工作过程】

一、样液制备

取适量的果蔬样品在组织捣碎机中捣成浆状物,分别称取两份,每份 25.0 g,各加入 50 mL 蒸馏水。

第一份移入 250 mL 容量瓶中,用 2% 草酸溶液稀释至刻度,摇匀。过滤备用,如滤液颜色较深,可按每克样品加 0.4 g 白陶土脱色后再过滤。

> 思考:样液制备与滴定过程的关键技术?

第二份样品放入沸水浴中加热 30 min 后,按第一份样品处理方法处理。

二、滴定

分别吸取 10 mL 滤液放入 50 mL 锥形瓶中,用已标定过的 2,6-二氯靛酚溶液滴定,直至溶液呈粉红色 15 s 不褪色为止。同时做空白试验(样品液和空白对照均至少各做 3 份,滴定结果取平均值)。随时分别做好数据记录。

三、2,6-二氯靛酚溶液的标定

吸取 1 mL 已知浓度抗坏血酸标准溶液于 50 mL 锥形瓶中,加 10 mL 2%草酸,摇匀,用染料 2,6-二氯靛酚滴定至溶液呈粉红色,在 15 s 不褪色为终点。同时另取 10 mL 2%草酸做空白试验。计算滴定度(T)。

$$滴定度\ T(\text{mg/mL}) = \frac{cV}{V_1 - V_2}$$

式中,T 为每毫升 2,6-二氯靛酚溶液相当于抗坏血酸的毫克数,mg/mL;c 为抗坏血酸标液浓度,mg/mL;V 为吸取抗坏血酸标准溶液的体积,mL;V_1 为滴定抗坏血酸溶液所用酚 2,6-二氯靛酚溶液的体积,mL;V_2 为滴定空白所用 2,6-二氯靛酚溶液的体积,mL。

四、抗坏血酸标准溶液滴定

吸取抗血酸溶液 1 mL 于盛 10 mL 2%草酸溶液的锥形瓶中,加入 6%碘化钾溶液 0.5 mL 和 1%淀粉溶液 5 滴,摇匀。用 $1.67×10^{-4}$ mol/L 碘酸钾标准溶液滴定,终点为极淡蓝色。

> 提示:一般抗坏血酸纯度在99.5%以上,可不标定。如试剂发黄,则弃去不用。

抗坏血酸溶液浓度计算:

$$抗坏血酸溶液浓度\ c(\text{mg/mL}) = \frac{V_1 × 0.088}{V_2}$$

式中,V_1 为滴定时消耗 $1.67×10^{-4}$ mol/L 碘酸钾标准溶液的体积,mL;V_2 为所取抗坏血酸溶液的体积,mL;0.088 为 1.00 mL 碘酸钾溶液($1.67×10^{-4}$ mol/L)相当于抗血酸的质量,mg。

五、结果与计算

$$样品维生素 C 含量/(\text{mg/100 g}) = \frac{(V-V_0)×T×A}{m}×100\%$$

式中,V 为滴定样液时消耗染料溶液的体积,mL;V_0 为滴定空白时消耗染料溶液的体积,mL;T 为 2,6-二氯靛酚染料滴定度,mg/mL;A 为稀释倍数;m 为样品质量,g。

平行测定结果用算术平均值表示,取三位有效数字,含量低的保留小数点后两位数字。

六、相关知识

维生素 C 是人类膳食中必需的维生素之一,如果缺乏维生素 C,将导致坏血病发生。因此,维生素 C 又称为抗坏血

> 思考:提倡生食新鲜果蔬或在烹饪中适量放些食醋,有何道理?

酸,有防治坏血病的功效。维生素C广泛存在于水果及蔬菜中,柑橘、番茄、辣椒、苹果、鲜枣、猕猴桃、豆芽、甘蓝、洋葱等果蔬中均具有较高的含量,由于维生素具有广泛的生理功能,是人体中必须的营养成分。因此,测定水果、蔬菜及其制品中的维生素C的含量,对评价其营养价值是有重要意义的。

在果蔬的加工中,特别是在长时间热加工中,维生素C因氧化分解而受到很大的损失。维生素C具有烯二醇的结构,在水溶液中易被氧化,在碱性条件下易分解,在弱酸条件中较稳定,维生素C开始氧化为脱氢型抗坏血酸(有生理作用),如果进一步水解生成2,3-二酮古乐糖酸,则失去生理作用。

用蓝色的碱性染料2,6-二氯靛酚标准溶液对含维生素C的酸性浸出液进行氧化还原滴定,染料被还原为无色,当到达滴定终点时,多余的染料在酸性介质中则表现为浅红色,在没有杂质干扰时,一定量的样品提取液还原2,6-二氯靛酚标准溶液的量与样品中所含维生素C的量成正比,由染料用量计算样品中还原型抗坏血酸的含量。

七、仪器与试剂

1. 仪器

锥形瓶(50 mL)、容量瓶(250 mL、100 mL)、吸管(10 mL、1 mL)、微量滴定管(10 mL)、烧杯(250 mL、50 mL)漏斗、滤纸、分析天平、恒温水浴锅、组织捣碎机(研钵)、抽滤装置。

2. 试剂

①2%草酸溶液:草酸2 g,溶于100 mL蒸馏水。

②抗坏血酸标准溶液(1 mg/mL):准确称取100 mg(准确至0.1 mg)抗坏血酸溶于2%草酸中,并稀释至100 mL,现配现用。

③0.1% 2,6-二氯靛酚溶液:称取碳酸氢钠52 mg溶解在200 mL热蒸馏水中,然后称取2,6-二氯靛酚50 mg溶解在上述碳酸氢钠溶液中,冷却定容至250 mL,过滤至棕色瓶中,储存于冰箱内。每星期标定一次。

④0.016 7 mol/L KIO₃标准溶液:准确移取经105℃烘干2 h的基准KIO₃ 0.356 7 g,用水溶解,转移至100 mL容量瓶中,定容。(KIO₃摩尔质量为214.001 g/mol)。

⑤1.67×10⁻⁴ mol/L KIO₃标定溶液:准确吸取0.016 7 mol/L KIO₃标准溶液1 mL,放入100 mL容量瓶内,定容,摇匀。此溶液每毫升相当于抗坏血酸0.088 mg。

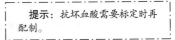
提示:抗坏血酸需要标定时再配制。

⑥0.5%淀粉溶液。

⑦6%KI溶液。

3. 材料

含维生素C的果蔬,如柑橘、苹果、番茄、辣椒,白陶土、辛醇等。

八、相关提示

①2,6-二氯靛酚法测定的是还原型抗坏血酸,方法简便,较灵敏,但特异性差。整个操作过程中要迅速,避免还原型抗坏血酸被氧化。

②染料2,6-二氯靛酚的颜色反应表现两种特性,一是取决于其氧化还原状态,氧化态为深

蓝色,还原态变为无色;二是受其介质的酸度影响,在碱性溶液中呈深蓝色,在酸性介质中呈浅红色。

③在处理各种样品时,如遇有泡沫产生,可加入数滴辛醇消除。

④整个操作过程要迅速,尤其在滴定时,一般不要超过 2 min。滴定所耗染料宜在1~4 mL,过高或过低时应酌量增减样液。

⑤若样液有色,影响滴定终点判断,可用对维生素 C 无吸附力的优质白陶土脱色后再行滴定。

【考核要点】

1. 果蔬样液的制备及抽滤。

2. 维生素 C 测定技术。

3. 结果计算与评价。

【思考题】

1. 怎样控制富含维生素 C 果蔬的热加工过程?

2. 如何评价水溶液性维生素的来源及生理性能。

【必备知识】 水溶性维生素

维生素(Vitamin)是人和动物维持正常的生理功能所必需的一类有机化合物。人体所需的维生素大多数在体内不能合成,或即使能合成但合成的速度很慢,不能满足需要,加之维生素本身也在不断地代谢,所以必须由食物供给。食物中的维生素含量较低,许多维生素稳定性差,在食品加工、储藏过程中常常损失较大。因此,要尽可能最大限度地保存食品中的维生素,避免其损失或与食品中其他组分间发生反应。

> **思考:** 维生素为何不是根据结构分类?

在维生素发现早期,因对它们了解甚少,一般按其先后顺序命名如 A、B、C、D、E 等;或根据其生理功能特征或化学结构特点等命名,例如,维生素 C 称抗坏血病维生素,维生素 B_1 因分子结构中含有硫和氨基,称为硫胺素。后来人们根据维生素在脂类溶剂或水中溶解性特征将其分为两大类:脂溶性维生素(Fat-soluble vitamins)和水溶性维生素(Water-soluble vitamins)。前者包括维生素 A、D、E、K,后者包括 B 族维生素和维生素 C。主要维生素的分类、功能及来源见表 5-1。

表 5-1　主要维生素的分类、功能及来源

类别	名称	其他名称	生理功能	主要来源
脂溶性维生素	A(A_1、A_2)	抗干眼病维生素	预防干眼病,参与视力作用	鱼肝油、胡萝卜
		视黄醇	预防表皮细胞角化,促进生长	绿色蔬菜
	D(D_1、D_2)	骨化醇	调节钙、磷代谢	鱼肝油、奶油、蛋黄
		抗佝偻病维生素	预防佝偻病与软骨病	
	E	生育酚、生育酚维生素	预防不育症	谷类的胚芽及其油
	K(K_1、K_2、K_3)	止血维生素	促进血液凝固	菠菜、肝脏

续表 5-1

类别	名称	其他名称	生理功能	主要来源
水溶性维生素	B₁	硫胺素、抗神经炎维生素	抗神经炎、预防脚气病	酵母、米糠、肝、蛋类
	B₂	核黄素	预防唇炎、舌炎、脂溢性皮炎促进生长	酵母、肝
	B₃	泛酸、遍多酸	辅酶 A 的组成成分,参与机体代谢	酵母、肝
	B₅、PP	烟酸、尼克酸抗癞皮病维生素	预防癞皮病	酵母、肝、花生
	B₆	吡哆素	与氨基酸的代谢有关	酵母、米糠、谷类、肝
	B₁₁	叶酸	预防恶性贫血	肝、植物叶
	B₁₂	钴维素、钴胺素	预防恶性贫血	肝
	H	生物素	预防皮肤病、促进脂类代谢	肝、酵母
	C	抗坏血酸抗坏血病维生素	预防及治疗坏血病促进细胞间质生长	蔬菜、水果

一、维生素 C

维生素 C 又名抗坏血酸(Ascorbic acid,AA),是一个羟基羧酸的内酯,具烯二醇结构,有较强的还原性,如图 5-1 所示。维生素 C 有四种异构体:D-抗坏血酸、D-异抗坏血酸、L-抗坏血酸和 L-脱氢抗坏血酸。其中以 L-抗坏血酸生物活性最高。

L-抗坏血酸　　　　　脱氢抗坏血酸

图 5-1　抗坏血酸(烯二醇)结构

维生素 C 主要存在于水果和蔬菜中。猕猴桃、刺梨和番石榴中含量高;柑橘类、番茄、辣椒及某些浆果中也较丰富。动物性食品中只有牛奶和肝脏中含有少量维生素 C。

维生素 C 是最不稳定的维生素,对氧化非常敏感。光、Cu^{2+} 和 Fe^{2+} 等加速其氧化;pH、氧浓度和水分活度(A_w)等也影响其稳定性。此外,含有铁、酮的酶如抗坏血酸氧化酶、多酚氧化酶、过氧化物酶和细胞色素氧化酶对维生素 C 也有破坏作用。水果受到机械损伤、成熟或腐烂时,由于其细胞组织被破坏,导致酶促反应的发生,使维生素 C 降解。某些金属离子螯合物对维生素 C 有稳定作用;亚硫酸盐对维生素 C 具有保护作用。维生素 C 的降解过程如图 5-2 所示。

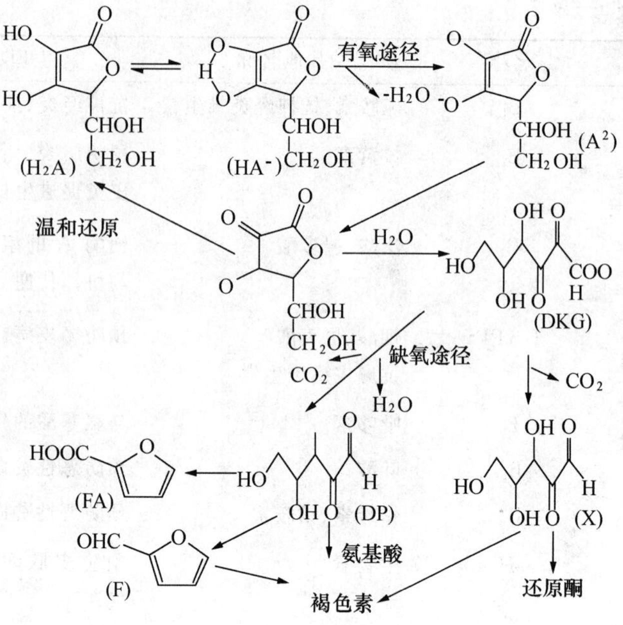

图 5-2　维生素 C 的降解反应

思考：维生素 C 为何能被广泛应用于食品生产？

维生素 C 降解最终阶段中的许多物质参与风味物质的形成或非酶褐变。降解过程中生成的 L-脱氢抗坏血酸和二羰基化合物与氨基酸共同作用生成糖胺类物质，形成二聚体、三聚体和四聚体。维生素 C 降解形成风味物质和褐色物质的主要原因是二羰基化合物及其他降解产物按糖类非酶褐变的方式转化为风味物和类黑素。

维生素 C 广泛用于食品中。它可保护食品中其他成分不被氧化；可有效地抑制酶促褐变和脱色；在腌制肉品中促进发色并抑制亚硝胺的形成；在啤酒工业中作为抗氧化剂；在焙烤工业中作面团改良剂；对维生素 E 或其他酚类抗氧化剂有良好的增效作用；能捕获单线态氧和自由基，抑制脂类氧化；作为营养添加剂能抗应激、加速伤口愈合、参与体内氧化还原反应和促进铁吸收等。

二、B 族维生素

1. 维生素 B_1

维生素 B_1 又称硫胺素（Thiamin），是取代的嘧啶环和噻唑环并由亚甲基相连的一类化合物，如图 5-3 所示。

各种结构的硫胺素均具有维生素 B_1 的活性。硫胺素分子中有两个碱基氮原子，一个在初级氨基基团中，另一个在具有强碱性质的四级胺中。因此，硫胺素能与酸类反应形成相应的盐。

硫胺素是 B 族维生素中最不稳定的一种。在中性或碱性条件下易降解；对热和光不敏感；酸性条件下较稳定。食品中其他组分也会影响硫胺素的降解，例如，单宁能与硫胺素形成加成物而使之失活；SO_2 或亚硫酸盐对其有破坏作用；胆碱使其分子裂开，加速其降解；蛋白质与硫胺素的硫醇形式形成二硫化物阻止其降解。图 5-4 描述了硫胺素降解的过程。

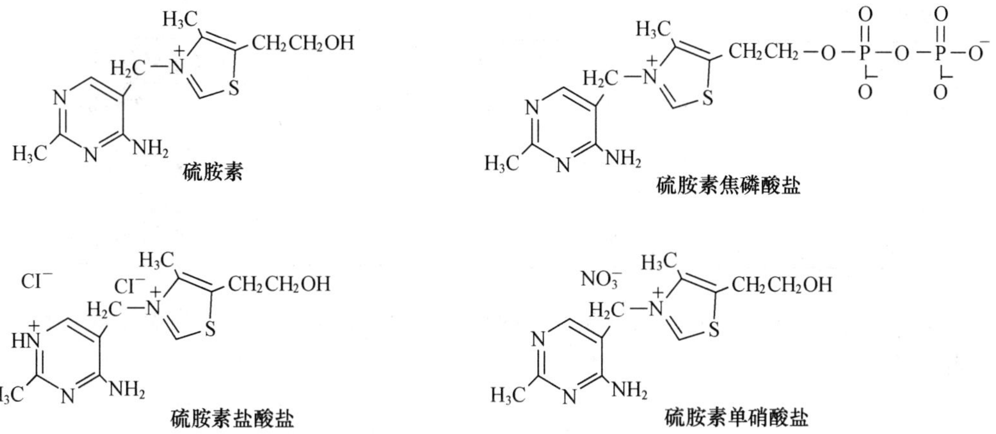

图 5-3 维生素 B₁ 及其生物活性物质的结构

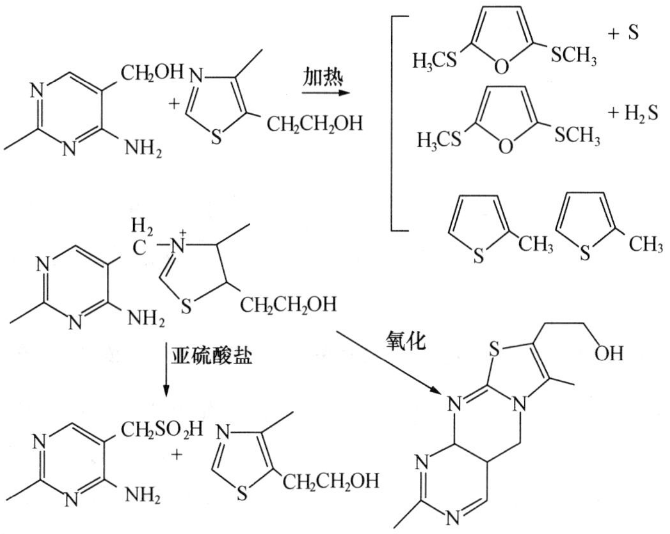

图 5-4 硫胺素降解过程

硫胺素广泛分布于动植物食品中,其中在动物内脏、鸡蛋、马铃薯、核果及全粒小麦中含量较丰富。

思考: 富含维生素B₁的谷物特点是什么?

在食品的加工和储藏中,硫胺素也有不同程度的损失。例如,面包焙烤破坏 20% 的硫胺素;牛奶巴式消毒损失 3%~20%;高温消毒损失 30%~50%;喷雾干燥损失 10%;滚筒干燥损失 20%~30%。部分食品在加工后硫胺素损失见表 5-2。

表 5-2 食品加工后硫胺素的存留率

食品	加工方法	硫胺素的存留率/%
谷物	膨化	48~90
马铃薯	浸没水中 16 h 后炒制	55~60
	浸没亚硫酸盐中 16 h 后炒制	19~24

续表 5-2

食品	加工方法	硫胺素的存留率/%
大豆	水中浸泡后在水中或碳酸盐中煮沸	23～52
蔬菜	各种热处理	80～95
肉	各种热处理	83～94
冷冻鱼	各种热处理	77～100

硫胺素在低 A_w 和室温下储藏表现良好的稳定性,但是,在高 A_w 和高温下长期储藏损失较大(图 5-5)。

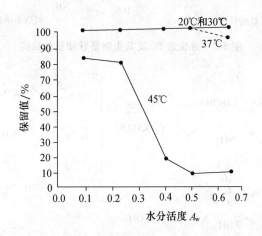

图 5-5　水分活度与温度对模拟早餐食品中硫胺素的保留情况的影响

当 A_w 在 0.1～0.65 及 37℃ 以下时,硫胺素几乎没有损失;温度上升到 45℃ 且 A_w 高于 0.4 时,硫胺素损失加快,尤其 A_w 在 0.5～0.65;当 A_w 高于 0.65 时硫胺素的损失又降低。因此,储藏中温度是影响硫胺素稳定性的一个重要因素,温度越高,硫胺素的损失越大(表 5-3)。

表 5-3　食品储藏中硫胺素的保留率　　　　　　　　　　　　　　　　　　%

食品	储藏 12 个月后的保留率		食品	储藏 12 个月后的保留率	
	38℃	1.5℃		38℃	1.5℃
杏	35	72	番茄汁	60	100
青豆	8	76	豌豆	68	100
利马豆	48	92	橙汁	78	100

硫胺素在一些鱼类和甲壳动物类中不稳定,过去认为是硫胺素酶的作用,但现在认为至少应部分归因于含血红素的蛋白对硫胺素降解的非酶催化作用。在降解过程中,硫胺素的分子未裂开,可能发生了分子修饰。现已证实,热变性后的含血红素的蛋白参与了金枪鱼、猪肉和牛肉储藏加工中硫胺素的降解。

硫胺素的热降解通常包括分子中亚甲基桥的断裂,其降解速率和机制受 pH 和反应介质影响较大。当 pH 小于 6 时,硫胺素热降解速度缓慢,亚甲基桥断裂释放出较完整的嘧啶和噻唑组分;pH 在 6～7 硫胺素的降解速度加快,噻唑环碎裂程度增加;在 pH 8 时降解产物中几乎没有完整的噻唑环,而是许多种含硫化合物等。因此,硫胺素热分解产生"肉香味"可能与噻唑环释放下来后进一步形成硫、硫化氢、呋喃、噻唑和二氢噻吩有关。

2. 维生素 B_2

维生素 B_2 又称核黄素(Riboflavin),是具有糖醇结构的异咯嗪衍生物。自然状态下常常是磷酸化的,在机体代谢中起辅酶作用。核黄素的生物活性形式是黄素单核苷酸(FMN)和黄素腺嘌呤二核苷酸(FAD),如图 5-6 所示,二者是细胞色素还原酶、黄素蛋白等的组成部分。

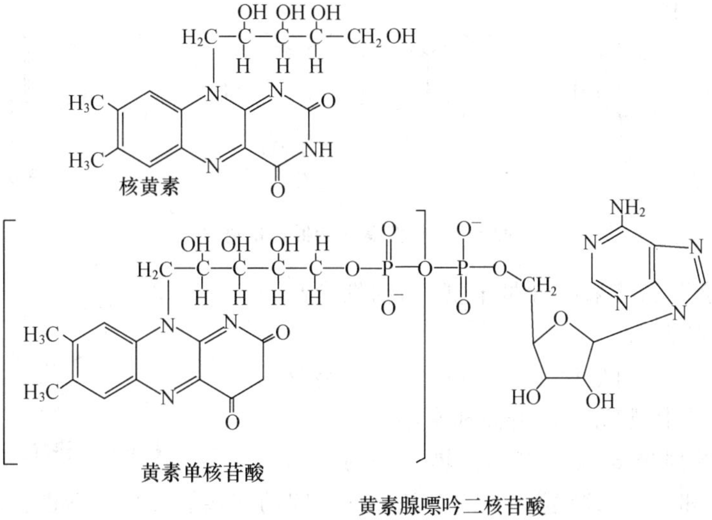

图 5-6　核黄素、黄素单核苷酸、黄素腺嘌呤二核苷酸的结构

FAD 起着电子载体的作用,在葡萄糖、脂肪酸、氨基酸和嘌呤的氧化中起重要作用。两种活性形式之间可通过食品中或胃肠道内的磷酸酶催化而相互转变。食品中核黄素

> 思考:富含核黄素 B_2 的食品在存放中最应该注意什么?

与硫酸和蛋白质结合形成复合物。动物性食品富含核黄素,尤其是肝、肾和心脏;奶类和蛋类中含量较丰富;豆类和绿色蔬菜中也有一定量的核黄素。

核黄素在酸性条件下最稳定,中性下稳定性降低,在碱性介质中不稳定。对热稳定,在食品加工、脱水和烹调中损失不大。引起核黄素降解的主要因素是光,光降解反应分为两个阶段:第一阶段是在光辐照表面的迅速破坏阶段;第二阶段是一级反应,系慢速阶段。光的强度是决定整个反应速度的因素。酸性条件下,核黄素光解为光色素(Lumichrome),碱性或中性下光解生成光黄素(Lumiflavin)(图 5-7)。光黄素是一种强氧化剂,对其他维生素尤其是抗坏血酸有破坏作用。核黄素的光氧化与食品中多种光敏氧化反应关系密切。例如,牛奶在日光下存放 2 h 后核黄素损失 50% 以上;放在透明玻璃器皿中也会产生"日光臭味",导致营养价值降低。若改用不透明容器存放就可避免这种现象的发生。

核黄素参与机体内许多氧化还原反应,一旦缺乏将影响机体呼吸和代谢,出现溢出性皮脂炎、口角炎和角膜炎等病症。

3. 维生素 B_3

维生素 B_3 又称泛酸(Pantothenic acid)或遍多酸,结构为 $D(+)$-N-2,4-二羟基-3,3-二甲基丁酰-β-丙氨酸(图 5-8),它是辅酶 A 的重要组成部分。泛酸在肉、肝脏、肾脏、水果、蔬菜、牛

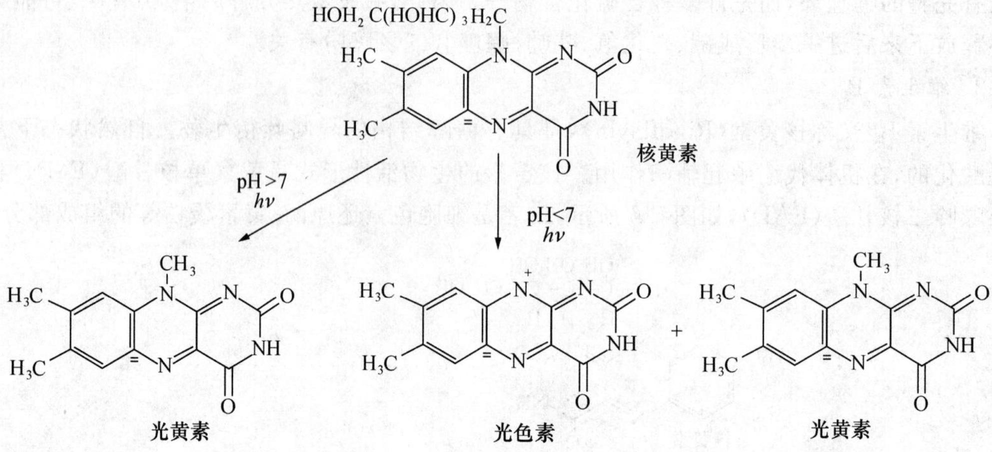

图 5-7　核黄素光辐照时的降解

奶、鸡蛋、酵母、全麦和核果中含量丰富，动物性食品中的泛酸大多呈结合态。

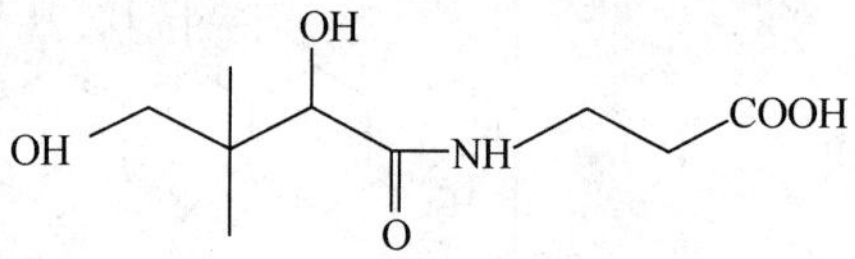

泛酸在 pH 5～7 内最稳定，在碱性溶液中易分解。食品加工过程中，随温度的升高和水溶流失程度的增大，泛酸大约损失 30%～80%。热降解的原因

图 5-8　泛酸的化学结构

可能是 β-丙氨酸和 2,4-二羟基-3,3-二甲基丁酸之间的连接键发生了酸催化水解。食品储藏中泛酸较稳定，尤其是低 A_w 的食品。

4. 烟酸（维生素 B_5）

烟酸又称维生素 B_5 或维生素 PP，包括尼克酸（Niacin）和尼克酰胺。它们的天然形式均有相同的烟酸活性。在生物体内其活性形式是烟酰胺腺嘌呤二核苷酸（NAD）和烟酰胺腺嘌呤二核苷酸磷酸（NADP），如图 5-9 所示。

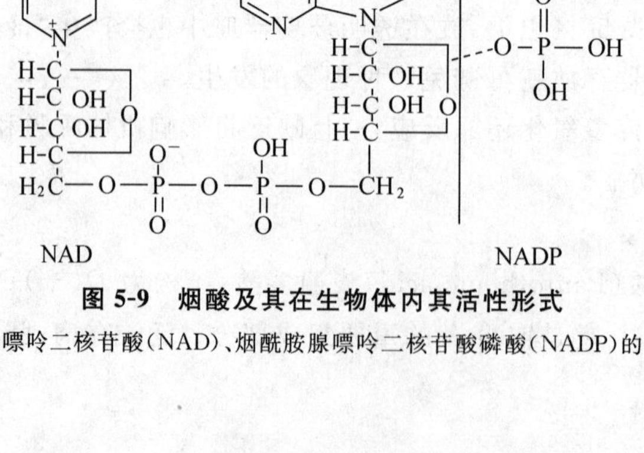

> 提示：NAD 与 NADP 是机体中重要的辅酶。

图 5-9　烟酸及其在生物体内其活性形式

烟酰胺腺嘌呤二核苷酸（NAD）、烟酰胺腺嘌呤二核苷酸磷酸（NADP）的化学结构

它们是许多脱氢酶的辅酶,在糖酵解、脂肪合成及呼吸作用中发挥重要的生理功能。烟酸广泛存在于动植物体内,酵母、肝脏、瘦肉、牛乳、花生、黄豆中含量丰富,谷物皮层和胚芽中含量也较高。

烟酸是最稳定的维生素,对光和热不敏感,在酸性或碱性条件下加热可使烟酰胺转变为烟酸,其生物活性不受影响。烟酸的损失主要与加工中原料的清洗、烫漂和修整等有关。

> 提示:烟酸缺乏会导致皮肤粗糙、皮炎、舌炎等疾病!

烟酸具有抗癞皮病的作用。当缺乏时会出现癞皮病,临床表现为"三D症"即皮炎(Dermatitis)、腹泻(Diarrhea)和痴呆(Dementia)。这种情况常发生在以玉米为主食的地区,因为玉米中的烟酸与糖形成复合物,阻碍了在人体内的吸收和利用,碱处理可以使烟酸游离出来。

5. 维生素 B_6

维生素 B_6 是指在性质上紧密相关、具有潜在维生素 B_6 活性的三种天然存在的化合物,包括吡哆醛(Pyridoxal)、吡哆醇(Pyridoxol)和吡哆胺(Pyrodoxamine),如图 5-10 所示。

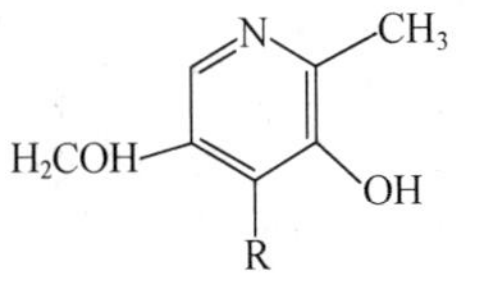

三者均可在 $5'$-羟甲基位置上发生磷酸化,3 种形式在体内可相互转化,其生物活性形式以磷酸吡哆醛为主,也有少量的磷酸吡哆胺。它们作为辅酶参与体内的氨基酸、糖类、脂类和神经递质的代谢。

图 5-10　维生素 B_6 的化学结构
吡哆醛:R＝CHO　吡哆醇:R＝CH₂OH
吡哆胺:R＝CH₂NH₂

维生素 B_6 在蛋黄、肉、鱼、奶、全谷、白菜和豆类中含量丰富。其中,谷物中主要是吡哆醇,动物产品中主要是吡哆醛和吡哆胺,牛奶中主要是吡哆醛。

维生素 B_6 的各种形式对光敏感,光降解最终产物是 4-吡哆酸或 4-吡哆酸-$5'$-磷酸。这种降解可能是自由基中介的光化学氧化反应,但并不需要氧的直接参与,氧化速度与氧的存在关系不大。维生素 B_6 的非光化学降解速度与 pH、温度和其他食品成分关系密切。在避光和低 pH 下,维生素 B_6 的三种形式均表现良好的稳定性,吡哆醛在 pH 5 时损失最大;吡哆胺在 pH 7 时损失最大。其降解动力学和热力学机制仍需深入进行研究。

在食品加工中维生素 B_6 可发生热降解和光化学降解。吡哆醛可能与蛋白质中的氨基酸反应生成含硫衍生物,导致维生素 B_6 的损失;吡哆醛与赖氨酸的 ε-氨基反应生成 Shiff 碱,降低维生素 B_6 的活性。维生素 B_6 可与自由基反应生成无活性的产物。在维生素 B_6 3 种形式中,吡哆醇是最稳定的,常被用于营养强化。

> 思考:为什么不提倡生食鸡蛋?

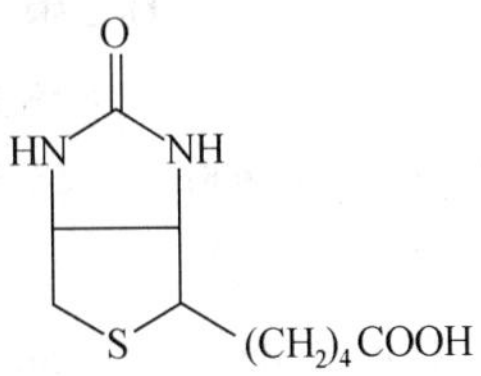

图 5-11　生物素分子的化学结构

6. 维生素 H

维生素 H 又称生物素(Biotin)、维辛素、辅酶 R,基本结构是脲和带有戊酸侧链噻吩组成的五元骈环(图 5-11),有八种异构体,天然存在的为具有活性的 D-生物素。

生物素广泛存在于动植物食品中,以肉、肝、肾、牛奶、蛋黄、酵母、蔬菜和蘑菇中含量丰富。生物素在牛奶、水果和蔬菜中呈游离态,而在动物内脏和酵母等中与蛋白质结合。人体肠道细菌可合成相当部分的生物素。生物素可因食用生鸡蛋清而失活,这是由一种称抗生物素(avidin)的糖蛋白引起的,加热后就可破坏这种拮抗作用。

生物素对光、氧和热非常稳定,但强酸、强碱会导致其降解。某些氧化剂如过氧化氢使生物素分子中的硫氧化,生成无活性的生物素或生物素硫氧化物。此外,生物素环上的羧基也可与氨基发生反应。食品加工和储藏中生物素的损失较小,所引起的损失主要是溶水流失,也有部分是由于酸碱处理和氧化造成。

7. 叶酸

叶酸(Folic acid)包括一系列结构相似、生物活性相同的化合物,分子结构中含有蝶呤、对氨基苯甲酸和谷氨酸三部分(图5-12)。其商品形式中含有一个谷氨酸残基称蝶酰谷氨酸,天然存在的蝶酰谷氨酸有3~7个谷氨酸残基。

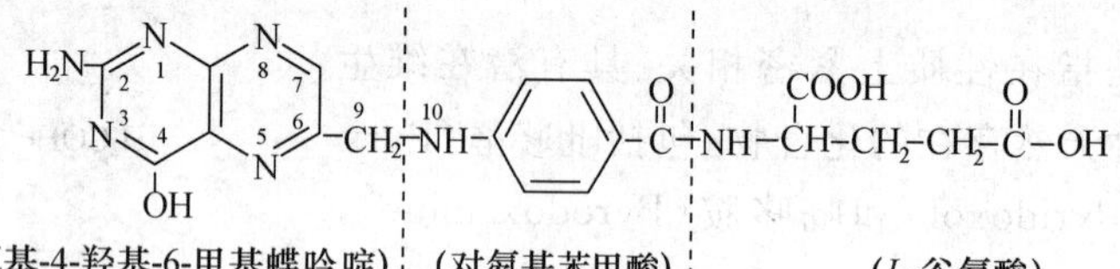

> 专家建议:准妈妈在准备怀孕前3个月开始摄取叶酸。

图 5-12　叶酸化学结构

> **【知识窗】　叶酸之功效**
>
> 　　叶酸对细胞的分裂生长及核酸、氨基酸、蛋白质的合成起着重要的作用。人体缺少叶酸可导致红血球的异常,未成熟细胞的增加,贫血以及白血球减少。
>
> 　　叶酸是胎儿生长发育不可缺少的营养素。

绿色蔬菜和动物肝脏中富含叶酸,乳中含量较低。蔬菜中的叶酸呈结合型,而肝中的叶酸呈游离态。人体肠道中可合成部分叶酸。

叶酸对热、酸较稳定,但在中性和碱性条件下很快被破坏,光照更易分解。各种叶酸的衍生物以叶酸最稳定,四氢叶酸最不稳定,当被氧化后失去活性。亚硫酸盐使叶酸还原裂解,硝酸盐可与叶酸作用生成 N^{10}-硝基衍生物,对小白鼠有致癌作用。Cu^{2+} 和 Fe^{3+} 催化叶酸氧化,且 Cu^{2+} 作用大于 Fe^{3+};柠檬酸等螯合剂可抑制金属离子的催化作用;维生素C、硫醇等还原性物质对叶酸具有稳定作用。

8. 维生素 B_{12}

维生素 B_{12} 由几种密切相关的具有相似活性的化合物组成,这些化合物都含有钴,又称钴胺素(Cobalamin),是一种红色的结晶物质。维生素 B_{12} 是一共轭复合体,中心为三价的钴原子。分子结构中主要包括两部分:一部分是与铁卟啉很相似的复合环式结构,另一部分是与核苷酸相似的 $5,6$-二甲基-1-(α-D-核糖呋喃酰)苯并咪唑-$3'$-磷酸酯(图5-13)。

其中心卟啉环体系中的钴原子与卟啉环中四个内氮原子配位,二价钴原子的第六个配位位置被氰化物取代,生成氰钴胺素。

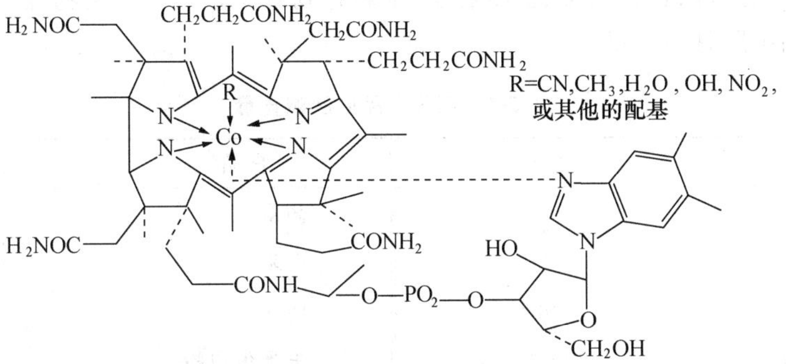

图 5-13　维生素 B_{12} 的化学结构

【知识窗】　维生素 B_{12} 缺乏症

缺乏维生素 B_{12} 可能引起人的精神忧郁,有核巨红细胞性贫血(恶性贫血)、脊髓变性、神经和周围神经退化、舌、口腔、消化道的黏膜发炎、小孩缺乏早期表现为精神情绪异常、表情呆滞、少哭少闹、反应迟钝、爱睡觉等症状,最后会引起贫血。

植物性食品中维生素 B_{12} 很少,其主要来源是菌类食品、发酵食品以及动物性食品如肝脏、瘦肉、肾脏、牛奶、鱼、蛋黄等。人体肠道中的微生物也可合成一部分供人体利用。

维生素 B_{12} 在 pH 4~7 时最稳定;在接近中性条件下长时间加热可造成较大的损失;碱性条件下酰胺键发生水解生成无活性的羧酸衍生物;pH 低于 4 时,其核苷酸组分发生水解,强酸下发生降解,但降解的机理目前尚未完全清楚。

抗坏血酸、亚硫酸盐、Fe^{2+}、硫胺素和烟酸可促进维生素 B_{12} 的降解。辅酶形式的 B_{12} 可发生光化学降解生成水钴胺素,但生物活性不变。食品加工过程中热处理对维生素 B_{12} 影响不大,例如,肝脏在 100℃ 水中煮制 5 min 维生素 B_{12} 只损失 8%;牛奶巴氏消毒只破坏很少的维生素 B_{12};冷冻方便食品如鱼、炸鸡和牛肉加热时可保留 79%~100% 的 B_{12}。

9. 胆碱

胆碱(Choline)又称维生素 B_4,是 β-羟基乙基三甲基胺羟化物(图 5-14)。无色、黏滞状具强碱性的液体,易吸潮,溶于水。胆碱非常稳定,在食品加工和储藏中损失不大。

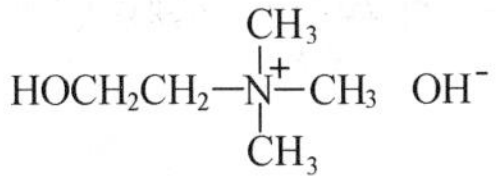

图 5-14　胆碱的化学结构式

胆碱首次由 Streker 在 1894 年从猪胆汁中分离出来,1962 年被正式命名为胆碱,现已成为人类食品中常用的添加剂。美国的《联邦法典》将胆碱列为"一般认为安全"(Generally recognized as safe)的产品;欧洲联盟 1991 年颁布的法规将胆碱列为允许添加于婴儿食品的产品。

胆碱分布广,以动物性食品如肝脏、蛋黄、鱼和脑中含量最高,一般以乙酰胆碱和卵磷脂形式存在;绿色植物、酵母、谷物幼芽、豆科籽实、油料作物籽实是丰富的植物性食品来源。表5-4列出了一些食品中胆碱的含量。

表 5-4　部分食品中胆碱含量　　　　　　　　　　　　　　　　mg/kg

食品	含量	食品	含量
玉米	620	高粱	678
黄玉米	442	糙米	992～1 014
小麦	1 022	肉粉	2 077
大麦	930～1 157	玉米蛋白粉	330

10. 肌醇

肌醇(Inositol)是水溶性B族维生素中的一种;具有六个羟基的六碳环状物,又称环己六醇。白色晶体粉末(无结晶水),风化性结晶(含二分子结晶水)。它有九种立体构型,但只有肌型肌醇具有生物活性。(图5-15)

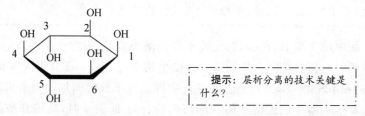

> 提示:层析分离的技术关键是什么?

图 5-15　肌醇的化学结构
(以 1,4 为轴,内消旋)

肌醇主要来源于心、肝、肾、脑、酵母、柑橘类水果中,谷物中的肌醇一般以植酸或植酸盐的形式存在,影响人体对矿物元素的吸收和利用。肌醇很稳定,一般在食品加工和储藏中损失很少。

肌醇可促进细新陈代谢、助长发育、增进食欲,对肝硬化、血管硬化、脂肪肝、胆固醇过高等有明显疗效,还可用于治疗 CCl_4 中毒、脱发症等。此外,肌醇还是磷酸肌醇的前体。肌醇中的三磷酸肌醇(Inositol triphosphates,IP_3)具有良好的清除自由基的功能,对心脑血管疾病、糖尿病和关节炎具有良好的预防和治疗效果。其中以肌醇-1,2,6-三磷酸即 $I(1,2,6)P_3$ 最重要。除具有上述功能外,肌醇还是一种新型的非肽类神经肽 Y(No-peptide Y,NPY)受体拮抗剂。

任务2　柱层析法分离胡萝卜素

【要点】

1. 胡萝卜素的种类、生理功能及脂溶特性。
2. 吸附层析法提取、分离色素技术。

【工作过程】

一、胡萝卜素提取液的制备

取干红辣椒皮 2 g(或鲜红辣椒 12 g),去籽剪碎后放入研钵,加 95% 乙醇 5 mL,研磨至提取液呈深红色,再加石油醚 8 mL 研磨 2～3 min。将提取液转移到 40～60 mL 分液漏斗中,再用 20 mL 蒸馏水洗涤数次,直至水层透明,如此洗去提取液中的乙醇。将提取液倒入干燥试管,加少量无水硫酸钠除去水分。用软木塞塞紧试管,防止石油醚挥发。

> 提示:新鲜果蔬制样有所不同!

二、层析柱的制备

取直径 1 cm、高 16 cm 的玻璃层析管,垂直固定在抽滤瓶上。若无专用层析管,可用直径相当的玻璃管代替,底部塞上一块棉花以支持吸附剂。在约 10 g 氧化铝中加适量石油醚,制成混悬液。用吸管吸取氧化铝混悬液加入层析管中,氧化铝即均匀沉于管内,形成层析柱,柱高达 10 cm 时停止加混悬液,于柱顶端加一小块脱脂棉。

三、层析与显色

用吸管吸取石油醚数毫升,加入层析柱中,待石油醚将全部渗过氧化铝时,用吸管吸取辣椒提取液 1 mL,加到层析柱上面。待提取液将全部进入层析柱时,立即加入含 1% 丙酮的石油醚洗脱,并使柱上端始终保持一定高度的洗脱液,以 30 滴/min 左右速度,使吸附在柱上端的物质逐渐展开成为数条颜色不同的色带。观仔细观察并记录各色带的位置、宽度与颜色深浅。

跑在最前方的橘黄色带即为胡萝卜素,待该色素接近层析柱下端时,用一试管接收此橘黄色液体,然后倒入蒸发皿内,于 80℃水浴上蒸干,滴入三氯化锑氯仿溶液数滴,可见蓝色反应,借此鉴定胡萝卜素。

四、相关知识

吸附层析法是利用吸附剂表面对溶液中不同物质所具有不同程度的吸附作用而使溶液中混合物分离的方法。吸附层析通常采用柱型装置。

胡萝卜素存在于胡萝卜和辣椒等植物中,因其在动物体内变成维生素 A,故又被称为维生素 A 原。胡萝卜素可用乙醇、石油醚或丙酮等有机溶剂从食物中提取出来,且能被氧化铝(Al_2O_3)所吸附。由于胡萝卜素与其他植物色素的化学结构不同,它们被氧化铝吸附的强度以及在有机溶剂中的溶解度都不相同,故将提取液用氧化铝吸附,再用石油醚等冲洗层析柱,即可分离成不同的色带。与植物其他色素比较,胡萝卜素吸附最差,跑在最前面,故最先被洗脱下来。

五、仪器与试剂

1. 仪器

玻璃层析管(1 cm×16 cm)、分液漏斗(100 mL)、分液漏斗架、小号抽滤瓶、恒温水浴锅、研钵、吸管(5 mL)、量筒(100 mL)、烧杯(100 mL)、电子天平、棉花、剪刀等。

2．试剂

①95％乙醇(V/V，医用)。

②石油醚(CP)。

③1％丙酮-石油醚(CP,V/V)。

④氧化铝(Al_2O_3)(CP,层析用)。

⑤无水硫酸钠(CP)。

⑥干红辣椒或胡萝卜。

⑦三氯化锑氯仿溶液。取三氯化锑($SbCl_3$)20 g,用氯仿溶解并定容至 100 mL。必要时过滤。

六、相关提示

> 提示：市售氧化铝活性也能满足需要。

①氧化铝用 400℃高温活化处理 3 h,以除去水分,提高吸附能力。氧化铝的细度以 100～150 目为宜。

②盛提取液的试管必须干燥,提取液中的乙醇必须洗净,否则区带不清晰。洗脱液中丙酮可增强洗脱效果,但含量不宜过多,以免洗脱过快使色带分离不清晰。

③装柱时,不能使氧化铝有裂缝和气泡,否则影响分离效果。氧化铝的高度一般为玻璃柱高度的 3/4,装好柱后柱上面覆一层滤纸,保持柱上端顶部平整,若顶部不平,将导致不规则的色带。

④分离过程中,要连续不断地加入洗脱剂,并保持一定高度的液面,在整个操作过程中应注意不使氧化铝表面地溶液流干。

⑤如果需过滤提取液,建议用四层纱布(或棉花)过滤入分液漏斗。

⑥用新鲜红辣椒做实验材料,研磨一定要仔细,以彻底破坏植物细胞以释放胡萝卜素;如果加入 4 mL 丙酮有利于对胡萝卜素的提取,此法可分离得到 5～6 条色带,最前面的色素为胡萝卜素(若分离条件控制得好,该色带又可分离成 3 条较小的色带,分别为 α、β、γ 胡萝卜素),紧随其后者分别为番茄红素和叶黄素等。

⑦$SbCl_3$ 腐蚀性较强,使用过程中勿接触皮肤。$SbCl_3$ 遇水生成碱式盐$[Sb(OH)_2Cl]$再变成氯氧化锑($SbOCl$),此化合物与胡萝卜素不发生作用,可出现混浊。

【考核要点】

1. 胡萝卜素的种类、颜色及提取时所用溶剂。

2. 吸附层析法分离胡萝卜素的依据。

3. 吸附层析柱的制备及层析分离。

【思考题】

1. 所测样品提取液中除胡萝卜素外,还可能有哪些色素?

2. 提取、分离、层析操作的哪些环节会对最终显色产生影响?

【必备知识】 脂溶性维生素

一、维生素 A

维生素 A 是一类由 20 个碳构成的具有活性的不饱和碳氢化合物,有多种形式,如图 5-16 所示。其羟基可被酯化或转化为醛或酸,也能以游离醇的状态存在。主要有维生素 A_1(视黄醇，retinol)及其衍生物(醛、酸、酯)、维生素 A_2 (脱氢视黄醇，dehydroretinol)。

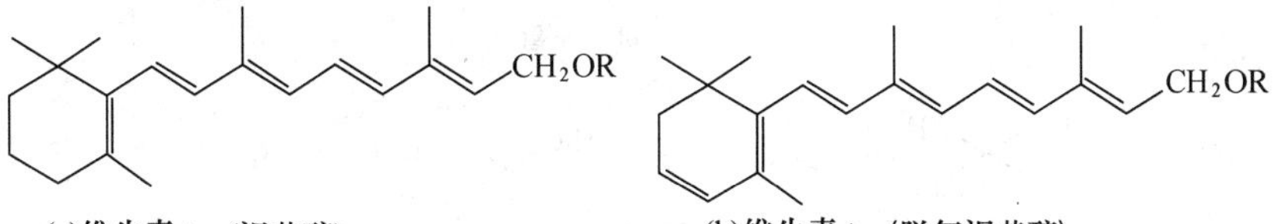

(a)维生素A_1(视黄醇)   (b)维生素A_2(脱氢视黄醇)

图 5-16   维生素 A 的化学结构($R＝H$ 或 $COCH_3$ 醋酸酯或 $CO(CH_2)_{14}CH_3$ 棕榈酸酯)

维生素 A_1 结构中存在共轭双键(异戊二烯类)，有多种顺反立体异构体。食物中的维生素 A_1 主要是全反式结构，生物效价最高。维生素 A_2 的生物效价只有维生素 A_1 的 40%，而 1,3-顺异构体(新维生素 A)的生物效价是维生素 A_1 的 75%。新维生素 A 在天然维生素 A 中约占 1/3 左右，而在人工合成的维生素 A 中很少。维生素 A_1 主要存在于动物的肝脏和血液中，维生素 A_2 主要存在于淡水鱼中。蔬菜中没有维生素 A，但含有的胡萝卜素进入体内后可转化为维生素 A_1，通常称之为维生素 A 原或维生素 A 前体，其中以 β-胡萝卜素转化效率最高，1 分子的 β-胡萝卜素可转化为 2 个分子的维生素 A，如图 5-17 所示。

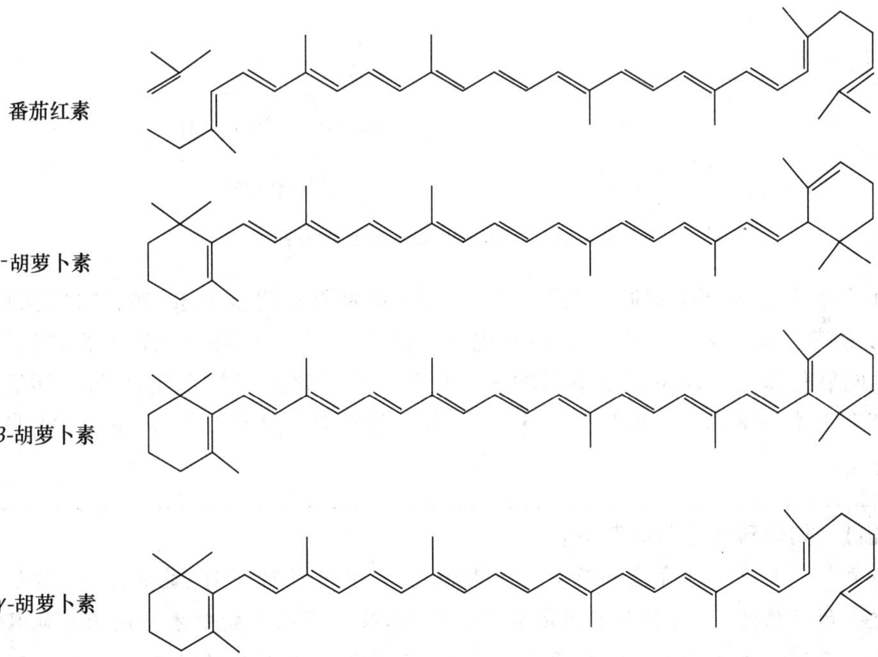

番茄红素

α-胡萝卜素

β-胡萝卜素

γ-胡萝卜素

图 5-17   几种胡萝卜素的结构式

维生素 A 的含量可用国际单位(International Units，IU)或美国药典单位(United States Pharmacopeia Units，USP)表示，两个单位相等。1 IU 维生素 A 相当于 $0.344~\mu g$ 维生素醋酸酯或 $0.549~\mu g$ 棕榈酸酯或 $0.600~\mu g$ β-胡萝卜素。国际组织新近采用了生物当量单位来表示维生素 A 的含量，即 $1~\mu g$ 视黄醇＝1 标准维生素 A 视黄醇当量(Retinol Equivalents，RE)。

在食品加工和储藏中，维生素 A 对光、氧和氧化剂敏感，高温和金属离子可加速其分解，在碱性和冷冻环境中较稳定，储藏中的损失主要取决于脱水的方法和避光情况。β-胡萝卜素降解途径及产物，如图 5-18 所示。

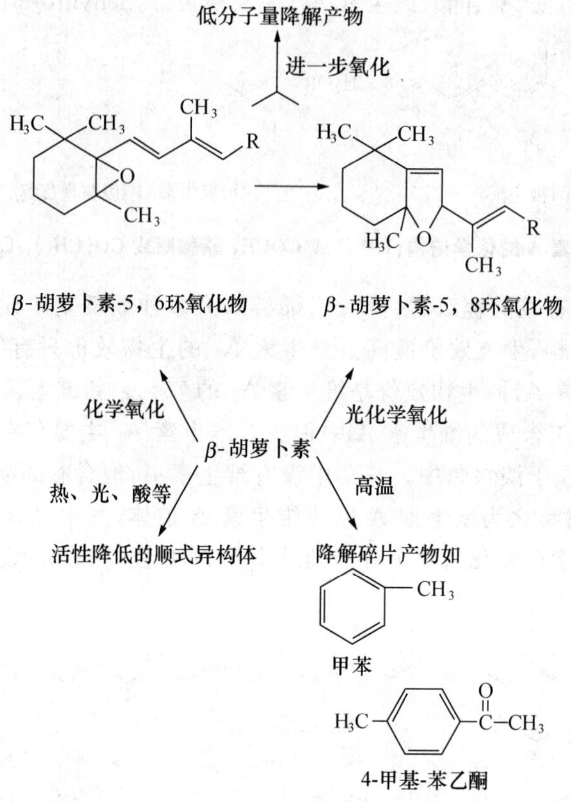

图 5-18 β-胡萝卜素降解途径及产物

无氧条件下，β-胡萝卜素通过顺反异构作用转变为新 β-胡萝卜素，如蔬菜的烹调和罐装。有氧时，β-胡萝卜素先氧化生成 5,6-环氧化物，然后异构为 5,8-环氧化物。光、酶及脂质过氧化物的共同氧化作用导致 β-胡萝卜素的大量损失。光氧化的产物主要是 5,8-环氧化物。高温时 β-胡萝卜素分解形成一系列芳香化合物，其中最重要的是紫罗烯（ionene），它与食品风味的形成有关。

【知识窗】 如何科学食用胡萝卜？

　　胡萝卜最大的营养价值就是胡萝卜素含量高，具有益肝明目、健脾除疳、增强免疫功能、抗癌、预防癌症等，胡萝卜素因属脂溶性物质，故只有在油脂中才能被很好地吸收。

　　最科学的吃法就是用肉炒胡萝卜丝或片，而且要炒出黄色的汁来才真正达到吃胡萝卜目的。

人和动物感受暗光的物质是视紫红质（Rhodopsin），它的形成与生理功能的发挥与维生素 A 有关。当体内缺乏时引起表皮细胞角质、夜盲症等。

二、维生素 D

维生素 D 是一类固醇衍生物。天然的维生素 D 主要有维生素 D_2（麦角钙化固醇，Gerocalciferol）和维生素 D_3（胆钙

思考：维生素D能促进钙的吸收，日常补钙为什么提倡多晒太阳？

化固醇,Cholecalciferol),二者的结构式见图 5-19。

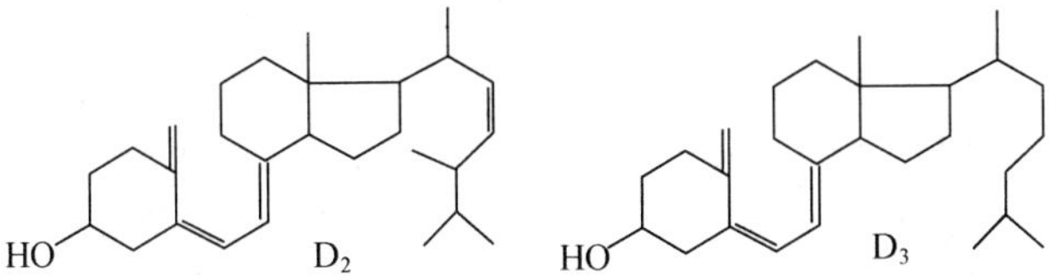

图 5-19 维生素 D 的化学结构

植物及酵母中的麦角固醇经紫外线照射后转化为维生素 D_2,鱼肝油中也含有少量的维生素 D_2。人和动物皮肤中的 7-脱氢胆固醇经紫外线照射后可转化为维生素 D_3。维生素 D_3 广泛存在于动物性食品中,以鱼肝油中含量最高,鸡蛋、牛乳、黄油、干酪中含量较少。维生素 D 的生物活性形式为 1,25-二羟基胆钙化醇,1 μg 的维生素 D 相当于 40 IU。维生素 D 十分稳定,消毒、煮沸及高压灭菌对其活性无影响;冷冻贮存对牛乳和黄油中维生素 D 的影响不大。维生素 D 的损失主要与光照和氧化有关,其光解机制可能是直接光化学反应或由光引发的脂肪自动氧化间接涉及反应。维生素 D 易发生氧化主要因为分子中含有不饱和键。

维生素 D 主要与钙、磷代谢有关。缺乏时,儿童易患佝偻病,成人可引起骨质疏松症。维生素 D 可激活钙蛋白酶,使牛肉嫩化。

四、维生素 E

维生素 E 是具有 α-生育酚类似活性的生育酚(Tocols)和生育三烯酚(Tocotrienols)的总称,维生素 E 活性成分主要是 α-、β-、γ- 和 δ- 四种异构体,结构式如图 5-20 所示。

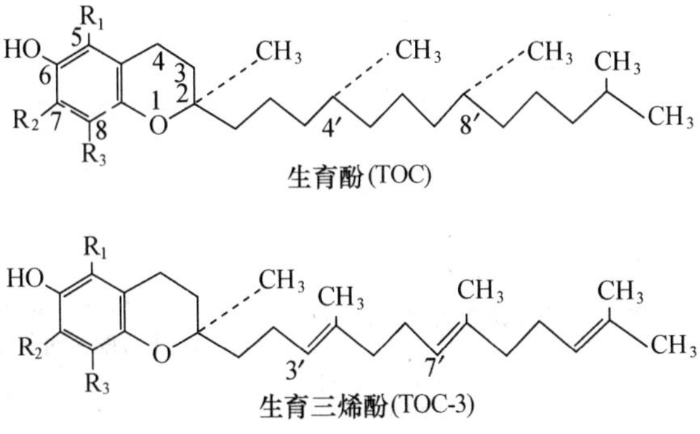

R_1、R_2、R_3 皆代表 CH_3 和 H(生育酚为 H),其中,α- 在 5,7,8 位
是 CH_3,β- 在 5,8 位是 CH_3,γ- 在 7,8 位是 CH_3

图 5-20 生育酚和生育三烯酚的结构式

这几种异构体具有相同的生理功能,甲基取代物的数目和位置不同,其生物活性也不同,以 α-生育酚活性最大;母生育酚与生育三烯酚结构上的区别在于其侧链的 $3'$、$7'$ 和 $11'$ 处的双键。母育酚的苯并二氢吡喃环上可有一到多个甲基取代物。

维生素 E 广泛分布于种子、种子油、谷物、水果、蔬菜和动物产品中。植物油和谷物胚芽油中含量高。

维生素 E 易受分子氧和自由基的氧化,如图 5-21 所示。各种维生素 E 的异构体在未酯化前均具有抗氧化剂的活性,它们通过贡献一个酚羟基氢和一个电子来淬灭自由基。在肉类腌制中,亚硝胺的合成是通过自由基机制进行的,维生素 E 可清除自由基,防止亚硝胺的合成。

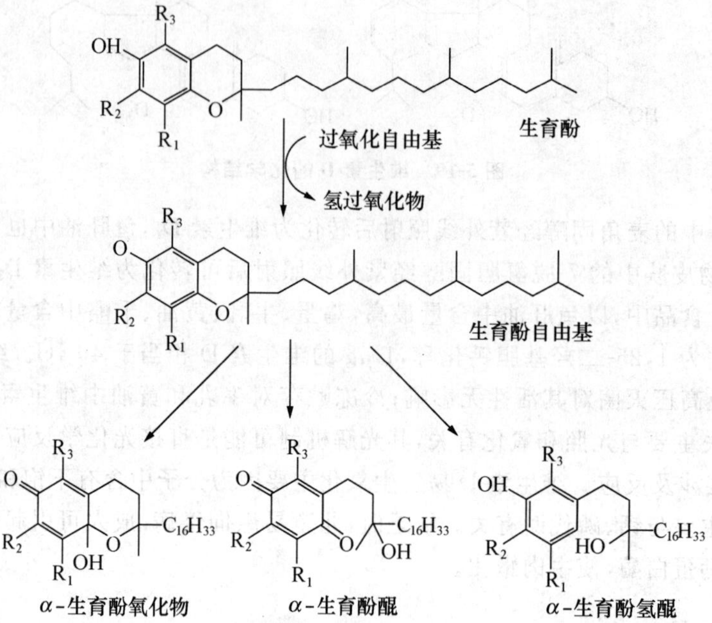

图 5-21 α-生育酚的氧化降解途径

生育酚是良好的抗氧化剂,广泛用于食品中,尤是动植物油脂中。它主要通过淬灭单线态氧而保护食品中其他成分,如图 5-22 所示。

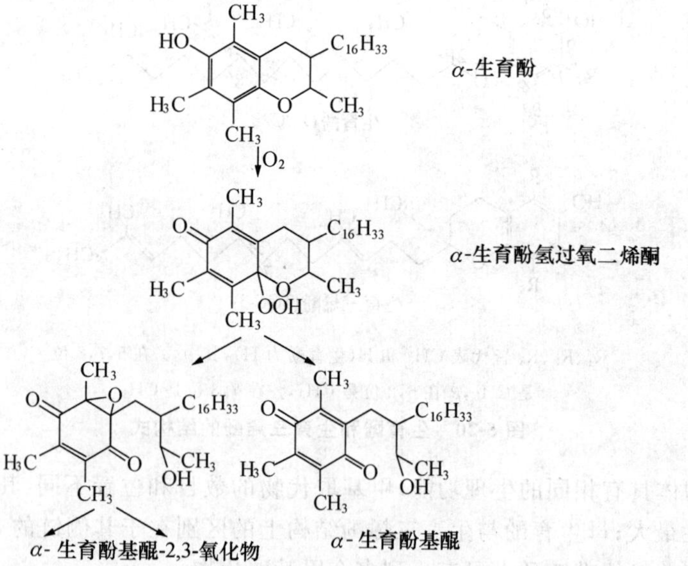

图 5-22 维生素 E 与单线态氧反应的历程

在生育酚的几种异构体中,与单线态氧反应的活性大小依次:$\alpha > \beta > \gamma > \delta$,而抗氧化能力大小顺序:$\delta > \gamma > \beta > \alpha$。维生素 E 和维生素 D_3 共同作用可获得牛肉最佳的"色泽—嫩度"。

【知识窗】　维生素 E 之功效

1. 促进垂体促性腺激素的分泌,促进精子的生成和活动,增加卵巢功能,卵泡增加,黄体细增大并增强孕酮的作用。缺乏时生殖器官受损不易受精或引起习惯性流产。

2. 改善脂质代谢,缺乏时导致血浆胆固醇(TC)与甘油三酯(TG)的升高,形成动脉粥样硬化。

3. 对氧敏感,易被氧化,故可保护其他易被氧化的物质,如不饱和脂肪酸、维生素 A 和 ATP 等。减少过氧化脂质的生成,保护机体细胞免受自由基的毒害,充分发挥被保护物质的特定生理功能。

4. 稳定细胞膜和细胞内脂类部分,减低红细胞脆性,防止溶血。缺乏时出现溶血性贫血。

5. 大剂量可促进毛细血管及小血管的增生,改善周围循环。

食品在加工储藏中常常会造成维生素 E 的大量损失。例如,谷物机械加工去胚时,维生素 E 大约损失 80%;油脂精炼也会导致维生素 E 的损失;脱水可使鸡肉和牛肉中维生素 E 损失 $36\%\sim45\%$;肉和蔬菜罐头制作中维生素 E 损失 $41\%\sim65\%$;油炸马铃薯在 $23℃$ 下贮存一个月,维生素 E 损失 71%,贮存两个月损失 77%。此外,氧、氧化剂和碱对维生素 E 也有破坏作用,某些金属离子(如 Fe^{2+} 等)可促进维生素 E 的氧化。

五、维生素 K

维生素 K 是由一系列萘醌类物质组成,如图 5-23 所示。

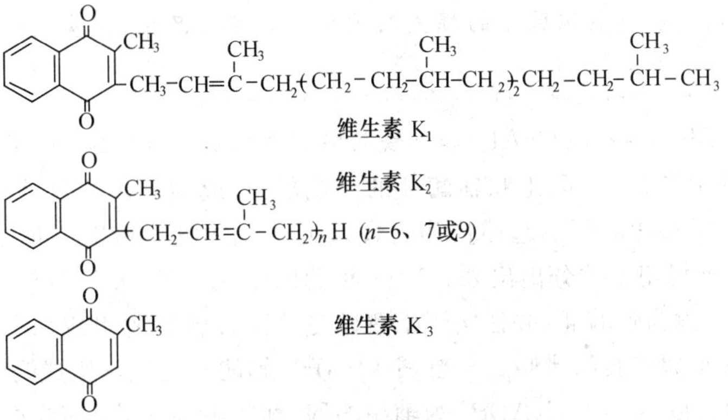

图 5-23　维生素 K 的化学结构式

常见的有维生素 K_1(叶绿醌)、维生素 K_2(聚异戊烯基甲基萘醌)和维生素 K_3(2-甲基-1,4-萘醌)。K_1 主要存在于植物中,K_2 由小肠合成,K_3 由人工合成。K_3 的活性比 K_1 和 K_2 高。

维生素 K 对热相当稳定,遇光易降解。其萘醌结构可被还原成氢醌,但仍具有生物活性。维生素 K 具有还原性,可清除自由基,保护食品中其他成分(如脂类)不被氧化,并减少肉品腌制中亚硝胺的生成。

六、常见的辅酶

维生素是人体用来制造辅酶的一种有机物质,而辅酶又可以帮助人体将食物转化成可以利用的能量。维生素的生理功能是通过作为辅酶的成分调节机体代谢。

1. 硫胺素焦磷酸(TPP)

硫胺素即维生素 B_1,在生物体内的辅酶形式是硫胺素焦磷酸(TPP)。硫胺素焦磷酸过去也称为辅羧酶,它在动物糖代谢中起着重要作用。例如,丙酮酸在脱羧作用时需要它。在 TPP 缺少的情况下,代谢中间物丙酮酸不能顺利脱羧会积聚于血液和组织中而出现神经炎症状。TPP 催化的酶反应还需要有镁离子的存在。

【健康小贴士】 脚气病≠脚气

脚气病(beriberi)即维生素 B_1 或硫胺素缺乏病(Thiamine deficiency)。脚气是足癣的俗名。"脚气"则是由真菌(又称毒菌)感染所引起的一种常见皮肤病,又叫脚湿气、香港脚。脚气病没有传染性,而脚气有传染性。

脚气病临床上以消化系统、神经系统及心血管系统的症状为主,常发生在以精白米为主食的地区。其症状表现为多发性神经质、食欲不振、大便秘结,严重时可出现心力衰竭,称脚气性心脏病;还有的有水肿及浆液渗出,常见于足踝部其后发展至膝、大腿至全身,严重者可有心包、胸腔及腹腔积液。

人体内不能制造硫胺素,贮备量也有限,人的肠道细菌虽能合成硫胺素,但数量很少而且主要为焦磷酸酯型,肠道不易吸收。故必须每日从食物中摄入维生素 B_1。硫胺素在谷物外皮和胚芽中含量很丰富,谷物中的硫胺素约 90% 存在于该部分。所以,常吃粗粮可以预防脚气病。

谷物加工过度、去净外皮和碾掉胚芽为主食的许多国家和地区。我国南方数省,至今仍不断有新的病例发生。诱发脚气病的病因除谷的加工不当外,淘米过分,烹调加热时间过长,或加入苏打都会造成硫胺素的损失及破坏。天然食品中,肉类、豆制品皆为硫胺素很好的来源。

2. 烟酰胺腺嘌呤二核苷酸(NAD)和烟酰胺腺嘌呤二核苷酸磷酸(NADP)

烟酰胺是即维生素 B_2,辅酶Ⅰ和辅酶Ⅱ的组成部分,成为许多脱氢酶的辅酶。缺乏时可影响细胞的正常呼吸和代谢而引起糙皮病。1904 年已知酒精发酵时不能缺少一种叫辅酶Ⅰ的物质,1933 年这种辅酶Ⅰ被分离出来。1934 年德国生化学家 O. 瓦尔堡又分离出一个与辅酶Ⅰ相近似的物质,称为辅酶Ⅱ,并证实了烟酰胺是这两种辅酶的组成部分,现在已经弄清楚辅酶Ⅰ的化学组成是烟酰胺腺嘌呤二核苷酸(NAD),辅酶Ⅱ的化学组成为烟酰胺腺嘌呤二核苷酸磷酸(NADP)。以 NAD^+、$NADP^+$ 为辅酶的酶,称为吡啶核苷酸(或烟酰胺核苷酸)连接的脱氢酶,这些酶催化细胞内的氧化还原反应。一般来说,与 NAD^+ 相连的脱氢酶类通常与呼吸过程有关,而与 $NADP^+$ 相连的则与生物合成反应有关。

3. 黄素单核苷酸(FMN)和黄素腺嘌呤二核苷酸(FAD)

核黄素即维生素 B_2,参与组成两种辅酶,是细胞内的氧化还原系统的主要成分,它们是黄素单核苷酸(FMN)和黄素腺嘌呤二核苷酸(FAD)。FMN 和 FAD 是一系列黄素连接的氧化还原酶或称为黄素蛋白类的辅酶,从它们与酶蛋白结合紧密的程度来说,也可认为是辅基。这些酶中有的除了 FMN 或 FAD 外,还需要一些金属辅助因子,如铁或钼离子等。因此它们被称为金属黄素蛋白。这些酶催化一系列可逆或不可逆的细胞中的氧化还原反应。

4. 吡哆醛磷酸和吡哆胺磷酸

吡哆醛、吡哆胺和吡哆醇总称为维生素 B_6。维生素 B_6 参与形成两种辅酶,即吡哆醛磷酸和吡哆胺磷酸。需要吡哆醛磷酸或吡哆胺磷酸作为辅酶的酶在氨基酸代谢中特别重要,催化转氨、脱羧以及消旋作用等。

5. 生物胞素(Biocytin)

生物素作为一些酶的辅基而起辅因子作用。它以共价键的形式通过酰胺键和脱辅基酶蛋白的一个专一赖氨酰残基的 ε-氨基相连。ε-N-生物素酰-L-赖氨酸称为生物胞素(biocytin),需要生物素的酶类能催化二氧化碳的参入(羧化作用)或转移,因而生物素和二氧化碳的固定密切相关。在羧化作用时还需要腺苷三磷酸(ATP)和镁离子的存在,此外生物素在蛋白质生物合成中以及转氨基作用中也起着重要作用。

6. 辅酶 A(CoA 或 CoASH)

泛酸初作为酵母的生长因子被分离出来。由于在生物中广泛存在,因而被称为泛酸。泛酸的辅酶形式是辅酶 A(CoA 或 CoASH),是酶促乙酰化作用的辅助因子,在生物学上的重要性是作为酰基的载体或供体,在代谢上尤其是脂肪酸的代谢上甚为重要。

7. 四氢叶酸(FH₄)

叶酸的辅酶形式是四氢叶酸,它作为酶促转移一碳基团(如甲酰基等)的中间载体而在嘌呤类、丝氨酸、甘氨酸和甲基基团的生物合成中起作用。此外,叶酸在核蛋白的生物合成上也是不可缺少的。

8. 氰钴胺素

维生素 B₁₂ 的结构中有一个咕啉(Corrin)环系统,并且含有钴离子及氰基(CN),故又称氰钴胺素。作辅酶时,维生素 B₁₂ 中的 CN 被 5′-脱氧腺苷基团所代替,称为辅酶 B₁₂。这是一个不稳定的化合物,当有氰化物存在或暴露于光照下即转变为维生素 B₁₂。

在二羧酸的异构作用中,如在谷氨酸转化为甲基天冬氨酸的酶促反应中,在乙二醇和甘油转化为醛类、生物合成甲基基团以及核苷的合成中都需要辅酶 B₁₂。

七、其他重要辅酶

除了 B 族维生素成员组成了大部分重要的辅酶以外,在生物化学上重要的还有辅酶 Q、谷胱甘肽、尿苷二磷酸葡糖(UDPG)等。

1. 辅酶 Q(CoQ)

辅酶 Q 是生物体内广为分布的一类醌类物质,又称为泛醌。存在于线粒体内膜中,在体内呼吸链中质子移位及电子传递中起重要作用,它是细胞呼吸和细胞代谢的激活剂,也是重要的抗氧化剂和非特异性免疫增强剂,具有重要的生理意义。辅酶 Q 侧链的异戊二烯单位的长度对于不同的生物种可以是不同的,人类和哺乳动物是 10 个异戊烯单位,故称辅酶 Q₁₀。

2. 谷胱甘肽(Glutathion)

谷胱甘肽是一个小分子量的胞内三肽,即 γ-L-谷氨酰-L-半胱氨酰-甘氨酸。在大多数生物细胞中,谷胱甘肽的主要作用是保护一些蛋白质的巯基以维持它们在还原状态。谷胱甘肽还在生物体内产生的过氧化氢还原上起一定作用,但这些都不是辅酶的作用。谷胱甘肽也作为一些酶的辅酶而起作用,例如,它是乙二醛酶(glyoxalase)及顺丁烯二酸单酰乙酰乙酸异构酶(Maleoylacetoacetate isomerase)的辅酶。谷胱甘肽也是体内甲醛氧化成甲酸反应的辅酶。

3. 尿苷二磷酸葡糖(UDPG)

尿苷二磷酸葡糖是核苷二磷酸糖类的一种,作为辅酶主要是在糖类合成中起作用。其他可作为辅酶的核苷二磷酸糖类有尿苷二磷酸半乳糖（UDPGal）、尿苷二磷酸甘露糖（UDP-Man）等，它们在糖类合成代谢中是非常重要的。

八、储藏与加工中维生素的损失

食品中的维生素在加工与储藏中受各种因素的影响，其损失程度取决于各种维生素的稳定性及食品原料本身如品种和成熟度、加工前预处理、加工方式、储藏的时间和温度等。此外，维生素的损失与原料栽培的环境、植物采后或动物宰后的生理变化也有一定的关系。因此，在食品加工与储藏过程中应最大限度的减少维生素的损失，并提高食品的安全性。

（一）食品储藏过程中维生素的变化

食品在储藏期间，维生素的损失与储藏温度关系密切。罐头食品冷藏保存一年后，维生素 B_1 的损失低于室温保存。包装材料对贮存食品维生素的含量有一定的影响，如透明包装的乳制品在储藏期间会发生维生素 B_2 和维生素 D 的损失。

> 思考：长时间贮存食物，需要注意哪些因素？

食品中脂类的氧化作用产生的氢过氧化物、过氧化物和环过氧化物会引起胡萝卜素、维生素 E 和维生素 C 等的氧化，也能破坏叶酸、生物素、维生素 B_{12} 和维生素 D 等；过氧化物与活化的羰基反应导致维生素 B_1、B_6 和泛酸等的破坏；碳水化合物非酶褐变产生的高度活化的羰基对维生素同样有破坏作用。

（二）食品加工过程中维生素的损失

1. 碾磨

碾磨是谷物所特有的加工方式。谷物在磨碎后，其中的维生素比完整的谷粒中含量有所降低，并且与种子的胚乳和胚、种皮的分离程度有关。因此，粉碎对各种谷物种子中维生素的影响不一样。此外，不同的加工方式对维生素损失的影响也有差异，谷物精制程度越高，维生素损失越严重。例如，小麦在碾磨成面粉时，出粉率不同，维生素的存留也不同（图 5-24）。

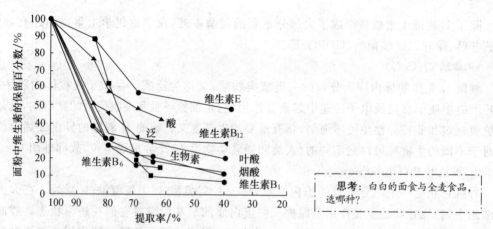

图 5-24   小麦出粉率与维生素保留率之间的关系

> 思考：白白的面食与全麦食品，选哪种？

2. 洗涤和去皮

加工前的预处理与维生素的损失程度关系很大。水果和蔬菜的去皮、整理常会造成浓集于表皮或老叶中的维生素的大量流失。据报道，苹果皮中维生素 C 的含量比果肉高 3～10

倍;柑橘皮中的维生素 C 比汁液高;莴苣和菠菜外层叶中维生素 B 和维生素 C 比内层叶中高。水果和蔬菜在清洗时,一般维生素的损失很少,但要注意避免挤压和碰撞;也尽量避免切后清洗造成水溶性维生素的大量流失。对于化学性质较稳定的水溶性维生素如泛酸、烟酸、叶酸、核黄素等,溶水流失是最主要的损失途径。

3. 热处理

(1)加热。加热是延长食品保藏期最重要的方法,也是食品加工中应用最多的方法之一。热加工有利于改善食品的某些感官性状如色、香、味等,提高营养素在体内的消化和吸收,但热处理会造成维生素不同程度的损失。高温加快维生素的降解,pH、金属离子、反应活性物质、溶氧浓度以及维生素的存在形式影响降解的速度。隔绝氧气、除去某些金属离子可提高维生素 C 的存留率。

为了提高食品的安全性,延长食品的货架期,杀死微生物,食品加工中还常采用灭菌方法。高温短时杀菌不仅能有效杀死有害微生物,而且可以较大程度地减少维生素的损失(表 5-5)。

表 5-5　不同热处理牛奶中维生素的损失　　　　　　　　　　　%

热处理	维生素B₁	维生素B₂	维生素B₆	维生素B₅	泛酸	叶酸	维生素 H	维生素B₁₂	维生素 C	维生素 A	维生素 D
63℃,30 min	10	0	20	0	0	10	0	10	20	0	0
72℃,15 s	10	0	0	0	0	10	0	10	10	0	0
超高温杀菌	10	10	20	0		<10	0	20	10	0	0
瓶装杀菌	35	0		0		50	0	90	50	0	0
浓缩	40	0					10	90	60	0	0
加糖浓缩	10	0	0	0			10	30	15	0	0
滚筒干燥	15	0	0				10	30	30	0	0
喷雾干燥	10	0	0				10	20	20	0	0

罐装食品杀菌过程中维生素的损失与食品及维生素的种类有关(表 5-6)。

表 5-6　罐装食品加工时维生素的损失　　　　　　　　　　　%

食品	生物素	叶酸	维生素B₆	泛酸	维生素 A	维生素B₁	维生素B₂	尼克酸	维生素 C
芦笋	0	75	64	—	43	67	55	47	54
青豆	—	57	50	60	52	62	64	40	79
甜菜	—	80	9	33	50	67	60	75	70
胡萝卜	40	59	54	9	67	60	33	75
玉米	63	72	0	59	32	80	58	47	58
蘑菇	54	84	—	54		80	46	52	33
青豌豆	78	59	69	80	30	74	64	69	67
菠菜	67	35	75	78	32	80	50	50	72
番茄	55	54	—	30	0	17	25	0	26

（2）烫漂。烫漂是水果和蔬菜加工中不可缺少的处理方法。通过这种处理可以钝化影响产品品质的酶类、减少微生物污染及除去空气，有利于食品贮存期间保持维生素的稳定（表5-7）。但烫漂往往造成水溶性维生素大量流失（图5-25）。其损失程度 pH、烫漂的时间和温度、含水量、切口表面积、烫漂类型及成熟度有关。通常，短时间高温烫漂维生素损失较少。烫漂时间越长，维生素损失越大。产品成熟度越高，烫漂时维生素 C 和维生素 B_1 损失越少；食品切分越细，单位质量表面积越大，维生素损失越多。不同烫漂类型对维生素影响的顺序：沸水＞蒸汽＞微波。

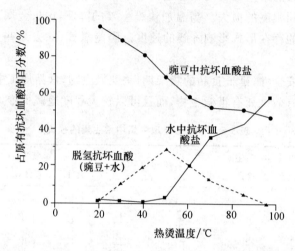

图 5-25　豌豆在不同温度水中热烫 10 min 后维生素 C 的变化

表 5-7　青豆烫漂后贮存维生素的损失　　　　　　　　　　　　　　　　　　　　　%

处理方式	维生素 C	维生素 B_1	维生素 B_2
烫漂	90	70	40
未烫漂	50	20	30

4. 脱水

脱水干燥是保藏食品的主要方法之一。具体有日光干燥、烘房干燥、隧道式干燥、滚筒干燥、喷雾干燥和冷冻干燥。维生素 C 对热不稳定，干燥损失大约为 10％～15％，但冷冻干燥对其影响很小。喷雾干燥和滚筒干燥时，乳中硫胺素的损失大约 10％和 15％，而维生素 A 和维生素 D 几乎没有损失。蔬菜烫漂后空气干燥时，硫胺素的损失平均为豆类 5％、马铃薯 25％、胡萝卜 29％。

目前，在食品加工中，为了保存更多的维生素，除了对原料尽可能保鲜低温储藏之外，就是采用高温短时烹调或杀菌。同时注意对食品进行维生素强化处理，如在面粉中添加硫胺素、核黄素，果汁、果酱中添加维生素 C，肉罐制品中添加维生素 E 等，以保证人们对维生素的需要。

【项目小结】

本项目由热加工中维生素 C 的测定、吸附层析法分离、纯化胡萝卜素二项任务驱动，探讨了微量营养素——维生素的分类、生理功能、食品中的分布、稳定性能及生理活性形式，对缺少维生素易出现的缺乏症及合理膳食提出建议，引入维生素在食品生产与储藏中的实际应用，突出了加工、储藏过程中对维生素的影响,提出了合理加工方式或强化手段,使食品中维生素的种类与含量能满足人体的需要。

【项目思考】

1. 影响食品中维生素含量的因素有哪些?

2. 如何评价"烹饪玉米制品时可适量加些食用碱"这一建议?

3. 维生素 E 在食品加工中有哪些应用?

4. 维生素 C 在食品热加工中损失很大,为什么还会应用于肉制品加工?

项目六　食品矿物质性能及控制

【知识目标】

1. 熟悉矿物质的类别与作用。

2. 熟识食品矿物元素的功能、生物有效性及其影响因素。

【技能目标】

1. 能够测定食品中矿物质总量。

2. 具备测定食品中钙、铁等关键矿物元素的能力。

3. 具有控制食品加工过程矿物质分布的能力。

【项目导入】

人体内有 50 多种矿物质元素。已发现有 20 种左右元素是构成人体组织、维持生理功能、生化代谢所必需。在人体新陈代谢过程中，每天都有一定量的矿物质随各种途径，如粪、尿、汗、头发、指甲、皮肤及黏膜的脱落排出体外。因此，必须通过饮食补充。

> 思考：重金属是安全食品必检项目之一，对人体来说，Cu、Zn等又是必需元素，怎样理解？

某些无机元素在体内，其生理作用剂量带与毒性剂量带距离较小，因此，过量摄入不仅无益反而有害，特别要注意用量不宜过大。

食品矿物质的测定也是评判食品的加工精度和食品品质的重要指标。以总灰分含量评定面粉等级，富强粉为 0.3%～0.5%、标准粉为 0.6%～0.9%。食品生产因所用原料、加工方法及测定条件的不同，各种灰分的组成和含量也不相同。如果灰分含量超过了正常范围，说明食品生产中使用了不合乎卫生标准要求的原料或食品添加剂，或食品在加工、贮运过程中受到了污染。

任务 1　食品中总灰分的测定

【要点】

1. 高温炉、干燥器及分析天平的配合使用。

2. 坩埚处理、样品炭化、灰化及恒重等基本操作。

【工作过程】

一、瓷坩埚的准备

将坩埚置于规定温度（500～550℃）的高温炉中，灼烧 0.5 h，移至炉口冷却到 200℃左右后,再移入干燥器中,冷却至室温后,准确称重;再放入高温炉内灼烧 30 min,取出冷却称重,直至恒重(两次称量之差不超过 0.5 mg)。

二、样品预处理

准确称量样品,精确至 0.000 1 g。

三、炭化

将样品放在低温电炉上小火加热,使试样充分炭化,直到无黑烟产生。对特别容易膨胀的试样(含糖较多的食品),可先于试样上加数滴辛醇或纯植物油,再进行炭化。

四、灰化

把坩埚移入已设规定温度 500～550℃的高温炉炉口处,慢慢移入炉膛内,关闭炉门;500～550℃灼烧一定时间至灰中无炭粒存在;打开炉门,冷却至 200℃左右,取出,将坩埚移入干燥器中冷却至室温;准确称重,再灼烧、冷却、称重,直至达到恒重。在称量前如灰中有碳粒时,向其中滴入少量水润湿,使结块松散,蒸出水分再次灼烧,直至无炭粒即灰化完全。

五、结果与计算

$$灰分=\frac{m_3-m_1}{m_2-m_1}\times100\%$$

式中,m_1 为空坩埚质量,g;m_2 为样品加空坩埚质量,g;m_3 为残灰加空坩埚质量,g。

六、相关知识

(一)灰分概念

灰分是指食品经高温灼烧后残留下来的无机物又称矿物质(氧化物或无机盐类)。食品的灰分与食品中原来存在的无机成分在数量和组成上并不完全相同。

样品在灰化时发生了一系列的变化:

(1)水分、某些易挥发元素如氯、碘、铅等,会挥发散失,磷、硫等也能以含氧酸的形式挥发散失,使这些无机成分减少。

> 思考:食品灰分等同于食品中原有矿物质吗?

(2)某些金属氧化物会吸收有机物分解产生的二氧化碳而形成碳酸盐,又使无机成分增多。因此,灰分并不能准确地表示食品中原来的无机成分的总量。我们通常把食品经高温灼烧后的残留物称为粗灰分。

(二)样品处理

样品处理时应根据样品的性质和状态,选择不同的处理方法。不能直接烘干的样品,要进行预处理。

(1)液体样品(牛奶、果汁)先在水浴上蒸干湿样。主要是先去水,不能用马福炉直接烘,否则样品沸腾会飞溅,使样品损失,影响结果。

（2）多水分固体样品（果蔬）应先在烘箱内干燥。

（3）富含脂的样品 先提取脂肪，即放到小火上烧，直到烧完为止，然后再炭化。

思考：食品被灰化时，试样处理是否一致？

（4）富含糖、蛋白质、淀粉样品 在灰化前加几滴纯植物油（防止发泡）。

（三）取样量

依据样品的种类和性质决定取样量的多少。食品的灰分与其他成分相比含量较少，取样时应考虑称量误差，以燃烧后得到的灰分质量为 10～100 mg 来确定称样量。通常奶粉、麦乳精、大豆粉、调味料、鱼类及海产品等取 1～2 g；谷物及其制品、肉及其制品、糕

思考：灰化时，称（量）取的食品量怎样确定？

点、牛乳等取 3～5 g；蔬菜及其制品、砂糖及其制品、淀粉及其制品、蜂蜜、奶油等取 5～10 g；水果及其制品取 20 g；油脂取 50 g。

（四）炭化

灰化前要先进行炭化处理，可以防止因温度过高试样中的水分急剧蒸发使试样飞扬，防止糖、蛋白质、淀粉等易发泡膨胀的物质在高温下发泡膨胀而溢出坩埚；不经炭化而直接灰化，炭粒易被包住，灰化不完全。

（五）灰化温度

灰化温度的高低对灰分测定结果影响很大。由于各种食品中的无机成分组成性质及含量各不相同，灰化温度也应有所不同，一般为 500～550℃。灰化温度过高，将引起钾、钠、氯等元素的挥发损失，而且磷酸盐、硅酸盐类也会熔融，将炭粒包藏起来，使炭粒无法氧化；灰化温度过低，则灰化速度慢、时间长，不易灰化完全，也不利于除去过剩的碱（碱性食品）吸收的二氧化碳。

想一想：炭化与灰化有何不同？又有何联系？

因此，必须选择合适的灰化温度，在保证灰化完全的前提下，尽可能减少无机成分的挥发损失和缩短灰化时间。

（六）灰化时间

一般以灼烧至灰分呈白色或浅灰色，无碳粒存在并达到恒重为止。通常根据经验灰化一定时间后，观察一次残灰的颜色，以确定第一次取出的时间，取出后冷却、称重，再放入炉中灼烧，直至达恒重。灰化至达

思考：食品灰分是否都为白或灰白色？

到恒重一般需 2～5 h。对有些样品，即使灰化完全，残灰也不一定呈白色或浅灰色。如铁含量高的食品，残灰呈褐色；锰、铜含量高的食品，残灰呈蓝绿色。有时即使灰的表面呈白色，内部仍残留有炭块。

七、仪器与试剂

1. 仪器

马福炉、电炉、分析天平、瓷坩埚、坩埚钳、干燥器、面粉。

2. 试剂

植物油、水。

八、相关提示

> 思考:干燥器在此处的作用是否可有可无?

①把坩埚放入高温炉或从炉中取出时,要在炉口停留片刻,使坩埚预热或冷却,防止因温度剧变而使坩埚破裂。

②灼烧后的坩埚应冷却到 200℃ 以下,再移入干燥器中,否则因热的对流作用,易造成残灰飞散,且冷却速度慢,冷却后干燥器内形成较大真空,盖子不易打开。

③样品炭化时要注意热源强度,防止产生大量泡沫溢出坩埚。

④灰化后所得到的灰分可做钙、磷、铁等成分的分析。

⑤用过的坩埚经初步洗刷后,可用粗盐酸或废盐酸浸泡 10～20 min,再用水刷洗干净。

【考核要点】

1. 灰分测定基本流程。

2. 炭化程度判断。

3. 灰化过程控制及干燥器使用。

4. 灰分测定结果准确性。

【思考题】

1. 如何判断烧至恒重?

2. 灰化的温度过高或过低对测定有什么影响?

3. 为什么食品样品在高温灼烧前要进行炭化处理?

【必备知识】 矿物质概述

组成食品成分的元素有许许多多,其中碳、氢、氧、氮 4 种元素主要以有机化合物和水的形式存在,除此 4 种元素之外,其他的元素成分均称为矿物质或无机盐。由于在食品灰化过程中,有机物成为挥发性的气体逸去,而无机物大部分是不挥发的残渣。因此,矿物质也

> 思考:如何理解食品灰化残渣为矿物质?

称灰分。矿物质在机体中无法合成,必须从食物中摄入,摄入量不足可导致疾病,过量的摄入则可能导致中毒。

食品中的矿物质存在形式多样,一种形式为可溶性盐及它们解离产生的离子,如 Na^+、K^+、Cl^-、SO_4^{2-} 等离子组成的盐;另一种形式为难溶或不溶性盐,如多价阳离子与磷酸根、草酸根、碳酸根、植酸根等结合生成的一些盐。矿物质在食品中往往还以螯合物或复合物形式存在,如与蛋白质、酶等有机成分相结合。

矿物质在食品中的含量较少,但具有重要的营养生理功能,有些对人体具有一定的毒性。因此,研究食品中的矿物质目的在于提供建立合理膳食结构的依据,保证适量有益矿物质,减少有毒矿物质,维持生命体系处于最佳平衡状态。

一、矿物质分类

1. 按矿物质的生理作用分类

食品中矿物质按其对人体健康的影响可分为必需元素、非必需元素和有毒元素三类。

必需元素在一切机体的正常组织中都存在,而且含量比较固定,缺乏时能发生组织上和生理上的异常,当补充这种元素后,即可恢复正常或可防止出现异常。例如,缺铁导致贫血;缺硒

出现白肌病；缺碘易患甲状腺肿等。目前，已经确定的人体必需的微量元素有 14 种，它们是铁、锌、铜、碘、锰、钼、钴、硒、铬、镍、锡、硅、氟、钒。但必需元素摄入过多会对人体造成危害，引起中毒。

非必需元素如铝、硼等，目前尚未发现它们机体具有营养价值，对人体的毒性作用也不大。

> 思考：食物中的有毒元素要控制，必需元素多多益善吗？

有毒元素通常指重金属元素如汞、铅、镉等，它们在营养上不起任何有益作用，当人体大量摄入被它们污染的食品后，会阻碍机体的生理功能及正常的代谢，造成人体中毒。

2. 按矿物质的含量分类

食品中的矿物质若按在体内含量的多少可分为常量元素和微量元素两类。常量元素是指其在人体内含量在 0.01% 以上的元素，如钙、镁、钾、钠、磷、氯、硫等，人体对它们的日需要量在 100 mg 以上；含量在 0.01% 以下的称为微量元素，如铁、碘、硒、锌、锰、铬等。无论是常量元素还是微量元素，在适当的范围内对维持人体正常的代谢与健康具有十分重要的作用。

二、矿物质作用

1. 构成人体组织的重要成分

食品中许多矿物质是构成机体必不可少的部分，机体中的矿物质主要存在于骨骼并维持骨骼的刚性，99% 的钙元素和大量的磷、镁元素就存在于骨骼、牙齿中；此外磷、硫还是机体蛋白的组成元素，细胞中则普遍含有钾、钠元素；铁为血红蛋白的重要组成成分。

2. 维持细胞渗透压和机体酸碱平衡

作为体内的主要调节物质，矿物质可以调节渗透压，保持渗透压的恒定以维持组织细胞的正常功能和形态。例如，钾、钠、氯等正负离子，在细胞内外和血浆中分布不同，其与蛋白质、重碳酸盐一起共同维持各种细胞组织的渗透压，使得组织保留一定水分，维持肌体水的平衡。矿物质还可以维持体内的酸碱平衡。细胞活动需在近中性环境中进行，氯、硫、磷等酸性离子和钙、镁、钾、钠等碱性离子适当配合，以及重碳酸盐、蛋白质的缓冲作用，使得体内的酸碱度得到调节和平衡。

3. 保持神经肌肉兴奋

钾、钠、钙、镁等离子以一定比例存在时，对维持神经、肌肉组织的兴奋性、细胞膜的通透性具有重要作用。

> 思考：设想无食盐的饮食会产生什么状况？

4. 构成酶的成分或使酶激活

某些矿物质在体内作为酶的构成成分或激活剂。在这些酶中，特定的金属与酶蛋白分子牢固地结合，使整个酶系具有一定的活性。例如，血红蛋白和细胞色素酶系中的铁，谷胱甘肽过氧化物酶中的硒等。

5. 构成某些激素或参与激素的作用

有些矿物质是构成激素或维生素的原料，例如，甲状腺素中碘是不可缺少的元素，钴是维生素 B_{12} 的组成成分等。

6. 对机体具有特殊功能

大量研究发现，微量矿物元素与有关机体衰老的遗传学说、自由基学说、代谢学说等都有密切关系。例如,锰元素可提高人体内性激素的合成,激活一系列酶,使中枢神经系统保持良好状态,延缓衰老,有"抗衰老元素"之称;另外,研究发现,癌症患者体内普遍存在着微量元素平衡的失调。例如,肺癌与锌、硒等元素含量低而铬、镍等元素含量高有关;肝癌与锰、铁、钡等含量低而铜含量高有关。

任务2 食品中钙含量测定(高锰酸钾滴定法测定钙元素)

【要点】
1. 高锰酸钾法测定钙元素含量的依据。
2. 样品灰化处理与定容。
3. 测定钙元素的定量检定及结果分析。

【工作过程】

> 思考:样品称取量如何确定?

一、样品灰化处理

称取适量样品于瓷坩埚中,干法灰化后,加入盐酸溶液 5 mL,置于水浴上蒸干,然后再加入盐酸 5 mL 溶解并移入 25 mL 容量瓶中,以热水少量多次洗涤瓷坩埚,将洗液合并于容量瓶中,冷却后加水稀释至刻度,备用。

二、钙元素的测定

1. 分离

用移液管准确吸收 5 mL 样品处理液,置于 15 mL 离心管中,加入 1 滴甲基红和 2 mL 4% 草酸铵,再加入乙酸 0.5 mL,用氢氧化钠调节至微黄色,再用乙酸调节至微红色。静置 2 h 以上,使沉淀全部析出。

2. 净化

离心 15 min,小心倒出上清液,向离心管中加入少量氨水,用手指弹动离心管,使沉淀松动,再加入约 10 mL 氨水,离心 20 min,用胶头吸管吸去上清液。

3. 滴定

用 20 mL 1 mol/L 硫酸溶液将离心管中沉淀洗入 50 mL 锥形瓶中,将锥形瓶放在 70～80℃水浴中加热,使沉淀全部溶解,用 0.02 mol/L 高锰酸钾溶液滴定,至淡紫红色 30 s 不褪色为终点,记录消耗高锰酸钾标准溶液的体积。同时做空白试验。

三、结果与计算

按下式计算出样品中钙元素的含量:

$$X = \frac{c \times (V_1 - V_0) \times 20 \times V_2}{m \times V_3} \times 100\%$$

式中,X 为样品中钙的含量,mg/100 g;V_1 为滴定样品液消耗高锰酸钾标准溶液体积,mL;V_0

为滴定空白液消耗高锰酸钾标准溶液体积,mL;c 为高锰酸钾标准液的物质的量浓度,mol/L;V_2 为样品处理液体积,mL;V_3 为测定时用样品处理液的体积,mL;m 为样品的质量,g;20 为 0.02 mol/L 高锰酸钾标准溶液 1 mL 所相当的钙量。

四、相关知识

样品灰化后,用盐酸溶解。在酸性溶液中,钙与草酸生成草酸钙沉淀,沉淀经洗涤后,加入硫酸溶解,把草酸游离出来,用高锰酸钾标准溶液滴定与钙等量结合的草酸,稍过量一点的高锰酸钾使溶液呈现微红色,即为滴定终点。

根据高锰酸钾标准溶液消耗量,即可计算出样品中钙的含量。

五、仪器与试剂

1. 仪器

瓷坩埚、可调温水浴锅、容量瓶 25 mL(×1)、移液管 5 mL(×1)、离心机、胶头吸管、锥形瓶 50 mL(×1)、滴定管、乳粉。

2. 试剂

(1)高锰酸钾标准溶液(0.020 mol/L)。称取 KMnO₄

> 思考:高锰酸钾标准溶液怎样制备与保存?

1.4 g,溶于 400 mL 新煮沸放冷的蒸馏水中,置棕色玻璃瓶中,于暗处放置 7~10 d,用垂熔玻璃漏斗过滤,存于另一棕色试剂瓶中备用。

(2)高锰酸钾标准溶液(0.02 mol/L)的标定。精密称取在 105℃ 干燥至恒重的基准物 Na₂C₂O₄ 3 份,每份 0.153~0.167 g,分别置于 3 个锥形瓶中,各加新煮沸并放冷的蒸馏水 100 mL 使溶解,再加浓 H₂SO₄ 5 mL,摇匀。迅速自滴定管中加入高锰酸钾标准溶液约 20 mL,待褪色后,加热至 65℃,继续滴定至溶液显淡粉红色,并保持 30 s 不褪色,即为终点。记录所消耗高锰酸钾标准溶液的体积(当滴定终了时,溶液的温度应不低于 55℃)。

(3)盐酸溶液(1∶4)。

(4)乙酸溶液(1∶4)。

(5)氨水溶液(1∶4)。

(6)草酸铵溶液(4%):称取 4 g 草酸铵溶于 100 mL 水中。

(7)甲基红指示剂(0.1%):称取 0.1 g 甲基红溶于 100 mL 95%乙醇中。

(8)硫酸溶液(1 mol/L)。

六、相关提示

①草酸铵应在溶液酸性时加入,使测定结果准确。

②用高锰酸钾滴定时,要不断地摇动,使溶液均匀,同时应保持滴定在 70~80℃下进行。

【考核要点】

1. 滴定管熟练使用。

2. 滴定过程把握与终点控制。

3. 钙元素测定结果计算与分析。

【思考题】

1. 高锰酸钾滴定法测定钙元素时应注意哪些事项?

2. 钙含量测定中熟悉钙元素的哪些性质?

【必备知识】　矿物质

一、食品中的矿物质

(一)乳中的矿物质

乳类食品最常见的是牛乳。牛乳中矿物质含量为 0.70%~0.75%,含有多种矿物质(表 6-1)。

表 6-1　牛乳中的矿物质

(引自《食品科学与工艺》钟立人,1999)

较高含量的元素含量/(g/L)		较低含量的元素含量/(mg/L)		痕量元素含量/(mg/L)	
钾	1.38	锌	3.803	铝	
钙	1.25	铁	1.00	钡	
氯	1.04	铜	0.30	铬	
磷	0.96	碘	0.21	钴	0.000 6
钠	0.58	溴	0.21	铅	
硫	0.30	氟	0.159	锂	
镁	0.14	硼	0.159	铷	
		镍	0.066	硅	
		锰	0.02	银	
		钼	0.073	锶	
				钛	
				钒	

牛乳中含量较高的矿物质有钾、钠、钙、镁、磷、氯、硫等,含铁、铜、锌的量相对较低。牛乳因富含钙常作为人体钙的主要来源,而且乳中钙易被人体吸收,是各种食品中生物有效性最高的。牛乳乳清中的钙占总钙的 30% 且以溶解态存在;剩余的钙大部分与酪蛋白结合,以磷酸钙胶体形式存在;少量钙与 α-乳清蛋白和 β-乳球蛋白结合而存在。

> 思考:喝牛乳的婴儿需要补充什么矿物质?

(二)肉中的矿物质

与其他食品相比,肉类富含多种矿物质,矿物质的总含量一般为 0.8%~1.2%。肉类食品中钠、钾、磷、镁的含量较丰富,铁、铜、锰、锌、钴的含量也较多(表 6-2)。肉中的矿物质有呈溶解状态,也有呈难溶解状态。例如,钠、钾等可溶性的矿物质主要存在于体液部分,在肉的冻融过程中容易随汁液流失;铁、铜、锌等难溶解的矿物质与蛋白质结合为存在的主要形式。所以,在加工中不易损失。肉中的铁与血红素结合,铁的化合态影响肌肉的色泽,并且与肉的食用品质有很大的关系。

表 6-2 几种动物肌肉中的矿物质含量

（引自《食品化学》刘邻渭，2000） mg/100 g

肌肉种类	钙	磷	镁	钾	钠	锌	铁
鸡腿肉（6周龄）	3.90	181	20.2	252	72.7	1.44	1.06
鸡胸肉（6周龄）	2.83	200	25.9	265	42.8	0.62	0.64
牛肉（半腱性）	4.28	216	27	417	55.2	2.92	2.00
猪肉（半腱性）	5.78	190	21.5	341	88.7	5.47	3.00

（三）植物性食品中的矿物质

植物性食品包括谷类、薯类、豆类、蔬菜水果类、食用菌及藻类等。植物性食品中的矿物质分布不均匀，但植物性食品含钾、镁较丰富。植物中富含有机酸，矿物质大多以有机酸盐的形式存在，这是植物性食品中矿物元素的共同特点。

谷类食品中，含磷较丰富，镁和锰的含量也相对较高，但钙的含量不高。矿物质主要集中在麸皮或米糠中，胚乳中含量很低（表6-3）。当谷物精加工时会造成矿物质的大量损失。

表 6-3 小麦不同部位中矿物质含量

部位	磷/%	钾/%	钠/%	钙/%	镁/%	锰/(mg/kg)	铁/(mg/kg)	铜/(mg/kg)
全胚乳	0.10	0.13	0.002 9	0.017	0.016	24	13	8
全麦麸	0.38	0.35	0.006 7	0.032	0.11	32	31	11
中心部分	0.35	0.34	0.005 1	0.025	0.086	29	40	7
胚尖	0.55	0.52	0.003 6	0.051	0.13	77	81	8
残余部分	0.41	0.41	0.005 7	0.036	0.13	44	46	12
整麦粒	0.44	0.42	0.006 4	0.037	0.11	49	54	8

在马铃薯、甘薯、魔芋等薯类中，马铃薯的营养价值较高；矿物元素以钾的含量较高，其他还有铁、钙、磷、镁等。

豆类食品中，矿物元素的含量在植物性食品中最为丰富，含有较多的钙，同时，也是钾、磷等矿物质的优质来源，铁、镁、锌、锰、硒等矿物质的含量也很高（表6-4）。大豆中存在植酸，影响了人体对其他矿物质（如钙、锌等）的吸收，使其中矿物质的生物利用率不如动物性食品，不过，被吸收的绝对量仍不少。

表 6-4 大豆（干重）中矿物质含量 %

矿物质	范围	平均值	矿物质	范围	平均值
灰分	3.30～6.35	4.60	磷	0.50～1.08	0.78
钾	0.81～2.39	1.83	硫	0.10～0.45	0.24
钙	0.19～0.30	0.24	氯	0.03～0.04	0.03
镁	0.24～0.34	0.31	钠	0.14～0.61	0.24

蔬菜水果中,含有丰富的钙、磷、铁、钾、钠、镁、铜、锰等矿物元素,其中钾含量高,钠含量相对较低。新鲜果蔬含水量可达80%～95%,矿物质的含量似乎不高,如果以干物质

思考: 蔬菜、水果为什么被称为碱性食物?

计,它们的矿物质含量是相当丰富的,所以蔬菜和水果是日常膳食中矿物质的主要来源。蔬菜中的矿物质以钾最高(表6-5),而水果中的矿物质含量低于蔬菜(表6-6)。蔬菜中雪里蕻、芹菜、油菜等不仅含钙量高,而且易被人体吸收利用;菠菜、苋菜、空心菜等由于含较多的草酸,影响其中钙、铁的吸收。

表 6-5　部分蔬菜中矿物质含量　　　　　　　　　　　　　　　mg/100 g

蔬菜	钙	磷	铁	钾
菠菜	72	53	1.8	502
莴笋	7	31	2.0	318
茭白	4	43	0.3	284
苋菜(青)	180	46	3.4	577
苋菜(红)	200	46	4.8	473
芹菜(茎)	160	61	8.5	163
韭菜	48	46	1.7	290
毛豆	100	219	6.4	579

表 6-6　部分水果中矿物质含量　　　　　　　　　　　　　　　mg/100 g

水果	镁	磷	钾
橘子	10.2	15.8	175
苹果	3.6	5.4	96
葡萄	5.8	12.8	200
樱桃	16.2	13.3	250
梨	6.5	9.3	129
香蕉	25.4	16.4	373
菠萝	3.9	3.0	142

食用菌是可食用的真菌类,如蘑菇、发菜、羊肚菌、牛肚菌、鸡油菌,香菇、平菇、草菇、银耳、黑木耳、金针菇、茯苓、竹荪、灵芝等。食用菌的营养价值和药用价值都很高,从矿物质来说,食用菌含丰富的钙、磷、铁。

海藻是广泛分布于海洋中的植物的总称。主要有绿藻、红藻和褐藻。其中,供食用的绿藻为绿紫菜,红藻为紫菜、石花菜,褐藻为海带等。海藻类最主要的营养价值是富含矿物质,其含量可达干物质的10%～30%。海藻中钠、镁、钙、钾的含量都较高,海藻选择性积蓄海水中的钾、钙,因此是人体重要的钾钙供给源。海藻中的碘是人体必需的微量矿物元素,以海带中含量最多。海藻中的硒、锌含量也较高。

> **健康小贴士　酸性食品与碱性食品**
>
> 　　在营养学上,一般将食品分成酸性食品和碱性食品两大类。食品的酸碱性与其本身的 pH 无关(味道是酸的食品不一定是酸性食品),主要是食品经过消化、吸收、代谢后,最后在人体内变成酸性或碱性的物质来界定。产生酸性物质的称为酸性食品,产生碱性物质的称为碱性食品。
>
> 　　动物的内脏、肌肉、脂肪、蛋白质、五谷类,因含硫(S)、磷(P)、氯(Cl)元素较多,在人体内代谢后产生硫酸、盐酸、磷酸和乳酸等,它们是人体内酸性物质的来源;而大多数蔬菜、水果、海带、豆类、乳制品等含钙(Ca)、钾(K)、钠(Na)、镁(Mg)元素较多,在体内代谢后可变成碱性物质。在日常膳食中,要注意酸性食品和碱性食品的合理搭配,以维持人体体液 pH 在 7.3～7.4,稍偏碱性。若摄入酸性食品过多,会引起各种酸中毒及缺钙症。

二、矿物质生物有效性

(一)生物有效性的提出

　　食品中矿物质的存在形式会影响其生物可利用性。影响矿物质生物可利用性的关键是它被人体小肠吸收入血的效率,也称为生物有效性。所谓生物有效性,是指食物中的某种营养成分在经过消化吸收之后在人体内的利用率,包括吸收率、转化成活性形式的比例以及在代谢中发挥的功能。以可溶性盐或与蛋白质、酶等大分子结合存在的矿物元素较易被吸收;食物成分的氧化还原性、其他营养素的摄入量、金属离子间的相互作用以及人体的生理状态都会影响矿物质的吸收效率。

> 思考:每天都在吃钙片的人为什么还可能缺钙?

(二)影响矿物质生物有效性的因素

1. 食品的可消化性

　　一些难以被人体消化吸收的大分子与矿物质形成螯合物会使矿物质的吸收率下降。例如,许多膳食纤维类物质会影响铁、锌、钙等矿物质的吸收。

2. 矿物质的物理形态和化学形式

　　由于矿物质消化与吸收需要水,所以,矿物质的生物有效性与其物理形态相关。例如,多价离子的磷酸盐和碳酸盐难被吸收,而钾、钠、氯等元素的化合物吸收率较高。矿物质的化学形式同样影响其生物有效性,同一矿物元素处于不同的化学形式,其生物有效性不同。例如,Fe^{2+} 比 Fe^{3+} 更易被机体利用;血红素中铁的生物可利用率远高于无机铁离子;与酶蛋白结合的锌更易被吸收和利用。

3. 与其他营养物质相互作用

　　蛋白质、脂肪、维生素等营养成分的摄入量也会影响到矿物质的吸收效率。目前已经发现,维生素 C 的摄入水平与铁的吸收有关,维生素 C 可将 Fe^{3+} 还原成 Fe^{2+},促进铁的吸收;维生素 D 对钙吸收的影响就更重要;蛋白质摄入量不足时钙质的吸收较低,而脂肪摄入过量时也会影响钙的吸收等等。

> 思考:能想出促进钙吸收的简单方法吗?

4．螯合作用

金属离子可以与不同的配位体作用，形成配合物或螯合物。在食品体系中螯合物的作用是非常重要的，因为不仅可以提高或降低矿物质的生物有效性，而且可以发挥其他作用，如防止铁、铜的助氧化作用。充当配位体的物质如果能使矿物质的溶解性提高，往往会促进它的吸收。例如，EDTA 可以促进铁的吸收。如果配位体与金属离子形成螯合物后溶解度降低，则会妨碍吸收。例如，多价阳离子与草酸、植酸等所形成的螯合物溶解性小，是铁、钙、锌等矿物质吸收的障碍。

5．加工方法

食品加工也会影响到矿物质在体内的生物可利用性。例如，饼干在焙烤后使面粉中强化的 Fe^{2+} 转变成 Fe^{3+}，降低铁的生物有效性。添加维生素 C 或除去植酸盐均可提高铁的生物可利用性。

6．人体的生理状态

人体对矿物质的吸收通过自身调节以达到维持机体环境相对稳定，在缺乏某种矿物质时，其吸收率提高，在供应充足时，吸收率下降。例如，缺铁者对食物中铁的吸收增加。此外，疾病、年龄、性别等也会影响矿物质的生物可利用性。例如，消化系统疾病可影响矿物质的吸收；胃酸分泌不足阻碍铁和钙的吸收；老人对矿物质的吸收与利用率较低；女性对铁的吸收量较男性大。

三、常量矿物元素功能与生物有效性

（一）钙（Ca）

钙（Calcium，Ca）是人体必需的矿物元素之一。体内 99％的钙存在与骨骼和牙齿中。钙对血液凝固、维持神经肌肉的兴奋性、细胞的黏着、神经兴奋与冲动的传递、细胞膜功能的维持、酶促反应的激活以及某些激素的分泌都起着决定性的影响，钙还能激活补体，对免疫功能有促进作用。

正常情况下，膳食中钙的吸收率为 20％～30％。钙的吸收与利用受很多因素的影响。例如，含草酸或植酸多的食物不利于钙的吸收、膳食中过多的脂肪、蛋白质会降低钙的吸收利用、食物中的钙磷比等等，都会影响钙元素的生物有效性。各种食物中，乳与乳制品是人体最理想的钙源。此外，豆与豆制品、绿色蔬菜、虾皮、鱼和骨等也是钙的良好来源。

> **健康小贴士：钙能应用于果蔬的加工与储藏**
>
> 在果蔬加工中，为了提高组织硬度，往往会加入一些钙盐，这会使制品钙的含量提高。
>
> 由于钙能与带负电荷的大分子形成凝胶，如低甲氧基果胶、大豆蛋白、酪蛋白等，加入罐用配汤可提高罐装蔬菜的坚硬性，因此，在食品工业中广泛用作质构改良剂。

（二）磷（P）

磷（Phosphorus，P）也是人体必需的营养素之一。机体内 80％的磷与钙结合存在与骨骼和牙齿中。磷是核酸、磷脂、辅酶的组成部分，参与碳水化合物和脂肪的吸收与代谢，还是构成脑神经组织和脑脊髓的主要成分，对儿童的生长发育特别重要。

磷的吸收率远高于钙，约有 70％以上可被机体吸收。维生素 D 可促进磷的吸收，当体内

缺乏维生素 D 时,血清中的无机磷酸盐含量下降;食物中的铁或铝过多时,会妨碍磷的吸收。植物性食品中含有大量的磷,但大多数以植酸磷的形式存在(表6-7),难以被人体消化吸收;通过发酵或浸泡方式将其水解,释放出游离的磷酸盐,从而提高磷的生物利用率。磷主要来源于动物性食品。例如,蛋类、瘦肉、干酪及动物肝、肾等。

表 6-7　每千克干物质食品中植酸磷的含量　　　　　　　　　　　　　　g

食品	总磷	植酸磷	食品	总磷	植酸磷
大米	3.5	2.4	豌豆	3.8	1.7
小米	3.5	1.91	大豆	7.1	3.8
小麦	3.3	2.2	土豆	1.0	0
玉米	2.8	1.9	燕麦	3.6	2.1
高粱	2.7	1.9	大麦	3.7	2.2

(三)钠(Na)

钠(Sodium,Na)是人体的必需营养素。钠是人体的重要阳离子之一,主要存在于细胞外液中,调节与维持体内水量的恒定,从而维持体液渗透压平衡和酸碱平衡;钠能增强神经肌肉的兴奋性;在肾小管中参与氢离子交换和再吸收;参与细胞的新陈代谢。在食品工业中钠可激活某些酶如淀粉酶;诱发食品中典型咸味;降低食品的 A_w,抑制微生物生长,起到防腐的作用;作为膨松剂改善食品的质构。

钠的主要来源是食盐、酱油、酱咸菜类、腌制肉等。人们一般很少出现钠缺乏症,但当钠摄入过多时会引起高血压。

(四)钾(K)

钾(Potassium,K)也是人体的必需营养素。钾对维持细胞内外渗透压平衡、酸碱平衡起着重要的作用;钾对心肌营养非常重要,钾缺乏或过高均可引起心率失常。另外,钾可降低血压,补钾对高血压及正常血压者有降压作用。钾可作为食盐的替代品及膨松剂。

钾的主要食物来源是水果、蔬菜和肉类。人们一般很少出现钾缺乏症。表6-8列出了动物性食品中的钠、钾含量。

表 6-8　动物性食品中钠和钾的含量　　　　　　　　　　　　mg/100 g

食物名称	钾	钠	食物名称	钾	钠
猪肉(后腿)	330	11.0	鸭蛋	60	82.0
猪肝	230	20.0	带鱼	220	112.0
牛肉(后腿)	330	11.0	鲤鱼	359	44.0
牛奶	157	49.0	黄鳝	325	47.0
鸡肉	340	12.0	对虾	150	20.0
鸡蛋	60	73.0			

(五)镁(Mg)

镁(Magnesium,Mg)虽然是常量元素中体内总含量较少的一种元素,但具有非常重要的生理功能。镁以磷酸盐、碳酸盐的形式参与构成骨骼和牙齿。镁与钙、磷构成骨盐,与钙在功能上既协同又对抗。当钙不足时镁可部分替代；当镁摄入过多时，又阻止骨骼的正常钙化。镁是细胞内的主要阳离子之一，和钙、钾、钠一起与相应的阴离子协同，维持体内的酸碱平衡和神经肌肉的应激性。镁与神经肌肉活动、内分泌调节作用也密切相关。

膳食中的镁来源于粗粮、坚果、豆类和绿色蔬菜中，动物性食品含镁较少。一般很少出现镁缺乏症。

任务 3　食品中铁元素的测定

【要点】

1. 样品处理及铁元素检测。

2. 标准曲线绘制与定量。

3. 邻二氮菲比色法定量检测依据。

【工作过程】

> 思考：与钙的检测对比，检测铁有何不同？

一、样品处理

称取均匀样品 10.0 g，干法灰化后，加入 2 mL 盐酸，在水浴上蒸干，再加入 5 mL 水，加热煮沸，冷却后移入 100 mL 容量瓶中，用水稀释至刻度，摇匀。

二、标准曲线的绘制

用吸量管分别移取铁标准溶液（10 μg/mL）0.00 mL、1.00 mL、2.00 mL、4.00 mL、6.00 mL 依次放入 5 只 50 mL 容量瓶中，加入盐酸羟胺溶液 1.0 mL，稍摇动，再加入邻二氮菲溶液 2.0 mL 及 5 mL HAc-NaAc 缓冲溶液，加水稀释至刻度，充分摇匀，放置 10 min 后，以不加铁标准溶液的试液为参比液，用 3 cm 比色皿，在 510 nm 波长处，依次测吸光值（A）。以含铁量为横坐标，A 值为纵坐标，绘制标准曲线。如图 6-1 所示。

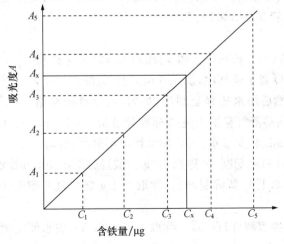

图 6-1　标准曲线

三、样品测定

准确吸取适量样液于 50 mL 容量瓶中,加入盐酸羟胺溶液 1 mL,稍摇动,再加入邻二氮菲溶液 2.0 mL 及 5 mL HAc-NaAc 缓冲溶液,加水稀释至刻度,充分摇匀,放置 10 min 后,用 3 cm 比色皿,在 510 nm 波长处,依次测吸光值(A),在图 6-1 标准曲线上查找出相对应的含铁量(μg/100 g)。

> 思考: 怎样能够使查得的数据更为准确?

四、结果与计算

按下式计算出样品中铁的含量:

$$X = \frac{m_1}{m \times \dfrac{V_1}{V_2}} \times 100\%$$

式中,X 为样品中铁的含量,μg /100 g;m_1 为从标准曲线上查得测定用样液相应的铁含量,μg;V_1 为测定用样液体积,mL;V_2 为样液定容总体积,mL;m 为样品质量,g。

五、相关知识

在微酸性溶液中,二价铁离子与邻二氮菲生成橙红色的化合物,在 510 nm 波长处下有最大吸收,其吸光度与铁的含量成正比,可通过比色法测定样品中铁的含量。

食品样品经灰化后,铁以 Fe^{3+} 形式存在,故显色以前应先加盐酸羟胺,将 Fe^{3+} 还原成 Fe^{2+}。

六、仪器与试剂

1. 仪器

水浴锅、电炉、分光光度计、容量瓶 50 mL($\times$7)、容量瓶 100 mL($\times$1)、移液管 2 mL($\times$1)、移液管 4 mL($\times$1)、移液管 5 mL($\times$1)、移液管 6 mL($\times$1)、刻度吸管 1 mL($\times$1)、刻度吸管 2 mL($\times$1)、刻度吸管 5 mL($\times$1)。

2. 试剂

(1)铁标准使用液(10 μg/mL)。准确称取 0.431 7 g 铁盐 $NH_4Fe(SO_4)_2 \cdot 12H_2O$ 置于烧杯中,加入 6 mol/L 盐酸 20 mL,移入 500 mL 容量瓶,然后加水稀释至刻度,摇匀,制得铁标准储备溶液 100 μg/mL。用移液管移取上述铁标准储备液 10.00 mL,置于 100 mL 容量瓶中,加入 6 mol/L HCl 2.0 mL 和少量水,然后加水稀释至刻度,摇匀。

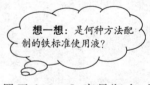

> 想一想: 是何种方法配制的铁标准使用液?

(2)盐酸羟胺 10%(新鲜配制)。称取 10 g 盐酸羟胺溶于 100 mL 水中。

(3)邻二氮菲溶液 0.1%(新鲜配制)。称取 0.1 g 邻二氮菲溶于 100 mL 水中,若不溶可稍加热。

(4)HAc-NaAc 缓冲溶液(pH=5)。称取 136 g NaAc,加水使之溶解,再加入 120 mL 冰醋酸,加水稀释至 500 mL。

（5）盐酸溶液 6 moL/L。取 250 mL 浓盐酸（35%～38%）用蒸馏水稀释至 500 mL。

（6）蛋黄粉。

七、相关提示

（1）规范使用移液管。

（2）所用容量瓶最好标记，加入试剂的顺序不能任意改变。

（3）如果有其他大量金属离子干扰，可加柠檬酸盐或 EDTA 作掩蔽剂。

【考核要点】

1. 分光光度计的使用。

2. 铁标准曲线绘制。

3. 铁元素测定准确度。

【思考题】

1. 绘制铁标准曲线的关键点有几项？

2. 铁元素测定中熟悉了铁的哪些性质？

【必备知识】 微量矿物元素

一、微量元素的功能和生物有效性

（一）铁（Fe）

铁（Iron，Fe）是人体必需的微量元素，也是体内含量最多的微量元素。机体内的铁都以结合态存在（表 6-9），没有游离的铁离子存在。铁是血红素的组成成分之一；铁参与形成的血红蛋白、肌红蛋白负责人体内氧气和二氧化碳的运输；参与细胞色素氧化酶、过氧化物酶的合成；铁在骨髓造血细胞中与卟啉结合形成高铁血红素，再与珠蛋白结合形成血红蛋白，以维持正常的造血功能。铁还影响体内蛋白质的合成，提高机体的免疫力。

表 6-9 人体内铁的分布

名称	总量/g	含铁量/mg	含铁百分率/%
血红蛋白	900	3 100	73
肌红蛋白	40	140	3.3
细胞色素	0.8	3.4	0.08
过氧化氢酶	5.0	4.5	0.11
铁传递蛋白	7.5	3.0	0.07
铁蛋白和血铁黄素	3.0	690	16.4
未鉴定成分		300	7.1

铁的生物有效性受很多因素影响，例如，食物的种类、铁的存在状态、膳食因素的影响等。

人体对食物中铁的吸收率很低，人乳中铁的吸收率最高，可达 49%，动物的含血内脏及肌肉中的血红素铁的吸收

> 思考：怎样补铁，生物有效性最好？

率也较高,超过 15%,牛奶、鸡蛋及蔬菜中的铁吸收率较低,不超过 10%;不同化学形式的铁,其生物可利用性也不同(表 6-10);动物性食品中,铁的吸收率较高,而植物性食品中铁的吸收率较低。

表 6-10　不同化学形式铁的生物有效性　　　　　　　　　　　　　　　　　　　　　%

铁的化学形式	相对生物有效性	铁的化学形式	相对生物有效性
硫酸亚铁	100	焦磷酸铁	45
柠檬酸铁铵	107	还原铁	37
硫酸铁铵	99	氧化铁	4
葡萄糖酸亚铁	97	碳酸亚铁	2
柠檬酸铁	73		

动物性食品如肝脏、肌肉、蛋黄中富含铁,植物性食品如豆类、菠菜、苋菜等中含铁量稍高,其他含铁较低,且大多数与植酸结合难以被吸收与利用。

(二)锌(Zn)

锌(Zinc,Zn)主要分布在肝、肾、肌肉、骨骼和皮肤(包括头发)中。锌是体内多种酶的组成成分或酶的激活剂,参与 DNA、RNA 和蛋白质的代谢,能够影响智力,促进机体生长发育,加速创伤组织愈合。锌与胰岛素、前列腺素、促性腺素等激素的活性有关;锌具有提高机体免疫力的功能,与人的视力及暗适应能力关系密切。

锌的生物有效性受很多因素的影响。钙、植酸盐和食物纤维都能降低锌的吸收;蛋白质中的氨基酸能促进锌的吸收;铁和锌的比为 1:1 时对锌的吸收影响不大,但铁锌比太高时则影响锌的吸收。

动物性食品中锌的含量较高,肉中锌的含量约为 20~60 mg/kg,且动物蛋白质分解后产生的氨基酸能促进锌的吸收,吸收率可达 50%。除谷类的胚芽外,植物性食品中锌含量较低(如小麦含 20~30 mg/kg),且大多与植酸结合为不溶于水的化合物,不易被吸收与利用。水果和蔬菜中含锌量很低,大约 2 mg/kg。有机锌的生物利用率高于无机锌。

(三)碘(I)

碘(Iodine,I)是必需微量元素之一。在机体内的主要作用是合成甲状腺素。它活化体内的酶,调节机体的能量代谢,促进生长发育,参与 RNA 的诱导作用及蛋白质的合成。机体缺碘会产生甲状腺肿,幼儿缺碘会导致呆小病,孕妇缺碘会引起早产、流产、死胎、胎儿先天性畸形等。

植物性食物可提供人体所需碘的 59%,动物性食物可提供人体所需碘的 33%,其余来自饮水。海带及各类海产品是碘的丰富来源(表 6-11)。另外,牛肉、动物肝脏、乳制品、鸡蛋等食物中也含有少量碘。一些含碘食品(如海带)长时间的淋洗和浸泡会导致碘的大量流失。内陆地区常出现缺碘症状,沿海地区很少缺碘。一般可通过营养强化碘的方法预防和治疗碘缺乏症。目前,通常使用强化碘盐即在食盐中添加碘化钾或碘酸钾使每克食盐中碘量达 70 μg。

表 6-11　部分食品中碘的含量　　　　　μg/kg

食品	含量	食品	含量
海带(干)	240 000	蛏干	1 900
紫菜(干)	18 000	干贝	1 200
发菜(干)	11 000	淡菜	1 200
鱼肝(干)	480	海参(干)	6 000
蚶(干)	2 400	海蜇(干)	1 320
蛤(干)	2 400	龙虾(干)	600

（四）铜（Cu）

人体中的铜（Copper，Cu）大多数以结合状态存在，如血浆中 90% 的铜与蛋白质结合以铜蓝蛋白的形式存在。铜可维持正常的造血功能，促进铁的吸收。铜能加速血红蛋白及卟啉的合成，促使幼稚红细胞成熟并释放。铜是体内许多酶的组成成分，在生物氧化过程和代谢过程中有重要作用；铜可维持中枢神经系统的完整性；与毛发的生长和色素的沉着有关；促进体内释放许多激素如促甲状腺激素、促黄体激素、促肾上腺皮质激素等；影响肾上腺皮质类固醇和儿茶酚胺的合成，并与机体的免疫有关。

铜主要在小肠被吸收，吸收率约为 40%。食物中大量的铁、锌、植酸盐、纤维素和维生素 C 均可干扰铜的吸收和利用，食品中氨基酸有利于铜的吸收。坚果类和动物肝脏等含铜丰富，牛奶、面包中含量较低。

（五）硒（Se）

硒（Selenium，Se）是 1837 年由瑞典科学家 Berzelius 发现的第一种非金属元素。长期以来，人们一直认为它是有毒物质，直到 1957 年研究发现硒是机体重要的必需微量元素。硒是谷胱甘肽过氧化物酶（Glutathioneperoxidase，GSH-Px）的重要组成成分，发挥抗氧化作用，保护细胞膜结构的完整性和正常功能的发挥。硒的抗氧化功能是通过 GSH-Px 来实现的。硒能加强维生素 E 的抗氧化作用，但维生素 E 主要防止不饱和脂肪酸氧化生成氢过氧化物（ROOH），而硒使氢过氧化物（ROOH）迅速分解成醇和水。硒还具有促进免疫球蛋白生成和保护吞噬细胞完整的作用。

硒主要是在小肠吸收，人体对食物中的硒的吸收良好，吸收率为 50%～100%。硒的生物利用率与硒在食物中的存在形式有关（表 6-12），最活泼的是亚硒酸盐，但它化学性质最不稳定。许多硒化合物有挥发性，在加工中有损失。例如，脱脂奶粉干燥时大约损失 5% 的硒。维生素 E、维生素 C、维生素 A 可促进硒的吸收，铜、铁、锌等会降低硒的利用率。

硒的食物来源主要是动物内脏，其次是海产品、淡水鱼、肉类；蔬菜和水果中含量最低。硒摄入过量可中毒，主要表现为头发变干、变脆、易断裂和脱落；肢端麻木、抽搐，甚至偏瘫；少数病人有神经症状，严重时可死亡。

硒的缺乏和中毒与地理环境有关。黑龙江省克山县一带是严重缺硒地区，土壤中的含硒量仅为 0.06 mg/kg，这些地区的人易患白肌病或大骨节病；而陕西的紫阳和湖北的恩思部分地区为高硒区，硒的含量变化为 0.08～45.5 mg/kg，平均为 9.7 mg/kg，常会出现硒中毒现象。

表 6-12　无机化合物中硒的生物利用率　　　　　　　　　　　　　　　%

化合物	硒元素价态	利用率	化合物	硒元素价态	利用率
硒化钠	-2	44	亚硒酸钠	4	100
硒	0	3	硒酸钠	6	74

健康小贴士:抗癌之王——硒

科学界研究发现,血硒水平的高低与癌的发生息息相关。

大量的调查资料说明,一个地区食物和土壤中硒含量的高低与癌症的发病率有直接关系。例如,此地区的食物和土壤中的硒含量高,癌症的发病率和死亡率就低;反之,这个地区的癌症发病率和死亡率就高,事实说明硒与癌症的发生有着密切关系。同时科学界也认识到硒是人体微量元素中的"抗癌之王"。

1. 增强免疫力　有机硒能清除体内自由基,排除体内毒素、抗氧化、能有效的抑制过氧化脂质的产生,防止血凝块,清除胆固醇,增强人体免疫功能。

2. 防止糖尿病　硒是构成谷胱甘肽过氧化物酶的活性成分,它能防止胰岛 β 细胞氧化破坏,使其功能正常,促进糖分代谢、降低血糖和尿糖,改善糖尿病患者的症状。

3. 防止白内障　硒可保护视网膜,增强玻璃体的光洁度,提高视力,有防止白内障的作用。

4. 防止心脑血管疾病　硒是维持心脏正常功能的重要元素,对心脏肌体有保护和修复的作用。人体血硒水平的降低,会导致体内清除自由基的功能减退,造成有害物质沉积增多、血压升高、血管壁变厚、血管弹性降低、血流速度变慢,送氧功能下降,从而诱发心脑血管疾病的发病率升高,然而科学补硒对预防心脑血管疾病、高血压、动脉硬化等都有较好的作用。

5. 防止克山病、大骨节病、关节炎　缺硒是克山病、大骨节病、两种地方性疾病的主要病因,补硒能防止骨髓端病变,促进修复,而在蛋白质合成中促进二硫键对抗金属元素解毒。对这两种地方性疾病和关节炎患者都有很好的预防和治疗作用。

6. 解毒、排毒　硒与金属的结合力很强,能抵抗镉对肾、生殖腺和中枢神经的毒害。硒与体内的汞、锡、铊、铅等重金属结合,形成金属硒蛋白复合而解毒、排毒。

7. 防治肝病、保护肝脏　我国医学专家于树玉历经16年的肝癌高发区流行病学调查中发现,肝癌高发区的居民血液中的硒含量均低于肝癌低发区,肝癌的发病率与血硒水平呈负相关,在江苏启东县居民中进行补硒预防癌症实验补硒可使肝癌发生比例下降,使有肝癌家史者发病率下降。

二、食品加工中矿物质的变化

许多因素会影响到食品中矿物质的组成。食品中矿物质的损失常常不是由化学反应引起的,而是通过矿物质的丢失或与其他物质形成一种不适宜于人体吸收利用的化学形态而损失。食品加工过程主要造成矿物质的损失。

(一)碾磨加工对矿物质的影响

谷物是矿物质重要来源之一,碾磨是造成谷物中矿物质损失的主要因素,谷物的矿物质主要存在于胚芽和表皮中,因而碾磨时造成矿物质含量的减少,并且食品碾磨的越精细,矿物质损失就越多,所以经常在谷物食品中添加一些微量元素来补充加工过程中一些矿物质的损失,但不同矿物质的损失率不尽相同。表 6-13 列出了碾磨对小麦中一些矿物质含量的影响。

表 6-13　碾磨对小麦矿物质含量的影响

矿物质	含量/(mg/kg)				相对损失率/%
	全麦	面粉	麦胚	麦麸	
铁	43	10.5	67	47～78	76
锌	35	8	101	54～130	77
锰	46	6.5	137	64～119	86
铜	5	2	7	7～17	60
硒	0.6	0.5	1.1	0.5～0.8	16

(二)预处理对食品中矿物质含量的影响

食品加工中一些原料的预处理对食品中矿物质含量有一定的影响。食品加工中食品原料最初的整理和清洗会直接带来矿物质的大量损失,如水果的去皮、蔬菜的去叶等,清洗、泡发等处理也会由于在水中的溶解而使矿物质大量损失。例如,海带是碘的良好来源,但海带食用前,人们习惯于用大量水、长时间浸泡,造成碘的大量损失。

(三)烹调对食品中矿物质含量的影响

一般情况下,烹调总体上会引起矿物质含量的减少。食品在烫漂或蒸煮等烹调过程中,遇水引起矿物质的流失,其损失多少与矿物质的溶解度有关(表 6-14)。

表 6-14　菠菜烫漂处理后矿物质的损失

矿物质	含量/(g/100 g)		损失率/%
	未烫漂	烫漂	
钾	6.9	3.0	56
钠	0.5	0.3	43
钙	2.2	2.3	0
镁	0.3	0.2	36
磷	0.6	0.4	36
硝酸盐	2.5	0.8	70

长时间煮沸牛乳会造成钙、镁等矿物质的严重损失,豌豆煮熟后矿物质损失也非常显著。

在家庭烹调中还需注意,一些食品的不合理搭配也可能降低某些矿物质的生物可利用性。比如,含钙较多的食品与含草酸较多的食品同煮时,大部分的钙会形成沉淀而不利于人体吸收。

(四)罐藏对食品中矿物质含量的影响

罐头食品中锡含量的增加就与食品罐头镀锡有关。罐头食品中的酸与金属器壁反应,生产氢气和金属盐,则食品中的铁和锡离子的浓度明显上升,但这类反应严重时会产生"胀罐"和出现硫化黑斑。

(五)食品中其他物质的存在对矿物质含量的影响

由于食品中其他物质的存在与矿物质相互作用导致其生物可利用性的下降,也是矿物质损失的重要原因。一些多价阴离子,如草酸、植酸等广泛存在于植物性食品中,可与二价金属离子如铁、钙等形成难溶性盐,降低了被机体吸收利用的程度,所以它们对矿物质的生物可利用性有很大影响。

食品加工中也可能会使某些矿物质含量增加。主要是由于食品加工中设备、用水和添加物等都会影响食品中的矿物质。例如,牛乳中镍含量很低,但经过不锈钢设备处理后镍的含量明显上升;加工用水如果是硬水,则会提高制品中钙、镁的含量;肉类罐头等肉制品在制作过程中添加磷酸盐以改良产品品质,这同时会引起磷含量的提高。

【拓展知识】

食品在加工和储藏过程中往往造成矿物质的损失。因此,为了维护人体的健康,提高食品的营养价值,根据需要有必要进行矿物质的营养强化。营养强化需要符合一定的要求与规范。对此,我国有关部门专门制定了食品营养强化剂使用标准(附录)。

根据营养强化的目的不同,食品中矿物质的强化主要有3种形式:

1. 矿物质的恢复 添加矿物质使其在食品中的含量恢复到加工前的水平。

2. 矿物质的强化 添加某种矿物质,使该食品成为该种矿物质的丰富来源。

3. 矿物质的增补 选择性地添加某种矿物质,使其达到规定的营养标准要求。

在食品中经常被强化的矿物质有钙、铁、锌、碘。例如,加碘盐就是矿物质营养强化。

【项目小结】

本项目以矿物质总量测定和常见矿物元素钙、铁测定为任务驱动引入项目学习。通过食品中矿物质总量的测定、食品中钙含量的测定以及食品中铁的测定过程训练,提升实操技能水平,并有针对性地学习了矿物质的分类、矿物质对人体的作用、生物有效性的概念、影响矿物质生物有效性的因素、常见矿物元素的功能、食品加工中矿物质的变化等相关知识。依据食品中矿物质评价的一般原则与方法,对食品中矿物质进行判断,若超出了正常范围,说明食品生产中使用了不符合标准的原料或食品添加剂,或食品在加工、贮运过程中受到了污染。

【项目思考】

1. 食物中的矿物质如何分类? 营养必需的微量元素有哪些?

2. 影响食品矿物质生物有效性的因素有哪些?

3. 食品加工中采取哪些途径控制矿物质流失?

项目七 酶的性能与控制

【知识目标】

1. 熟悉酶的分类、命名、酶的固定方法及固定化酶。

2. 熟知酶的组成、结构及催化作用的本质。

3. 熟知食品中酶促褐变的机理及影响因素。

4. 熟悉食品工业重要的酶。

【技能目标】

1. 能够进行酶活力及影响酶活力因素的测定。

2. 能运用与控制食品生产中的酶促褐变。

3. 具备使用酶提高食品质量的能力。

【项目导入】

酶(Enzyme)是由生物活细胞产生的、具有催化功能的大分子。只要不是处于变性状态，无论是在细胞内还是在细胞外，都可以发挥催化作用。在生物体内除少数几种酶为核酸分子以外，大多数的酶类都是蛋白质。

在食品加工中，利用酶可以改善食品的质量和开发新的食品。研究果蔬采摘、动物宰杀后体内酶的生化过程，可以实现对食物储藏时成分损失和食品加工时原材料具有更好的品质。应用酶学理论及酶制剂，使食品产生特殊的颜色、风味和质地，进行食品成分分析，达到控制食品质量的目的。目前，在食品工业应用的酶都是蛋白质。

任务1 淀粉酶活性影响因素测定

【要点】

1. 熟悉影响淀粉酶活性的因素。

2. 能够测定温度、pH、激活剂、抑制剂对淀粉酶活性的影响。

【工作过程】

一、温度对淀粉酶活性的影响

取 3 支试管，编号后按表 7-1 操作。

表 7-1　温度对酶活性影响

试管号	淀粉酶体积/mL	酶液处理温度/℃	pH 6.8缓冲溶液体积/mL	1%淀粉溶液A体积/mL	反应温度10 min/℃	观察结果
1	1	0	2	1	0	
2	1	37～40	2	1	37～40	
3	1	70 左右	2	1	70 左右	

上述各管在不同温度下保温 10 min 后,立即取出,流水冷却 3 min,向各管分别加入碘液 1 滴。细观察各试管颜色并记录。

> 思考:对比试管颜色,说明何种温度下淀粉酶的活性最大?这种温度称作什么?

二、pH 对淀粉酶活性的影响

取一支试管,加入 1%淀粉溶液 A 2 mL,pH 6.8 缓冲溶液 3 mL,淀粉酶液 2 mL,摇匀后,向试管内插入一支玻璃棒,置 37℃水浴保温。每隔 1 min 用玻璃棒从试管中取出 1 滴混合液于白瓷板上,即加入碘液 1 滴,摇匀后,观察溶液的颜色,确认淀粉水解程度后,记录从加入酶液到加入碘液的时间,此时间为保温时间。

> 提示:1.若保温时间在 2～3 min,酶活力太高,应酌情稀释酶液。2.若保温时间 15 min 以上,酶活力太低,应减少稀释倍数。3.建议保温时间为 8～15 min。

取 4 支试管编号,按表 7-2 进行操作。

表 7-2　pH 对酶活性的影响

试管号	缓冲溶液体积/mL				1%淀粉溶液A体积/mL	淀粉酶液体积(每隔1 min 逐管加入)/mL	观察结果
	pH 5.0	pH 5.8	pH 6.8	pH 8.0			
1	3	0	0	0	2	2	
2	0	3	0	0	2	2	
3	0	0	3	0	2	2	
4	0	0	0	3	2	2	

将上述各试管混匀后,再以 1 min 间隔依次将 4 支试管置于 37℃水浴保温。达保温时间后,依次将各管迅速取出,并立即加入碘液 1 滴,观察各试管溶液的颜色并记录。分析 pH 对酶活性的影响,确定最适 pH。

> 思考:对比试管颜色,说明何种pH使淀粉酶的活性最大?这种pH称作什么?

三、激活剂、抑制剂对淀粉酶活性的影响

取 4 支试管编号,按表 7-3 所示,加入各试剂。

表 7-3　激活剂、抑制剂对酶活性的影响

试管号	1%淀粉液 B	1%NaCl 液	1%CuSO₄ 液	1%Na₂SO₄ 液	蒸馏水	淀粉酶液	观察结果
1	2	1	0		0	1	
2	2	0	1	0	0	1	
3	2	0	0	1	0	1	
4	2	0	0	0	1	1	

将上述各试管溶液混匀后，向 1 号试管内插入一支玻璃棒，4 支试管同置于 37℃ 水浴保温 1 min 左右，用玻璃棒从 1 号试管中取出 1 滴混合液，检查淀粉水解程度（方法同步骤二）。待混合液遇淀粉不变色时，从水浴中迅速取出 3 支试管，各加碘液 1 滴，摇匀后观察各试管溶液的颜色并记录。

> **思考：** 为什么将试管置于37℃水浴保温？对比加入碘液后3支试管的颜色，分析何为淀粉酶的激活剂、抑制剂？

四、仪器与试剂

1. 仪器

试管(3.0 cm×20 cm)和试管架、恒温水浴锅、冰浴、吸量管(1 mL、2 mL、5 mL)、滴管、量筒、玻璃棒、白瓷板、秒表、烧杯、棕色瓶。

2. 试剂

(1)新鲜唾液稀释液(唾液淀粉酶液)。每位同学进实验室自己制备，先用蒸馏水漱口，以消除食物残渣，再含一口蒸馏水，0.5 min 后使其流入量筒并稀释到 200 倍(稀释倍数因人而异)混合备用。

(2)1%淀粉溶液 A(含 0.3%氯化钠)。将 1 g 可溶性淀粉及 0.3 g 氯化钠混悬于 5 mL 蒸馏水中，搅动后，缓慢倒入沸腾的 60 mL 蒸馏水中，搅动煮沸 1 min，冷却至室温，加水到 100 mL，置于冰箱中保存。

> **思考：** 配制1%淀粉A液中加入氯化钠有何意义？

(3)缓冲溶液系统。按表 7-4 混合配制。

表 7-4　缓冲溶液的配制　　　　　　　　　　　　　mL

pH	0.2 mol/L 磷酸氢二钠溶液体积	0.1 mol/L 柠檬酸溶液体积
5.0	5.15	4.85
5.8	6.05	3.95
6.8	7.72	2.28
8.0	9.72	0.28

(4)1%淀粉溶液 B(不含氯化钠)。

(5)碘液。称取 2 g 碘化钾溶于 5 mL 蒸馏水中，再加入 1 g 碘，待碘完全溶解后，加蒸馏水 295 mL，混匀储于棕色瓶中。

(6)1%氯化钠溶液。

(7)1%硫酸铜溶液。

（8）1‰硫酸钠溶液。

五、相关提示

①加入酶液后，要充分摇匀，保证酶液与全部淀粉液接触反应，得到理想的颜色梯度变化。
②用玻璃棒取液前，应将试管内溶液充分混匀，取出试液后，立即放回试管中一起保温。

【考核要点】

1. 确定淀粉酶的最适温度的操作过程。
2. 确定淀粉酶的最适 pH 的操作过程。
3. 判定淀粉水解程度。
4. 表述影响淀粉酶活性的激活剂、抑制剂。

【必备知识】 酶

一、酶的概述

生物体内每时每刻都进行着新陈代谢。新陈代谢是由无数复杂的、连续的化学反应组成，这些反应之间相互联系、相互制约，而且这些反应通常是在生物体内、温和的条件下进行。究其原因是这些化学反应几乎都是在生物体内特异的生物催化剂即酶的催化下进行的。

> 酶：一类由生物活细胞产生的生物催化剂，是生物体内一切生命活动的基础。

酶的存在是生物体进行新陈代谢的必要条件，没有酶的催化作用，新陈代谢就不能进行，所以没有酶就没有生命。

在 20 世纪 80 年代之前，人们根据纯酶的结晶状态、酶的化学结构和立体结构以及人工合成酶的成功实践，一致认为酶的化学本质是蛋白质。直到 1982 年，在生物体内发现了一种具有催化功能的核酸分子即核酸酶，人们对酶的本质又有了新的认识。

（一）酶

酶是一类由活性细胞产生的具有催化作用和高度专一性的生物大分子物质。

人类对酶的认识起源于生产实践，早在几千年前，人类已开始利用微生物酶来制造食品。我国在 4 000 多年前，就已经在酿酒、制酱、制饴等的过程中，不自觉地利用了酶的催化作用。如夏禹时代就已知道酿酒，周朝已经能制麦芽糖和造酱、醋，到春秋时代，就有用曲霉治腹泻的记载了。

酶的系统研究起始于对发酵本质的研究。直到 19 世纪开始，才真正地认识酶的存在和作用。1833 年，佩恩（Payen）和帕索兹（Persoz）从麦芽的抽提物中，用酒精沉淀得到一种可使淀粉水解成可溶性糖的物质，这就是后来被称作淀粉酶的物质；同时指出了它的热不稳定性，初步触及了酶的一些本质问题。1857 年，法国科学家巴斯德（Pasteur）等人对酵母的酒精发酵进行了大量研究，指出酵母中存在一种使葡萄糖转化为酒精的物质。1878 年库尼（Kvnne）首先把这种物质称之为酶。1897 年，德国学者巴赫纳（Bvchner）发现酵母的无细胞抽取液也能将糖发酵成酒精。由此，证明了生命体内有酶，而且在细胞外也可在一定条件下进行催化作用。1926 年，萨姆纳（Sumner）首次从刀豆提取液中分离等到脲酶结晶，证明它具有蛋白质的性质，提出酶的化学本质是蛋白质的观点。以后陆续实验得到了胃蛋白酶、胰蛋白酶和胰凝乳蛋白酶的结晶，并进一步证明了酶是蛋白质。直至 1982 年，美国切赫（T. Cech）等人首次发现四膜虫的 26 s rRNA 前体能在完全没有蛋白质的情况下进行自我加工，发现 RNA 有催化活性，提出核酶(ribozyme)的概念。核酶是具有高效、特异催化作用的核酸,是近年来发现的一类新的生物催化剂。

到目前为止,已发现的酶的总数已达到 3 000 多种,其中的数百种已被提纯、结晶。分子量一般在 5 000 道尔顿以上。细胞内的蛋白质 90% 都有催化活性。本项目中提及的酶均指蛋白质酶。

(二)酶的组成

绝大多数的酶是蛋白质。具有酶催化活性的蛋白质根据自身的组成成分可分为简单蛋白酶和结合蛋白酶。

1. 简单蛋白酶(Simple enzyme)

此酶也称单纯酶,是仅由蛋白质构成的酶。除了蛋白质外,不含其他物质,如脲酶、蛋白酶、脂酶等。一般催化水解反应的水解酶类多属于此类。

2. 结合蛋白酶(Conjugated enzyme)

除了蛋白质外,还有一些对热稳定的非蛋白质小分子物质。蛋白质部分为酶蛋白,非蛋白部分为辅助因子。由酶蛋白和辅助因子共同构成的酶称为结合酶。催化氧化还原作用的酶大多属于结合蛋白酶。

辅助因子是酶催化活性的必要条件,缺少了它们,酶的催化作用就会消失。酶蛋白和辅助因子各自单独存在时,均无催化作用,因此,结合蛋白酶也叫全酶。

全酶(Holoenzyme)才具有催化活性,即

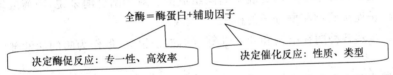

全酶＝酶蛋白+辅助因子

决定酶促反应:专一性、高效率　　决定催化反应:性质、类型

辅助因子按其与酶蛋白结合的紧密程度有辅酶和辅基之分,但二者没有严格的区别。通常辅酶指与酶蛋白结合(非共价键)得比较松散的小分子有机物,可用透析法即可除去,主要为水溶性的 B 族维生素参与组成;辅基是指与酶蛋白结合(共价键)比较紧密的金属离子,透析法不易除去,需经过一定的化学处理才可与蛋白质分开,如 Mg^{2+}、Fe^{2+}、Zn^{2+} 等。

在催化反应中,酶蛋白与辅助因子所起的作用是不同的。酶蛋白部分决定酶促反应的特异性及其催化机制,即决定酶促反应的专一性和高效率;而辅助因子则直接对电子、原子或某些化学基团起传递作用,决定酶促反应的性质与类型,具体参加反应。

(三)酶的结构

酶具有高效率、高度专一性等催化特性,都与酶本身的特殊结构有关。酶多为蛋白质类生物大分子,具有蛋白质的化学组成和完整的空间结构,在酶蛋白分子肽链上有许多的侧链基团。酶分子中存在的各种化学基团并不一定都与酶的活性有关,只有少数特定的氨基酸残基的侧链基团和酶的催化活性直接有关,这些官能团称为酶的必需基团(Essential Group),即酶分子中氨基酸残基侧链的化学基团中,与酶的活性密切相关的基团。在一级结构上可能相距很远的必需基团,在空间结构上彼此靠近,组成具有特定空间结构的区域,能与底物特异地结合并催化底物转化为产物。通常将这一区域称为酶的活性中心(Active center),如图 7-1 所示。

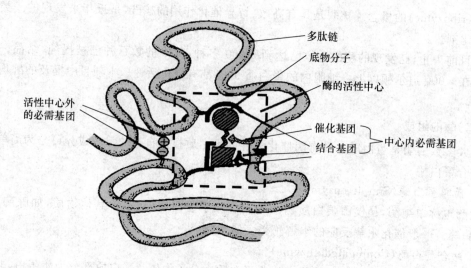

多肽链
底物分子
酶的活性中心
活性中心外
的必需基团
催化基团
结合基团 } 中心内必需基团

图 7-1　酶活性中心与必需基团示意图

必需基团是酶表现催化活性不可缺少的基团。酶活性依赖活性中心必需基团的严格空间构象,如构象改变(别构调节、变性等)则酶活性改变。

对于不需要辅酶的酶来说,酶活性中心是酶分子中具有三维结构的区域,或为裂缝,或为凹陷,深入到酶分子内部,是酶分子三维结构上比较靠近的少数氨基酸残基或是这些残基上的某些基团组成,且多为氨基酸残基的疏水基团组成的。对于结合酶来说,辅酶或辅基参与酶活性中心的组成,是连接底物和酶分子的桥梁。

具体说来,虽然各种酶在结构和专一性等方面差别很大,但作为酶的活性部位有其共同的特点:

(1)活性部位在整个酶分子中只占很小一部分。

(2)活性部位是具有三维结构的裂隙。

(3)底物与酶活性部位是通过次级键结合的。

(4)活性部位的裂隙具有高度疏水性(疏水口袋),可增进与底物的结合,是酶具有高效率的原因之一。

(5)活性部位构象上的柔性。

活性中心内的必需基团:

包括结合基团和催化基团。一种叫结合基团(Binding Group),与底物相结合的氨基酸残基,负责与底物分子结合,形成酶-底物复合物。结合部位决定酶的专一性;另一种叫催化基团(Catalytic Group),参与催化底物转变成产物的基团,负责催化反应,即底物的化学键在此被打断或形成新的化学键,催化底物转化为产物。催化部位决定酶所催化反应的性质。

> 提示:中心内的必需基因包括结合基团和催化基团。两种基团并非严格的分工、两种功能兼而有之。

活性中心外的必需基团:

活性中心的形成要求酶蛋白分子具有一定的空间构象,当外界物理化学因素破坏了酶的结构时,首先就可能影响酶活性中心的特定结构,结果就必然影响酶的活性。

> 提示:位于活性中心以外,用于维持酶活性中心应有的空间构象。

(四)酶催化特点

1. 酶与一般催化剂有相似的性质

(1)改变化学反应速度,本身在化学反应前后没有质和量的改变。参与完一次化学反应后,会立即恢复到原来的状态,继续参与下一次反应。

(2)仅能改变化学反应的速度,缩短反应达到平衡所需的时间,不改变化学反应的平衡点。

(3)用量少而催化效率高,只需微量就可大大加速化学反应的进行。

(4)能降低反应的活化能。在任何化学反应中,反应物分子必须超过一定的能阈,成为活化的状态,才能发生变化形成产物。这种提高低能分子达到活化状态的能量,称为活化能,即活化分子比一般分子所多含的能量。

2. 酶与非生物催化剂之间最大的区别是酶具有专一性,对底物有严格的选择

不同的反应需要不同的酶。酶只能作用于一种底物、一类化合物、一定的化学键、一种异构体或催化一定的化学反应并生成一定的产物,酶的这种特性称为酶作用的专一性或特异性。这种专一性是由酶蛋白的立体结构所决定的。

根据酶对底物选择的严格程度不同,还可分细为以下几种类型。

(1)绝对专一性。有些酶只能催化一种底物发生一定的化学反应并生成一定的产物,而不能作用于任何其他物质,这种酶的专一性称为绝对专一性。例如,脲酶只能催化尿素水解生成 CO_2 和 NH_3,而对尿素一个氨基上的氢被氯或甲基取代,它们的化学结构虽然与原尿素相似,可脲酶与它的反应再也不能进行了。又如,麦芽糖酶仅能催化麦芽糖生成葡萄糖,但它只能使 α 葡萄糖苷键断裂,不能水解 β 葡萄糖苷键断裂,也就是说只能水解 α-麦芽糖不能水解 β-麦芽糖。大多数酶属于此类。

(2)相对专一性。这类酶能够催化一种底物(具有相同的化学键或基团)发生一定的化学反应并生成一定的产物,这种不太严格的选择性称为相对专一性。这种类型又可根据专一程度分为键专一性和基团专一性。

酶只要求底物分子上有合适的化学键就能起催化作用,对成键两端的结构没有严格要求,称为键的专一性。例如,蔗糖酶不仅能够水解蔗糖,也能水解棉子糖中的同一类糖苷键。还有脂肪酶不仅能水解脂肪,也能水解简单的脂类化合物。

有些酶除要求底物有合适的化学键以外,还对其作用化学键两端的基团也具有专一性要求,称为基团专一性。例如,胰蛋白酶仅对精氨酸或赖氨酸的羧基形成的肽键起作用。

(3)立体异构专一性(光学专一性)。有些酶对底物的立体构型具有特异的选择性,酶的这种催化专一性称为立体异构专一性。酶只对某一种特定的旋光或立体异构体能起催化作用,而对其对映体则完全没有作用。例如,单糖、氨基酸和部分取代酸都有 L-型和 D-型两种旋光异构体,L-乳酸脱氢酶只能以 L-乳酸为底物氧化,对 D-乳酸不能作用,由此,可用酶法来分离消旋化合物。酶的专一性能应用于食品分析,在食品加工方面也极为重要。

3. 酶促反应条件温和

酶的化学本质是蛋白质(仅少数几种酶为核酸分子),酶蛋白只能在常温(反应温度范围为 $20\sim40$℃)、常压和近中性的 pH 条件(一般在 pH $5\sim8$ 水溶液中进行)下保持活性,催化反应。例如,蛋白质、脂肪和糖类在体外需要长时间与浓酸或浓碱作用或加热、加压,才能分解生成相

应的单体,但在生物体内这些反应在相应酶的作用下,温和条件就能完成。

4. 酶的催化效率高

酶具有高效的催化性,少量的酶就可以起到很强的催化作用。酶催化反应速度与不加催化剂相比可提高 $10^8 \sim 10^{20}$,与加普通催化剂相比可提高 $10^7 \sim 10^{13}$。过氧化氢酶催化过氧化氢水解比 Fe^{2+} 催化快 10^{11} 倍;脲酶催化尿素水解是 H^+ 催化效率的 7×10^{12} 倍;蔗糖酶催化蔗糖水解是氢离子的 2.5×10^{12} 倍。

5. 酶易失活

一般催化剂在一定条件下会因中毒而失去催化能力,较其他催化剂酶更加脆弱,更易失去活性。一切使蛋白质变性的因素,如强酸、强碱、重金属盐,有机溶剂、高温、剧烈搅拌、紫外线等因素,均能使酶失去催化活性。

(五)酶的分类和命名

1. 酶的分类

国际酶学委员会(IEC)制定了一套完整的酶分类系统。根据国际酶学委员会的规定,按照酶所催化反应的类型将酶分为以下六大类。

(1)氧化还原酶类(Oxidoreductases)。催化底物进行氧化还原反应的酶类。凡是失电子、脱氢或得到氧的反应叫氧化反应,反之则为还原反应。氧化反应和还原反应总是伴随发生。例如,乳酸脱氢酶、细胞色素氧化酶、过氧化氢酶、过氧化物酶和琥珀酸脱氢酶等。

反应通式:$AH_2 + B \rightarrow A + BH_2$

其中,AH_2 为供氢体,B 为受氢体。

(2)转移酶类(Transferases)。催化底物之间进行基团转移或交换的酶类。可以转移的基团有甲基、氨基、醛基、酮基、磷酸基、糖苷基和酰基等。例如,甲基转移酶、氨基转移酶、磷酸化酶等。

反应通式:$A-R + B \rightarrow A + B-R$

(3)水解酶类(Hydrolases)。催化底物发生水解反应的酶类。在一般情况下,水解酶催化的反应多数是不可逆的。例如,溶菌酶、脂肪酶、淀粉酶等。它们在食品工业中很重要。

反应通式:$AB + H_2O \rightarrow AOH + BH$

(4)裂合酶类(Lyases)。催化一种化合物裂解为两种化合物,或两种化合物加合成一种化合物。例如,柠檬酸合成酶和醛缩酶等。

反应通式:$AB \leftrightarrow A + B$

(5)异构酶类(Isomerases)。催化同分异构体相互转化的酶类。例如,磷酸丙糖异构酶,磷酸葡萄糖变位酶等。异构酶催化的反应都是可逆的。

反应通式:$A \leftrightarrow B$

(6)合成酶类(Ligases,Synthetases)。催化两分子底物合成一分子化合物,同时伴有 ATP 高能磷酸键断裂的酶类,又称为连接酶。例如,谷氨酰胺合成酶、天冬酰胺合成酶、丙酮酸羧化酶等。

反应通式:$A + B + ATP \rightarrow AB + ADP + P_i$

2. 酶的编号

根据酶所催化的反应类型,将酶分为六大类,依次用 1、2、3、4、5、6 的编号来表示,再根据底物中被作用的基团或键的特点将每一大类分为若干个亚类,每个亚类再分为若干个次亚类,仍用 1、2、3、…编号。故每一个酶的分类编号由用"·"隔开的四个数字组成。

编号前常冠以酶学委员会的缩写 EC。酶编号的前三个数字表明酶的特性,即反应性质类型、底物性质、键的类型;第四个字则是酶在次亚类中的顺序号。

例如:乳酸脱氢酶的编号为 EC 1.1.1.27,其编号可作下列解释:

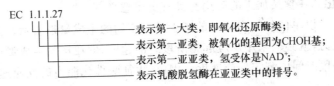

EC 1.1.1.27
— 表示第一大类,即氧化还原酶类;
— 表示第一亚类,被氧化的基团为CHOH基;
— 表示第一亚亚类,氢受体是NAD$^+$;
— 表示乳酸脱氢酶在亚亚类中的排号。

3. 酶的命名

(1)习惯命名法。酶的结构相对复杂,种类繁多,多年来普遍使用的是酶的习惯名称。

①根据酶催化的底物命名。例如,催化淀粉水解的酶称为淀粉酶;催化脂肪水解的酶称为脂肪酶;催化蛋白质水解的酶称为蛋白酶;催化尿素水解的酶称为脲酶。它们的底物分别是淀粉、脂肪、蛋白质和尿素。

②根据酶催化的化学反应性质来命名。例如,催化氧化作用的酶称为氧化酶或脱氢酶;催化水解反应的酶称为水解酶;催化氨基移换反应的酶称为转氨酶。另外,还有异构酶、合成酶等;

③将酶的作用底物与催化反应的性质结合起来命名。例如,催化葡萄糖进行氧化反应的酶称为葡萄糖氧化酶;催化乳酸脱氢反应的酶称为乳酸脱氢酶。

④根据酶的来源分类。例如,胃蛋白酶、木瓜蛋白酶等。

⑤将酶的来源与作用底物结合起来命名。例如,酶作用底物分别为淀粉和蛋白质,来源于细菌时,分别称为细菌淀粉酶和细菌蛋白酶。

⑥将酶作用的最适 pH 和作用底物结合起来命名。例如,酶作用底物为蛋白质,作用最适 pH 为中性的称为中性蛋白酶;最适 pH 为碱性的称为碱性蛋白酶。

酶的习惯命名法比较通俗、简单和方便,没有统一的规则,所以会出现一酶多名或一名多酶的现象,而且有些酶命名也不甚合理。鉴于新酶的不断发展,为了避免名称的重复和混乱的现象,使酶的命名科学化、系统化。1961 年,国际生化学会酶学委员会根据酶催化反应的性质规定了酶的系统命名法。

(2)系统命名法。系统名称包括底物名称、构型、反应性质,最后加一个酶字,同时附有分类编号。

①标明底物,催化反应的性质。例如,6-磷酸葡萄糖异构酶。

②两个底物参加反应时应同时列出,中间用冒号:分开。例如,丙氨酸:α-酮戊二酸氨基转移酶:

$$丙酮酸 + \alpha\text{-}酮戊二酸 \rightarrow 谷氨酸 + 丙酮酸$$

当其中一个底物为水时,水可略去。例如,脂肪水解酶:

$$脂肪 + H_2O \rightarrow 脂肪酸 + 甘油$$

系统命名可以清除习惯名称中的一些混乱现象,但名称很长,使用不便,尚未广泛采用,目前仍采用习惯名称。

二、酶促反应的影响因素

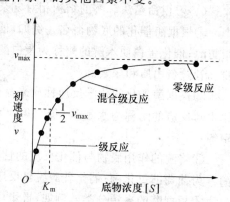

底物浓度、酶浓度、pH、温度抑制剂、激活剂

酶促反应的规律以及各种因素对酶促反应影响的科学称为酶促反应动力学。研究酶促反应动力学对于深入了解酶催化作用本质、控制酶促反应的措施、酶的分离纯化和在食品加工的应用都具有重要意义。

酶促反应速度是以单位时间内底物的减少量或产物的生成量来表示。为了正确表示酶促反应速度和催化能力,就必须采用反应起始阶段时的速度,即在产物生成量或底物减少量与时间成正比关系的一段时间内测定反应速度。因此,表征酶催化能力的反应速度,常以反应开始时的初速度而言。

在研究某一因素对酶促反应的影响时,应保持反应体系中的其他因素不变。

1. 底物浓度对酶活力的影响

在其他因素不变的情况下,底物浓度对反应速度的影响呈矩形双曲线关系(图 7-2)。当底物浓度$[S]$较低时,底物没有完全和酶结合,反应速度随底物浓度$[S]$的增加而急剧加快,两者成正比关系,反应为一级反应,即$v=K\cdot[S]$;随着底物浓度$[S]$的增高,反应速度v不再与底物浓度$[S]$成比例的明显加快,反应速度增加的幅度不断下降,反应为混合级反应;当底物浓度高到一定程度,达到底物与酶的完全结合时,反应速度不再增加,此时酶已被底物所饱和,达到最大反应速度,反应为零级反应。

图 7-2 底物浓度对酶活力的影响

解释酶促反应中底物浓度和反应速度关系的最合理学说是中间产物学说。

$$E+S \underset{k_2}{\overset{k_1}{\rightleftharpoons}} ES \xrightarrow{k_3} E+P$$

酶首先与底物结合生成酶-底物中间复合物(ES),此复合物再分解为产物(P)和游离的酶(E)。1913 年德国化学家 Michaelis 和 Menten 根据中间产物学说对酶促反应的动力学进行研究,提出表示整个反应中反应速度与底物浓度关系的著名数学方程式,即米-曼氏方程式,简称米氏方程式(Michaelis Equation)。

$$v=\frac{v_{max}[S]}{K_m+[S]}$$

式中,$[S]$为底物浓度;v为不同$[S]$时的反应速度;v_{max}为最大反应速度;K_m为米氏常数。等于酶促反应速度为最大反应速度一半时的底物浓度,mol/L。不同的酶具有不同 K_m,只与酶的种类(结构、性质)有关,与酶的浓度无关。

2. 酶浓度对酶活力的影响

所有的酶促反应,如果其他条件恒定,则反应速度决定于酶浓度和底物浓度。酶促反应体系中,在一定的温度和 pH 条件下,当$[S]\gg[E]$,酶可被底物饱和的情况下,反应速度与酶浓度成正比关系,即酶浓度越高,反应速度越快。关系式为:$v=k_3\cdot[E]$。式中k_3为反应速率常数。这种关系正是酶活性测定的依据(图7-3)。

3. pH 对酶活力的影响

大部分酶的活性受其环境 pH 的影响,随介质 pH 的变化而变化。每一种酶只能在特定的 pH 范围内表现出它的活性,使酶促反应速度达到最大值的 pH 称为该酶的最适 pH。用酶反应速度率对 pH 做图,酶促反应随 pH 的变化曲线一般呈钟形,如图 7-4 所示。但不是所有的酶都如此,有的酶曲线只有钟形的一半。溶液的 pH 在最适 pH 两侧,即高于或低于最适 pH 时都会使酶的活性降低,远离最适 pH 时甚至导致酶的变性失活。

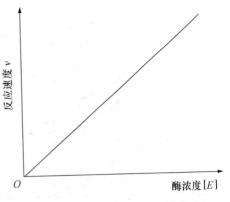

图 7-3 反应速度与酶浓度的关系

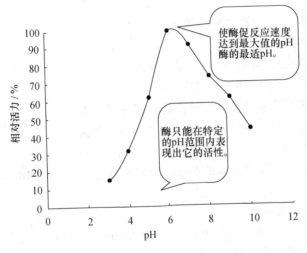

图 7-4 pH 对酶活力的影响

各种酶的最适 pH 各不相同,大多数酶的最适 pH 接近中性,在 4.5~8.0。其中微生物和植物来源的酶最适 pH 在 4.5~6.5;动物来源的酶最适 pH 在 6.5~8.0。但有不少例外,如霉菌酸性蛋白酶最适 pH 为 2.0,地衣芽孢杆菌碱性蛋白酶则为 11.0,胃蛋白酶为 1.5~2.0。

4. 温度对酶活力的影响

化学反应的速度随温度增高而加快。不过,酶是蛋白质,温度过高会发生酶蛋白的变性,因此,温度对酶促反应速度具有双重影响。在温度较低时,前一影响较大,反应速度随温度升高而加快,一般来说,温度每升高 10℃,反应速度大约增加一倍;在温度较高时,当超过一定数值后,酶受热造成其高级结构发生变化或变性,反应速度随温度的上升而减缓,导致酶活性降低甚至丧失。如果以反应速率对温度做图,可以得到一条倒 V 形或倒 U 形曲线(图 7-5)。

在某一条件下,每一种酶在某一温度下才表现出最大的活力,这个温度称为该酶的最适温度。每一种酶都有一最适反应温度。一般来说,从动物组织提取的酶,其最适温度多在 35~40℃;植物来源的酶的最适温度在 40~50℃;大部分微生物酶的最适温度则在 30~40℃。温

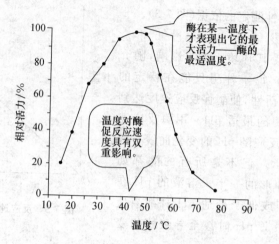

纵轴：相对活力/%，横轴：温度/℃

酶在某一温度下才表现出它的最大活力——酶的最适温度。

温度对酶促反应速度具有双重影响。

图 7-5　温度对酶活力的影响

度升高到 60℃ 以上时,大多数酶开始变性,80℃ 以上,多数酶的变性不可逆。

特别提示,酶的活性虽然随温度的下降而降低,但低温一般不破坏酶的活性。随着温度的回升,酶又可恢复原有的活性,甚至比原有活性更高。

在食品生产中,酶对低温的稳定性是食品保藏的理论基础,运用冷藏的方法防止食品腐败就是要降低食品本身和微生物中酶的活性;而酶的热变性又是高温灭菌的依据,如在生产中巴氏杀菌、灭菌、热熏、漂烫等过程就是利用高温使食品中酶和微生物酶变性,以防止食品的腐败变质。

> 思考: 食品或生物制剂（疫苗、酶）为何一般在低温下保存?

5. 抑制剂对酶活力的影响

有些物质能与酶分子上某些必需基团结合,使酶的活性中心的化学性质发生改变,导致酶活力下降或丧失,这种现象称为酶的抑制作用。能够引起酶的抑制作用的化合物则称为抑制剂(Inhibitor)。即凡能使酶的催化活性下降而不引起酶蛋白变性的现象称为酶的抑制。酶发生变性的作用不属于酶的抑制作用,抑制剂对酶有一定选择性,而引起变性的因素对酶没有选择性。

抑制剂大多与酶活性中心内、外必需基团结合,直接或间接地影响酶的活性中心,从而抑制酶的催化活性。通常抑制作用分为不可逆性抑制和可逆性抑制两大类。

(1)不可逆性抑制作用。产生不可逆抑制作用的抑制剂,通常与酶活性中心的必需基团以共价键方式进行不可逆结合,而引起酶的永久性失活。

> 不能用透析、超滤等方法去除抑制剂, 恢复酶活性。

根据抑制剂作用的对象,不可逆抑制作用又有专一性及非专一性之分。

(2)可逆性抑制作用。抑制剂与酶蛋白以非共价方式结合,引起酶活性暂时性丧失。抑制剂可以通过透析等方法被除去,并能部分或全部恢复酶的活性,即抑制剂与酶的结合是可逆的。

根据抑制剂与酶结合的情况分为竞争性抑制、非竞争性抑制及反竞争性抑制。

6. 激活剂对酶活力的影响

凡能使酶由无活性变为有活性或使酶活性增加的物质称为酶的激活剂（Activator）。从化学本质看，激活剂包括无机离子和小分子有机物。

> Mg^{2+}是多种激酶和合成酶的激活剂；
> Cl^-是淀粉酶的激活剂；
> 胆汁酸盐是胰脂肪酶的激活剂等。

这些离子可与酶分子活性部位上的氨基酸侧链基团结合；也可能与底物或中间产物结合；也可能作为辅酶或辅基的一个组成部分起作用。

【思考题】

1. 酶的最适温度有何应用意义？
2. 酶的最适 pH 与最适温度有何不同？
3. 酶的抑制作用本质是什么？
4. 酶的激活剂有哪些？试分析激活剂的作用机理？

任务2　蛋白水解酶活力测定

【要点】

1. 绘制酪氨酸标准曲线。
2. 蛋白酶制剂的制备。
3. 蛋白水解酶活力的测定。

【工作过程】

一、标准曲线的绘制

1. 绘制酪氨酸标准曲线

取 6 支试管编号，按表 7-5 所示配制相应浓度的酪氨酸溶液。

表 7-5　配制各种不同浓度的酪氨酸溶液

试管号	试 剂		酪氨酸最终浓度/(μg/mL)
	蒸馏水/mL	100 μg/mL 酪氨酸/mL	
1	10	0	0
2	8	2	20
3	6	4	40
4	4	6	60
5	2	8	80
6	0	10	100

2. 测定

另取 6 支试管编号，与表 7-5 对应，分别吸取相应浓度酪氨酸 1 mL，各加入 0.4 mol/L

碳酸钠 5 mL,再各加入已稀释的福林试剂 1 mL,摇匀置于水浴锅中,40℃保温发色 20 min。

在波长 660 nm 处,用 721 型分光光度计进行测定吸收值(OD)。一般测 3 次,取平均值。将 1~6 号管所测得的 OD 减去 1 号管(蒸馏水空白试验)所测得的吸光值为净 OD 数。以净 OD 值为纵坐标,酪氨酸的微克数为横坐标,绘制成标准曲线(或可求出每度 OD 所相当的酪氨酸量 K)。

二、样品(蛋白水解酶)稀释液的制备

称取酶粉 0.100 g,加入 pH 7.2 磷酸盐缓冲液溶解,然后用同一缓冲溶液定容至 100 mL,振摇约 15 min,使其充分溶解,然后用干纱布过滤。吸取滤液 5 mL,再用缓冲液稀释至 25 mL,即成 5 000 倍的酶粉稀释液。

三、蛋白水解酶活力的测定

取 15 mm×100 mm 试管 3 支,编号 1、2、3,每管内加入蛋白水解酶稀释液 1 mL,置于 40℃水浴中预热 2 min,再各加入经同样预热的酪蛋白溶液 1 mL,精确保温 10 min,时间到后,立即再各加入 0.4 mol/L 三氯乙酸 2 mL,以终止反应,继续置于水浴中保温 20 min,使残余蛋白质沉淀后离心或过滤,然后另取 15 mm×150 mm 试管 3 支,编号 1、2、3,每管内加入滤液 1 mL,再加 0.4 mol/L 碳酸钠 5 mL,已稀释的福林试剂 1 mL,摇匀,40℃保温发色 20 min 后进行吸收值(OD)测定。

空白试验也取试管 3 支,编号(1)、(2)、(3),测定方法同上,唯在加酪蛋白之前先加 0.4 mol/L 三氯乙酸 2 mL,使酶失活,再加入酪蛋白。

$$样品的平均吸收值(OD)-空白的平均吸收值(OD)=净 OD 值$$

四、结果与计算

在 40℃下每分钟水解酪蛋白产生 1 μg 酪氨酸,定义为 1 个蛋白酶活力单位

$$蛋白酶活力单位(干基)=\frac{A}{10}\times 4\times N\times \frac{1}{1-W}$$

式中,A 为由样品测得 OD 值,查标准曲线得相当的酪氨酸微克数(或 OD 值×K);4 为 4 mL 反应液取出 1 mL 测定(即 4 倍);N 为酶液稀释的倍数;10 为反应 10 min;W 为样品水分百分含量。

五、仪器与试剂

1. 仪器

分析天平(感量 0.1 mg);72 型或 721 型分光光度计;恒温水浴锅[(40±2)℃];移液管 (1 mL、2 mL、5 mL、10 mL);试管及试管架;吸管;漏斗等。

2. 试剂

(1)福林试剂(Folin)。于 2 000 mL 磨口回流装置内,加入钨酸钠($Na_2WO_4 \cdot 2H_2O$) 100 g,钼酸钠($Na_2MoO_4 \cdot 2H_2O$)25 g,蒸馏水 700 mL,85%磷酸 50 mL,浓盐酸 100 mL,微

火回流 10 h 后,取去冷凝器,加入硫酸锂(Li_2SO_4)50 g、蒸馏水 50 mL 混匀,加入几滴液体溴,再煮沸 15 min,以驱逐残溴及除去颜色,溶液应呈黄色而非绿色。若溶液仍有绿色,需要再加几滴溴液,再煮沸除去之。冷却后,定容至 1 000 mL,过滤,置于棕色瓶中保存。此溶液使用时加 2 倍蒸馏水稀释。即成已稀释的福林试剂。

(2)0.4 mol/L 碳酸钠溶液。称取无水碳酸钠(Na_2CO_3)42.4 g,定容至 1 000 mL。

(3)0.4 mol/L 三氯乙酸(TCA)溶液。称取三氯乙酸(CCl_3COOH)65.4 g,定容至 1 000 mL。

(4)pH 7.2 磷酸盐缓冲液。称取磷酸二氢钠($NaH_2PO_4 \cdot 2H_2O$)31.2 g,定容至 1 000 mL,即成 0.2 mol/L 溶液(A 液)。称取磷酸氢二钠($Na_2HPO_4 \cdot 12H_2O$)71.63 g,定容至 1 000 mL,即成 0.2 mol/L 溶液(B 液)。取 A 液 28 mL 和 B 液 72 mL,再用蒸馏水稀释 1 倍,即成 0.1 mol/L pH 7.2 的磷酸盐缓冲液。

(5)2%酪蛋白溶液。准确称取干酪素 2 g,称准至 0.002 g,加入 0.1 mol/L 氢氧化钠 10 mL,在水浴中加热使溶解(必要时用小火加热煮沸),然后用 pH7.2 磷酸盐缓冲液定容至 100 mL 即成。

(6)100 $\mu g/mL$ 酪氨酸溶液。精确称取在 105℃烘箱中烘至恒重的酪氨酸 0.100 0 g,逐步加入 6 mL 1 mol/L 盐酸使其溶解,用 0.2 mol/L 盐酸定容至 100 mL,其浓度为 1 000 $\mu g/mL$,再吸取此液 10 mL,以 0.2 mol/L 盐酸定容至 100 mL,即配成 100 $\mu g/mL$ 的酪氨酸溶液。

六、相关提示

①酪蛋白溶液配制后应及时使用或放入冰箱内保存,否则极易繁殖细菌,引起变质。

②酪氨酸溶液配成后也应及时使用或放入冰箱内保存,以免繁殖细菌而变质。

③本实验方法用于测定中性蛋白酶(pH 7.2)。若要测定酸性蛋白酶或碱性蛋白酶,则把配制酪蛋白溶液和稀释酶液用的 pH 缓冲液换成相应 pH 缓冲液即可。

几种常用 pH 缓冲液配方见表 7-6。

表 7-6　常见 pH 缓冲液配方

缓冲溶液名称	A	B	配制方法
pH 7.5 磷酸盐	磷酸氢二钠 ($Na_2HPO_4 \cdot 12H_2O$)6.02 g	磷酸二氢钠 ($NaH_2PO_4 \cdot 2H_2O$)0.5 g	以蒸馏水溶解定容至 1 000 mL
pH 2.5 乳酸-乳酸钠	称取80%～90%乳酸 10.6 g,加蒸馏水稀释定容至 1 000 mL	称取70%乳酸钠 16 g,加水稀释定容至 1 000 mL	取 A 液 16 mL 与 B 液 1 mL 混合稀释一倍即成
pH 3.0 乳酸-乳酸钠	称取80%～90%乳酸 10.6 g,以水定容至 1 000 mL	称取70%乳酸钠 16 g,蒸馏水溶解定容至 1 000 mL	取 A 液 8 mL 与 B 液 1 mL,混合稀释一倍即成
pH 10 硼砂-氢氧化钠	称取硼砂 19.08 g,用蒸馏水溶解定容至 1 000 mL	称取氢氧化钠 8 g,用蒸馏水溶解定容至 1 000 mL	取 A 液 250 mL,B 液215 mL 混合,用蒸馏水稀释定容至 1 000 mL 即成
pH 11.0 硼砂-氢氧化钠	称取硼砂 19.08 g,用蒸馏水定容至 1 000 mL	称取氢氧化钠 4 g,用蒸馏水定容至 1 000 mL	取 A 液与 B 液等量混合

【考核要点】

1. 蛋白酶活力测定的原理。

2. 蛋白酶活力测定的方法。

3. 分光光度计的使用。

4. 标准曲线的绘制。

【思考题】

1. 常用的食品蛋白酶有哪几类？

2. 酶的活力如何表示？怎样让酶发挥最大的活力？

3. 使用紫外分光光度计时应注意哪些问题？

【必备知识】 酶活力

一、酶活力

无论是进行试验研究还是实际生产，使用酶制剂时都涉及酶的定量问题。作为生物制剂，酶不易制成纯品，酶制剂中常含有很多杂质，通常酶的含量都用它催化某一特定反应的能力来表示。

(一)酶活力概述

酶活力(Enzyme activity)，又称为酶活性，是酶催化一定化学反应的能力，也就是酶催化反应的速度。因此，酶活力通常以在一定条件下酶所催化的化学反应速度来表示，即一定量的酶，在单位时间内产物(P)的生成(增加)量或底物(S)的消耗(减少)量，单位为mol/min。

一定数量的酶制剂催化特定反应的能力大小就表明其含酶量的多少。酶促反应速度越大，表明酶活力越高；反之，反应速度越小，酶的活力就越弱。所以，通过测定酶促反应速度，可以了解酶活力大小。测定酶活力，实质上是在测定酶促反应速度的基础上进行计算的。

(二)酶活力测定

酶活力测定就是测定一定条件下，酶所催化的化学反应速度。测定酶活力常有以下两种方法。

1. 测定一定时间内所起的化学反应量

在一个反应体系中，加入一定量的酶液，开始计时反应，经一定时间反应后，终止反应，测定在这一时间间隔内发生的化学反应量(终止时与起始时的浓度差)，实际测得的是酶促反应的初速度(如蛋白酶活力的测定)。

酶活力测定时要注意：

(1)反应计时必须准确。反应体系必须预热至规定温度后，加入酶液并立即计时。反应到时，要立即使酶失去活性(灭活)，终止反应，并记录终了时间。

终止酶促反应的方式通常是使酶立刻变性。最常用的方法是加入三氯乙酸或过氯酸使酶蛋白沉淀，也可用十二烷基硫酸钠(SDS)使酶变性，或迅速加热使酶变性。有些酶也可用非变性法来停止反应或用破坏其辅因子来停止反应。

（2）反应量的测定。测底物减少量或产物生成量均可。在反应过程中产物是从无到有，变化量明显，极利于测定，所以大都测定产物的生成量。物质反应量的测定一般根据被测物质的物理化学性质，通过定量分析法来测定。常用的方法有：

A. 光谱分析法。酶将产物转变为（直接或间接）一个可用分光光度法或荧光光度法测出的化合物。

B. 化学法。利用化学反应使产物变成一个可用某种方法测出的化合物，然后再反过来算出酶的活性。

C. 放射性化学法。用同位素标记的底物，经酶作用后生成含放射性的产物，在一定时间内，生成的放射性产物量与酶活性成正比。

2. 测定完成一定量反应所需要的时间

在一定条件下，加入一定量底物（规定），再加入适量的酶液，测定完成该反应（底物反应完）所需的时间（如 α-淀粉酶活力的测定）。

酶活力测定是工业生产和科学研究中经常涉及的问题，对指导食品生产具有极大的重要性。

(三)酶活力单位

酶活力单位(activity unit)，又称酶单位(enzyme unit)，是人为规定的一个对酶进行定量描述的基本量单位，其含义是在规定条件（最适条件）下，酶促反应在单位时间内生成一定量的产物或消耗一定量的底物所需要的酶量。

1. 国际单位(IU)

国际生化学会酶学委员会于 1976 年规定。在特定条件下，每分钟催化 1 μmol 底物转化为产物所需要的酶量为一个酶活力国际单位。

2. 催量单位(kat)

国际生化学会酶学委员会于 1979 年推荐。1 催量(1 kat)是指在特定条件下，每秒钟使 1 mol 底物转化为产物所需的酶量。

换算：1 IU=16.67×10^{-9} kat

3. 比活力

比活力是指每毫克酶蛋白所含酶的活力单位，即

$$比活力 = \frac{酶活力(IU)}{酶蛋白质量(mg)}$$

比活力是在酶学研究和提纯酶时常用到的表示酶制剂纯度的一个指标。制备酶制剂时，不仅要得到一定量的酶，而且要求得到不含或尽量少含其他杂蛋白的酶制品。因此，在纯化过程中，除了要测定一定体积或一定质量的酶制剂中含有多少活力单位外，还要测定制剂中所含蛋白质浓度，通过计算，得到比活力。当然，比活力越高，表示酶制剂的纯度越高。

4. 习惯单位

①α-淀粉酶活力单位。每小时分解 1 g 可溶性淀粉的酶量为一个酶单位。也有规定每小时分解 1 mL 2%可溶性淀粉溶液为无色糊精的酶量为一个酶单位。

②糖化酶活力单位。在规定条件下，每小时转化可溶性淀粉产生 1 mg 还原糖（以葡萄糖

计)所需的酶量为一个酶单位。

③蛋白酶。规定条件下,每分钟分解底物酪蛋白产生 1 μg 酪氨酸所需的酶量。

二、酶的固定化

将酶制剂应用于食品工业,不仅可以改进食品的传统加工方法,大大缩短发酵时间,简化某些食品的加工工艺,使食品的风味和营养价值的保持方面优于老工艺,而且创立了食品加工的一些新技术。但是,由于酶的分离与提纯有许多技术性难题,造成酶制剂来源有限,成本高,活力不稳定,易失活,不利于大规模使用,使酶在食品加工中的应用受到制约,酶的循环使用是一个很有经济价值的研究课题。

固定化酶是酶学近年来发展起来的重要技术之一。固定化酶在食品加工中的应用,是酶的最新最重要的进展。

(一)固定化酶

1. 固定化酶的概念

固定化酶(Immobilized enzyme),又叫固定酶或水不溶酶,是通过吸附、偶联、交联和包埋等物理、化学的方法把水溶性酶连接到某种载体上,做成仍具有酶催化活性的水不溶性酶,属于具有酶活力的酶的衍生物。固定化酶既保持了酶的天然活性,又便于与反应液分离,可以重复使用,它是酶制剂中的一种新剂型。

1971 年的国际酶工程会议正式确定了采用"固定化酶"一词,固定化酶被定义为在一定空间内呈闭锁状态的酶,能够连续地进行反应,并且反应后的酶可以回收重复利用。在酶的分类上,固定化酶属于修饰酶。

2. 固定化酶的特点

酶经固定化以后,由于受到载体等因素的影响,其特征可能会发生某些改变。为此,在固定化酶的应用过程中,必须了解固定化酶的性质与游离酶之间的差别,并对操作条件加以适当调整。

与水溶性酶相比,固定化酶具有以下特点。

①稳定性提高。在催化反应中,固定化酶以固相状态作用于底物,并保持酶的高度特异性和催化效率。固定化酶的稳定性一般比游离酶的稳定性好,主要表现在对热及各种变性剂的耐受性增强,使用和保存的稳定性提高。

②可以循环反复使用。使用固定化酶可实现生产连续化、自动,提高了酶的利用率,极大地降低了成本。例如,采用固定化酶反应器连续生产果葡萄糖浆奶、低乳糖甜味酸奶及有机酸等。

③简化提纯工艺。固定化酶易与底物、产物分离,简化了提纯工艺。在大规模的生产中所需工艺设备比较简单易行。

固定化酶也有缺点:

①只能用于水溶性底物,比较适用于小分子底物,对大分子底物不适宜。

②与完整菌体细胞相比,它不适合于多酶反应,特别是需要辅助因子的反应。

③酶固定化时,需利用有毒性的化学试剂促使酶与支持物结合;连续生产时,反应体系会滋生一些微生物残留于食品,都会对人类健康产生很大影响。

表 7-7　食品加工中已应用及有发展潜力的固定化酶

酶	在食品加工中的应用
葡萄糖氧化酶	除去食品中的氧气、除去蛋白中的糖
过氧化氢酶	牛奶的巴氏杀菌
脂肪酶	乳脂产生风味
α-淀粉酶	淀粉液化
β-淀粉酶	高麦芽糖浆
葡萄糖淀粉酶	由淀粉生产葡萄糖、淀粉去支链
β-半乳糖苷酶	水解乳制品中的乳糖
转化酶	水解蔗糖转成转化糖
橘皮苷酶	除去柑橘汁的苦味
蛋白酶	牛乳的凝聚、改善啤酒的澄清度、制造蛋白质水解液
氨基酰化酶	分离左旋与右旋氨基酸
葡萄糖异构酶	由葡萄糖制果糖

(二)酶固定化的方法

　　酶的催化活性取决于酶的空间结构及活性中心,所以在制备固定化酶时,要防止酶蛋白的天然结构及活性中心基团受到破坏。

　　制备固定化酶就是将酶固定在不溶解的膜状或颗粒状聚合物上。目前制备固定化酶的主要方法有载体结合法、交联法和包埋法等。这些方法也可以并用,称为混合法。例如,交联加包埋,载体结合加包埋等。

　　1. 载体结合法

　　载体结合法是指用共价键、离子键或物理吸附法把酶固定在纤维素、琼脂糖、甲壳质、活性炭、多孔玻璃或离子交换树脂等水不溶性载体上的固定化方法(图 7-6)。载体结合法有以下三种类型。

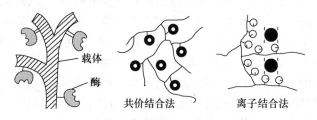

图 7-6　载体结合法固定化酶模式

　　(1)共价结合法。利用酶蛋白分子上的非必需基团与载体反应,形成共价结合的固定化酶的方法称为共价结合法。共价结合法控制条件较苛刻,反应激烈,操作工艺复杂,常引起酶蛋白变性失活。但是用此法制得的固定化酶,酶分子和载体间结合牢固,即使用高浓度底物溶液或盐溶液,也不会使酶分子从载体上脱落下来。

　　(2)离子结合法。通过离子效应,将酶固定到具有离子交换基团的非水溶性载体上。与共价结合法相比较,离子结合法的操作简便,处理条件较温和,酶分子的高级结构和活性中心很少改变,可得到活性较高的固定化酶。缺点是载体和酶分子之间的结合力不够牢固,易受环境因素的影响,在离子强度较大的状态下进行反应,有时酶分子会从载体上脱落下来。

(3)物理吸附法。将酶分子吸附到不溶于水的惰性载体上的固定化方法,与前两种方法的不同之处在于酶与载体的结合是靠物理吸附。常用的载体有活性炭、多孔玻璃、酸性白土、磷酸钙凝胶等。此法优点是操作简便、载体价廉,酶分子不易变性。缺点是吸附不牢,极易脱落。

2. 交联法

交联法又称架桥法。它借助双官能团试剂的作用,将酶与载体交联成固相的网状结构而制成固定化酶(图7-7)。常用的交联剂有戊二醛、多聚戊二醛等。交联法与共价结合法一样,反应条件比较剧烈,固定化酶活性较低。又由于交联法制备的固定化酶颗粒较细,此法不宜单独使用,如与物理吸附法或包埋法联合使用,则可取得良好的效果。

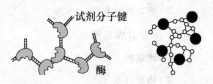

图 7-7　交联法固定化酶模式

3. 包埋法

包埋法是将酶包埋在半透膜囊或凝胶格子中,这样,固定化后,酶分子不能从凝胶的网格中漏出,而小分子的底物和产物则可以自由通过凝胶网格(图7-8)。包埋法有几种类型,主要的有格子型和微胶囊型。

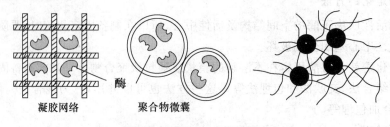

凝胶网络　　　聚合物微囊

图 7-8　包埋法固定化酶模式

(1)格子型。将酶包埋在聚合物的凝胶格子中,最常用的凝胶有聚丙烯酰胺凝胶、淀粉、明胶、海藻酸、角叉菜胶等,其中以聚丙酰胺凝胶为最好,固定化酶的活性高,其机械性能也好。

(2)微胶囊型。以半透膜的高聚物薄膜包围含有酶分子液滴。制备方法有三种:界面聚合法、液中干燥法和相分离法。界面聚合法是应用亲水性单体和疏水性单体在界面发生聚合而将酶包裹起来。液中干燥法是把酶液在含有高聚物的有机溶剂中进行乳化分散,然后再把该乳化液转移到水溶液中使之干燥,形成高聚物半透膜将酶分子包裹起来。相分离法是将聚合物溶解在不与水混溶的有机相中,然后将酶乳化分散在此溶液中,再搅拌下加入引起相分离的非溶性溶剂,聚合物的浓厚溶液将酶包围,聚合物相继析出,形成半透膜,酶就被包裹在里面。

包埋法最简单,而且对大多数酶、粗酶制剂,甚至完整的微生物细胞都是适用的,但是它只适合于小分子底物的反应,而且固定的酶活性不高,牢度也不强。在化学聚合过程中,反应条件比较剧烈,还会导致酶的失活。故在设计包埋条件时要充分考虑这一因素。

三、酶促褐变

(一)酶促褐变机理

褐变是食品比较普通的一种变色现象。当食品原料进行加工、贮存或受到机械损伤后,易使原料原来的色泽变暗,或变成褐色,这种现象称为褐变。在食品加工过程中,有些食品需要利用褐变现象,如面包、糕点等在烘烤过程中生成的金黄色;但有些食品原料在加工过程中产生褐变,不仅影响外观,还降低了营养价值,如水果、蔬菜等原料。

1. 酶促褐变的概念

褐变作用按其发生机制可分为酶促褐变及非酶褐变两大类。

在酚酶的作用下,使果蔬中的酚类物质氧化而呈现褐色,这种现象称为酶促褐变。新鲜果蔬的加工、贮存和保鲜过程中,因机械性的损伤(如削皮、切开、压伤、虫咬、磨浆等)及处于异常的环境条件下(受冻、受热等)时,就会发生氧化产物的积累,造成变色。在大多数情况下,酶促褐变是一种不希望出现于食物中的变化。例如,香蕉、苹果、梨、茄子、马铃薯、莲藕等很容易在切开后发生褐变。伴随食品的褐变的发生,不但降低其营养价值,还会影响其风味、外观品质及产品运销,商业价值也会大大降低。特别是在热带鲜果中,酶促褐变导致的直接经济损失达50%。所以,食品中的酶促褐变是评定食品品质的一个重要指标。

非酶褐变是不需要酶的作用而能产生的褐变作用,主要包括焦糖化反应和美拉德反应。焦糖化反应是食品在加工过程中,由于高温使含糖食品产生糖的焦化作用,从而使食品着色。因此,在食品加工过程中,根据工艺要求添加适量糖有利于产品的着色。美拉德反应是食品在加热或长期贮存后发生褐变的主要原因,反应过程非常复杂。在实际工作中,若需要控制非酶引起的褐变,可采用降温、亚硫酸处理、降低 pH、降低成品浓度或使用不易发生褐变的糖类等方法控制非酶褐变。

2. 酶促褐变的机理

酶促褐变是在有氧的条件下,多酚氧化酶(Polyphenol oxidase,PPO)催化组织中的酚类物质形成醌,醌再进一步氧化聚合形成褐色色素的结果。即植物组织中含有酚类物质,在完整的细胞中作为呼吸传递物质,在酚-醌中保持着动态平衡;当细胞组织被破坏后,氧就大量侵入,造成醌的形成和其还原反应之间的不平衡,在多酚氧化酶的作用下,发生了醌的积累,醌再进一步氧化聚合,就形成了褐色色素,称为黑色素或类黑精。

(二)酶促褐变控制

1. 酶促褐变的生化条件

虽然目前对酶促褐变的生理生化过程研究还不尽完善,但可以肯定的是酶促褐变的发生需要三个条件:适当的酚类底物、酚氧化酶和氧气。只有这三个因素同时具备,褐变才能发生。

(1)酚类底物。PPO 作用的底物是酚类物质。酚类物质的种类和含量在果蔬生长和成熟过程中会发生变化,且在果蔬贮存过程中随贮存时间的延长其含量会下降,而 PPO 活性增加,所以褐变增加。一般认为,在贮存期间酚类物质含量的下降是被 PPO 氧化的结果。多酚氧化酶对邻羟基结构的作用快于一元酚,使邻位的酚氧化为醌,醌很快聚合成为褐色素而引起组织褐变。对位二酚也可被利用,但间位二酚不能作为底物,甚至对酚酶还有抑制作用。不同种类果蔬的 PPO 的最适底物可能不同,同一种果蔬在不同的生育阶段,PPO 的最适底物也可能不同。

(2)酚氧化酶。酚氧化酶(PPO,EC 1.10.3.1)的系统名称是邻二酚:氧-氧化还原酶。目前对 PPO 的研究日趋深入,发现 PPO 是一种含铜的金属酶,必须以氧为受氢体,是一种末端氧化酶。可以用一元酚和二元酚作底物。PPO 是发生酶促褐变的主要酶,存在于大多数果蔬中,且在果蔬细胞组织中,PPO 存在的位置因原料的种类、品种及成熟度不同而有差异。

（3）氧气。氧气是果蔬酶促褐变的另一个主要因素。正常的果蔬是完整的有机体,外界的氧气不能直接作用于酚类物质和 PPO 而发生酶促褐变。原因是酚类物质分布于液泡中,而 PPO 则位于质体中,PPO 与底物不能相互接触,阻止了正常组织酶促褐变的发生。而当果蔬受到机械损伤等时,氧气可促进酶促褐变。

2. 酶促褐变的控制方法

控制酶促褐变的主要途径:钝化酶的活性（热烫、抑制剂等）;改变酶作用的条件（pH、水分活度等）;隔绝氧气的接触;使用抗氧化剂（抗坏血酸、SO_2 等）。目前,食品加工中控制酶促褐变的方法主要从控制酶和氧两方面入手。

（1）加热钝化酶的活性。在适当的温度和时间条件下加热新鲜果蔬,使多酚氧化酶失活,是广泛使用控制酶促褐变的方法。对 PPO 热稳定性研究结果表明,PPO 是一种热稳定性酶,在 60℃ 以上仍有部分活性。最常用方法是高温瞬时灭酶,一般在 80℃ 下,10～20 min;或 100℃ 下,15～30 s。总之,加热处理的关键是在最短时间内达到钝化酶的要求,否则过度加热会影响质量;相反,如果热处理不彻底,热烫虽破坏了细胞结构,但未钝化酶,反而会加强酶和底物的接触而促进褐变。

（2）调节 pH 法。多数 PPO 最适 pH 为 6～7。PPO 是一种含铜离子的金属酶,当 pH 值 ≤3.0 时,铜离子被解离,与酶蛋白脱离,使 PPO 几乎完全失活,其后再提高 pH,酶的活性也不能恢复。常使用的酸有苹果酸、柠檬酸、抗坏血酸、琥珀酸等有机酸。但不同的有机酸对不同来源 PPO 活性的抑制效果不同,具体选用何种有机酸要通过实验来确定。

（3）PPO 活性抑制剂。实践中通常用 PPO 活性抑制剂来抑制果蔬的酶促褐变。抑制剂可分为化学抑制、物理控制和分子生物学方法 3 种。常规的化学抑制剂包括铜试剂、硫脲、EDTA、巯基乙醇、亚硫酸钠半胱氨酸、抗坏血酸等。这些化学元素抑制剂在适宜的浓度条件下,一般都具有较好的抑制效果。此外,为了更加有效地控制 PPO 的活性,人们还从植物中寻找到一些具有抑制效应的天然物质,如皂角苷、三萜系配糖、谷胱甘肽、环庚三烯酚酮的类似物、含羞草酸、内源抗氧化剂、β-环式糊精、L-抗坏血酸-2-三磷酸盐等等。这些天然抑制物在达到较好的抑制效果的同时,还避免了化学试剂所引起的污染。物理控制（如改变储藏环境中的气体组分、热处理、辐射、超声处理等）与化学抑制手段相比,专一性较差,但是由于其可以避免化学抑制带来的污染。因此,往往作为一种辅助手段和化学抑制结合使用。分子生物学方法一般包括 RNA 抑制和转基因抑制等,该法效果好,很有发展潜力。

（4）隔绝、去除氧气。氧气是 PPO 的底物之一。理论上,如果除去果蔬贮存、加工过程中的氧气,就能防止酶促褐变的发生。实际的果蔬加工过程中,一般采用在破碎时充入惰性气体（最常见的是氮气）或用水蒸气排除系统中的空气,既可防止产品酶促褐变,又保持了原料的天然色、香、味和营养价值。

（5）去除酚类物质。聚乙烯聚吡咯烷酮（PVPP）是一种无毒、安全、稳定的聚合物,具有很强的吸附能力,能与多酚物质的羟基缔合成较强的氢键,有选择地吸附多酚物质从而除去酶体系中的底物,阻止酶促褐变的发生。

四、酶在食品加工中的应用

酶的作用对食品质量有着深远的影响。例如,蔬菜、水果等食品原料中的内源酶,不仅在自身生长和成熟中起作用,而且在采摘后、保藏及加工过程中也会改变食品原料的特性,加快氧化速度、形成特殊风味以至提高产品质量。

(一)食品加工中常用的酶

目前,食品工业中应用的酶制剂众多,主要品种如表 7-8 所示。

表 7-8 食品工业中应用的酶制剂

酶	来源	主要用途
α-淀粉酶	枯草杆菌、米曲霉、黑曲霉	淀粉液化、生产葡萄糖、醇等
β-淀粉酶	麦芽、巨大芽孢杆菌、多黏芽孢杆菌	麦芽糖生产、啤酒生产、焙烤食品
糖化酶	根霉、黑曲霉、红曲霉、内孢霉	糊精降解为葡萄糖
蛋白酶	胰脏、木瓜、菠萝、无花果、枯草杆菌、霉菌	肉软化、奶酪生产、啤酒去浊、香肠和蛋白胨及鱼胨加工
纤维素酶	木霉、青霉	食品加工、发酵
果胶酶	霉菌	果汁、果酒的澄清
葡萄糖异构酶	放线菌、细菌	高果糖浆生产
葡萄糖氧化酶	黑曲霉、青霉	保持食品的风味和颜色
橘苷酶	黑曲霉	水果加工、去除橘汁苦味
脂肪氧化酶	大豆	焙烤中的漂白剂
橙皮苷酶	黑曲霉	防止柑橘罐头和橘汁浑浊
氨基酰化酶	霉菌、细菌	DL-氨基酸生产 L-氨基酸
乳糖酶	真菌、酵母	水解乳清中的乳糖
脂肪酶	真菌、细菌、动物	乳酪后熟、改良牛奶风味、香肠熟化
溶菌酶		食品中的抗菌物质

1. 淀粉酶

凡是能够催化淀粉和糖元水解的酶称为淀粉酶,广泛存在于动物、高等植物和微生物中,是生产最早、用途最广的一类酶。淀粉在食品中主要提供黏度和质地,如果在食品储藏和加工中淀粉被淀粉酶水解,将显著影响食品的品质。淀粉酶被广泛应用于食品、发酵及其他工业中。目前,商品淀粉酶制剂最重要的应用是用淀粉制备麦芽糊精、淀粉糖浆和果葡糖浆等。

淀粉酶包括 α-淀粉酶,β-淀粉酶和葡萄糖淀粉酶三种主要类型,此外,还有异淀粉酶,异麦芽糖酶,环状麦芽糊精酶等。

(1)α-淀粉酶(Amylases)。α-淀粉酶是一种内切酶,从淀粉分子内部随机水解 α-1,4-糖苷键,但不能水解 α-1,6-糖苷键。α-淀粉酶对直链淀粉的作用可分为两步:第一步先将直链淀粉任意地迅速降解为短链的糊精,使黏稠的淀粉糊的黏度迅速下降成稀溶液状态,与碘的呈色反应消失。工业上称这种作用为"液化",因此通常又称其为液化淀粉酶。第二步是缓慢地将短链的糊精水解为 α-麦芽糖和少量的葡萄糖。α-淀粉酶作用于支链淀粉时,由于它不能水解为 α-1,6-糖苷键,所以水解产物除 α-麦芽糖、少量的葡萄糖外,还有含 α-1,6-糖苷键的各种分支糊精或异麦芽糖。因为它生成的还原糖的结构是 α-型,所以称为 α-淀粉酶。

α-淀粉酶相对分子质量为 5×10^4 左右,每一个酶分子含有一个结合很牢的 Ca^{2+},Ca^{2+} 的作用是维持酶蛋白的空间结构,使其具有最大的稳定性和活性,所以在提纯 α-淀粉酶时,往往加 Ca^{2+} 来促进酶的结晶和稳定。不同生物组织的 α-淀粉酶的氨基酸组成不同,其最适 pH、最适温度不同。最适 pH 在 $4.5\sim7.0$。pH 低于 3.3 时,α-淀粉酶失活。最适温度为 $55\sim70℃$。但一些细菌淀粉酶的最适温度为 $92℃$,当淀粉浓度为 $30\%\sim40\%$ 时,甚至在 $110℃$ 条件下仍具有短时的催化能力。

α-淀粉酶广泛分布于动植物、微生物中。动物的胰脏、人的唾液、发芽的种子及许多微生物如芽孢杆菌、枯草杆菌、黑曲霉、米曲霉、根霉中都有 α-淀粉酶存在。

α-淀粉酶用途很广,由于 α-淀粉酶水解淀粉是在分子的内部进行,因此,α-淀粉酶对食品的主要影响是降低黏度,同时也影响其稳定性。例如,布丁、奶油沙司等。唾液和胰 α-淀粉酶对于食品中淀粉的消化吸收是很重要的,一些微生物中含有较高水平的 α-淀粉酶,它们具有较好的耐热性。另外,米曲霉 α-淀粉酶比较耐酸,可用作消化药物。霉菌 α-淀粉酶耐热性差,适用于制作面包,以改良面团性质。芽孢杆菌的 α-淀粉酶耐热性好,适用于淀粉原料的工业液化处理等。

(2)β-淀粉酶(β-amylase)。β-淀粉酶主要存在于高等植物的种子中,如麦芽、麸皮、大豆、甘薯,大麦芽内尤为丰富。少数细菌和霉菌中也含有此酶,如芽孢杆菌、链霉菌,但哺乳动物中还尚未发现。

β-淀粉酶是一种外切酶,它只能水解淀粉分子中的 α-1,4-糖苷键,不能水解 α-1,6-糖苷键。β-淀粉酶在催化淀粉水解时,是从淀粉分子的非还原性末端开始,依次切下一个个麦芽糖单位,并将切下的 α-麦芽糖转变成 β-麦芽糖,所以称它为 β-淀粉酶。β-淀粉酶在催化支链淀粉水解时,因为它不能断裂 α-1,6-糖苷键,也不能绕过支点继续作用于 α-1,4-糖苷键。因此,β-淀粉酶分解淀粉是不完全的。β-淀粉酶作用的终产物是 β-麦芽糖和分解不完全的极限糊精。

β-淀粉酶的热稳定性普遍低于 α-淀粉酶,最适温度 $62\sim64℃$,但比较耐酸。相对分子质量一般高于 α-淀粉酶。最适 pH 为 $5.0\sim6.0$,pH 在 3.0 时不受破坏,利用这一性质可以从大麦中将 α、β 两种淀粉酶分离。

(3)葡糖淀粉酶(Glucoamylase)。葡糖淀粉酶又名葡糖糖化酶,主要由微生物的根霉、黑曲霉和红曲霉等产生。是一种外切酶,它不仅能水解淀粉分子的 α-1,4-糖苷键,而且能水解 α-1,6-糖苷键和 α-1,3-糖苷键,但对后两种键的水解速度较慢。水解淀粉时,从非还原性末端开始逐次切割下 α-1,4-糖苷键,切下一个个葡萄糖单位,将葡萄糖由 α 型转变成 β 型。当作用于淀粉支点时,速度减慢,但可切割支点,使 α-1,6-糖苷键水解。因此,葡萄糖淀粉酶作用于直链淀粉或支链淀粉时,能将淀粉分子全部分解为葡萄糖。

葡萄糖淀粉酶的相对分子质量 69 000 左右,最适 pH 为 $4\sim5$,最适温度在 $50\sim60℃$。

2. 果胶酶(Pectic enzymes)

果胶酶是能水解果胶类物质的一类酶的总称。它存在于高等植物和微生物中,在高等动物中不存在,但蜗牛是例外。根据其作用底物的不同,可分为果胶酯酶、聚半乳糖醛酸酶和果胶裂解酶三种类型。其中果胶甲酯酶和聚半乳糖醛酸酶存在于高等植物和微生物中,而果胶酸裂解酶仅在微生物中发现。

a. 果胶酯酶(Pectin esterase)。果胶脂催化果胶脱去甲酯基生成聚半乳糖醛酸链和甲醇的反应。当有二价金属离子,例如 Ca^{2+} 存在时,果胶酯酶水解果胶物质生成果胶酸,由于 Ca^{2+} 与果胶酸的羧基发生交联,从而提高了食品的质地强度。

不同来源的果胶酯酶的最适 pH 不同,霉菌来源的果胶酯酶的最适 pH 在酸性范围,细菌来源的果胶酯酶在偏碱性范围,植物来源的果胶酯酶在中性附近。不同来源的果胶酯酶对热的稳定性也有差异,例如,霉菌果胶酯酶在 pH3.5 时,50℃加热 0.5 h,酶活力无损失,当温度提高到 62℃时,酶基本上全部失活;而番茄和柑橘果胶酯酶在 pH 6.1 时,70℃加热 1 h,酶活力也只有 50%的损失。

b. 聚半乳糖醛酸酶(Polygalacturonase)。聚半乳糖醛酸酶是降解果胶酸的酶,即水解果胶物质分子中脱水半乳糖醛酸单位的 α-1,4-糖苷键,将半乳糖醛酸逐个地水解下来,引起某些食品原料物质(如番茄)的质地变软。根据对底物作用方式不同可分两类:一类是随机地水解果胶酸(聚半乳糖醛酸)的苷键,这是聚半乳糖醛酸内切酶;另一类是从果胶酸链的末端开始逐个切断苷键,作用于分子内部,这是聚半乳糖醛酸外切酶。聚半乳糖醛酸内切酶多存在于高等植物、霉菌、细菌和一些酵母中;聚半乳糖醛酸外切酶多存在于高等植物和霉菌中,在某些细菌和昆虫中也有发现。

聚半乳糖醛酸酶来源不同,它们的最适 pH 也稍有不同,大多数内切酶的最适 pH 在 4.0~5.0 范围以内,大多数外切酶最适 pH 在 5.0 左右。

c. 果胶裂解酶(Pectate lyase)。果胶裂解酶是内切聚半乳糖醛酸裂解酶、外切聚半乳糖醛酸裂解酶和内切聚甲基半乳糖醛酸裂解酶的总称。果胶裂解酶主要存在于霉菌中,在植物中尚无发现。

3. 蛋白酶(Protease,Proteinase)

蛋白酶从动物、植物和微生物中都可以提取得到,也是食品工业中重要的一类酶。生物体内蛋白酶种类很多,以来源分类,可将其分为动物蛋白酶、植物蛋白酶和微生物蛋白酶三大类。根据它们的作用方式,可分为内肽酶和外肽酶两大类。还可根据最适 pH 的不同,分为酸性蛋白酶、碱性蛋白酶和中性蛋白酶。

a. 动物蛋白酶。在人和哺乳动物的消化道中存在有各种蛋白酶。例如,胃黏膜细胞分泌的胃蛋白酶,可将各种水溶性蛋白质分解成多肽;胰腺分泌的胰蛋白酶、胰凝乳蛋白酶、弹性蛋白酶和羧肽酶等内肽酶和外肽酶,可将多肽链水解成寡肽和氨基酸;小肠黏膜能分泌氨肽酶、羧肽酶和二肽酶等,将小分子肽分解成氨基酸。人体摄取的蛋白质就是在消化道中这些酶的综合作用下被消化吸收的。胃蛋白酶、胰蛋白酶、胰凝乳蛋白酶等先都分别以无活性前体的酶原形式存在,在消化道需经激活后才具有活性。

在动物组织细胞的溶酶体中有组织蛋白酶,最适 pH 为 5.5 左右。当动物死亡之后,随组织的破坏和 pH 的降低,组织蛋白酶被激活,可将肌肉蛋白质水解成游离氨基酸,使肌肉产生优良的肉香风味。但从活细胞中提取和分离组织蛋白酶很困难,限制了它的应用。

在哺乳期小牛的第四胃中还存在一种凝乳酶,是由凝乳酶原激活而成,pH 5 时可由已有活性的凝乳酶催化而激活,在 pH 2 时主要由 H^+(胃酸)激活。随小牛长大,由摄取母乳改变成青草和谷物时,凝乳酶逐渐减少,而胃蛋白酶增加。凝乳酶也是内肽酶,能使牛奶中的酪蛋白凝聚,形成凝乳,用来制作奶酪等。

动物蛋白酶由于来源少,价格昂贵,所以在食品工业中的应用不甚广泛。胰蛋白酶主要应用于医药上。

b. 植物蛋白酶。蛋白酶在植物中存在比较广泛。最主要的三种植物蛋白酶,即木瓜蛋白酶、无花果蛋白酶和菠萝蛋白酶已被大量应用于食品工业。均属巯基蛋白酶,都为内肽酶。

木瓜蛋白酶是番木瓜胶乳中的一种蛋白酶,在 pH 5 时稳定性最好,低于 pH 3 和高于 pH 11 时,酶会很快失活。该酶的最适 pH 虽因底物不同而有不同,但 pH 一般在 5～7。与其他蛋白酶相比,其热稳定性较高。很久以前民间就有用木瓜叶包肉,使肉更鲜嫩、更香的经验。

无花果蛋白酶存在于无花果胶乳中,含量可高达 1% 左右。无花果蛋白酶在 pH 6～8 时最稳定,但最适 pH 在很大程度上取决于底物。若以酪蛋白为底物,活力曲线在 pH 6.7 和 pH 9.5 两处有峰值;以弹性蛋白为底物时,最适 pH 为 5.5;而对于明胶,最适 pH 则为 7.5。

菠萝汁中含有很强的菠萝蛋白酶,从果汁或粉碎的茎中都可提取得到,其最适 pH 范围在 6～8。

c. 微生物蛋白酶。细菌、酵母菌、霉菌等微生物中都含有多种蛋白酶,是生产蛋白酶制剂的重要来源。生产用于食品和药物的微生物蛋白酶的菌种主要是枯草杆菌、黑曲霉、米曲霉三种。

4. 脂肪酶(Lipase)

脂肪酶存在于含有脂肪的组织中。人和动物的消化液中、植物的种子里都含有脂肪酶。许多微生物如根霉、黑曲霉、白地霉也能分泌脂肪酶。一般是以液体形式存在,固体脂肪酶催化水解较慢。

脂肪酶能将脂肪催化水解为甘油和脂肪酸。最适 pH 一般偏碱性在 8～9,也有部分脂肪酶的最适 pH 偏酸性。微生物分泌的脂肪酶最适 pH 在 5.6～8.5。脂肪酶的最适温度一般在 30～40℃。也有某些食物中脂肪酶在冷冻到 -29℃时仍有活性。盐的存在对脂肪酶的作用有一定影响,对脂肪具有乳化作用的胆酸盐能提高酶的活性,重金属盐一般具有抑制脂肪酶的作用。Ca^{2+} 的存在能提高脂肪酶活性及热稳定性。

5. 多酚氧化酶(Polyphenol oxidase)

多酚氧化酶是一种含铜的酶,广泛存在于植物、动物和一些微生物(特别是霉菌)中。在果蔬中,多酚氧化酶分布于叶绿体和线粒体中,但也有少数植物,如马铃薯块茎,几乎所有的细胞结构中都有分布。

该酶是许多酶的总称,通常又称为酪氨酸酶(Tyrosinase)、多酚酶(Polyphenolase)、酚酶(Phenolase)、儿茶酚氧化酶(Catechol oxidase)、甲酚酶(Cresolase)或儿茶酚酶(Catecholase),这些名称的使用是由测定酶活力时使用的底物以及酶在植物中的最高浓度所决定。

多酚氧化酶的最适 pH,随酶的来源不同或底物不同而有差别,但一般接近 7。同样,不同来源的多酚氧化酶的最适温度也有不同,一般多在 20～35℃,比较耐热。在大多数情况下,从细胞中提取的多酚氧化酶在 70～90℃下热处理,短时就可发生不可逆变性。低温也影响多酚氧化酶活性。较低温度可使酶失活,但这种酶的失活是可逆的。阳离子洗涤剂、Ca^{2+} 等能活化多酚氧化酶。抗坏血酸、二氧化硫、亚硫酸盐、柠檬酸等都对多酚氧化酶有抑制作用,苯甲酸、肉桂酸等有竞争性抑制作用。

多酚氧化酶要在有氧的情况下,催化酚类底物反应形成黑色素类物质。在果蔬加工中常常因此而产生不受欢迎的褐色或黑色,严重影响果蔬的感官质量;不过红茶、咖啡的加工需要利用该种现象。许多果蔬中存在多酚氧化酶,是加工储藏中引起酶促褐变的主要原因。多酚氧化酶催化的褐变反应多数发生在新鲜的香蕉、苹果、梨、茄子、马铃薯等水果、蔬菜中。当这些果蔬的组织碰伤、切开、遭受病害或处在不正常的环境中时,很容易发生褐变。

6. 脂肪氧合酶(Lipoxygenase)

脂肪氧合酶在动植物组织中均存在,广泛地存在于植物中。各种植物的种子,特别是豆科植物的种子含量丰富,尤其以大豆中含量最高。

该酶能催化多不饱和脂肪酸(包括游离的或结合的)的直接氧化作用,形成自由基中间产物并产生氢过氧化物,氢过氧化物会进一步发生非酶反应导致醛类(包括丙二醛)和其他不良异味化合物的生成。自由基和氢过氧化物会引起叶绿素和胡萝卜素等色素的损失,以及维生素和蛋白质的破坏。

由于脂肪氧合酶耐受低温能力强,因此,低温下储藏的青豆、大豆、蚕豆等最好也能经热烫处理,使脂肪氧合酶钝化,否则易造成质量变劣。例如,在加工豆奶时,将未浸泡的脱壳大豆在80～100℃的热水中研磨 10 min 左右,可去除因脂肪氧合酶作用产生的豆腥味。显然,控制食品加工时的温度是使脂肪氧合酶失活的有效方法。另外,食品中存在的一些抗氧化剂如 V_E、没食子酸丙酯(PG)、去甲二氢愈创木酸(NDGA)等也能有效阻止自由基和氢过氧化物引起的食品损伤。

脂肪氧合酶对食品质量的影响较复杂,它在一些条件下可提高某些食品的质量。例如,制作面团时,在面粉中加入含有活性脂肪氧合酶的大豆粉,在脂肪氧合酶的作用下,有助于形成二硫键(氢过氧化物起着氧化剂的作用,可促进蛋白中的—SH 氧化成—S—S—,强化了面筋蛋白质的三维网状结),使得面筋网络更好地形成,从而较好地改善了面包的质量。在焙烤食品中,应用大豆粉对小麦粉起漂白作用,面粉中添加 1% 的大豆粉可漂白面粉,原因是其氢过氧化物对胡萝卜素具有漂白作用;做成面条,可使产品漂白,口感滑润;另外,存在于番茄、豌豆、香蕉、黄瓜等果蔬中的脂肪氧合酶,为这些果蔬的良好风味也发挥了作用。

但是脂肪氧合酶在很多情况下又能损害一些食品的质量。例如,脂肪氧合酶能直接或间接地影响肉类的酸败;破坏叶绿素和胡萝卜素,从而使色素降解而发生褪色;或者产生具有青草味的不良异味;减少食品中不饱和脂肪酸的含量和使高蛋白食品产生不良风味等。

7. 过氧化物酶(Peroxidase)

过氧化物酶是由微生物或植物所产生的一类氧化还原酶,广泛存在于自然界中,也存在牛奶中。过氧化物酶能催化很多反应,通过氧化、羟化等引起食品品质变化,主要以过氧化氢为电子受体催化底物氧化。目前,对辣根的过氧化物酶研究最为清楚。

> 思考:控制食品热处理的温度指示剂有哪些?

过氧化物酶具有很高的耐热性,且广泛存在于植物中,测定其活性的比色测定法即灵敏又简单易行,通常将过氧化物酶作为一种控制食品热处理温度的指示剂。当食物进行热处理后,如果检测证明过氧化物酶的活性已消失,则表示其他的酶一定受到了彻底破坏,热烫处理已充分了。同样,根据酶作用产生的异味物质作为衡量酶活力的灵敏方法。

过氧化物酶从风味、颜色和营养的观点看似乎也是重要的。例如,过氧化物酶能导致维生素 C 的氧化降解而破坏其生理功能;能催化类胡萝卜素漂白和花色苷失去颜色;还能促进不饱和脂肪酸的过氧化物降解,产生挥发性的氧化风味化合物。此外,过氧化物酶在催化过氧化物分解的历程中,同时产生了自由基也能引起食品许多组分的破坏。

8. 过氧化氢酶(Catalase)

过氧化氢酶普遍存在于能呼吸的生物体内,主要存在于植物的叶绿体、线粒体、内质网、动物的肝和红细胞中。过氧化氢酶主要是从微生物中提取。

H₂O₂ 是食品用葡萄糖氧化酶催化葡萄糖氧化时生成的一种产物,是食品中少数几种氧化反应的产物。乳制品企业用过氧化氢对牛乳进行巴氏消毒,一些食品中采用的冷杀菌试剂也用 H₂O₂。过氧化氢酶在食品工业中被用于除去过剩的过氧化氢,包括制造奶酪的牛奶中的过氧化氢;过氧化氢酶也被用于食品包装,防止食物被氧化。

> **拓展:** 过氧化氢酶
> 过氧化氢具有强氧化性,会导致食品的品质不稳定,而且会降低食品的食用安全性。所以,H₂O₂在食品中的含量应当越低越好。

9. 植酸酶

植酸酶是近年来受到极大关注的热点酶,又称肌醇六磷酸酶,是催化植酸和植酸盐水解成肌醇和磷酸(或盐)的一类酶的总称。属于磷酸单脂水解酶,是一类特殊的酸性磷酸酶,能水解植酸最终释放出无机磷。根据来源可分为植物植酸酶、动物植酸酶、微生物植酸酶。

植酸酶最早是在植物中发现的,存在于多种植物的种子和花粉中,其活性随着植物的种类不同而有很大差别。植酸最适 pH 一般在 2.0～6.0;植物来源的植酸酶最适 pH 为 4.0～7.5,大多数在 pH 5.0～6.0,不适合在酸性胃中起作用;细菌来源的植酸酶最适 pH 一般为中性或偏碱性;真菌植酸酶的最适 pH 为 2.5～7.0,最适温度在 40～60℃。

植酸酶主要用于饲料工业、食品工业、环境保护中。此外,利用植酸酶还可降解米糠等农产品中的植酸盐,可生产肌醇或肌醇磷酸盐等产品。

(二)酶在食品加工中的应用

在食品加工中应用最多的酶是水解酶类,其中主要是淀粉酶,其次是蛋白酶和脂肪酶,还有少量的氧化还原酶类。

1. 淀粉酶

以淀粉为原料,采用酶法可生产高麦芽糖浆、高果糖浆、糖醇等。

$$\text{淀粉} \xrightarrow{\alpha\text{-淀粉酶}} \text{糊精} \xrightarrow{\text{糖化酶}} \text{葡萄糖} \xrightarrow{\text{葡萄糖异构酶}} \text{果糖}$$

玉米淀粉的转化已经有许多成功的产品,例如,采用 α-淀粉酶、糖化酶和葡萄糖异构酶催化玉米淀粉生产不同聚合度的糖浆、葡萄糖和果糖以及饴糖、麦芽糖等。在这些甜味剂的生物催化加工中,酶起着极为关键的作用。

高果糖玉米糖浆是运用生物技术生产甜味剂的成功实例。生产中使用的酶都是固定化的,因为 α-淀粉酶固定化后,不存在外部扩散限制,可以多次连续反应;通过酶的固定化还能提高酶的耐热性。表 7-9 列出了生物催化生产的某些甜味剂。

表 7-9　生物催化生产的某些甜味剂

原料	产品	应用的酶
淀粉	玉米糖浆	α-淀粉酶、支链淀粉酶
	葡萄糖	α-淀粉酶、糖化酶
	果糖	α-淀粉酶、糖化酶,葡萄糖异构酶
淀粉+蔗糖	蔗糖衍生物	环状糊精葡萄糖基转移酶和支链淀粉酶(或异构酶)
蔗糖	葡萄糖+果糖	转化酶
蔗糖	异麦芽寡糖	β-葡萄糖基转移和异麦芽寡糖合成酶

续表 7-9

原料	产品	应用的酶
蔗糖＋果糖	明串珠菌二糖	α-1,6-糖基转移酶
乳糖	葡萄糖＋半乳糖	β-半乳糖苷酶
半乳糖	半乳糖醛酸	半乳糖氧化酶
	葡萄糖	半乳糖表异构酶
几种化合物	L-天冬氨酰-L-苯丙氨酸甲酯	嗜热菌蛋白酶、青霉素酰基转移酶
斯切维苷	α-糖基化斯切维苷	α-葡萄糖苷酶
	Ribandioside-A	β-糖基转移酶

此外,在焙烤食品的生产中,为了保证面团的质量,通常添加 α-淀粉酶,以调节麦芽糖的生成量,使产生的二氧化碳和面团气体的保持力相平衡。在面包制造过程中,添加适量的 α-淀粉酶和蛋白酶,以缩短面团的发酵时间和改善面包质量及防止老化。制造糕点中加入转化酶,使蔗糖水解为转化糖,防止糖浆中的蔗糖结晶析出。

β-淀粉酶主要用于淀粉糖的生产,如饴糖、高麦芽糖浆等。用 β-淀粉酶与异淀粉酶配合水解淀粉,麦芽糖产率可达 95%;在啤酒酿造传统工艺中,用大麦芽的 β-淀粉酶将淀粉糖化。21世纪发展起来的微生物 β-淀粉酶制剂为啤酒工业提供了新的酶源。

用葡萄糖淀粉酶来生产葡萄糖,广泛应用于食品加工和酿造产品。例如,在果葡糖浆生产中,葡萄糖淀粉酶可大量用作淀粉糖化剂,是淀粉工业转化的主要水解酶,所以也称为糖化酶。葡萄糖淀粉酶与 α-淀粉酶一起广泛用于淀粉糖生产和发酵生产领域。在酒精、白酒发酵生产中代替酒曲,可提高糖化率。用于啤酒加工中,可生产低糖干啤酒等等。

2. 果胶酶是水果加工中最重要的酶

果胶酶在食品工业中具有很重要的作用,尤其在果汁的提取、提高产率和果汁澄清中应用最广。通过降低黏度,使悬浊物质失去保护胶体而沉降。如在苹果汁的提取中,应用果胶酶处理方法生产的汁液具有澄清和淡棕色外观,如果用直接压榨法生产的苹果汁不经果胶酶处理,则表现为浑浊,感官性状差,商品价值受到较大影响。经果胶酶处理生产葡萄汁,不但感官质量好,而且能大大提高葡萄的出汁率;柑橘汁的色泽和风味依赖于果汁中的混浊成分,混浊是由果胶、蛋白质构成的胶态不沉降的微小粒子的作用,若橘汁中果胶酶不失活,其作用结果会导致柑橘汁中的果胶分解,橘汁沉淀、分层,从而成为不受欢迎的饮料。因此,柑橘汁加工时必须先经热处理,使果胶酶失活。

脱果胶的果汁即使在酸糖共存的情况下也不致形成果冻。因此,可用来生产高浓缩果汁和固体饮料。例如,苹果、无花果、葡萄汁的生产,在果肉破坏后有较高的黏稠度,很难过滤和提高果汁的产率,当加入果胶酶后即可使黏度降低,有利于汁、渣分离。

值得注意的是,在一些果蔬的加工中,若果胶酯酶在环境因素下被激活,将导致大量的果胶脱去甲酯基,从而影响果蔬的质构。生成的甲醇也是一种对人体有毒害作用的物质,尤其对视神经特别敏感。在葡萄酒、苹果酒等果酒的酿造中,由于果胶酯酶的作用,可能会引起酒中甲醇的含量超标。因此,果酒的酿造,应先对水果进行预热处理,使果胶酯酶失活以控制酒中甲醇的含量。

3. 脂肪酶在食品加工中的作用

脂肪酶不仅存在于生物体内,有催化脂类物质代谢的重要生理功能;在食品工业中也有重要作用,主要用于食品的特殊风味形成。在许多含脂食品如牛奶、干酪、干果的加工中,利用脂肪酶作用后释放一些短链的游离脂肪酸(丁酸、己酸等),当它们浓度低于一定水平时,会产生良好的风味和香气。如果浓度大时则产生陈腐气味、苦味或者类似山羊的擅气味。许多含脂食品产生不良风味,均与其有关。在巧克力奶的制作中,利用脂肪酶对牛奶中的脂肪进行限制性水解,可以增强产品的"牛奶风味"。

4. 蛋白酶在食品加工中的应用

蛋白质是食品中的主要营养成分之一,所有的生物质中都含有蛋白质,在肉、豆类、坚果、谷物中大约含 2%～35% 的蛋白质。通常蛋白质在水中溶解度较小,可以被来自植物和微生物中的蛋白酶迅速水解。几乎在所有的生物材料中都含有内切和外切蛋白酶。在啤酒、奶酪、酱油和肉制品生产中蛋白酶的应用较为普遍。蛋白质和肽的序列分析中蛋白酶的应用也十分广泛。

食品加工中应用的蛋白酶主要有中性蛋白酶和酸性蛋白酶。包括木瓜蛋白酶、菠萝蛋白酶、无花果蛋白酶、胰蛋白酶、胃蛋白酶、凝乳酶、枯草杆菌蛋白酶、嗜热菌蛋白酶等。

通常利用木瓜蛋白酶或菠萝蛋白酶配制肉类嫩化剂,用以分解肌肉结缔组织的胶原蛋白,使肉质嫩化。也可涂沫、浸肉、宰前肌肉注射等。凝乳酶水解牛奶中的 κ-酪蛋白生产干酪。在啤酒发酵完后,添加木瓜蛋白酶、菠萝蛋白酶或霉菌酸性蛋白酶降解蛋白质,以防止啤酒浑浊,延长啤酒的货架期。酱油和豆浆生产中,利用微生物蛋白酶催化大豆蛋白水解,不仅使生产周期大大缩短,而且还可提高蛋白质的利用率和改善产品风味。

随着酶科学和食品科学研究的深入发展,微生物蛋白酶在食品工业中的用途将越来越广泛。微生物蛋白酶运用于啤酒制造以节约麦芽用量。在肉类的嫩化,尤其是牛肉的嫩化上应用微生物蛋白酶代替价格较贵的木瓜蛋白酶,可达到更好的效果。

【项目小结】

本项目以测定影响淀粉酶活性因素和蛋白水解酶活力二项任务驱动,学习酶的概念、结构、分类和命名,通过剖析酶的化学本质及酶的催化作用特点,引入酶活力表达、酶的固定化形式、固定化的优点及酶固定化方法;着重掌握酶促褐变机制、影响酶促反应因素及在食品加工、储藏中常用的酶,通过已经在食品加工中应用的酶,强化对酶应用意义的认识,改进工艺,降低生产成本,提高食品生产高质量。

【项目思考】

1. 固定化酶的评价指标及性质。

2. 请简述淀粉酶的作用机制及在食品工业中的应用?

3. 比较固定化酶与游离酶的优缺点,说明固定化酶在食品工业中的应用。

4. 如何控制食品加工中的酶促褐变?

5. 怎样评价食品生产中的脂肪氧合酶?

项目八　食品的色、香、味

【知识目标】

1. 熟悉食品色素的概念、分类和性质。

2. 熟悉食品呈味物质的呈味机理、常用呈味物质的性能及相互影响。

3. 熟识常见食品天然色素的化学结构、呈色物质相互作用及其安全使用规定。

【技能目标】

1. 能够合理使用色素并能进行色素拼色。

2. 具备测定基本味阈能力并能进行调味。

【项目导入】

食品评价的直观标准是"色、香、味"。食品的色、香、味能使人们在感官上有愉快的享受，它是食品在摄入后刺激人的感官而产生的各种感觉的综合，这些感官的综合效果就是食品的风味。食品在制作过程中，由于天然食材中的呈色、呈味及嗅感等成分遇热容易分解，因此一般做熟后颜色都不是十分亮丽，原有的香气也会减弱。片面追求食品的"色、香、味"，必然会产生忽略食品质量和安全的后果。

任务1　色素拼色

【要点】

1. 掌握基本色、二次色、三次色的不同色谱。

2. 拼色的基本方法。

【工作过程】

一、基本色配制二次色

取 6 支洁净、干燥试管，依次排列于试管架上，按（表 8-1）要求加入试剂，并记录滴数。加入试剂后摇匀，仔细观察 3 种二次色的颜色。

二、二次色配制三次色

按上述方法再配制成橄榄、蓝灰、棕褐三次色，并记录滴数。配完后仔细观察三次色的颜色。

表 8-1　基本色配制二次色的操作与记录

试管号	胭脂红溶液体积/mL	靛蓝溶液体积/mL	柠檬黄溶液体积/mL
1	5	逐滴加入使呈紫色	0
2	5	0	逐滴加入使呈橙色
3	逐滴加入使呈紫色	5	0
4	0	5	逐滴加入使呈绿色
5	逐滴加入使呈橙色	0	5
6	0	逐滴加入使呈绿色	5

三、不同色调的配制

1. 葡萄酒色调

取 1 支洁净干燥的试管,加入 0.02％苋菜红溶液 7.5 mL,加入 0.02％柠檬黄溶液 2.0 mL(0.05％柠檬黄溶液稀释制得),再逐滴加入 0.02％亮蓝溶液使成葡萄酒色调,记录滴数。

> 思考:色素加酒精真能调成"干红葡萄酒"?

2. 蛋黄色调

取 1 支洁净干燥的试管,加入 0.02％柠檬黄溶液 9.3 mL,加入 0.02％日落黄溶液 0.5 mL,再逐滴加入 0.02％苋菜红溶液使成蛋黄色调,记录滴数。

3. 巧克力色调

取 1 支洁净干燥的试管,加入 0.01％柠檬黄溶液 4.8 mL,加入 0.01％苋菜红溶液 3.6 mL,再逐滴加入 0.01％靛蓝溶液使成巧克力色调,记录滴数。

4. 自选一种色调进行拼色

四、不同溶剂对色调的影响

①将上述 3 支试管的溶液(葡萄酒色调、蛋黄色调、巧克力色调)分别移取 5.0 mL 依次注入另外 3 支洁净干燥的试管中,于试管架上依次排序。

②在前 3 支试管中分别加入 5.0 mL 蒸馏水,摇匀。在后 3 支试管中分别各加入 5.0 mL 无水乙醇,摇匀。——对应仔细观察色调和颜色强度的变化。

五、结果与计算

据记录的滴数换算成体积,粗略算出二次色的 3 种色调的拼配比例。

六、相关知识

1. 红、黄、蓝是所有色彩中的基本色,由这 3 种基本色可配制出不同的色调

在食品工业中,色调的选择要符合人们的心理和习惯上对食品颜色的要求,即选择符合自然色泽的颜色,如橘子汁要选橙黄色、杨梅要选红色等,还可根据不同的需要,选择 2 种或 3 种色素配成不同的色调。

2. 色调配制基本方法

由基本色配制成二次色,或由二次色配制成三次色。其过程表示如下:

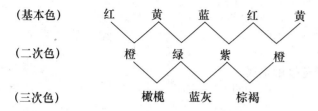

3. 不同的色调可由不同的色素按不同比例拼配而成,详见表 8-2

表 8-2 几种色调的拼配比例

(引自《食品添加剂基础》刘志皋,高彦洋等,1995) %

色调	苋菜红	胭脂红	柠檬黄	日落黄	靛蓝	亮蓝
橘红		40	60			
大红	50	50				
杨梅红	60	40				
番茄红	93			7		
草莓红	73			27		
蛋黄	2		93	5		
绿色			72			28
苹果绿			45		55	
紫色	68					32
葡萄紫	40				60	
葡萄酒	75		20			5
小豆	43		32		25	
巧克力	36		48		16	

另外,各种食用合成色素溶解在不同的溶剂中可能产生不同的色调和颜色强度。尤其是 2 种食用合成色素拼色时,情况更为显著。

七、仪器与试剂

1. **仪器**

试管和试管架、滴管、吸量管(1 mL、2 mL、5 mL、10 mL)。

2. **试剂**

(1)无水乙醇。

(2)0.02%苋菜红溶液。

(3)0.02%胭脂红溶液。

(4)0.02%日落黄溶液。

(5)0.05%柠檬黄溶液。

(6)0.02%亮蓝溶液。

(7)0.01%靛蓝溶液。

八、相关提示

①试剂的移取、滴加均用吸量管。

②色素溶液配制要相对准确，避免接触金属。

【考核要点】

1. 色素溶液配制。

2. 不同色调滴定结果准确性。

【思考题】

1. 色素拼色的基本方法是什么？

2. 生产中食用合成色素调色应注意什么问题？

【必备知识】　食品色素

物质的颜色是因为其能够选择性地吸收和反射不同波长的可见光，其被反射的光作用在人的视觉器官上而产生的感觉。食品中能够吸收和反射可见光波进而使食品呈现各种颜色的物质统称为食品色素，包括食品原料中固有的天然色素、食品加工中由原料成分转化产生的有色物质和外加的食品着色剂。

一、概述

> 思考：食品为何呈现丰富多彩的颜色？

1. 色素的化学组成

食品色素一般都是有机化合物，其分子结构往往具有发色基团和助色基团组成的。凡是在紫外及可见光区域内（200～800 nm）具有吸收峰的基团都称为发色基团，$-C=C-$、$-C=O$、$-CHO$、$-COOH$、$-N=N-$、$-N=O$、$-NO_2$、$-C=S$ 等。当这些含有发色基团的化合物吸收可见光时，该化合物便呈现与被吸收光互补的颜色（表 8-3）。色素中还有些基团，如$-OH$、$-OR$、$-NH_2$、$-NR_2$、$-SH$、$-Cl$、$-Br$ 等，它们的吸收波段在紫外区，本身并不产生颜色，但与发色基团连接时，可使色素的吸收波长向长波方向迁移而产生颜色，这类基团被称为助色基团。不同色素的颜色差异和变化主要取决于发色基团和助色基团。

2. 食品的色泽

食品的色泽是决定食品品质和可接受性的重要因素。美丽而符合人们心理要求的食品颜色是优质食品的一个重要特征，相反不正常、不自然、不均匀的食品颜色常被认为是劣质、变质或工艺不良的直观标志。

食品的色泽主要由其所含的色素决定。例如，肉及肉制品的色泽主要由肌红蛋白及其衍生物决定，绿叶蔬菜的色泽主要由叶绿素及其衍生物决定。在食品储藏加工中，常常遇到食品色泽变化的情况，有时向好的方向变化，例如，水果成熟时颜色变得更加美丽，烤好的面包具有褐黄色；但更多的时候是向不好的方向变化，例如，苹果切开后切面发生褐变，绿色蔬菜经烹调后变为褐绿色，生肉在存放中失去新鲜的红色而变褐色。食品色变现象大多数为食品色素的化学变化所致，因此，认识不同食品色素的稳定性、变化条件对于控制食品色泽具有重要意义。

表 8-3　不同波长光的颜色及其互补色　　　　　　　　　　　　nm

光波长	颜色	互补色	光波长	颜色	互补色
400	紫色	黄绿色	530	黄绿色	紫色
425	蓝青色	黄色	550	黄色	蓝青色
450	青色	橙黄色	590	橙黄色	青色
490	青绿色	红色	640	红色	青绿色
510	绿色	紫色	730	紫色	绿色

3. 食品加工中食品色泽的控制措施

食品加工中食品色泽控制通常包括护色和染色。从控制影响色素稳定性的内外因素的原则出发,护色就是要选择

> 思考:保持绿色食品原有的颜色,可采取哪些方法?

具有适当成熟度的原料,力求有效、温和、快速加工食品,尽量在加工和储藏中保证色素少经水流失、少接触氧气、避光、避免过强的酸性或碱性条件、避免过度加热、避免与金属设备直接接触和利用适当的护色剂处理等。染色是获得和保持食品理想色彩的另一类常用方法。由于食品着色剂可通过组合调色而产生各种美丽的颜色,同时一部分食品着色剂的稳定性比食品固有色素的稳定性更高。因此,在食品加工中应用起来十分便利。然而,从营养和安全的角度考虑,食品染色并无必要,过量使用还会产生毒副作用,因此,运用这种工艺时,必需遵照食品卫生法规和食品添加剂使用标准,严防滥用着色剂。

4. 食品色素的分类

食品色素按来源不同分为天然色素和人工合成色素两大类。天然色素根据其来源不同分为植物色素,如蔬菜绿色的叶绿素、胡萝卜橙红色的类胡萝卜素、草莓红色的花青素等;动物色素,如猪肉的红色色素血红素及虾、蟹的虾青素、虾红素等;微生物色素,如红曲色素。按色素化学结构的不同可分为四吡咯衍生物,如叶绿素、血红素;异戊二烯衍生物,如类胡萝卜素、辣椒红素;多酚类衍生物,如花青素和花黄素;酮类生衍物,如红曲色素、姜黄素;醌类生衍物,如虫胶色素、胭脂虫红等;按色素的溶解性质不同可分为水溶性色素如花青素、黄酮类化合物,脂溶性色素如叶绿素、类胡萝卜素。

人工合成色素根据其分子中是否含有—N＝N—发色团结构,可分为偶氮类色素和非偶氮类色素。例如,胭脂红和柠檬黄等属于偶氮类色素,而赤鲜红和亮蓝属于非偶氮类色素。

食品着色剂按来源可分为人工合成着色剂和天然着色剂。常用的天然着色剂有辣椒红、甜菜红、高粱红、姜黄、栀子黄、胡萝卜素、可可色素、焦糖色素等。天然着色剂色彩易受金属离子、水质、pH、氧化、光照、温度的影响,一般较难分散,染着性、着色剂间的相溶性较差,且价格较高。我国《食品添加剂使用标准》(GB 2760—2011)列入的合成色素有胭脂红、苋菜红、日落黄、赤藓红、柠檬黄、新红、靛蓝、亮蓝等。与天然色素相比,合成色素颜色更加鲜艳,不易褪色,且价格较低。

二、天然色素

1. 叶绿素

(1)结构和性质。叶绿素(Chlorophyll)是绿色植物的主要色素,存在于叶绿体中类囊体

的片层膜上,在植物光合作用中进行光能的捕获和转换。叶绿素由脱镁叶绿素母环、叶绿酸、叶绿醇、甲醇、二价镁等部分构成。高等植物中的叶绿素有 a、叶绿素 b 两种类型,其区别仅在于 3 位碳原子上的取代基(R)不同。取代基(R)是甲基时为叶绿素 a(蓝绿色),是醛基时为叶绿素 b(黄绿色),二者的比例一般为 3∶1。叶绿素的分子结构如图 8-1 所示。

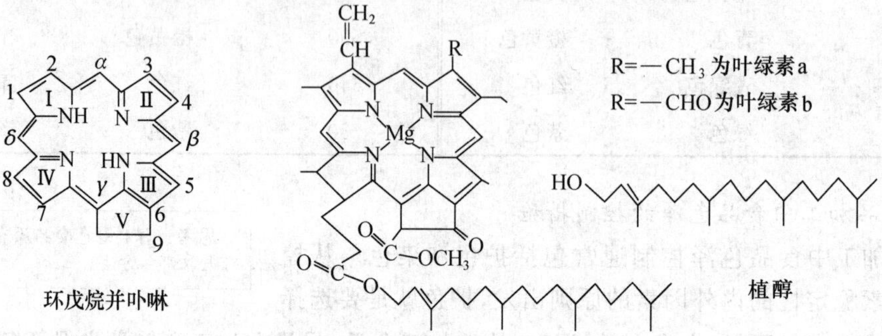

$$R=—CH_3 \text{ 为叶绿素 a}$$
$$R=—CHO \text{ 为叶绿素 b}$$

环戊烷并卟啉　　　　　　　　　　　　　　　　　　　植醇

图 8-1　叶绿素的结构

叶绿素不溶于水,易溶于乙醇、乙醚、丙酮等有机溶剂,不耐热和光。

> 思考:蔬菜经过加工、储藏后,为什么颜色会发生改变呢?

在食品加工储藏中,叶绿素会发生多种反应,生成不同的衍生物,主要为脱镁叶绿素、脱植叶绿素、焦脱镁叶绿素、脱镁脱植叶绿素、焦脱镁脱植叶绿素。其中,脱镁叶绿素是叶绿素结构中的镁离子被两个质子取代,颜色为橄榄绿色,依然是脂溶性的。脱植叶绿素是叶绿素结构中植醇由羟基取代,生成水溶性的脱植叶绿素,仍然为绿色的。焦脱镁叶绿素的结构中除镁离子被取代外,甲酯基也脱去,同时该环的酮基也转为烯醇式,颜色比脱镁叶绿素更暗。脱镁脱植叶绿素是叶绿素结构中同时脱去镁离子和植醇而形成的衍生物,颜色为橄榄绿,为水溶性色素。焦脱镁脱植叶绿素是焦脱镁叶绿素结构中植醇由羟基取代而产生的衍生物,颜色比脱镁叶绿素更暗。脱镁脱植叶绿素结构中镁离子还可以被二价锌或铜离子取代而形成衍生物,这类物质仍具有绿色,且其绿色比叶绿素更鲜艳、更稳定,在食品中广泛应用为水溶性绿色着色剂。

叶绿素 a 和叶绿素 b 及其衍生物在 600~700 nm(红光)和 400~500 nm(蓝光)有尖锐的吸收峰,可鉴定它们。

(2)在食品加工与储藏中的变化。

①酶促变化。在植物衰老和储藏过程中,酶能引起叶绿素的分解破坏。这种酶促变化可分为直接作用和间接作用两类。直接作用以叶绿素为底物的只有叶绿素酶,它是酯酶的一种,催化叶绿素中植醇酯键水解而产生脱植叶绿素。脱镁叶绿素也是叶绿素酶的底物,酶促反应产物是脱镁脱植叶绿素。叶绿素酶的最适温度为 60~82℃,80℃以上其活性下降,100℃时完全失活。

起间接作用的酶有蛋白酶、脂酶、脂氧合酶、过氧化物酶、果胶酯酶等。蛋白酶和脂酶通过分解叶绿素脂蛋白质复合体,使叶绿素失去脂蛋白的保护而更易遭到破坏。脂氧合酶和过氧化物酶可催化相应的底物氧化,其间产生的物质会引起叶绿素的氧化分解。果胶酯酶的作用是将果胶水解为果胶酸,从而提高了质子浓度,使叶绿素脱镁而被破坏。

②酸和热引起的变化。绿色蔬菜初经烹调或热烫后表现绿色似乎有所加强并更加明快,

这可能是由于原存于细胞间隙的气体被加热逐出,或者由于叶绿体中不同成分的分布情况受热变动的缘故,这些物理变化造成光线在蔬菜中的折射与反射的情况变化,从而引起色感变化。

> **思考:** 用开水烫制绿色蔬菜时,可用什么方法保持绿色?

在加热或热处理过程中,叶绿素蛋白质复合体中蛋白质变性导致叶绿素与蛋白质分离,生成游离的叶绿素。游离的叶绿素非常不稳定,对光、热和酶都很敏感;同时植物在受热过程中组织细胞被破坏,致使氢离子穿过细胞膜的通透性增加,脂肪水解为脂肪酸,蛋白质分解产生硫化氢和脱羧产生的二氧化碳等都可导致体系的 pH 降低。

pH 是决定脱镁反应速度的一个重要因素。在 pH 9.0 时,叶绿素很耐热;在 pH 3.0 时,非常不稳定。植物组织在加热期间,其 pH 大约会下降 1,这对叶绿素的降解影响很大。在加热中,由于酸的作用,叶绿素发生脱镁反应,生成脱镁叶绿素,并进一步生成焦脱镁叶绿素,食品的绿色显着向橄榄绿到褐色转变,并且这种转变在水溶液中不可逆。在酸和热作用下,叶绿素 a 比叶绿素 b 更快地发生上述变化,因为叶绿素 b 的卟啉环内的正电荷相对更多,从而增加了脱镁的困难。

盐的加入可以部分抑制叶绿素的降解,有试验表明,用 NaCl、$MgCl_2$ 或 $CaCl_2$ 处理烟叶并于 90℃ 下加热,其脱镁反应分别减速 47%、70% 和 77%,这是由于盐的静电屏蔽效果所致。

当叶绿素既有酶促作用,又有酸热作用时,其变化顺序见图 8-2。

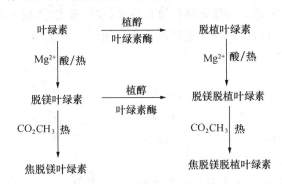

图 8-2 叶绿素及其在酶、酸和热作用下的衍生物

③光解。在活体绿色植物中,叶绿素既可发挥光合作用,又不发生光分解。但在加工储藏过程中,叶绿素经常会受到光和氧气作用,就会导致不可逆地褪色。单线态氧和羟基自由基是反应活性中间体,它们在有氧光照下产生,一旦产生就与叶绿素和吡咯链作用,进一步产生过氧基和其他自由基,最终造成卟啉环与吡咯链分解和颜色退去。

(3)护色方法。对于蔬菜在加工与储藏如何保持绿色的问题,已有过大量的研究,但没有一种方法真正获得成功。常用护色的方法有以下几种。

①中和酸而护绿。提供罐藏蔬菜的 pH 是一种有效的护绿方法。采用加入适量氧化钙和磷酸二氢钠来保持热烫液 pH 接近 7.0,或采用碳酸镁与磷酸钠调节 pH 的方法都有护绿效果,但它们都有促进组织软化和产生碱味的副作用。

将氢氧化钙或氢氧化镁用于热烫液既可提高 pH,又有一定的保脆作用,但这种方法未取得商业成功,由于组织内部的酸并不能得到有效而长期的中和,一般在 2 个月以内,罐藏蔬菜的绿色仍会失去。

采用含 5％氢氧化镁的乙基纤维素在罐内壁上涂膜的办法可使氢氧化镁慢慢释放到食品中以保持 pH 8.0 很长一段时间,这样就可保持绿色长期不变。该方法缺点是引起谷氨酰胺和天冬酰胺部分水解而产生氨味,引起脂肪水解而产生酸败气味。在青豆中还可能引起鸟粪石——磷酸镁和磷酸胺复合结晶的产生。

> **思考：** 快餐食品中的绿色蔬菜为什么能保持较长时间的绿色?

②高温瞬时杀菌。高温瞬时杀菌不但能使维生素和风味更好保留,也能显著减轻植物性食品在商业杀菌中发生的绿色破坏程度。但经过约 2 个月的储藏后,这种护绿效果已被储藏中食品 pH 自然下降造成的叶绿素脱镁效果所抵消。

③绿色再生。将锌离子添加于蔬菜的热烫液中,也是一种有效的护绿方法,其原理是叶绿素的脱镁衍生物可以螯合锌离子,生成叶绿素衍生物的锌配合物(主要是脱镁叶绿素锌和焦脱镁叶绿素锌)。这种方法使用锌离子浓度约为万分之几,并将 pH 控制在 6.0 左右,在略高于 60℃以上进行热处理。为了提高锌离子在细胞膜中的渗透性,还可在处理液中适量加入具有表面活性的阴离子化合物。这种方法用于罐藏蔬菜加工可产生比较满意效果。铜离子也有相类似的护绿效果。

④其他护绿方法。气调保鲜技术使绿色同时得以保护,这属于生理护色。当水分活度很低时,即使有酸存在,氢离子转移并接触叶绿素的机会也相对减小,它难以置换叶绿素和叶绿素衍生物中的镁离子;同时,由于水分活度较低,微生物的生长及酶的活性也被抑制。因此,脱水蔬菜能较长期地保持绿色。在储藏绿色植物性食品时,避光、除氧可防止叶绿素的光氧化退色。因此,正确选择包装材料、护绿方法以及与适当使用抗氧化剂相结合,就能长期保持食品的绿色。

2. 血红素

(1)结构与性质。血红素(heme)是存在于动物血液和肌肉中的主要色素,是血红蛋白和肌红蛋白的辅基。在肌肉中主要以肌红蛋白的形式存在,在血液中主要以血红蛋白的形式存在,蛋白质部分称为球蛋白,有 153 个氨基酸残基组成。血红素(图 8-3)是一种卟啉类化合物,卟啉中心二价铁离子有 6 个配位键,其中 4 个分别与卟啉环的 4 个氮原子配位结合,1 个与球蛋白的第 93 位上的组氨酸残基上的咪唑基氮原子配位结合,第 6 个配位可与任何一种能提供电子对的原子结合。

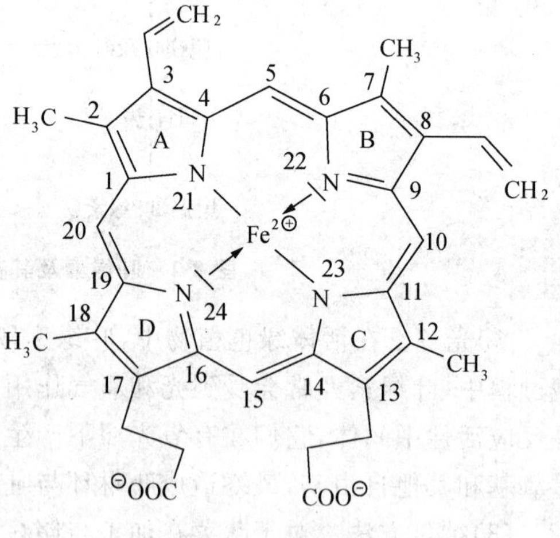

图 8-3　血红素的结构

肌红蛋白是由 1 条肽链组成的球状蛋白质与 1 分子血红素组成的,而血红蛋白由 2 条 α 肽链及 2 条 β 肽链组成的四聚体,分别与 4 分子血红素结合而成。血红蛋白分子可粗略看作肌红蛋白的四连体。在活体动物中,血红蛋白和肌红蛋白发挥着氧气转运和储备的功能。

血红蛋白和肌红蛋白是构成动物肌肉红色主要色素,牲畜在屠宰放血,血红蛋白排放干净之后,胴体肌肉中 90％以上是肌红蛋白。肌肉中的肌红蛋白随年龄不同而不同,小牛肉不如老牛肉中含量高。肌肉中还有少量其他色素,如细胞色素、黄素蛋白和维生素 B_{12},由于它们含量很少,所以新鲜肌肉的颜色主要由肌红蛋白决定,呈紫红色。

(2)在食品加工与储藏中的变化。在肉品的加工与储藏中,肌红蛋白会转化为多种衍生物,包括氧合肌红蛋白、高铁肌红蛋白、氧化氮肌红蛋白、氧化氮高铁肌红蛋白、肌色原、高铁肌色原、氧化氮肌色原、亚硝酰高铁肌红蛋白、亚硝酰高铁血红素、硫肌红蛋白和胆绿蛋白。这些衍生物的颜色各异,氧合肌红蛋白为鲜红,高铁肌红蛋白为褐色,氧化氮肌红蛋白和氧化氮肌色原为粉红色,氧化氮高铁肌红蛋白为深红,肌色原为暗红,高铁肌色原为褐色,亚硝酰高铁肌红蛋白为红褐色,最后三种物质为绿色。

动物屠宰放血后,对肌肉组织的供氧停止,新鲜肉中的肌红蛋白则保持还原状态,肌肉的颜色呈稍暗的紫红色。当胴体分割后,鲜肉与空气接触,还原态的肌红蛋白向两种不

> 思考:为什么鲜肉是鲜红色,放置一段时间后变成褐色?

同的方向转变,部分肌红蛋白与氧气发生氧合反应生成鲜红色的氧合肌红蛋白,产生人们熟悉的鲜肉色;部分肌红蛋白与氧气发生氧化反应,生成褐色的高铁肌红蛋白。随着分割肉在空气中放置时间的延长,肉色就越来越转向褐红色,说明后一种反应逐渐占了上风。这两种反应可用图 8-4 来表示。

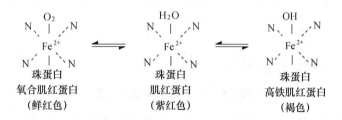

图 8-4　肌红蛋白的相互转化

上述反应处于动态平衡之中,这种平衡移动受氧气分压的强烈影响。如图 8-5 所示,氧气分压高时有利于氧合肌红蛋白的生成,氧气分压低时有利于高铁肌红蛋白的生成。

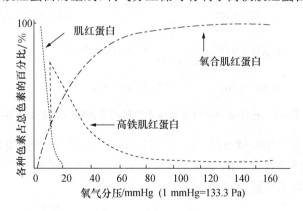

图 8-5　氧气分压对肌红蛋白相互转化的影响

鲜肉在热加工时,由于温度升高以及氧分压降低,肌红蛋白的球蛋白部分变性,铁被氧化成三价铁,产生高铁肌色原,熟肉的色泽呈褐色。当其内部有还原性物质存在时,铁可能被还原成亚铁,产生暗红色的肌色原。

火腿、香肠等肉类腌制品的加工中经常使用硝酸盐或亚硝酸盐作为发色剂,结果使肉中原来的色素转变为氧化氮肌红蛋白、氧化氮高铁肌红蛋白和氧化氮肌色原。所以腌肉制

> 思考:腌肉制品的颜色鲜艳诱人的原因?

品的颜色更加鲜艳诱人,并且对加热和氧化表现出更大的耐性。这3种色素的中心铁离子的第六配位体都是氧化氮(NO),NO的生成和这些产物的生成如图8-6所示。但是可见光可促使氧化氮肌红蛋白和氧化氮肌色原重新分解为肌红蛋白和肌色原,并被继续氧化为高铁肌红蛋白和高铁肌色原。这就是腌肉制品见光褐变的原因。

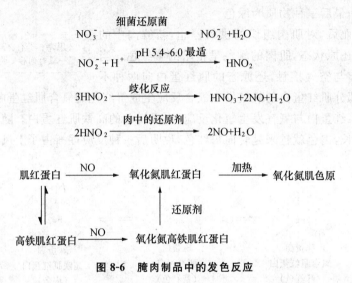

$$NO_3^- \xrightarrow{\text{细菌还原菌}} NO_2^- + H_2O$$

$$NO_2^- + H^+ \xrightarrow{\text{pH 5.4~6.0 最适}} HNO_2$$

$$3HNO_2 \xrightarrow{\text{歧化反应}} HNO_3 + 2NO + H_2O$$

$$2HNO_2 \xrightarrow{\text{肉中的还原剂}} 2NO + H_2O$$

肌红蛋白 $\xrightarrow{NO}$ 氧化氮肌红蛋白 $\xrightarrow{\text{加热}}$ 氧化氮肌色原

高铁肌红蛋白 $\xrightarrow{NO}$ 氧化氮高铁肌红蛋白 $\xrightarrow{\text{还原剂}}$

图8-6 腌肉制品中的发色反应

实践中,一些物质可以促进发色,例如,乳酸可促进亚硝酸的生成,抗坏血酸可促进亚硝酸盐转化为氧化氮。发色剂本身的用量则必需严格控制,因过量使用时不但产生绿色物质,还会产生致癌物,如图8-7所示。

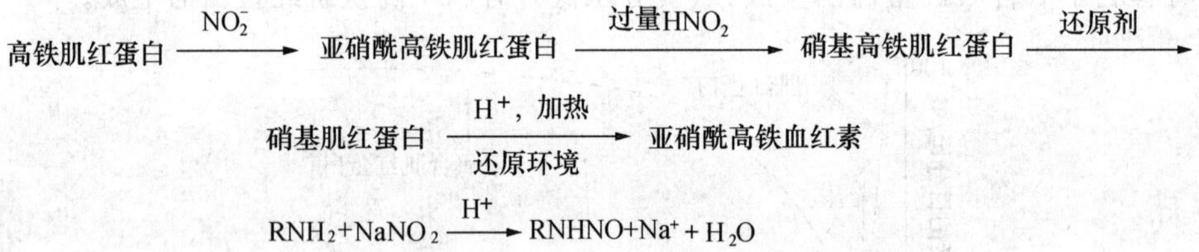

高铁肌红蛋白 $\xrightarrow{NO_2^-}$ 亚硝酰高铁肌红蛋白 $\xrightarrow{\text{过量}HNO_2}$ 硝基高铁肌红蛋白 $\xrightarrow{\text{还原剂}}$

硝基肌红蛋白 $\xrightarrow[\text{还原环境}]{H^+,\text{加热}}$ 亚硝酰高铁血红素

$$RNH_2 + NaNO_2 \xrightarrow{H^+} RNHNO + Na^+ + H_2O$$

图8-7 超标使用发色剂时绿色物质和致癌物质的生成反应

肉类在储存时偶尔发生变绿现象,除了过量使用发色剂外,还与微生物污染大量生长繁殖有关。微生物生长繁殖产生过氧化氢、硫化氢,二者与肌红蛋白的血红素中的高铁或亚铁反应分别生成胆绿蛋白和硫肌红蛋白,致使肉的颜色变为绿色。

3. 类胡萝卜素

(1)结构与性质。类胡萝卜素(Carotenoids)又成为多烯色素,广泛分布于生物界中,蔬菜和红色、黄色、橙色的水果

> 思考:食品中常见的类胡萝卜素有哪些?

及根茎类作物是富含类胡萝卜素的食品,卵黄、虾壳等动物材料中也富含类胡萝卜素。一般来说,富含叶绿素的植物组织也富含类胡萝卜素,因为叶绿体和有色体都是类胡萝卜素含量较丰

富的细胞器。类胡萝卜素可以游离态溶于细胞的脂质中,也能与碳水化合物、蛋白质或脂类形成结合态存在,或与脂肪酸形成酯。

类胡萝卜素按结构可归为两大类:一类是称为胡萝卜素的纯碳氢化合物,包括 α-胡萝卜素,β-胡萝卜素,γ-胡萝卜素及番茄红素;另一类是结构中含有羟基、环氧基、醛基、酮基等含氧基团的叶黄素类,如叶黄素、玉米黄素、辣椒红素、虾黄素等。一些常见类胡萝卜素的结构如图8-8所示。从中可以看出,类胡萝卜素的基本结构是多个异戊二烯结构首尾相连的大共轭多烯,多数类胡萝卜素的结构两端都具有环己烷。

类胡萝卜素是脂溶性色素,胡萝卜素类微溶于甲醇和乙醇,易溶于石油醚;叶黄素类却易溶于甲醇或乙醇中。

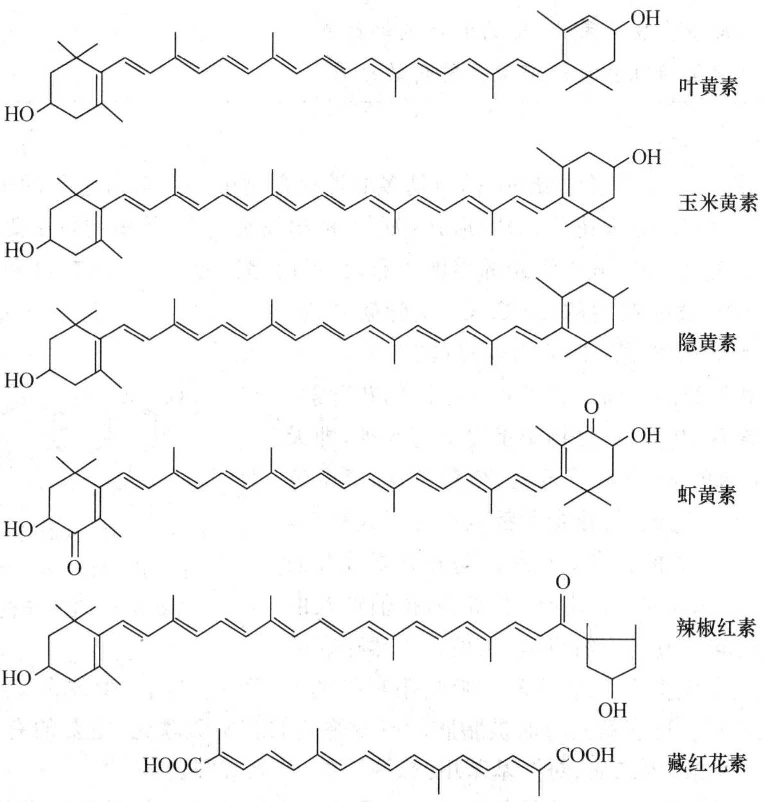

图8-8 常见类胡萝卜素的结构

类胡萝卜素在酸、热和光作用下很易发生顺反异构化。所以,颜色常在黄色和红色范围内轻微变动。例如,加热胡萝卜使金黄色变成黄色,加热西红柿会使红色变成橘黄。

(2)在食品加工与储藏中的变化。一般来说,食品加工过程对类胡萝卜素的影响很小。类胡萝卜素耐 pH 变化,对热较稳定,在锌、铜、锡、铝、铁等金属存在下也不易破坏。但在脱水食品中类胡萝卜素的稳定性较差,能被迅速氧化退色。首先是处于类胡萝卜素结构两端的烯键被氧化,造成两端的环状结构开环并产生羰基。进一步的氧化可发生在任何一个双键上,产生分子量较小的含氧化合物,例如,β-紫罗酮(具有紫罗兰花气味),过度氧化时,完全失去颜色。

脂氧合酶和一些酶类可加速类胡萝卜素的氧化降解,他们催化底物氧化时会产生具有高度氧化性的中间体,能加速类胡萝卜素的氧化分解。食品加工中,热烫处理可钝化降解类胡萝卜素的酶类。在食品加工中,类胡萝卜素通常不会严重降解。例如,土豆碱液去皮仅

思考: 如何控制脱水食品中类胡萝卜素的损失?

引起类胡萝卜素的轻微降解和异构化。胡萝卜果脯熬制时红黄色很稳定,低温和冷冻下类胡萝卜素也很少变化。

　　类胡萝卜素与蛋白质形成的复合物,比游离的类胡萝卜素更稳定。

> **知识窗　虾蟹烹熟呈砖红色**
>
> 　　虾黄素是存在于虾、蟹、牡蛎及某些昆虫体内的一种类胡萝卜素。
>
> 　　在活体组织中,虾黄素与蛋白质结合,呈蓝青色。当久存或煮熟后,蛋白质变性与色素分离,同时,虾黄素发生氧化,变为红色的虾红素。
>
> 　　烹熟的虾蟹呈砖红色就是虾黄素转化的结果。

4. 花青素

(1)结构和性质。花青素(Anthocyan)是多酚类化合物中一个最富色彩的子类,曾经被归类为类黄酮,多以糖苷(称为花色苷)的形式存在于植物细胞液中,是植物最重要的水溶性色素之一,构成花、果实、茎和叶五彩缤纷的美丽色彩,包括蓝、紫、紫罗兰、洋红、红和橙色等。

　　花青素具有类黄酮典型的 C_6-C_3-C_6 碳骨架结构,是 2-苯基苯并吡喃阳离子结构的衍生物(图 8-9),由于取代基的数量和种类的不同形成了各种不同的花青素。

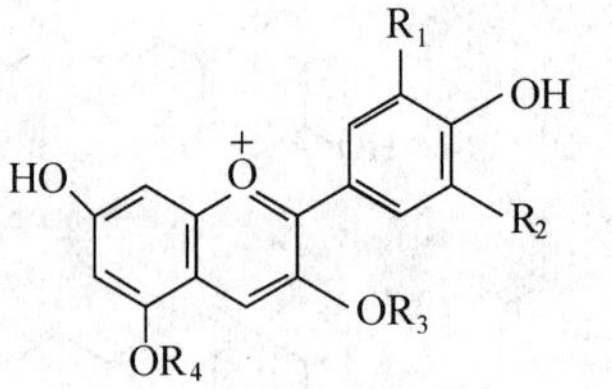

　　已知花青素有 20 多种,食物中重要的有 6 种,即天竺葵色素、矢车菊色素、飞燕草色素、芍药色素、牵牛色素和锦葵色素。自然状态的花青素都以糖苷形式存在,称花青苷,很少有游离的花青素存在。与花青素成苷的糖主要有葡萄糖、鼠李糖、半乳糖、木糖、阿拉伯糖及由这些单糖构成的均匀或不均匀双糖、三糖。天然存在的

R_1 和 R_2 ==—H,—OH 或—OCH_3,R_3 =—糖基或—H,R_4 ==—H 或—糖基

图 8-9　花青素的结构

花色苷的成苷位点大多在 2-苯基苯并吡喃阳离子的 C_3 和 C_5 为上,少数在 C_7 位,间或有在 C_3、C_4'、C_5' 位上成苷。这些糖基有时被脂肪族或芳香族的有机酸酰化,主要的有机酸包括对香豆酸、咖啡酸、阿魏酸、丙二酸、对羟基苯甲酸、丙二酸、苹果酸等。

　　各种花青素或各种花色苷的颜色出现差异主要是由取代基的数量和种类的不同而引起。作为助色团,取代基增加时,吸收波长增加,作为电子供体,不同助色团的助色效应的强弱决定于他们供电子能力。甲氧基是比羟基供电子能力强,糖基和甲氧基的供电子能力相近,但可能表现出空阻效应。常见的 6 种花青素的颜色变化趋势如图 8-10 所示。

　　(2)在食品加工与储藏中的变化。花青素和花青苷的化学稳定性不高,在食品加工和储藏中经常因化学作用而变色。影响变色反应因素包括 pH、温度、光照、氧、氧化剂、金属离子、酶等。

　　①pH 的影响。花青素的颜色随 pH 变化而变化。这是因为在花青素母核的吡喃环上氧原子为四价,具有碱性,而酚羟基上的氢可以解离,具有酸性。因此,在不同 pH 下花青素有不同结构,呈现不同色彩。在水溶液或食品中,花青素随 pH 变化可出现 4 种结构形式见图 8-11。

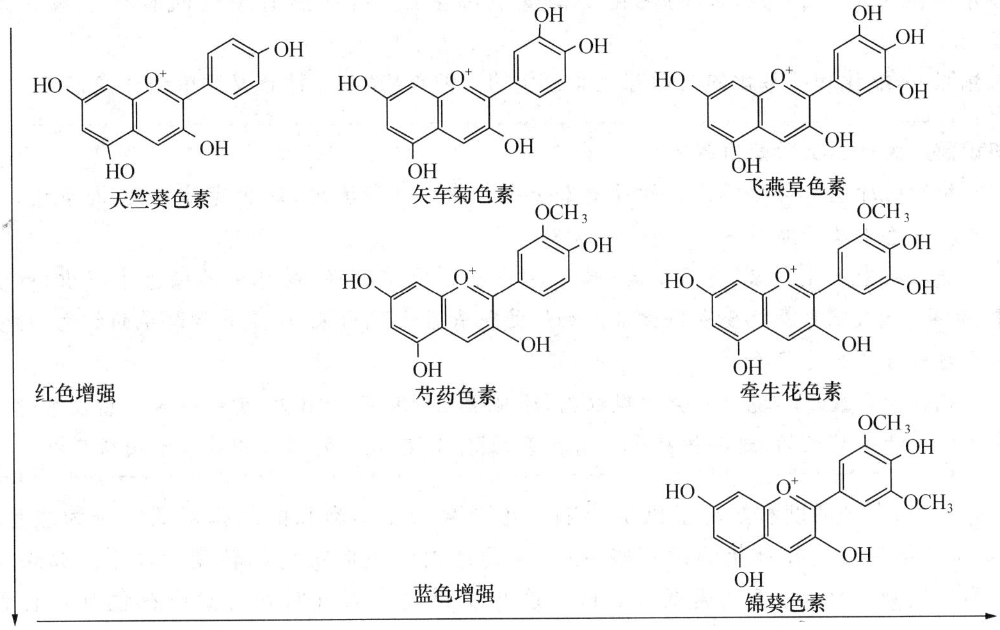

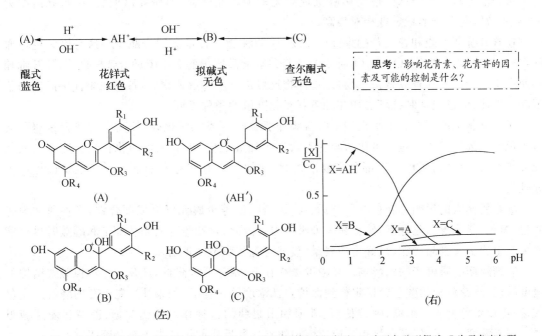

图 8-10 食品中常见花青素及取代基对其颜色的影响

思考:影响花青素、花青苷的因素及可能的控制是什么?

左图:A 为蓝色醌式结构、AH⁺为花 锌式(红色 2-苯基苯并吡喃阳离子)、B 为无色醇型假碱、C 为无色查尔酮

右图:3-葡萄糖基-锦葵色苷的 4 种存在形式随 pH 的变化

图 8-11 花色苷在水溶液中的 4 种存在形式及 pH 对它们含量的影响

②温度和光照的影响。温度和光照会影响花青苷的稳定性,加速花青苷的降解变色。

温度影响的程度受到环境氧含量、花色苷种类以及 pH 等的影响。一般来说,含羟基多的花青素和花色苷的热稳定性不如含甲氧基或含糖苷基多的花青素和花色苷。花色

苷在水溶液中的 4 种形式间的转化平衡受也温度影响,加热时平衡向着查尔酮式结构移动。

光照下,酰化和甲基化的二糖苷比非酰化的二糖苷稳定,二糖苷又比单糖苷稳定。

> **知识窗　为什么枫叶是红的?**
>
> 　　树叶的绿色来自叶绿素。树叶中除含有大量的叶绿素外,还含有叶黄素、花青素、糖分等其他色素及营养成分。
>
> 　　进入秋季天气渐凉,气温下降,叶绿色的合成受到阻碍,树叶中的绿色素减少,叶黄素、胡萝卜素、花青素就会表现出来。如果是花青素表现出来,就是非常鲜艳的红色,叶黄素表现出来的就是黄色。
>
> 　　花青素在酸性环境中才会出现红色,遇碱便呈现蓝色。枫树、黄栌树等少量植物叶子中的细胞叶是酸性的,这些树种会随着秋天的降临,花青素的增多树叶逐渐由绿变红。

③氧气、水分活度和抗坏血酸的影响。花青素高度不饱和的结构对氧气颇为敏感,例如,葡萄汁趁热灌装并且装的满一些,瓶装葡萄汁由紫色向褐色的转变会延缓。如果改用充氮灌装或减压灌装,变色速度将更慢。这些现象说明氧气对花青素或花色苷具有破坏作用。

水分活度对花色苷稳定性的影响机理尚无多少研究资料,但研究以证实,在水分活度为 $0.63\sim0.79$,花色苷的稳定性相对最高。

在含有抗坏血酸和花色苷的果汁中发现,这两种物质含量会同步减少。这是因为抗坏血酸在被氧化时可产生 H_2O_2,H_2O_2 对 2-苯基苯并吡喃阳离子的 2 位碳进行亲核进攻,裂开吡喃环而产生无色的酯和香豆素衍生物,这些产物还可进一步降解或聚合,最终在果汁中产生褐色沉淀。因此,促进或抑制抗坏血酸和花色苷氧化降解的条件相同。

④二氧化硫的影响。水果在加工时常添加亚硫酸盐或二氧化硫,使其中的花青素褪色成微黄色或无色。其原因是二氧化硫与花青素发生加成反应,生成无色的化合物。若将二氧化硫加热除去,原来的颜色可以部分恢复。因此,在加工含有花青素的食品时一定要进行护色处理。

⑤金属元素的影响。花色苷可与钙、镁、锰、铁、铝等金属元素形成配合物,产物通常为暗灰色、紫色、蓝色等深色色素,使食品失去吸引力。因此,含花色苷的果蔬加工和罐藏时尽可能避免与上述金属制品接触,最好用涂料罐、玻璃罐包装和不锈钢器皿。

⑥糖及糖的降解产物的影响。高浓度糖存在下,水分活度降低,花色苷生成拟碱式结构的速度减慢,故花色苷的颜色较稳定得到保护。低浓度糖存在下(如果汁),花色苷的降解或变色加速,生成褐色物质。果糖、阿拉伯糖、乳糖和山梨糖的这种作用比葡萄糖、蔗糖和麦芽糖更强。升高温度和有氧气存在将是反应速度加快。这种反应的机理尚未充分阐明。

⑦花色苷的水解。花色苷的水解方式有酸水解和酶水解。一般在 100℃ 1 mol/L 的盐酸溶液中,花色苷在 $0.5\sim1$ h 内就会完全水解生成相应的花青素和糖,酸度越高,水解的速度越快。

花色苷的降解与酶有关。糖苷水解酶和多酚氧化酶是已知的可引起花色苷加速降解的酶。糖苷水解酶能将花色苷水解为稳定性差的花青素,花青素的稳定性小于花色苷,所以这种酶促水解加速花色苷的降解。多酚氧化酶催化小分子酚类,产生的中间产物邻醌能使花色苷转化为氧化的花色苷及降解产物。

⑧缩合反应的影响。花色苷可与自身或其他有机化合物发生缩合反应,并可与蛋白质、单宁、其他类黄酮和多糖形成较弱的配合物。这一类配合物本身并不显色,但可引起向红效应并使吸光度加大,在加工和储藏中比较稳定。但也有一些缩合反应会导致褪色,如抗坏血酸、儿茶酚,则生成无色物质。

5. 类黄酮类色素

(1)结构与性质。类黄酮(Flavonoid)包括类黄酮苷和游离的类黄酮苷元,是广泛分布于植物组织细胞中的色素。在花、叶、果中,多以苷的形式存在,而在木质部组织中,多以游离苷元的形式存在。和花青素一样,类黄酮苷元的碳架结构也是 C_6-C_3-C_6 结构,区别于花青素的显著特征是4-位皆为酮基。类黄酮苷元可被分为若干子类,这些子类的母核结构和一些食品中常见类黄酮色素的结构如图8-12所示。

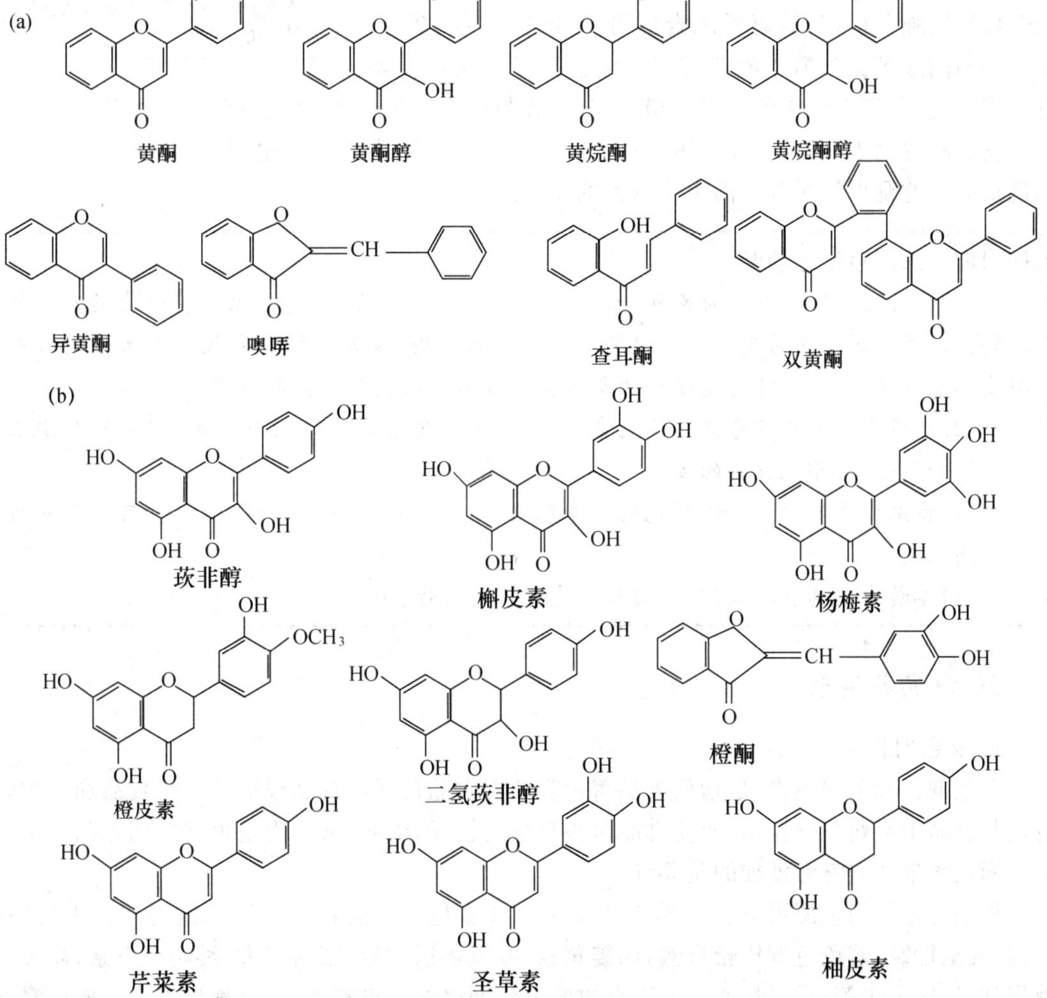

图 8-12 类黄酮苷元的一些子类的名称和母核结构(a)
与一些常见类黄酮苷元的名称和结构(b)

天然类黄酮多以糖苷的形式存在,未糖苷化的类黄酮不易溶于水,形成糖苷后水溶性加大,所以,水浸提取植物类黄酮时,提取的主要是类黄酮苷。提取苷元时则常用氯仿、乙醚、乙酸乙酯等。类黄酮苷的糖基常包括葡萄糖、半乳糖、阿拉伯糖、木糖、芸香糖、新橙皮糖和葡萄糖酸等。糖苷键的位置时有变化,但在母核结构的 7、5 和 3 位成苷最常见。与花色苷类似,类黄酮化合物中也有酰基取代物。已知的类黄酮(包括苷)达 1 670 多种,其中有色物 400 多种,多呈淡黄色,少数为橙黄色。

(2)在食品加工与储藏中的变化。在食品加工中,若水的硬度较高或因使用碳酸钠和碳酸氢钠而使 pH 上升,原本无色的黄烷酮或黄烷酮醇类可转变为有色的查尔酮类。例如,马铃薯、小麦粉、芦笋、荸荠、黄皮洋葱、菜花和甘蓝等在碱性水中烫煮都会出现由白变黄的现象。该变化为可逆变化,可用有机酸加以控制和逆转。在水果蔬菜加工中,用柠檬酸调整预煮水pH 的目的之一就在于控制黄酮色素的变化。

类黄酮可与多价金属离子形成配合物。例如,与铝离子配合后会增强黄色,与铁离子配合后可呈蓝色、黑色、紫色、棕色等不同颜色。芦笋中的芸香苷遇到铁离子后会产生难看的深色,使芦笋产生深色斑点。相反,芸香苷与锡离子配合时,则生成吸引人的黄色。

> 思考:食品加工中控制天然类黄酮措施是什么?

类黄酮也属于多酚类物质,酶促褐变中间产物如邻醌或其他氧化剂可氧化类黄铜而产生褐色沉淀。这是果汁久置变褐生成沉淀的原因之一。

知识窗   天然色素之功能

(1)花青素不仅可以作为色素,而且也有许多生物活性,不同来源的花青素具有不同的特性。源于葡萄皮的花青素可以降低心脏病的危险,来源于接骨木果的花青素对流感病毒具有抵抗作用,来源于覆盆子的花青素对视力具有良好的保护作用。

(2)叶黄素是来自万寿菊的黄色素,近来人们发现它是一种抗氧化剂,可以对抗斑点退化(一种导致老年人失明的疾病)。

(3)番茄红素不仅是一种鲜艳的红色色素,它还是一种很强的抗氧化剂,可以预防许多种癌症。

(4)姜黄素也具有抗氧化性,同时具有抗炎的特性。

三、食品着色剂

1. 着色剂概述

着色剂又称食用色素,是指使食品着色和改善食品色泽的食品添加剂。在食品加工中,着色剂与食品中某些成分作用,而使食品呈现良好的色泽,因此,又称为呈色剂或固色剂。例如,加工彩色水果冰淇淋时添加的苋菜红。

根据着色剂的来源可分为天然着色剂和合成着色剂。前者主要从动植物和微生物中提取,其安全性高、着色色调比较自然,如姜黄素、叶绿素铜钠盐、红曲霉素、类胡萝卜素、甜菜红、辣椒红素、栀子黄等;后者是通过人工合成的方法制得的有机着色剂,也称为人工合成色素,合成的着色剂着色力强、色泽鲜艳、不易退色、稳定性好、易调色、成本低,所以被广泛使用,但有些人工合成着色剂对人体有害,须严格管理,谨慎使用。

食品着色剂按溶解性还可分为水溶性着色剂和脂溶性着色剂。水溶性的着色剂如人工合成着色剂柠檬黄、胭脂红，天然着色剂甜菜红、花青素、红花黄素等；脂溶性着色剂如 β-胡萝卜素、辣椒红素、玉米黄等。

2. 着色剂作用机理

人眼能看到自然光线中波长为 $400\sim760$ nm 的可见光，不同波长的光，有不同的颜色。食品所呈现的颜色与食品相应的组分(着色剂)对光吸收的波长相关。例如，选择吸收波长为 $400\sim430$ nm 紫光的蔬菜，它呈现的颜色就是其互补色，波长为 $500\sim560$ nm 的绿光。

食品的着色剂都是有机物，这些有机物分子中各有一些基团(生色基)，当它们能够在紫外区和可见光区内吸光时，食品就会呈现一定的颜色(生色)。

3. 天然食品着色剂

天然食品着色剂是从天然原料中提取的有机物，它们安全性高且资源丰富。近年来天然食品着色剂发展很快，各国许可使用的品种和产量不断增加。以下介绍几种主要的天然食品着色剂。

> 思考：天然食品着色剂生产与使用规定是什么？

(1)红曲色素。红曲色素(Monascin)来源于红曲米，是一组由红曲霉菌丝所分泌的微生物色素。将红曲霉接种于蒸熟的大米，经培育发酵所得，将红曲用乙醇抽提，得液体红曲色素，或者由红曲霉的深层培养液中进一步结晶精制而得。红曲米是中国自古以来传统使用的天然着色剂，安全性高。

红曲色素属于酮类色素，共有 6 种，分别是红斑素、红曲红素、红曲素、红曲黄素、红斑胺和红曲红胺，而实际应用的主要是前两种。红曲色素是暗红色粉末或液体状或糊状物，可溶于水，色调不随 pH 变化，热稳定性高，几乎不受金属离子的影响，也不受氧化剂和还原剂的影响，但在太阳光直射下色度降低，对蛋白质染色性好，毒性实验证明安全无毒。广泛用于畜产品、水产品、豆制品、酿造食品和酒类的着色。我国允许按正常生产需要量添加于食品中，部分产品的红曲米色素使用量：辣椒酱 $6\sim10$ g/kg，甜酱 $4\sim30$ g/kg，腐乳 2 g/kg，酱鸡、酱鸭 1 g/kg。

(2)姜黄素。姜黄色素(Curcumin)是生姜科姜黄属植物姜黄的地下根茎中提取的一种黄色素，是一组二酮类色素的混合物，主要成分为姜黄素、脱甲基姜黄素和双脱甲基姜黄素。

姜黄色素的分子式：$C_{21}H_{20}O_6$；分子量：368.37。为橙黄色粉末，几乎不溶于水，溶于乙醇、冰醋酸和碱溶液，具有姜黄特有的香辛气味，味微苦。在中性和酸性溶液中呈黄色，碱性溶液中呈褐红色，对光、氧、热稳定性差，易与铁离子结合而变色，不易被还原。

着色性较好，对蛋白质的着色力强。可以作为肠类制品、罐头、酱卤制品等产品的着色，糖果、冰淇淋、果冻等食品的增香着色剂。其使用量按正常生产需要而定，最大使用量 0.01 g/kg。

(3)甜菜红素。甜菜红素(Betalaine)是从藜科植物红甜菜块茎中提取出的一组水溶性色素，以甜菜红素和甜菜黄素及它们的糖苷形式存在于这些植物的液泡中。

甜菜红素溶液在 pH $4.0\sim7.0$ 呈红紫色，pH 低于 4.0 或高于 7.0 时，溶液颜色由红色变紫色；pH 超过 10.0 时，此时甜菜红素水解成甜菜黄素，溶液颜色迅速变黄色。甜菜色素的耐热性不高，在 pH $4.0\sim5.0$ 时相对稳定，在中等碱性条件下加热转变为甜菜氨酸和多巴-5-O-葡萄糖苷。该反应可逆，在 pH 降至 $4\sim5$ 时有可部分逆转。

甜菜红素不耐氧化，在加热和酸的作用下，在 C_{15} 位上容易发生差向异构形成异甜菜红素。光、氧、金属离子等可促进其降解。

甜菜红素对食品的着色性好,在 pH 为 3.0～7.0 的食品中使用色泽稳定,在水分活度低的食品中,色泽可持久保持。我国本品可在果味饮料、果汁饮料、配制酒、罐头等食品中,按正常生产需要添加。

(4)焦糖色素。焦糖色素(Caramel)即酱色,是蔗糖、饴糖、淀粉水解产物等在高温下发生不完全分解并脱水聚合而形成的红褐色或黑褐色的混合物,是我国食品中应用较广泛的半天然食品着色剂。

焦糖主要有铵盐法和非铵盐法生产,铵盐法生产的焦糖色素中可能存在 4-甲基咪唑,它是一种惊厥剂,慢性毒性试验结果又证实它使动物白细胞减少,生长缓慢,所以已不允许使用。非铵盐法生产的焦糖色素比较安全。具有焦糖香味和愉快的苦味,易溶于水,pH 2.6～5.5,光照相当稳定,对酸、盐的稳定性高,红色色度高,但着色力低。我国规定可用于罐头、糖果、饮料、酱油、醋等食品的着色,其用量按正常生产需要添加。

(5)虫胶色素(紫胶红素)。虫胶色素是紫胶虫在其寄生植物上所分泌的紫胶原胶中的一种着色剂。主要着色物质是紫胶酸,有 A、B、C、D、E 共 5 种,以 A 和 B 为主。

虫胶红微溶于水和乙醇。在酸性时,对光和热稳定。色调随 pH 而变化,在 pH 3～5 时为红色,pH 6 时为红至紫色,pH≥7 时为紫红色。易受金属离子影响(Fe^{3+})变黑。

虫胶色素最适用于不含蛋白质、淀粉的饮料、糖果、果冻类。在食品中的最大使用量为 0.5 g/kg。

(6)红花黄。红花黄是由菊植物红花的花瓣为原料,利用现代的生物技术提取而成的天然色素。红花黄色素为黄色均匀粉末,易溶于水、稀乙醇,不溶于乙醚、石油醚、油脂等;抗光性好,100℃以下无变化;在酸性水溶液中,效果更好,在 pH 2～7,呈黄色,在碱性溶液中,则呈红色。

红花黄色素在食品中的使用范围与姜黄素相同。此外还可用于冰淇淋。在食品中最大使用量为 0.2 g/kg。

(7)叶绿素铜钠盐。叶绿素铜钠盐由广泛存在于植物中的叶绿素而制得。它为叶绿素 a 铜钠盐与叶绿素 b 铜钠盐两种盐的混合物。叶绿素铜钠盐为蓝黑色带金属光泽的粉末,有氨样臭味,易溶于水,稍溶于乙醇与氯仿,几乎不溶于乙醚和石油醚,水溶液呈蓝绿色,耐光性较叶绿素强。

叶绿素铜钠盐不宜加入酸性饮料中,易沉淀析出。

我国在冷冻饮品、蔬菜罐头、配制酒、糖果、糕点上彩妆、饼干、果冻中,最大使用量为 0.5 g/kg,每日允许摄入量(ADI)为 0～15 mg/kg。

(8)辣椒红。辣椒红是从辣椒属植物的果实中用溶剂提取后去除辣椒素制得,主要着色物质为辣椒红素,其性状类似 β-胡萝卜素,不溶于水,溶于乙醇及油脂,乳化分散性及耐热性、耐酸性均好,耐光性稍差,可用于肉制品的着色,亦可用于饮料的着色,使用量可根据"正常生产需要"使用。

由于天然色素一般对人体无害,有些还有一定的营养价值,所以,当前世界各国都向着充分利用天然食用色素的方向发展,凡是对光、热和氧化作用稳定,不易受金属离子或其他化学物质影响的天然色素,只要对人体确定无害者,都可考虑应用。设法提取浓缩后使用可弥补色泽不足和色素浓度低的缺点。

4. 合成着色剂

合成着色剂色泽鲜艳,化学性质稳定,着色力强。但一些着色剂的安全性受到怀疑。《食品添加剂使用标准》

思考:人工着色剂使用量限制及应用范围。

(GB 2760—2011)规定,我国允许使用的食用人工着色剂有苋菜红、胭脂红、柠檬黄、靛蓝、日落黄、亮蓝、赤藓红、新红。

(1)苋菜红。苋菜红(Amaranth)又名杨梅红、鸡冠花红、蓝光酸性红,为水溶性偶氮类着色剂,C. I. 食用红色 9 号,食用赤色 2 号(日)。苋菜红为红褐色或暗红褐色均匀粉末或颗粒,无臭,耐光、耐热性(105℃)强,对柠檬酸、酒石酸稳定,在碱液中则变为暗红色。易溶于水,呈带蓝光的红色溶液,可溶于甘油,微溶于乙醇,不溶于油脂。遇铜、铁易退色,易被细菌分解,耐氧化、还原性差,不适于发酵食品应用。有些文章报道它可能致癌、致畸和降低生育能力,但权威机构暂时认为它的安全性较高,用于多水食品着色。

我国《食品添加剂使用标准》(GB 2760—2011)规定,苋菜红最大使用量(g/kg):用于高糖果汁(味)或果汁(味)饮料、碳酸饮料、配制酒、糖果、糕点上彩装、青梅、山楂制品、渍制小菜 0.05;用于红绿丝、绿色樱桃(系装饰用)0.10。

(2)胭脂红。胭脂红(Ponceau 4R)又名丽春红 4R,为水溶性偶氮类着色剂,C. I. 食用红色 7 号。红色至深红色均匀粉末或颗粒,溶于水,水溶液呈红色,微溶于乙醇,不溶于其他有机溶剂。耐光、对柠檬酸稳定,但耐热、耐还原性差,遇碱变为褐色。

《食品添加剂使用标准》(GB 2760—2011)规定,胭脂红最大使用量(以胭脂红酸计,g/kg),可用于高糖果汁(味)或果汁(味)饮料、碳酸饮料、配制酒,糖果、糕点上彩妆、青梅、山楂制品,渍制小菜 0.05;用于红绿丝、染色樱桃(系装饰用)0.1,豆奶饮料、冰淇淋 0.025(残留量 0.01);虾(味)片 0.05,糖果包衣 0.10。

(3)柠檬黄。柠檬黄(Tartrazine)又名食用色素黄 4 号;酒石黄;偶氮类着色剂,C. I. 食用黄色 4 号。橙黄色至橙色均匀粉末或颗粒。耐光、耐热(105℃)。易溶于水、甘油、乙二醇,微溶于乙醇、油脂。在柠檬酸、酒石酸中稳定,耐氧化性较差,遇碱变红色,还原时退色。

我国《食品添加剂使用标准》(GB 2760—2011)规定,柠檬黄最大使用量(以柠檬黄计,g/kg),用于风味发酵乳、调制炼乳、冷冻饮品等 0.05,果酱 0.5,蜜饯凉果、装饰性果蔬、腌渍的蔬菜、熟制豆类、坚果与籽类、可可制品、巧克力、糖果、糕点上彩妆、配制酒、饮料类等 0.1,固体饮料按冲调倍数增加使用量。

(4)日落黄。日落黄(Sunset yellow)又名晚霞黄、夕阳黄、橘黄、食用黄色 3 号,为偶氮类色素。日落黄为橙红色粉末或颗粒,无臭。易溶于水、甘油、丙二醇,微溶于乙醇,不溶于油脂,中性和酸性水溶液呈橙黄色,遇碱变为红褐色。吸湿性强,耐热性及耐光性强,还原时退色。溶于浓硫酸得橙色液。易着色,坚牢度高。

我国《食品添加剂使用标准》(GB 2760—2011)规定,日落黄最大使用量(以日落黄计,g/kg),用于调制乳、风味发酵乳、调制炼乳、含乳饮料 0.05,冷冻饮品 0.09,水果罐头、蜜饯凉果、熟制豆类、加工坚果与籽类、可可制品、巧克力、焙烤食品馅料及表面用挂浆、饮料、配制酒 0.1,果冻粉,按冲调倍数增加使用量。日落黄安全性较高,ADI 为 0~2.5 mg/kg 体重。

(5)靛蓝。靛蓝(Indigo carmine)又名靛胭脂,C. I. 食用蓝色 1 号、FD&C 蓝色 2 号、食用青色 2 号。深蓝色至深褐色的均匀粉末。微溶于水、乙醇、甘油和丙二醇,不溶于油脂。耐光性、耐热性差,对柠檬酸、酒石酸和碱不稳定。着色力强并有独特色调,对氧化作用都较敏感,易被细菌分解。

我国《食品添加剂使用标准》(GB 2760—2011)规定,靛蓝最大使用量(g/kg),用于蜜饯、凉果、可可制品、巧克力和巧克力制品、糖果、糕点上彩妆、饮料、配制酒 0.1,装饰性果蔬 0.2,固体饮料按稀释倍数增加使用量。ADI 为 0～5 mg/kg(体重),我国规定其最大使用量为 0.1 g/kg。

(6)亮蓝。亮蓝(Brilliant blue)又名 C.I. 食用蓝色 2 号,FD&C 蓝色 1 号(美),食用蓝色 1 号(日)。紫红色均匀粉末或颗粒,有金属光泽。耐光性、耐热性、耐酸性、耐碱性均好,耐还原性也较高,但与金属盐会慢慢沉淀。溶于乙醇、甘油。

我国《食品添加剂使用标准》(GB 2760—2011)规定,亮蓝最大使用量(g/kg),用于风味发酵乳、调制炼乳、饮料、配制酒、凉果、加工坚果与籽类、虾味片、糕点、调味糖浆、果冻等 0.025,可可制品、巧克力及糖果 0.3,用于果冻粉,按冲调倍数增加使用量。但由于安全性高,着色力极强。

(7)赤藓红。赤藓红(Erythrosine)又名樱桃红,C.I. 食用红色 14 号,食用赤色 3 号(日)。非偶氮类着色剂。红色或红褐色颗粒或粉末,无臭,易溶于水,溶于乙醇、丙二醇和甘油,不溶于油脂,耐热性、耐碱性、耐氧化还原性好,耐细菌性和耐光性差,遇酸则沉淀,吸湿性差。具有良好的染着性,特别是对蛋白质染着性尤佳。根据其性状,在需高温焙烤食品和碱性及中性食品中着色力较其他合成色素强。

我国《食品添加剂使用标准》(GB 2760—2011)规定,赤藓红最大使用量(g/kg),用于饮料、碳酸饮料、配制酒、糖果、糕点上彩妆、青梅、酱及酱制品、可可制品、巧克力制品 0.05。

(8)新红。新红(New red)为红色粉末,属于水溶性偶氮类色素,易溶于水,水溶液呈红色,微溶于乙醇,不溶于油脂,着色力与苋菜红相似。

我国《食品添加剂使用标准》(GB 2760—2011)规定,新红最大使用量(g/kg),用于凉果、糕点可、可制品、巧克力、饮料、配制酒等 0.05;装饰性果蔬 0.1。

(9)铝色淀。上述 8 种合成的水溶性着色剂通过和氧化铝在一定条件下作用而生成的色素称铝色淀。这些色淀和相应的母体色素除水溶性有别外,适用范围和用量同母体色素。

(10)合成 β-胡萝卜素。合成 β-胡萝卜素与天然 β-胡萝卜素的区别在于所含杂质不同,我国允许使用符合我国《食品添加剂使用标准》(GB 2760—2011)规定质量标准的合成 β-胡萝卜素。

合成 β-胡萝卜素在低浓度时呈黄色,在高浓度时呈橙红色,产品为紫红色粉末,对光和氧不稳定,铁离子可促进其退色。我国规定,用于奶油和膨化食品时,最大使用量为 0.20 g/kg,用于人造奶油和冰激凌、起酥油和饼干、面包、宝宝乐时,最大使用量分别为 0.10 g/kg、0.05 g/kg、3 g/kg 和 10 g/kg。

(11)叶绿素铜钠盐。叶绿素铜钠盐(Sodium copper chlorophylin)为墨绿色粉末,是以天然的绿色植物组织中提取的叶绿素为原料,经皂化和铜盐作用制成的半合成色素。叶绿素铜钠有吸湿性,易溶于水,水溶液呈蓝绿色,透明,耐旋光性和耐酸性强于叶绿素,着色坚牢度强,色彩鲜艳,但在酸性食品或含钙食品中使用时产生沉淀,遇硬水亦生成不溶性盐而影响着色和色彩。我国规定,叶绿素铜钠盐可用于果味水、果味粉、果子酱、汽水、配制酒、糖果和罐头,最大使用量 0.05 g/kg。

知识窗 天然色素之发展

　　日本应用天然色素居于世界前列,早在 1975 年天然色素的使用量就已超过合成色素。目前,日本的天然色素市场已超过 2 亿日元的规模,而合成色素仅占市场的 1/10,约 20 亿日元。至 1995 年 5 月,日本批准使用的天然色素已达 97 种。日本市场上年需求量在 200 t 以上的是焦糖色素、胭脂树橙色素、红曲色素、栀子黄色素、辣椒和红色素和姜黄色素 6 种天然色素产品,其中焦糖色素的需求量最大,每年消费量达 2 000 t,约占天然色素消费总量的 40%。

　　我国天然食用色素产品中次焦糖色素的产量最大,年产量约占天然食用色素的 86%,主要用于国内酿造行业和饮料工业。其次是红曲红、高粱红、栀子黄、萝卜红、叶绿素角钠盐、胡萝卜素、可可壳色、姜黄等,主要用于配制酒、糖果、熟肉制品、果冻、冰淇淋、人造蟹肉等食品。

　　随着我国人民生活水平的进一步提高,回归大自然、食用全天然原料的产品必将成为今后食品消费的主流,国内食品制造业对天然食用色素的需求将不断增长,同时也将开辟天然色素在医药、日化等方面更广阔的应用领域。

任务 2　味阈测定

【要点】

1. 辨别味阈的基本依据。

2. 阈值测定操作。

3. 味阈试验表述及阈值分析。

【工作过程】

一、测定准备

　　在白磁盘中,放上 10 个装有 NaCl 基本味觉物的一系列试液的烧杯。从左到右按浓度从小到大顺序排列,并随机以三位数编号。

二、味阈测定

　　从左到右按顺序品尝试液,先用水漱口然后喝入试液含于口中,做口腔运动使试液接触全部舌头和上颚,仔细体会味觉,进行味觉描述并记录味觉强度,吐去试液,用水漱口,继续品尝下一个试液。

三、味阈强度记录

　　按味觉强弱用数值记录于表 8-4。

　　强度记录参照如下:

　　0:无味感或味感如水。

?:不同于水,但未能明确辨别出某种味感(觉察味阈)。

1:开始有味感,但很弱(识别味阈)。

2:有比较弱的味感。

3:有明显味感。

4:有比较强的味感。

5:很强烈的味感。

根据味感强度记录及实验室提供的试液浓度值,确定味阈。如觉察味阈、识别味阈、极限味阈(超过此浓度,溶质再增加味感也无变化)。

四、结果与判断

基本中味觉味阈试验记录见表 8-4。

表 8-4　基本味觉味阈试验

序号	样品号	味觉	味感强度	浓度/(g/100 mL)	阈值

五、相关知识

品尝一系列同一物质(基本味觉物)但浓度不同的水溶液,可以确定该物质的味阈,即辨出该物质味道的最低浓度。

察觉味阈指引起感觉所需要的感官刺激的最小值,但物质的味道尚不明显。

识别味阈指能够明确辨别该物质味道的最低浓度。

极限味阈指超过此浓度溶质再增加时味感也无变化。

以上 3 种味阈值的大小,取决于鉴定者对试样味道的敏感程度,所以味阈值可以通过品尝由稀至浓的某种味觉物溶液来确定,本实验中采用质量浓度。

六、仪器与试剂

1. 仪器

容量瓶(50 mL 10 个;250 mL 1 个)、烧杯(500 mL 1 个;50 mL 12 个)、移液管(1.0 mL、2.0 mL、5.0 mL、10.0 mL 各 1 支)、量筒(25 mL、50 mL 各 1 支)、电子天平、白瓷盘。

2. 试剂

(1)NaCl 储备液(10 g/100 mL)。称取 25 g NaCl,溶解并定容 250 mL。

(2)NaCl 使用液。分别取 0.0 mL、1.0 mL、2.0 mL, 3.0 mL、4.0 mL、5.0 mL、6.5 mL、7.5 mL、9.0 mL、10.0 mL 储备液,稀释、定容 50 mL,配成浓度为 0.00 g/100 mL、0.02 g/100 mL、0.04 g/100 mL、0.06 g/100 mL、0.08 g/100 mL、0.10 g/100 mL、0.13 g/100 mL、

0.15 g/100 mL、0.18 g/100 mL、0.20 g/100 mL 的溶液。

七、相关提示

①为避免各种因素干扰,食品编号及试样顺序应随机化。基本味觉味阈实验,试样品尝顺序应按浓度从小到大,从左到右的顺序进行,即味感从淡到浓,避免先浓后淡而影响判断的准确性。

②品尝试样时,每个试样只品尝一次,决不允许重复,以避免错误的结果。

③试验中水质很重要。蒸馏水、重蒸馏水或去离子水都不令人满意。蒸馏水会引起苦味感觉,这将提高甜味的味阈值;去离子水对某些人会引起甜味感。一般的方法是用煮沸(不盖锅盖)10 min 的新鲜自来水,冷却、沉淀后倾斜倒出即可。

④开始试验时,NaCl 和柠檬酸溶液会有甜味感,然后才会出现咸味和酸味的感觉。

【考核要点】

1. NaCl 储备液和使用液的配制。

2. 基本味觉味阈试验结果的表达。

【思考题】

1. 察觉味阈、识别味阈、极限味阈怎样判断?

【必备知识】 味感及食品的香味

一、味感及味感物质

(一)食品风味及味感

1. 食品风味

食品风味是指食品中的风味物质刺激人的各种感觉受体,使人产生的短时间、综合性的生理感觉。这类感觉主要包括味觉、嗅觉、触觉、视觉等。换言之,食品的风味是人对食品的色、香、味的综合感觉。

①味觉俗称滋味,是食物在人的口腔内对味觉器官产生的刺激作用,味的分类相对简单,有酸、甜、苦、咸是 4 种基本味,另外还有涩、辛辣、热和清凉味等。

②嗅觉俗称气味,是各种挥发成分对鼻腔神经细胞产生的刺激作用,通常有香、腥、臭之分,嗅感千差万别,其中香就又可描述为果香、花香、焦香、树脂香、药香、肉香等若干种。

③触觉,如软、硬、脆等,触觉也有较其复杂的物质基础。

④心里感觉,这是受习惯与文化传统制约的感觉,与物质本身的特性相关性不大。食品的风味侧重于味觉和嗅觉。

2. 风味物质

能够体现食品风味的化合物很多,但能提供特征或特征效应的风味化合物的种类相当有限。食物的风味往往是由众多的风味物质综合反映的结果。一般而言,风味物质是指产生味觉的物质和产生嗅觉的物质。能产生味觉的物质相对简单一些,能产生嗅觉的物质类型要复杂些。它们具有以下特点。

①种类繁多,成分相当复杂。如目前已发现茶叶中的香气成分已达 500 多种;咖啡中的风味物质有 600 多种;白酒中的风味物质有 300 多种;一般食品中风味物质越多,食品的风味越好。

②含量极微,效果显著。天然食品风味物质质量分数一般在 10^{-6}、10^{-9}、10^{-12} 数量级,但对人的食欲产生极大作用。

③稳定性差,易被破坏。很多风味物质易挥发、易热解、易与其他物质发生作用,因而在食品加工中,哪怕是工艺过程很微小的差别,将导致食品风味很大的变化。

④除少数成分外,大多数是非营养性物质。

⑤呈味性能与其分子结构有高度特异性的关系。食品风味物质是由多种不同类别的化合物组成,通常根据味感与嗅感特点分类,如酸味物质、香味物质。但是同类风味物质不一定有相同的结构特点,酸味物质具有相同的结构特点,香味物质结构差异很大。

3. 味感

味感是食物在人的口腔内对味觉器官化学感应系统的刺激并产生的一种感觉。这种刺激有时是单一性的,但是多数情况下是复合性的。

(1)味感分类。目前,世界各国对味感的分类并不一致。例如,日本分为甜、苦、酸、咸、辣 5 类,欧美各国分为甜、苦、酸、咸、辣、金属味 6 类,印度分为甜、苦、酸、咸、辣、淡、涩、不正常味 8 类,我国分为甜、苦、酸、咸、辣、鲜、涩 7 类,还有其他国家和地区的分类有凉、碱味等。但在生理学角度看,只有甜、苦、酸、咸 4 类为基本味。

辣味是食物刺激人的口腔黏膜、鼻腔黏膜、皮肤而引起的一种痛觉。涩味是口腔蛋白质受到刺激而凝固时产生的一种收敛的感觉。这两种味感与甜、苦、酸、咸 4 种刺激味蕾的基本味感有所不同,但是就食品的调味而言,也可以看作是两种独立的味感。鲜味由于其呈味物质与其他呈味物质相配合时能使食品的整个风味更为鲜美。所以,欧洲各国都将鲜味物质列为风味增效剂或风味强化剂,而不看作是一种独立的味感。但我国在食品调味的长期实践中,鲜味已形成了一种独特的风味,故在我国仍作为一种单独味感列出。

(2)味觉形成。一般认为,先是呈味物质刺激口腔内的味觉感受体,然后通过一个收集和传递信息的神经感觉系统传导到大脑的味觉中枢,最后通过大脑的综合神经中枢系统的分析,从而产生味觉。

> 思考:味感的形成及影响味的因素有哪些?

口腔内感受味觉的主要是味蕾,其次是自由神经末梢。味蕾是由 40~150 个味细胞组成,是味觉感受器与呈味物质相互作用的部位。分布在口腔黏膜中极微小的结构,具有味孔,并与味觉神经相通。除了小部分分布在上颚、咽喉、会咽等部位外,主要分布在舌头表面的乳头中,尤其在舌黏膜皱褶处的乳头侧面上更为稠密。当用舌头向硬腭上研磨食物时,味蕾最易受到刺激而兴奋。自由神经末梢是一种囊包着的末梢,分布在整个口腔内,也是一种能识别不同化学物质的微接收器。

不同的呈味物质在味蕾上有不同的结合部位,尤其是甜味、苦味和鲜味物质,其分子结构有严格的空间专一性要求,这反应在舌头上不同部位会有不同敏感性。一般来说,人的舌头前部对甜味比较敏感,舌尖和边缘对咸味比较敏感,舌靠腮的两侧对酸味比较敏感,舌根对苦、辣味比较敏感。试验证明,从刺激味感受器开始至感受到味,需 1.5~4.0 ms。在 4 种基本味觉中,咸味感觉最快、苦味感觉最慢。所以苦味总是在最后才有感觉,但是人们对苦味物质的感觉比对甜味物质敏感些。

(3)衡量味的敏感性的标准是阈值。阈值是指某一化合物能被人的感觉器官能辨认时的最低浓度(以 mol/m^3,％或 mg/kg 单位表示)。由于人的味觉感受器的分布区域及对味觉物质的感受敏感性不同,所以感觉器官对成味化合物的感受敏感性及阈值各不相同。一种物质的阈值越小,表明该物质的敏感性越强。

(4)影响味感的主要因素。

①呈味物质的结构。呈味物质的结构是影响味感的内因。一般来说,糖类如葡萄糖、蔗糖等多呈甜味;羧酸如醋酸、柠檬酸等多呈酸味;盐类如氯化钠、氯化钾等多呈咸味;而生物碱、重金属盐多呈苦味。但它们也有例外,如糖精、乙酸铅等非糖有机盐也有甜味,草酸并无酸味而有涩味,碘化钾呈苦味而不显咸味等。总之,物质结构与其味感间的关系非常复杂,有时分子结构上的微小改变也会使味感发生极大的变化。

②温度。温度对味感有影响,一般最适宜的味觉产生的温度是 10～40℃,尤其是 30℃ 最敏感,高于或低于此温度都会减弱。不同的味感受到温度影响的程度也不相同,其中对糖精甜度的影响最大,对盐酸影响最小。

③浓度和溶解度。味感物质在适当浓度时会使人有愉快感,而不适当的浓度则会使人产生不愉快的感觉。浓度对不同味感的影响差别很大,如图 8-13 所示。

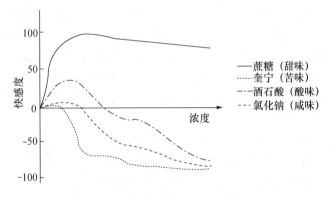

图 8-13　味感物质浓度与快感度的关系

一般来说,甜味在任何被感觉到的浓度下都会给人带来愉快的感受;单纯的苦味差不多都是令人不快;而酸味和咸味低浓度时使人有愉快感,在高浓度时则使人感到不愉快。

呈味物质只有溶解后才能刺激味蕾。因此,其溶解度大小及溶解速度快慢,也会使味感产生的时间有快慢,维持时间有长短。例如,蔗糖易溶解,故产生甜味快,消失也快;而糖精较难溶,则味觉产生较慢,维持时间也较长。

④呈味物质的相互作用。各种呈味物质之间的相互作用也影响呈味物质的强弱。

当两种或两种以上的呈味物质,适当调配,可使某个呈味物质的味觉更加突出,这种现象称为味的对比作用。例如,菠萝泡在盐水中,会觉得甜度升高,在西瓜的表面涂抹一些食盐,也会感觉到甜度提高;在 15% 的蔗糖中添加 0.017% 氯化钠,会使蔗糖的甜味更加甜爽,在醋中添加一定量的氯化钠可以使酸味更加突出,在味精中添加氯化钠会使鲜味更加饱满。

当某种物质的味感会因另一味感物质的存在而显着加强,这种现象称为味得相乘作用。如谷氨酸钠与 5′-肌苷酸共同作用能相互增强鲜味,麦芽酚几乎对任何风味都协同,在饮料、果汁中加入麦芽酚能增强甜味。

当一种呈味物质能抑制或减弱另一种物质的味感,这种现象称为味的消杀作用。例如,砂糖、柠檬酸、食盐、奎宁之间,若将任何两种物质以适当比例混合时,都会使其中的一种味感比单独存在时减弱。例如,有人发现在热带植物匙羹藤的叶子内含有匙羹藤酸,当咬过这种叶子后,再吃甜的或苦的食物时便不知其味。

当两种呈味物质相互影响而导致其味感发生改变,这种现象称为味的变调。例如,刚吃过中药,接着喝白开水,感到水有些甜味;先吃甜食,接着饮酒,感到酒似乎有点苦味。非洲有一种"神秘果",内含有一种碱性蛋白质,吃了以后再吃酸的食物时,反而觉得是甜的。有时吃了酸的橙子时也觉得是甜的,同样也是发生了味感物质之间的变调作用。

当长期受到某中呈味物质的刺激后,就感觉刺激量或刺激强度减小,这种现象称为味的疲劳作用。例如,连续的吃糖时第二块糖不如第一块糖甜。

各种呈味物质之间或呈味物质与其味感之间的相互影响,以及它们所引起的心理作用,都是非常微妙的,机理也十分复杂,许多至今尚未清楚,还需深入研究。

(二)酸味与酸味物质

1. 酸味

酸味(Sour taste)是由于舌黏膜受到氢离子刺激而引起的一种化学味感。因此,凡是在溶液中能离解出氢离子的化合物都具有酸味。在相同的 pH 下,有机酸的酸味一般大于无机酸。这是因为有机酸的阴离子在磷脂受体表面的吸附性较强,从而减少受体表面的正电荷,降低其对质子的排斥能力,有利于质子(H^+)与磷脂作用,所以有机酸的酸味强于无机酸。酸味物质的阴离子还能对食品的风味有影响,多数有机酸具有爽快的酸味,而无机酸却具有苦涩味。

酸的味感是与酸性基团的特性、pH、酸的缓冲作用及其他化合物,尤其是糖的存在与否有关。影响酸味的主要因素如下。

(1)氢离子浓度。所有酸味剂都能解离出氢离子,可见酸味与氢离子浓度有关。当溶液中氢离子浓度过低时(pH>5.0~6.5),难以感到酸味;当溶液中氢离子浓度过

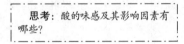
思考:酸的味感及其影响因素有哪些?

大时(pH<3),酸味的强度过大使人难以忍受;但氢离子浓度和酸味之间没有函数关系。

(2)总酸度和缓冲作用。通常在 pH 相同时,总酸度和缓冲作用较大的酸味剂,酸味更强。例如,丁二酸比丙二酸酸味强。

(3)酸味剂阴离子的性质。酸味剂阴离子对酸味强度和酸感品质都有很大影响。在 pH 相同时,有机酸比无机酸的酸味强度大;在阴离子的结构上增加疏水性不饱和键,酸味比相同碳数的羧酸强;若在阴离子的结构上增加亲水的羟基,酸性则比相应的羧酸弱。

(4)其他因素。在酸味剂溶液中加入糖、食盐、乙醇时,酸味会降低。酸味和甜味适当混合,是构成水果和饮料风味的重要因素;咸酸适宜是食醋的风味特征;若在酸中加入适量苦味物,也能形成食品的特殊风味。

2. 酸味物质

(1)食醋。食醋是我国常用的调味酸,含 3%～5%的醋酸和其他的有机酸、氨基酸、糖、酚类、酯类等。它的酸味温和,在烹调中除用作调味外,还有防腐败、去腥臭作用。醋酸挥发性高,酸味强。它可与水、乙醇、甘油、醚任意混合,能腐蚀皮肤,有杀菌能力。醋酸可以用以调配合成醋。我国允许醋酸在食品中根据生产需要量添加。

(2)柠檬酸。柠檬酸是在果蔬中分布最广的一种有机酸,是食品工业中使用最广的酸味物质。柠檬酸为无色或白色晶体,可溶于水和乙醇等,酸味较强,产生酸感快而持续时间短,广泛用于清凉饮料、水果罐头、糖果、果酱的调配。又因其性质稳定,常用以配制粉末果汁。柠檬酸

具有良好的防腐性能和抗氧化增效功能,安全性高,我国允许按生产正常需要量添加。

（3）乳酸。乳酸为无色液体或浅黄色液体,可溶于水和乙醇,酸味比醋酸温和。乳酸可用做清凉饮料、酸乳饮料、合成酒、合成醋等的酸味料,有可用于制泡菜和酸菜,不仅调味,还可以防杂菌繁殖。

（4）苹果酸。苹果酸为无色或白色结晶,易溶于水和乙醇,其酸味较柠檬酸强,为其 1.2 倍,爽口略带刺激性,稍有苦涩感,呈味时间长。与柠檬酸合用时有强化酸味的效果。苹果酸可用作饮料、糕点等的配料,尤其适用于果冻等食品,其钠盐有咸味,可代替食盐供肾病患者食用。

（5）酒石酸。酒石酸为无色晶体,易溶于水和乙醇,有强酸味,约为柠檬酸的 1.3 倍,但稍有涩感。其用途与柠檬酸相似。酒石酸安全性高,我国允许按生产正常需要添加,一般使用量为 0.1%～0.2%。

（6）葡萄糖酸。葡萄糖酸为无色至淡黄色的浆状液体,其酸味爽口,易溶于水,微溶于乙醇,因不易结晶,故其产品多为 50% 的液体。葡萄糖酸可直接用于清凉饮料、合成酒、合成醋的酸味调料及营养品的加味料,尤其在营养品中代替乳酸或柠檬酸。葡萄糖酸在 40℃ 减压浓缩,则产生葡萄酸内酯,将其内酯水溶液加热,又能形成葡萄糖酸与内酯的平衡混合物。利用这一特性将葡萄糖内酯加于豆浆中,混合均匀后再加热,即生成葡萄糖酸,从而使大豆蛋白质凝固,得到内酯豆腐。它还可作为饼干等膨胀剂。

（7）抗坏血酸。抗坏血酸为白色结晶,易溶于水,有爽快的酸味,但易被氧化。在食品中可作为酸味剂和维生素 C 添加剂,还有防氧化和褐变的作用,可作为辅助酸味剂使用。

（8）磷酸。磷酸的酸味爽快温和,但略带涩味。可用于清凉饮料,但用量过多时会影响人体对钙的吸收。磷酸的酸味为柠檬酸的 2.3～2.5 倍,收敛性强。磷酸安全性高。

（三）甜味与甜味物质

甜味是普遍受人们欢迎的一种基本味感,常用于改进食品的可口性和某些食用性。说到甜味,人们很自然地联想到糖类,它是最有代表性的天然甜味物质。除了糖及其衍生物外,还有非糖的天然化合物、天然化合物的衍生物和合成化合物也都具有甜味,有些已成为正在使用的或潜在的甜味剂。

1. 甜味

甜味（Sweet taste）是人们最喜欢的基本味感,常作为饮料、糕点、饼干等焙烤食品的原料,用于改进食品的可口性。

> 思考:甜味物质类别及甜味的影响因素有哪些?

（1）甜味理论。在提出甜味学说以前,一般认为甜味与羟基有关,因为糖分子中含有羟基。可是这种观点不久就被否定,因为多羟基化合物的甜味相差很大。再者,许多氨基酸、某些金属盐和不含羟基的化合物（例如,氯仿、糖精）也有甜味。1967 年,夏伦贝格尔（Shallen Berger）提出的甜味学说被广泛接受。该学说认为,甜味物质的分子中都含有一个电负性的 A 原子（可能是 O、N 原子）,与氢原子以共价键形成 AH 基团（如—OH、=NH、—NH$_2$）,在距氢 0.25～0.4 nm 的范围内,必须有另外一个电负性原子 B（也可以是 O、N 原子）,在甜味受体上也有 AH 和 B 基团,两者之间通过氢键结合,产生甜味感觉。甜味的强弱与这种氢键的强度有关。

Shallen berger 理论不能解释甜度和呈味物质结构的关系,后来克伊尔（Kier）又对 Shallen berger 理论进行了补充。他认为,在距 A 基团 0.314 nm 和 B 基团 0.525 nm 处,若有疏水基团 γ（如—CH$_2$、—CH$_3$、—C$_6$H$_5$）存在,它能与味感受体的亲油部位通过疏水键结合,使两者产生第三接触点,形成一个三角形的接触面(图 8-14)。γ 部位似乎是通过促进某些分子与味感受体的接触而起作用,并因此能增强感受的甜度。

甜味理论为寻找新的甜味物质提供了方向和依据。

(2)影响甜度的主要因素。甜味的强弱称作甜度。甜度只能靠人的感官品尝进行评定,一般是以蔗糖溶液作为甜度的参比标准,将一定浓度的蔗糖溶液的甜度定为 1(或 100),其他甜味物质的甜度与它比较,根据浓度关系来确定甜度,这样得到的甜度称为相对甜度。评定甜度的方法有极限法和相对法。前者是品尝出各种物质的阈值浓度,与蔗糖的阈值浓度相比较,得出相对甜度;后者是选择蔗糖的适当浓度,品尝出其他甜味剂在该相同的甜味下的浓度,根据浓度大小求出相对甜度。

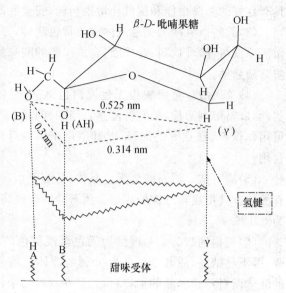

图 8-14　β-D-吡喃果糖甜味单元中 AH/B 和 γ 之间的关系

①糖的结构对甜度的影响。聚合度的影响:单糖和低聚糖都具有甜味,其甜度顺序是葡萄糖高于麦芽糖,麦芽糖高于麦芽三糖,而淀粉和纤维素虽然基本构成单位都是葡萄糖,但无甜味;糖异构体的影响:异构体之间的甜度不同,如 α-D-葡萄糖高于 β-D-葡萄糖;糖环大小的影响:如结晶的 β-D-呋喃果糖(五元环)的甜度是蔗糖的 2 倍,溶于水后,向 β-D-吡喃(六元环)果糖转化,甜度降低;糖苷键的影响:如麦芽糖是由两个葡萄糖通过 α-1,4-糖苷键形成的,有甜味;同样由两个葡萄糖组成而以 β-1,6-糖苷键形成的龙胆二糖,不但无甜味,而且还有苦味。

②结晶颗粒对甜度的影响。商品蔗糖结晶颗粒大小不同,可分成细砂糖、粗砂糖,还有绵白糖。一般认为,绵白糖的甜度比白砂糖甜,细砂糖又比粗砂糖甜,实际上这些糖的化学组成相同。产生甜度的差异是结晶颗粒大小对溶解速度的影响造成的。糖与唾液接触,晶体越小,表面积越大,与舌的接触面积越大,溶解速度越快,能很快达到甜度高峰。

③温度对甜度的影响。在较低的温度范围内,温度对大多数糖的甜度影响不大,尤其对蔗糖和葡萄糖影响很小;但果糖的甜度随温度的变化较大,当温度低于 40℃时,果糖的甜度较蔗糖大,而在温度高于 50℃时,其甜度反比蔗糖小。这主要是由于高甜味的果糖分子向低甜味异构体转化的结果。甜度受温度变化而变化,一般温度越高,甜度越低。

④浓度的影响。糖类的甜度一般随着糖浓度的增加,各种糖的甜度都增加。在相等的甜度下,几种糖的浓度从小到大的顺序:果糖、蔗糖、葡萄糖、乳糖、麦芽糖。

2. 甜味物质

(1)单糖和双糖。在单糖中,葡萄糖的甜味有凉爽感,其甜度为蔗糖的 65%~75%,适合直接使用,也可用于静脉注射。果糖多存在于瓜果和蜂蜜中,比其他糖类都甜,吸湿性强,容易消化,不需要胰岛素能直接被人体代谢利用,适合糖尿病使用。

在双糖中,蔗糖的甜味纯正,甜度大,广泛存在植物中,尤其在甘蔗和甜菜中含量较多,食品工业上以甘蔗和甜菜为原来生产蔗糖,是用量最多的天然甜味剂。麦芽糖甜味爽口温和,不像蔗糖那样有刺激胃黏膜的作用,甜度为蔗糖1/3,在糖类中营养价值较高。乳糖是乳中特有的糖,甜度为蔗糖的1/5,是糖类中甜度较低的一种,水溶性较差,食用后受半乳糖酶作用分解成半乳糖和葡萄糖而被人体吸收,同时有助于钙的吸收。

> 思考:甜味物质在甜度、营养性、适用对象及安全性等方面的差异有哪些?

(2)淀粉糖浆。淀粉糖浆由淀粉经不完全水解而制得,称为转化糖浆,由葡萄糖、麦芽糖、低聚糖及糊精等组成。工业上常用葡萄糖值(DE)来表示淀粉转化的程度,DE指淀粉转化液中所含转化糖(以葡萄糖计)干物质的百分率。DE小于20%的,称为低转化糖浆;DE为38%～42%的,称为中转化糖浆;DE大于60%时,称为高转化糖浆。中转化糖浆也称普通糖浆或标准糖浆,为淀粉糖浆的主要产品。DE值不同的糖浆,在甜度、黏度、增稠性、吸湿性、渗透性、耐贮性等方面均不同,可按用途进行选择。异构糖浆是葡萄糖在异构酶的作用下一部分异构化为果糖而值得,也称果葡糖浆。目前,生产的异构糖浆,果糖转化率一般达42%,甜度相当于蔗糖。异构糖浆甜味纯正,结晶性、发酵性、渗透性、保湿性、耐贮性均较好,近年发展很快。

(3)甘草苷。甘草苷由甘草酸与2分子葡萄糖醛酸缩合而成,其甜度为蔗糖100～300倍。甘草苷甜味特点是缓慢而存留时间长,很少单独使用。它具有很强的增香效能,对乳制品、蛋制品、巧克力及饮料类的增香效果很好。因它可缓和盐的咸性,在我国民间习惯用于酱、酱制品和腌制食品中。

(4)甜叶菊苷。甜叶菊苷存在于甜叶菊的茎、叶中含的一种二萜烯类糖苷,甜度为蔗糖的300倍。甜味爽口,味感较长,可单独或与蔗糖混合使用。食用后不被人体吸收,不产生能量,故是糖尿病、肥胖患者的天然甜味剂,并具有降血压、促进代谢、防止胃酸过多等疗效作用。

(5)糖醇。目前,投入实际使用的糖醇类甜味剂主要有D-木糖醇、D-山梨醇、D-甘露醇和麦芽糖4种。它们在人体内的吸收和代谢不受胰岛素的影响,也不妨碍糖原的合成,是一类不使人血糖升高的甜味剂,为糖尿病、心脏病、肝脏病人的理想甜味剂;糖醇都有保湿性,能使食品维持一定水分,防止干燥。此外,山梨醇还有防止蔗糖、食盐从食品内析出结晶,耐热,保持甜、酸、苦味平衡,维持食品风味,阻止淀粉老化的作用。木糖醇和甘露醇带有清凉味和香气,也能改善食品风味;还不易被微生物利用和发酵,是良好的防龋齿的甜味剂。

糖醇类甜味剂还有一个共同的特点,摄入过多时有引起腹泻的作用。因此,在适度摄入的情况下有通便的作用。

(6)甜蜜素。甜蜜素是一种无营养甜味剂,化学名称为环己基氨基磺酸钠,毒性较小,为安全的食品添加剂;甜度为蔗糖30～50倍,略带苦味,易溶于水,对热、光、空气稳定,加热后略有苦味。广泛用于饮料、冰淇淋、蜜饯、糖果和医药的生产中,其使用浓度不宜超过0.1%～4.0%。

(7)甜味素。甜味素又称为蛋白糖、阿斯巴甜,有效成分是天门冬酰苯丙氨酸甲酯,其甜度为蔗糖的100～200倍,甜味清凉纯正,可溶于水,为白色晶体。稳定性不高,易分解而失去甜味。甜味素安全,有一定营养,在饮料工业中广泛使用,我国允许按正常生产需要添加。

(8)帕拉金糖。帕拉金糖又称异麦芽酮糖,为白色晶体,味甜无异味,其最大特点就是防龋齿性,被人体吸收缓慢,血糖上升较慢,有益于糖尿病人的防治和防止脂肪的过多积累。帕拉金糖作为防龋齿和功能性甜味剂广泛应用于口香糖、高级糖果、运动员饮料的食品中。

除了上述甜味剂外,还有一些天然物的衍生物甜味剂,如某些氨基酸和二肽衍生物、二氢查尔酮衍生物、紫苏醛衍生物等。

(四)苦味与苦味物质

1. 苦味

苦味(Bitter taste)是食品中很普遍的味感,单纯的苦味人们是不喜欢的,但当它与甜、酸或其他味感物质调配适当时,能起到丰富或改进食品风味的特殊作用。例如,苦瓜、白果、莲子的苦味被人们视为美味,啤酒、咖啡、茶叶的苦味也广泛受到人们的欢迎。苦味物质大多数具有药理作用,可调节生理机能,例如,消化道活动障碍、味觉的感受能力会减退,需要苦味物质对味觉感受器进行强烈刺激,来提高和恢复味觉。

Shallen Berger 等认为,大多数苦味物质具有与甜味物质同样的 AH/B 模型及疏水基团。受体部位的 AH/B 单元取向决定了分子的甜味和苦味。苦味来自呈味分子的疏水基,AH 与 B 的距离近,可形成分子内氢键,使整个分子的疏水性增强,而这种疏水性是与脂膜中多烯磷酸酯组成的苦味受体相结合的必要条件。

2. 苦味物质

植物性食品中,常见的苦味物质是生物碱类、糖苷类、萜类、苦味肽等;动物性食品中,常见的苦味物质是胆汁和蛋白质的水解产物等;其他苦味物有无机盐(钙、镁离子),含氮有机物等。

(1)咖啡碱、可可碱。可可和咖啡中的主要苦味物质分别是可可碱(Theobromine)、咖啡碱(Caffeine),它们都是生物碱类苦味物质,属于嘌呤类衍生物。咖啡碱主要存在于咖

> 思考:喝咖啡、啤酒时,会有点苦味,苦味是什么成分?

啡和茶叶中,纯品为白色具有丝绢光泽的结晶,易溶于热水,能溶于冷水、乙醇、乙醚、氯仿等。咖啡碱较稳定,在茶叶加工中损失较少。可可碱主要存在于可可和茶叶中,纯品为白色粉末结晶,溶于热水,难溶于冷水、乙醇和乙醚等。二者都有兴奋中枢神经的作用。

(2)啤酒中的苦味物质。啤酒中的苦味物质主要来源于啤酒花和在酿造中产生的苦味物质,有 30 多种,其中,主要是 α-酸和异 α-酸等。α-酸是多种物质的混合物,有葎草酮、副葎草酮、蛇麻酮等。它主要存在于制造啤酒的重要原料啤酒花中,在新鲜啤酒花中含量约 2%～8%,有很强的苦味和防腐能力,在啤酒的苦味物质中约占 85%。异 α-酸是啤酒花与麦芽在煮沸过程中,由 40%～60%的 α-酸异构化而形成的。在啤酒中异 α-酸是重要的苦味物质。控制它们的生成以及转化,在啤酒加工中具有重要意义。当啤酒花煮沸超过 2 h 或在稀碱溶液中煮沸数分钟,α-酸则水解为葎草酸和异己烯-3-酸,使苦味完全消失。

(3)苦杏仁苷。苦杏仁苷广泛存在于桃、李、杏、樱桃、苦扁桃、苹果等的果核、种仁及叶子中,尤以苦扁桃最多。苦杏仁苷本身无毒,具镇咳作用。生食杏仁、桃仁过多引起中毒的原因是摄入的苦杏仁苷在酶的作用下分解为葡萄糖、氢氰酸、苯甲醛之故。

(4)柑橘中的苦味物质。这种物质存在于柑橘、柠檬、柚子中,主要是新橙皮苷和柚皮苷,在未成熟的水果中含量很多。柚皮苷的苦味与它连接的双糖有关,该糖为芸香糖,由

> 思考:如何除去葡萄柚果汁中的苦味?

鼠李糖和葡萄糖通过 1→2 苷键结合而成,柚苷酶能切断柚皮苷中的鼠李糖和葡萄糖之间的 1→2 糖苷键,可脱除柚皮苷的苦味。在工业上制备柑橘果胶时可以提取柚皮苷酶,并采用酶的固定化技术分解柚皮苷,脱除葡萄柚果汁中的苦味。

(5)氨基酸和肽类中的苦味物质。一部分氨基酸如亮氨酸、异亮氨酸、苯丙氨酸、酪氨酸、色氨酸、组氨酸、赖氨酸和精氨酸都有苦味。水解蛋白质和发酵成熟的干酪常有明显的令人厌

恶的苦味。氨基酸苦味的强弱与分子中的疏水基团有关；小肽的苦味与相对分子质量有关，相对分子质量低于 6 000 的肽才可能有苦味。

（6）羟基化脂肪酸。羟基化脂肪酸常常带苦味，可以用分子中的碳原子数与羟基数的比值或 R 值来表示这些物质的苦味。甜化合物的 R 值是 $1.00\sim1.99$，苦味化合物为 $2.00\sim6.99$，大于 7.00 时无苦味。

（7）盐类的苦味。盐类的苦味与盐类阴离子和阳离子的离子直径有关。离子直径小于 0.65 nm 的盐显示纯咸味（LiCl 为 0.498 nm，NaCl 为 0.556 nm，KCl 为 0.628 nm）。随着离子直径的增大（CsCl 为 0.696 nm，CsI 为 0.774 nm），盐的苦味逐渐增强。因此，有些人对 KCl 感到稍有苦味，氯化镁（0.860 nm）是相当苦的盐。

（8）奎宁。奎宁是一种广泛作为苦味感的标准物质，盐酸奎宁的苦味阈值大约是 10 mg/kg。一般来说，苦味物质比其他呈味物质的味觉阈值低，比其他味觉活性物质难溶于水。食品卫生法允许奎宁作为饮料添加剂，例如，在有酸甜味的软饮料中，苦味能根其他味感调和，使这类饮料具有清凉兴奋作用。

（五）咸味与咸味物质

咸味（Salt taste）在食品调味中颇为重要。咸味是人类的最基本味感，没有咸味就没有美味佳肴，可见咸味在调味中的作用。咸味是中性盐呈现的味道，在所有中性盐中，氯化钠的咸味最纯正，其他盐类一般也有咸味，但还带有苦味，一般盐的阳离子和阴离子的半径越大，越具有苦味的倾向。盐类的味，是由离解后的离子所决定，咸味是由阳离子引起，而阴离子也影响咸味的强弱，并能产生副味，如长链脂肪酸或长链烷基磺酸钠盐产生的肥皂味是由阴离子所引起的，这些味道可以完全掩蔽阳离子的味道。

最常见的咸味物质就是氯化钠，但食盐摄入过多对人体造成不良影响，如高血压。近年来，食盐替代物的品种已较多，如葡萄糖酸钠、苹果酸钠等几种有机酸钠盐亦有食盐一样的咸味，可用做无盐酱油和供肾脏病等患者作限制摄取食盐的咸味料。

（六）其他味感物质

辣味、涩味、鲜味等味感虽然不属于基本味，但它是日常生活中经常遇到的味感，对调节食品的风味有重要作用。

1. 辣味

辣味（Hot taste）是由辛香料中的一些成分所引起的尖利的刺痛感和特殊的灼烧感的总和。它不但刺激舌和口腔的触觉神经，同时也会机械刺激鼻腔，有时甚至对皮肤也产生灼烧感。适当的辣味可增进食欲，促进消化液的分泌，在食品烹调中经常使用辣味物质作调味品。

> 思考：带辣味的食物有哪些？它们是怎么分类的？

辣椒、花椒、生姜、大蒜、葱、胡椒、芥末和许多香辛料都具有辣味，是常用的辣味物质，但其辣味成分和综合风味各不相同，有热辣味、辛辣味、刺激辣等。属于热辣味的物质：辣椒中的辣椒素，主要是一类碳链长度不等（$C_8\sim C_{11}$）的不饱和脂肪酸香草基酰胺；胡椒中的胡椒碱，花椒中的花椒素都是酰胺化合物；属于辛辣味的有姜中的姜醇、姜酚、姜酮，肉豆蔻和丁香中的丁香酚，都是邻甲氧基酚基类化合物；属于刺激辣的物质：蒜、葱中的蒜素、二烯丙基二硫化物、丙基烯丙基二硫化物，芥末、萝卜中的异硫氢酸酯类化合物等。

2. 涩味

当口腔黏膜蛋白质被凝固时,就会引起收敛,此时感到的滋味便是涩味(astringency)。涩味不是由于作用味蕾所产生,而是由于刺激触觉神经末梢所产生的,表现口腔的收敛感觉和干燥感觉。

引起食物涩味的主要化学成分是多酚类化合物,其中单宁最典型,其次是铁金属、明矾、醛类等物质,有些水果和蔬菜中由于存在草酸、香豆素和奎宁酸等也会引起涩味。

未成熟的柿子涩味,主要是是柿子中有单宁的缘故。用温水浸、酒浸、干燥、二氧化碳和乙烯的等气体处理,可将可溶性单宁变成不溶物而脱去涩味。未成熟的香蕉和橄榄果

> 思考:未成熟的柿子、香蕉怎么会有涩味?

实存在的涩味,主要是因为在青香蕉中有无色花青素,在橄榄果实中有橄榄苦苷,经脱涩之后才能食用。茶叶中亦含有单宁和多酚类,因为加工方法不同,各种茶叶的涩味强弱程度不同,一般绿茶中多酚类含量多,而红茶经发酵后,由于多酚类的氧化,使其含量降低,涩味就比绿茶弱。红葡萄酒是涩味和苦味型饮料,这种风味是由多酚引起的。考虑到葡萄酒中涩味不宜太重,通常要设法降低多酚单宁的含量。

3. 鲜味

鲜味(Delicious taste)是呈味物质(如味精)产生的能使食品风味更为柔和、协调的特殊味感,鲜味物质与其他味感物质相配合时,有强化其他风味的作用。所以,各国都把鲜味列为风味增强剂或增效剂。

常用的鲜味物质主要有有氨基酸和核苷酸类。氨基酸类有谷氨酸钠、谷-谷-丝三肽和水解植物蛋白等;核苷酸类有 $5'$-肌苷酸(IMP)、$5'$-鸟苷酸、$5'$-黄苷酸等。当鲜味物质使用

> 思考:食品中呈鲜味物质有哪几类?

量高于阈值时,表现出鲜味,低于阈值时则增强其他物质的风味。

动物的肌肉中含有丰富的核苷酸,植物中含量少。$5'$-肌苷酸广泛存在于肉类中,使肉具有良好的鲜味,肉中 $5'$-肌苷酸来自于动物屠宰后 ATP 的降解。动物屠宰后,需要放置一段时间后,味道方能变得更加鲜美,这是因为 ATP 转变成 $5'$-肌苷酸需要时间。但肉类存放时间过长,$5'$-肌苷酸会继续降解为无味的肌苷,最后分解成有苦味的次黄嘌呤,使鲜味降低。在实际工作中,通过检测次黄嘌呤的含量判断肉类、尤其是水产品的新鲜程度。

除了以上介绍的鲜味物质外,常用的还有琥珀酸及其钠盐,琥珀酸多用于果酒、清凉饮料、糖果;其钠盐多用于酿造商品及肉制品。

二、食品的香味和香味物质

(一)食品香味物质形成途径

食品中香味物质的种类繁多,其形成途径非常复杂,许多反应的机制及其途径尚不清楚。不过就其形成的基本途径来说,大体上可分为两大类:一类是在酶的直接或间接催化作用下进行生物合成,许多食物在生长、成熟和储存过程中产生的嗅感物质,大多通过这条途径形成的。例如,苹果、梨、香蕉等水果中的香气物质的形成,某些蔬菜如葱、蒜、卷心菜中的嗅感物质的产生,以及香瓜、西红柿等瓜菜中的香气形成,都基本上是以这种途径形成的。另一类基本途径是非酶促化学反应,食品在加工过程中嗅感物质的形成是经过各种物理、化学因素的作用下生成的。例如,鱼、肉在红烧、烹调时形成的嗅感物质,花生、芝麻、咖啡、面包等在烘炒、烘烤时产

生的香气成分等。

1. 酶促化学反应

(1)以氨基酸为前体形成嗅感物质生成途径。在许多水
果和蔬菜的嗅感成分中,很大一部分都是以氨基酸为前体物

> 思考:食品中嗅感物质形成有几
> 种途径?

形成的。例如,洋梨的特征香气成分 2,4-癸二烯酸酯,香蕉的特征香气物质是乙酸异戊酯,苹
果的特征香气成分之一异戊酸乙酯。有人认为,苹果和香蕉的特征风味成分,就是以 L-亮氨
酸为前体物质形成的。反应的机理如图 8-15 所示。

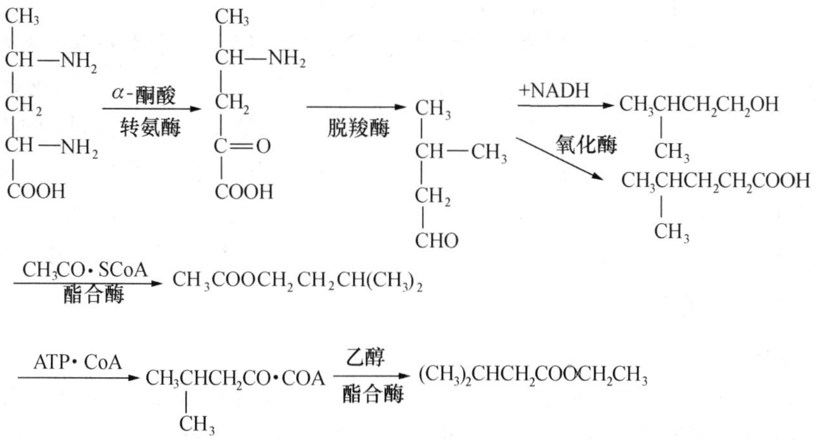

图 8-15 亮氨酸生成乙酸异戊酯和异戊酸乙酯途径

很多水果的嗅感成分中包含有酚、醚类化合物,例如,香蕉内的 5-甲基丁香酚、葡萄和草莓
的桂皮酸酯,以及某些果蔬中的草香醛等。目前认为,这些嗅感成分都是由芳香族氨基酸形成
的。烟熏食品的香气,在一定程度上也有以这种途径形成的嗅感物质。

韭菜、蒜和葱的主要嗅感成分是含硫化合物。这些硫化物是以半胱氨酸为前体物质合成
的。例如,蒜的特征香气成分蒜素、二烯丙基二硫化合物、丙基烯丙基二硫化合物三种。洋葱
的催泪成分 S-氧化硫代丙醛,在 1～2 h 后 S-氧化硫代丙醛会进一步生成丙醛或 2-甲基-2-戊
烯醛,这时刺激性嗅感消失。

(2)以脂肪酸为前体形成嗅感物质。研究发现,在一些
水果和蔬菜的嗅感成分中常有 C_6 和 C_9 的醛、醇类(包括饱
和及不饱和化合物)以及由 C_6、C_9 的脂肪酸形成的酯。这些

> 思考:多数水果都有共同的香气,
> 其成分多含有什么?

香气物质中许多都是以脂肪酸为前体物质形成的。例如,葡萄、草莓、苹果、菠萝、香蕉和桃的
嗅感成分己醛;西瓜、香瓜等特征香气成分(2E)-壬烯醛(醇)和(3Z)-壬烯醇等。这些嗅感成分
都是以亚油酸为前体在氧合酶催化下合成。一般来说,C_6 化合物产生青草气味;C_9 化合物呈
现出黄瓜和甜瓜的香气。

有人认为,亚油酸在酯氧合酶的催化下能生成 C_8 和 C_{10} 的嗅感物。例如,食用香菇特征嗅
感物 1-辛烯-3-醇、1-辛烯-3-醇、2-辛烯醇等。另外,黄瓜、番茄等蔬菜中的 C_6 和 C_9 的嗅感成
分,有些也可以通过亚麻酸为前体物形成。

2. 非酶化学反应

食品中的嗅感物质的另一条途径是非酶化学反应。这类反应往往与酶促反应交织进行。

主要是受热反应。

(1)烹煮。食物在烹煮和加热杀菌时,温度相对较低,时间较短。主要发生的反应是碳氨反应、维生素和类胡萝卜素的分解、含硫化合物的降解和多酚化合物的氧化等。此时,水果、乳品等形成的嗅感物质不多;而鱼、肉等动物性食物可以形成浓郁的香气;蔬菜和谷类也有一部分新嗅感物质生成。

(2)油炸。这种加热方式的特点是温度高,此时发生的反应主要是与油脂的热降解反应有关。例如,油炸食品的特征香气物质 2,4-癸二烯醛,它是油脂热分解的产物。油炸食

> 思考:同样食材,不同的烹饪方法,导致嗅感不同,怎样解释其原因?

品的香气还包含有高温形成的吡嗪类化合物和酯类化合物,以及油脂本身含有的独特香气。

(3)焙烤。此种加热方式的特点是温度较高、时间较长。许多食品可以形成大量的嗅感物质。例如,炒米、炒面、炒大豆、炒花生、炒瓜子等食物形成的浓郁香气,大都与吡嗪类化合物和含硫化合物有关,它们在焙烤时形成重要的特征风味化合物;烤面包产生的嗅感物质中有 70多种以上的碳化物,如异丁醛、丁二酮等对面包的香味影响很大。此时发生的反应是碳氨反应,维生素的分解;油脂、氨基酸和单糖的降解;β-胡萝卜素、儿茶酚等非基本组分的热降解。

(二)植物性食品的香气成分

1. 水果的香气成分

水果中的香气成分比较单纯,其香气成分以有机酸和萜烯类为主,其次是醛类、醇类、酮类和挥发酸,它们是植物代谢过程中产生的,其含量一般随着果实的成熟而增加,通常经人工催熟的果实不及在树上自然成熟的水果香气成分含量高。不同水果中的香气成分各不相同,例如,苹果中的主要香气成分包括醇、酯和醛类,异戊酸乙酯为主,丁酸戊酯、乙酸乙酯、乙酸戊酯、戊酸乙酯为辅,配以丁醇、戊醇、己醇、(2E)-己烯醛等,构成苹果芳香气味的主体。香蕉的主要香气成分包括酯、醇、芳香族化合物、羰基化合物。其中,以乙酸异戊酯为代表的乙、丙、丁酸与 $C_4 \sim C_6$ 醇构成的酯是香蕉的特征风味物,芳香族化合物有丁香酚、丁香酚甲醚、榄香素和黄樟脑。菠萝中的酯类和内酯类丰富,特别是己酸甲酯和己酸乙酯含量很多,形成特征香气。西瓜的特征香气成分是(3Z,6Z)-壬二烯醇、(3Z)-壬烯醇。香瓜的特征香气物质是(6Z)-壬烯醛、(6Z)-壬烯醇、(3Z,6Z)-壬二烯醛。

2. 蔬菜类的香气成分

蔬菜的香气较水果弱,但气味多样,香气成分在不同的蔬菜不尽相同,主要香气物质为含硫化合物(硫醚、硫醇、异

> 思考:人工催熟水果为何不及自然成熟水果?

硫氰酸酯、亚砜)、不饱和醇醛、萜烯类、杂环衍生物(吡嗪衍生物、吡嗪)等。

(1)百合科蔬菜。韭葱、大蒜、洋葱、韭菜、芦笋等是重要的百合科蔬菜。它们多数都以具有强烈的穿透性的芳香为特征,此类蔬菜的风味物质一般是含硫化合物所产生的。例如,洋葱的特征香气是由二丙烯基二硫醚和丙硫醇共同形成的,韭菜的特征风味成分为 5-甲基-2-己基-3-二氢呋喃酮和丙硫醇;芦笋的特征风味成分为 1,2-二硫-3-环戊烯及 3-羟基丁酮等。

(2)十字花科蔬菜。这类蔬菜包括圆白菜、芥菜、萝卜、辣根、花椰菜等。其中芥菜、萝卜和辣根有很强烈的辛辣芳香气味。圆白菜的特征香气成分为异硫氢酸酯和硫醚,异硫氰酸酯也是萝卜、芥菜和花椰菜中的特征风味物。

(3)葫芦科和茄科蔬菜。葫芦科蔬菜主要是许多瓜类蔬菜,黄瓜是较为重要的一个品种,茄科蔬菜主要有辣椒、柿子椒、番茄、马铃薯等。黄瓜的香气成分主要由羰化物和醇类化合物

组成,其特征风味物为(2E,6Z)-壬二烯醛(醇);番茄的特征香气成分为(3Z)-己烯醇(醛)和(2E)-己烯醛;马铃薯的香味特征化合物为 3-乙基-2-甲氧基吡嗪;柿子椒的特征香气成分为 2-甲氧基-3-异丁基吡嗪。

(4)其他蔬菜。胡萝卜的特征香气化合物中,萜烯类气味物地位突出,它们和醇类及羰基化合物共同组成主要气味贡献物,形成有点刺鼻的清香;莴苣的主要香气成分为 2-异丙基-3-甲氧基吡嗪和 2-仲丁基-3-甲氧基吡嗪;青豌豆的主要成分为一些醇、醛、吡喃类。鲜蘑菇中以3-辛烯-1-醇或庚烯醇的气味最大,而香菇中以香菇精为最主要的气味物。

3. 茶叶的香气成分

茶叶的香气成分是决定茶叶品质好坏的重要因素之一,茶的香气与茶叶品种、生长条件、采摘季节、成熟度及加工方法均有很大关系。目前通过现代检测技术已鉴定出的茶香成分有 300 多种,而鲜茶叶中原有的芳香物质只有几十种。

> 思考:茶叶的香气成分为何与加工方法相关?

(1)绿茶。绿茶不是发酵茶,有典型的烘炒香气和鲜青气味,构成绿茶香气的成分一部分以鲜叶原有的香气成分为主,主要为青叶醇、青叶醛、芳樟醇和反式青叶醇等;另一部分是在制造过程中因热处理产生的芳香产物,主要为紫罗兰酮、焦糖和二甲硫醚等。

(2)红茶。红茶是发酵茶,茶香浓郁。红茶的香气大部分是在加工过程中新形成的,多达几百种。在红茶的茶香中,醇、醛、酸、酯的含量较高,特别是紫罗兰酮类化合物对红茶的特征茶香起重要作用。

(3)乌龙茶和花茶。乌龙茶和花茶均属于半发酵茶。乌龙茶的茶香成分主要有顺-茉莉酮、茉莉内酯、茉莉酮酸甲酯、橙花叔醇、苯甲醛氰醇、吲哚等化合物。花茶的代表制品为茉莉花茶,香气成分中乙酸苄酯、苯甲醇含量较多。

(三)动物性食品的香气成分

1. 畜禽肉类食品的香气成分

新鲜的畜肉一般都带有血样的腥膻气味,不受人们的欢迎。肉类只有通过加热煮熟或烤熟后才能具有本身特有的香气,特别是牛肉、鸡肉,其加热香味香气一般很好闻。熟肉的香气和风味一直受到人们的关注,但目前对各种肉类的特征风味成分知道的仍很少。

> 思考:羊肉的膻腥气成分是什么?用什么方法可以减少或去除?

经研究发现,生肉的嗅感成分主要有硫化氢、甲硫醇、乙硫醇、乙醛、丙酮、丁酮、甲醇、乙醇和氨等。与新鲜生肉相比,加热处理后的畜禽肉因其诱人的肉香味而受到人们的喜爱。不含脂肪的畜禽肉经加热处理后的肉香几乎没有差别,其肉香成分非常相似。主要包括的种类有$C_1 \sim C_4$ 的脂肪酸、甲(乙或丙)醛、异丁(戊)醛、丙(丁)酮、硫化氢、甲(乙)硫醇、氨、甲胺、甲(乙)醇等,以及噻吩类、呋喃类、吡嗪类和吡啶类化合物等。当加热含有脂肪的肌肉时,其香气成分更为丰富。除了瘦肉所产生的肉香成分外,还有羰化物、脂和内酯类化合物等。例如,加热的牛肉,它的挥发性成分中含有脂肪酸、醛类、酯类、醚类、吡咯类、醇类、酮类、脂肪烃类、芳香族化合物、内酯类、呋喃类、硫化物、含氮化合物等 240 种以上的化合物。羊肉加热时产生的香气成分中碳化物的含量比牛肉还少,形成羊肉的特征肉香。有人认为,羊肉的汗酸和膻腥气味来源于一些中长碳链并带有甲基侧链的脂肪酸,如 4-甲基辛酸、4-甲基壬(癸)酸等。猪肉的加热香气成分和熟牛肉的香气成分有许多相似之处,但猪肉香气成分中,以 4(或 5)-羟基脂肪酸为前体生成的 γ 或 δ-内酯较多,尤其不饱和的羰基化物和呋喃类化合物在猪肉香气成分中含量较多。鸡肉加热形成的肉香中,其特征化合物主要是硫化物和羰化物,特别是羰化物如(2E,4Z)-癸二烯醛,产生鸡肉独特的香气。

2. 水产品的香气成分

水产品包括鱼类、贝类、甲壳类的动物种类,还包括水产植物等。每种水产品的风味因新鲜程度和加工条件不同而

思考:鱼腥气成分是什么?用什么方法可以除去?

丰富多彩。动物性水产品的风味主要是由它们的嗅感香气和鲜味共同组成。其鲜味成分主要有 5′-肌苷酸(5′-IMP)、氨基酰胺及肽类、谷氨酸钠(MSG)及琥珀酸钠等。氨基酸胺和肽、MSG 由蛋白质水解产生;5′-IMP 由肌肉中的三磷酸腺苷降解得到。

(1)鱼腥味成分。鱼类具有代表性的气味即为鱼的腥臭味,它随着鲜度的降低而增强。鱼类臭味的主要成分为三甲胺。新鲜的鱼中很少含有三甲胺,而在陈放之后的鱼体中大量产生,这是由氧化三甲胺还原而生成的。除三甲胺外,还有氨、硫化氢、甲硫醇、吲哚、粪臭素以及脂肪氧化的生成物等。这些都是碱性物质,若添加醋酸等酸性物质使溶液呈酸性,鱼腥气便可大大减少。

海水鱼含氧化三甲胺比淡水鱼高,故海水鱼比淡水鱼腥味强。

海参类含有壬二烯醇,具有黄瓜般的香气。鱼体表面的黏液中含有蛋白质、卵磷脂、氨基酸等,因细菌的繁殖作用即可产生氨、甲胺硫化氢、甲硫醇、吲哚、粪臭素、四氢吡咯、四氢吡啶等而形成较强的腥臭味。此外,鲜肉中还含有尿素,在一定条件下分解生成氨而带臭味。

(2)熟鱼和烤鱼的香气。熟鱼和鲜鱼比较,挥发性酸、含氮化合物和羰基化合物的含量都有所增加,并产生熟鱼的诱人的香气。熟鱼的香气形成途径与其他畜禽肉类相似,主要是通过美拉德反应、氨基酸降解、脂肪酸的热氧化降解以及硫胺素的热解等反应生成,各种加工方法不同,香气成分和含量都有差别,形成了各种制品的香气特征。

烤鱼和熏鱼的香气与烹调鱼有差别,如果不加任何调味品烘烤鲜鱼时,主要是鱼皮及部分脂肪、肌肉在加热条件下发生的非酶褐变,其香气成分较贫乏;若在鱼体表面涂上调味料后再烘烤,来自调味料中的乙醇、酱油、糖也参与了受热反应,羰基化合物和其他风味物质含量明显增加,风味较浓。

(3)其他水产品的香气成分。与鲜鱼相比,冷冻鱼的嗅感成分中羰基化合物和脂肪酸含量有所增加,其他成分与鲜鱼基本相同,干鱼那种青香霉味,主要是由丙醛、异戊醛、丁

思考:水产品为何更易产生腥臭味?水产品的鲜味能够"复制"吗?

酸、异戊酸产生,这些物质也是通过鱼的脂肪发生自动氧化而产生的。鱼死亡后,肉质变化与畜肉变化类似,但由于鱼肉的变化速度较快,所以除部分瘦肉外,一般鱼死亡不久,鱼肉的品质便很快变差,加之鱼肉中不饱和脂肪酸含量比畜肉高,更容易引起氧化酸败,新鲜度降低很快。所以,新鲜鱼加工时,应及时处理,防止产生不良的腐败臭气。

甲壳类和软体水生动物的风味,在很大程度上取决于非挥发性的味感成分,而挥发性的嗅感成分仅对风味产生一定的影响。例如,蒸煮螃蟹的鲜味,可用核苷酸、盐和 12 种氨基酸混合便可重现,如果在这些呈味混合物基础上,加入某些羰基化合物和少量三甲胺,便制成酷似螃蟹的风味产品。

3. 乳和乳制品的香气

乳和乳制品的香气组成成分很复杂。牛乳中的脂肪吸收外界异味的能力较强,特别是在35℃,其吸收能力最强。因此刚挤出的牛乳应防止与有异臭气味的物料接触。

鲜乳、黄油、发酵乳品香气成分各不相同。主要是低级脂肪酸、碳基化合物(如 2-己酮、2-戊酮、丁酮、丙酮、乙酯、甲醛等),以及极微量的挥发性成分(如乙醚、乙醇、氯仿、乙晴、氯化乙烯等)和微量的甲硫醚。甲硫酸是构成牛乳风味的主体,含量很少。牛乳有时有一种酸败味,主要是因为牛乳中有一种脂酶,能使乳脂水解生成低级脂肪酸(如丁酸)。

新鲜黄油的香气主要由挥发性脂肪酸、异戊醛、3-羟基丁酮等组成。奶酪的加工过程中,常使用了混合菌发酵。一方面促进了凝乳,另一方面在后熟期促进了香气物的产生。另外,奶酪加工中常引入脂酶,目的是水解乳脂,增加脂肪酸对风味的贡献。奶酪的风味在乳制品中最丰富,包括游离脂肪酸、在酮酸、甲基酮、丁二酮、醇类、酯类、内酯类和硫化物等。

发酵乳品是通过特定微生物的作用来制造的,例如,酸奶利用了嗜热乳链球菌和保加利亚乳杆菌发酵,产生了乳酸、乙酸、异戊醛等重要风味成分,同时乙醇与脂肪酸形成的酯给酸奶带来了一些水果气味,在酸奶的后熟过程中,酶促作用产生的丁二酮是酸奶重要的特征风味物质。

乳品加工和储藏方法不当,会出现异味。例如,暴露于空气中乳制品会产生臭味,在日光下更会晒出日晒气味(卷心菜气味);发酵乳中杂菌增多时还会产生丁酸等增高带来的酸败气味。

(四)发酵食品的香气成分

常见的发酵食品包括酒类、酱类、食醋、发酵乳品等。发酵食品风味成分都非常复杂,其来源主要有以下几个途径:一是原料本身含有的风味成分;二是原料中的某些物质经微生物发酵代谢生成的风味成分;三是在制造过程中产生的物质,以及这些物质成分在后来的储存加工过程新生成的风味成分。

发酵食品的香气主要是由微生物作用于蛋白质、糖、脂肪等而产生的,主要成分是醇、醛、酮、酸、酯类物质。而微生物代谢产物繁多,各种成分比例各异,因此,发酵食品的风味各异。

1. 酒类的香气成分

白酒的香气成分有 200 多种,这些香味物质以恰当的比例形成了各具风味的白酒芳香,使白酒具有不同的香型。如酱香型,以贵州茅台酒为代表;清香型,以山西汾酒为代表;浓香型,以五粮液为代表;米香型,以桂林三花酒为代表;凤香型,以陕西西凤酒为代表;豉香型,以广东玉冰烧为代表。

白酒的香气成分包括醇类、酯类、酸类、羰基化合物、缩醛、含氮化合物、含硫化合物、酚类等。其中醇类、酯类、酸类和羰基化合物成分多样,含量也最多。醇类是白酒的主要香气物质,含量最多的是乙醇,此外还有丙醇、丁醇、异丁醇、戊醇、异戊醇等,这些醇类常被统称为高级醇或杂醇油,在酒类中高级醇的含量不允许超标(使酒产生异杂味),但含量低则酒的香气不够。酯类也是白酒中重要的香气成分,主要是乙酯、乳酸乙酯和乙酸酯。酸类中含量最大的是乙酸和乳酸,其次是己酸、丁酸、丙酸、戊酸、甲酸等。羰基化合物主要有乙缩醛、丙醛、糠醛、异戊醛、丁二酮等。

> 思考:不同香型的白酒为何有不同的香气?

在啤酒的香气中测出的物质达 300 种以上,但总体含量较低。啤酒中醇类除了乙醇外,高级醇的含量比葡萄酒还少,总量约为 100 mg/kg。酯类主要是乙酸乙酯。醛类中对啤酒风味影响较大的是乙醛和糠醛,挥发性硫化物主要是二氧化硫、硫化氢等,啤酒花中酒花精油有 200 种以上成分,主要成分是单萜烯、倍半萜烯和少量的酯、醇、酮等成分,是啤酒香气的重要组成,它们与酒花的苦味共同构成了酒花香气。

发酵葡萄酒中香气物质达350种以上,除了醇、酯、羰基化合物外,萜类和芳香族类物质含量也较多。

2. 酱及酱油的香气成分

酱及酱油多是以大豆、小麦为原料,由霉菌、酵母菌等综合作用所形成的调味品,其中的香味成分十分复杂,主要是醇类、醛类、酚类、酯类和有机酸等。醇类以乙醇为主,其次是戊醇和异戊醇等。醛类物质有乙醛、丙醛、异戊醛等。酚类以4-乙基愈创木酚和4-乙基苯酚为代表;酯类中的主要成分是丁酯,戊酯,乙酯。酸类主要有乙酸、丙酸、丁酸和戊酸等。酱油中还有由含硫氨基酸转化而得的硫醇、甲基硫等香味物质,而且后者是构成酱油特征香味的主要成分。

(五)风味物质在食品加工中的变化

1. 风味物质与营养的关系

食品风味物质(主要是食品中的香气成分)形成的基本途径,除了一部分是由微生物作用合成以外,其余都是通过在储藏加工过程中的酶促反应或者非酶促反应而生成的。这些反应的前提物质绝大多数都是食品中存在的营养成分,如糖类、蛋白质、脂肪以及维生素、矿物质等。因此,从营养的角度上来看,食品在储藏加工过程中发生风味成分的反应是不利的。这些成分不但使食品营养成分受到损失,尤其人体必需而自身不能合成的氨基酸、脂肪酸和维生素得不到充分利用。而且当反应控制不当时,甚至还会产生抗营养成分或有毒物质,如稠环化合物、黑色素等。

从食品工艺的角度看,食品在加工过程中产生风味物质的反应,既有有利的一面,如增加了食品的多样性和商业价值等,又会产生不利的一面,如降低了食品的营养价值,产生不希望的褐变等。两方面的作用要根据食品的种类和工艺条件的不同来具体分析。

> 思考:怎样做到食品营养与美味兼得?

咖啡、茶叶或者酒类、酱等食物,在发酵、烘烤等加工过程中其营养成分和维生素虽然受到了较多的破坏,但同时也形成了一些良好的风味特征,消费者一般不会对其营养状况感到不安,所以这些变化也是有利的。花生、芝麻等食物的烘炒加工中,其营养成分尚未受到较大的破坏之前已经获得了良好的风味,而且这些食物在生鲜之前不大适合食用,因此这种加工受到消费者欢迎。粮食、蔬菜、鱼、肉等食物,它们必须经过加工才能食用,若加热温度不高,受热时间不长的情况下,营养物损失不多但同时又会产生了人们喜爱、熟悉的风味。

烘烤和油炸食品,如面包、饼干、烤鸭、炸油条等,其独特风味虽然受到消费者喜爱,但如果是在高温长时间烘烤油炸,会使其营养价值大大降低,尤其是重要的限制氨基酸赖氨酸明显会减少。而对于乳制品的情况不尽相同。美拉德反应对其风味并没有明显影响,却会引起营养成分的严重破坏,尤其是当婴儿以牛乳作为赖氨酸的主要来源时,这种热加工方式是不利的,经过强烈的美拉德反应之后,牛乳的营养价值甚至会降到大豆油饼相似的程度。水果经加工后,其风味和营养也会遭到很大损失,远远低于鲜果。

2. 食品香气的控制

(1)微生物控制作用。发酵香气主要来自微生物的代谢产物。通过选择和纯化菌种并严格控制工艺条件可以控制香气的产生。例如,发酵乳制品的微生物有3种类型:其一是只产生乳酸的;其二是产生柠檬酸和发酵香气的;其三是产生乳酸和香气的。第三种类型的微生物在氧气充足时能将柠檬酸在代谢过程中产生的α-乙酰乳酸转变为具有发酵乳制品特征香气的丁二酮,在缺氧时则生成没有香气的丁二醇。

(2)酶的控制作用。利用酶的活性来控制香气的形式,如添加特定的产香酶或去臭酶。例如,干制的卷心菜中添加黑芥子硫苷酸酶,就能得到和新鲜卷心菜大致相同的香气;特定的脂酶加入乳制品中,使乳脂肪更多地分解出有特征香气的脂肪酸;利用醇脱氢酶和醇氢化酶使大豆中的长链醛类氧化,可除去豆制品中的豆腥味。

(3)香气的稳定。包合物即在食品微粒表面形成一种水分子能通过而香气成分不能通过的半渗透性薄膜,这种包合物一般是在干燥食品时形成,加水后又能将香气成分释放出来。组成薄膜的物质有纤维素、淀粉、糊精、琼脂、CMC、果胶。

对那些不能通过包合物稳定香气的食品,可以通过物理吸附作用使香气成分与食品成分结合。一般液态食品比固态食品有较大的吸附力,相对分子质量大的物质对香气的吸收性较强。例如,用蛋白质来吸附醇类化合物,用糖吸附醇类、醛类和酮类化合物等。

3. 食品香气的增强

目前主要采用两种途径增强香味,一是加入食用香精或回收的香气物质;二是加入香味增强剂,提高或充实食品的

> 思考:常用的食品香味增强剂及使用条件?

香气,而且也能改善或掩盖一些不愉快的气味。目前应用较多的主要有麦芽酚、乙基麦芽酚、5-磷酸肌苷、α-谷氨酸钠等。麦芽酚和乙基麦芽酚都是白色或微黄色结晶或粉末,易溶于热水和多种有机溶剂,具有焦糖香气,在酸性条件下增香和调香效果较好,在碱性条件下形成盐而香味减弱。由于它们的结构中有酚羟基,遇 Fe^{3+} 呈紫色,应防止与铁器长期接触。它们广泛地应用于各种食品中,如糖果、饼干、面包、果酒、果汁、罐头、汽水、冰淇淋等明显增加香味,麦芽酚还能增加甜味,减少食品中糖的用量。

乙基麦芽酚的挥发性比麦芽酚强,香气更浓,增效作用更显著,约相当于麦芽酚的 6 倍。一般麦芽酚作为食品添加剂,用量为 $0.005\% \sim 0.030\%$,而乙基麦芽酚用量为 $0.4 \sim 100$ mg/kg。

【项目小结】

本项目以完成色素拼色、味阈测定二项任务驱动,引入食品色、香、味的相关概念,以食材天然成分入手,分析已有天然色素、呈味和香气物质的化学成分、应用特性及影响食用性能的因素,结合现代食品加工技术和国家食品安全标准,熟悉天然色素和允许使用的合成着色剂、呈味剂及香味剂。着重掌握不同食材的呈色、呈香、呈味物质的组成特点,采取合理的加工方法和储藏控制手段,即能让人们从食品的"色、香、味"感官上满意,还能保证食品的营养和安全性。

【项目思考】

1. 叶绿素在食品加工、储藏过程中有哪些变化?

2. 酸味与哪些因素有关?

3. 甜味物质在应用时有哪些特点及影响因素?

4. 动物肌肉组织加热时主要香味化合物有哪些?

5. 畜禽肉类的风味物质是什么?

项目九　食品添加剂性能与使用

【知识目标】

1. 熟知各类食品添加剂的定义、分类。

2. 熟知各类食品添加剂的性能特点。

3. 熟悉常用食品添加剂使用范围、应用方法及使用注意事项。

【技能目标】

1. 能够根据需要在食品生产过程中会使用防腐剂、抗氧化剂、漂白剂和增稠剂。

2. 能够进行食品中苯甲酸及苯甲酸钠的测定。

3. 能运用气相色谱法测定过氧化苯甲酰。

4. 测定乳化剂在乳饮料中的乳化稳定能力。

【项目导入】

2011年3月1日,卫生部等部门发布公告,撤销食品添加剂过氧化苯甲酰、过氧化钙,自2011年5月1日起,禁止在面粉生产中添加这两种物质。事实上,过氧化苯甲酰过去被列为"面粉增白剂"用以提高些面粉的白度,破坏的是面粉营养成分,并且稍过量添加就可能氧化后成为苯甲酸,而苯甲酸是一种防腐剂,对人体并不安全。食品添加剂超量、超范围使用,会给食品带来不安全的隐患。

正确合理使用食品添加剂,能满足人们对食品的色、香、味、品种、新鲜度等方面要求,在提升食品的质量和档次、调整食品的营养结构、改善食品加工条件、延长食品的保质期等方面发挥了重要作用。食品添加剂称为"现代食品加工业的灵魂",已经渗透到食品加工的各个领域。当然,我国《食品添加剂使用标准》(GB 2760—2011)规定,苏丹红、三聚氰胺、塑化剂不属于允许使用的食品添加剂,不能用于食品生产,它们是非食品添加物。

任务1　食品中苯甲酸及苯甲酸钠的测定

【要点】

1. 熟悉食品添加剂的用途、使用原则及防腐剂的性能。

2. 熟知测定苯甲酸及苯甲酸钠的原理。

3. 具备滴定法测定苯甲酸类防腐剂的技术。

4. 具有数据整理及结果分析的能力。

【工作过程】

一、样品处理

（1）固体或半固体样品。称取经粉碎的样品 100 g，置于 500 mL 容量瓶中，加入 300 mL 蒸馏水，加入分析纯 NaCl 至不溶解为止（使其饱和），然后用 100 g/L NaOH 石蕊溶液将其调整至碱性（石蕊试纸试验），摇匀，再加饱和 NaCl 溶液至刻度，放置 2 h（要不断振摇），过滤，弃去最初 10 mL 滤液，收集供测定用。

（2）含酒精样品。吸取 250 mL 样品，加入 100 g/L NaOH 溶液使其至碱性，置水浴上蒸发至约 100 mL 时，移入 250 mL 容量瓶中，加入 30 g NaCl，振摇使其溶解，再加入 NaCl 饱和溶液至刻度，摇匀，放置 2 h（要不断振摇），过滤，取滤液供测定用。

> 思考：氯化钠的作用有哪些？用氢氧化钠至碱性，又有何作用？

（3）含脂肪较多的样品。经上述方法制备后，于滤液中加入 NaOH 溶液使其至碱性，加入 20～50 mL 乙醚提取，振摇 3 min，静置分层，溶液供测定用。

> 思考：加乙醚提取分层后，取哪一层为待测液？怎样安全使用乙醚？

二、测定方法

> 思考：用盐酸中和至酸性，有何作用？

（1）提取。吸取以上制备的样品滤液 100 mL，移入 250 mL 分液漏斗中，加 6 mol/L HCl 溶液至酸性（石蕊试纸试验），再加 3 mL 6 mol/L HCl 溶液，然后依次用 40 mL、30 mL、20 mL 纯乙醚，用旋转方法小心提取。每次摇动不少于 5 min。待静置分层后，将提取液移

> 思考：为什么吹干乙醚？

至另一个 250 mL 分液漏斗中（3 次提取的乙醚层均放入这一分液漏斗中）。用蒸馏水洗涤乙醚提取液，每次 10 滴，直至最后的洗液不呈酸性（石蕊试纸试验）为止。

将此乙醚提取液置于锥形瓶中，于 40～45℃ 水浴上回收乙醚。待乙醚只剩下少量时，停止回收，以风扇吹干剩余的乙醚。

（2）滴定。在提取液中加入 30 mL 中性醇醚混合液，10 mL 蒸馏水，3 滴酚酞指示剂，以 0.05 mol/L NaOH 标准溶液滴定至微红色为止。

> 思考：回收乙醚如何操作？

三、数据处理

苯甲酸含量计算：

$$X_1 = \frac{c \times V \times 10^{-3} \times 122.1 \times 250}{W \times 100}$$

苯甲酸钠含量计算：

$$X_2 = \frac{c \times V \times 10^{-3} \times 144.1 \times 250}{W \times 100}$$

式中，X_1 为苯甲酸含量，g/kg；X_2 为苯甲酸钠含量，g/kg；c 为 NaOH 标准溶液的溶度，mol/L；V 为耗 NaOH 溶液的体积，mL；W 为样品质量，g；122.1 为苯甲酸的摩尔质量，g/mol；144.1 为苯甲酸钠的摩尔质量，g/mol。

四、仪器与试剂

1. 仪器

碱式滴定管、500 mL 烧杯、250 mL 容量瓶、500 mL 分液漏斗、水浴箱、风扇、分析天平、锥形瓶或索氏萃取瓶。

2. 试剂

(1)6 mol/L HCl,NaCl 饱和溶液,分析纯 NaCl 固体。

(2)纯乙醚。置于蒸馏瓶中,在水浴上蒸馏,收取 35℃部分的蒸馏液。

(3)100 g/L NaOH 溶液。准确称取分析纯固体 NaOH 100 g 于小烧杯中,先用少量蒸馏水溶解,冷却至室温,再转移至 1 000 mL 容量瓶中,定容至刻度。

(4)95％中性乙醇。于 95％乙醇中加入数滴酚酞指示剂,以 NaOH 溶液中和至微红色。

(5)中性醇-醚混合液。将乙醚与乙醇按 1：1 体积等量混合,以酚酞为指示剂,用 NaOH 中和至微红色。

(6)酚酞指示剂(1％乙醇)。溶解 1 g 酚酞于 100 mL 95％中性乙醇中。

(7)0.05 mol/L NaOH 标准溶液。粗配制浓度近似 0.05 mol/L NaOH 溶液,再用基准邻苯二甲酸氢钾标定。

五、注意事项

(1)提取剂也可用三氯甲烷。

(2)当苯甲酸含量低时,NaOH 标准液的浓度应配成 0.1 mol/L 为宜。

(3)适用于样品含苯甲酸为 0.1％以上的分析,浓度低时宜用紫外分光光度法。

(4)滴定法为部标准法及美国 AOAC 官方仲裁法。

【考核要点】

1. 分析天平使用。

2. 干燥器的装配与使用。

3. 控制使用恒温干燥箱。

【思考题】

1. 提取样品中苯甲酸所用试剂顺序能不能调换?

2. 简述碱滴定法测定苯甲酸的流程。

3. 在被测试样中用到分析纯氯化钠和饱和氯化钠溶液,有区别吗?

【必备知识】 食品添加剂与防腐剂

一、食品添加剂

(一)食品添加剂的定义及分类

早在 1956 年,联合国粮食及农业组织(FAO)和世界卫生组织(WHO)将食品添加剂定义为"有意识的一般小量加于食品,以改善食品的外观、风味、组织结构或贮存性质的非营养物质"。《中华人民共和国食品安全法》第九十九条对食品添加剂的定义:"为改善食品品质和色、香、味,以及为防腐、保鲜和加工工艺的需要而加入食品中的人工合成或者天然物质。营养强化剂、食品用香料、胶基糖果中基础剂物质、食品工业用加工助剂也包括在内。"

国际上较为常见的是依据食品添加剂的主要功能进行分类。我国《食品添加剂使用标准》(GB 2760—2011)按功能将食品添加剂分 22 大类,其中比较重要的有防腐剂、护色剂、着色剂、酸度调节剂、漂白剂、乳化剂、稳定剂和凝固剂、膨松剂、增稠剂、水分保持剂、抗氧化剂和食品用香料等。本项目重点学习防腐剂、抗氧化剂、着色剂与漂白剂、乳化剂和增稠剂和膨松剂的性能及应用。

(二)食品添加剂的作用

众所周知,天然食品无论是色、香、味,还是质构和保藏性都不能满足消费者的需要。食品添加剂的使用,能够改善食品品质和色、香、味,防腐并能满足加工工艺需要,促进了食品工业的发展,可以说,没有食品添加剂就没有现代食品工业。

1. 增加食品的保藏性、防止腐败变质

各种生鲜食品和高蛋白质食品如不采取防腐保鲜措施,出厂后将很快腐败变质,造成很大损失和浪费。使用防腐剂

> 思考:你喝的果汁饮料中有防腐剂吗?

可以防止由微生物引起的食品腐败变质;抗氧化剂则可阻止或延缓食品的氧化变质,提高食品的稳定性和耐藏性,同时也可防止和抑制食品(包括水果和蔬菜)因酶促褐变与非酶褐变所带来的质量下降,最大限度地保证食品在保质期内应有的质量和品质。

2. 改善和提高食品色、香、味及口感等感官性状

食品的色、香、味、形态和质地是衡量食品质量的重要指标。食品加工过程一般都有碾磨、破碎、加温、加压等物理过程,在这些加工过程中,食品容易褪色、变色,有一些食品固有的香气也随之消散。此外,同一加工过程难以解决产品的软、硬、脆、韧等口感的要求。因此,适当地使用着色剂、护色剂、香精香料、增稠剂、乳化剂、品质改良剂等添加剂,可明显地提高食品的感官质量,满足人们对食品风味和口感的需求。

3. 增加食品的花色品种

各种食品根据加工工艺的不同、品种的不同、口味的不同,一般都要相应的选用各类食品添加剂,尽管添加量不大,但不同的添加剂能获得不同的花色品种,促进生产企业不断开发出新的、花色多样的食品品种,还能极大地提高食品的商品附加值,增加经济效益。例如,肉类加工企业生产香肠,常用的添加剂有增鲜剂、乳化剂、防腐剂、抗氧化剂、护色剂、着色剂,还填充增稠剂、植物蛋白,提高产品的口感、质地;果冻、软糖等食品,生产中加入了高分子食品增稠剂,丰富了这类食品的花色品种。

4. 有利于食品工业化生产

现代食品生产的机械化、连续化和自动化,需要使用一些澄清剂、助滤剂和消泡剂等食品添加剂。例如,用葡萄糖酸-δ-内酯作为豆腐的凝固剂,有利于豆腐的机械化、连续化生产。又如,乳化剂以其特有的表面活性作用,广泛应用于方便面中,能使方便面面团中的水分均匀发散,提高面团的持水性和吸水能力,有利于蒸煮时成熟。

5. 保持或提高食品的营养价值

食品品质的优良与其营养价值密切相关。防腐剂和抗氧化剂在防止食品腐败变质的同时,对保持食品的营养价值方面也有一定的作用。此外,向食品中加入适量的属于天然营养素范围的食品营养强化剂,可以调整食品的营养结构,不仅可有效地提高和改善食品的营养价值,而且可以防止和减轻因某些加工或食源区域等原因造成的营养损失、缺乏、失衡等现象发生。

6. 满足不同人群的需要

食品应尽可能满足人们的不同需要。例如,利用无热量甜味剂,如用三氯蔗糖或阿力甜代替蔗糖,或用山梨糖醇、木糖醇等制成无糖食品,可以满足糖尿病患者对甜味食品的奢望。强化维生素等营养物质的食品有利婴幼儿生长发育的需要;碘盐类添加剂有助于对缺碘人群的元素补充和营养强化。

总之,食品添加剂的使用提高了加工食品的质量,促进了加工条件的改善,极大地推动了食品工业向高效、高速、高质方向发展。显而易见,食品添加剂是食品工业发展的需要,是现代食品工业、食品加工技术中的重要内容。食品添加剂的应用加速了食品工业现代化发展的历程。可以说,没有食品添加剂的应用和发展就没有现代化的食品工业。

(三)食品添加剂使用原则

随着食品工业的发展,越来越多的食品添加剂应用于食品中,但食品添加剂毕竟不是食物的天然成分,多数食品添加剂都有一定的毒性,少量、长期摄入,同样可能对机体造成伤害。随着食品毒理学方法的发展,原来认为无害的食品添加剂也逐步被发现可能存在着慢性毒性、致畸、致突变和致癌的危害。为确保食品添加剂的使用安全,使用食品添加剂应遵循以下原则:

(1)使用食品添加剂必须严格遵守《食品添加剂使用标准》(GB 2760—2011)(及以后每年的增补品种)和《食品营养强化剂使用卫生标准》(GB 14880—2012)限定的使用范围和最大使用量。严禁食品添加剂超范围、超量使用。

(2)食品添加剂应符合相应的国家标准,其有害杂质不得超过允许限量。严禁将非食品添加剂作为食品添加剂使用。

> 思考: 红牛饮料怎么了?

(3)食品添加剂的使用不应影响食品的感官性质,不应对食品营养成分有破坏或降低的作用。

(4)食品添加剂的使用不应降低食品良好的操作工艺和卫生要求。

(5)不得以掩盖食品本身或加工过程中的质量缺陷或以掺杂、掺假、伪造为目的而使用食品添加剂。

(6)婴儿及儿童食品未经批准不得随意加入不适宜的食品添加剂。

(四)食品添加剂使用标准

我国现行《食品添加剂使用标准》(GB 2760—2011),是以食品添加剂使用情况的实际调查与毒理学评价为依据,提供了安全使用食品添加剂的定量指标。它包括允许使用的食品添加剂品种、使用目的(用途)、使用范围(对象食品)以及最大使用量(或残留量),有的还注明使用方法,最大使用量以 mg/kg 为单位。该标准是食品企业安全使用食品添加剂的参考依据,凡生产、经营、使用食品添加剂者均要严格执行。

二、防腐剂

(一)防腐剂的概述

在适宜的条件下,当食品受到微生物污染时,微生物的迅速繁殖导致食品的外观和内在发生劣变而失去食用价值的现象,称为食品腐败。食品腐败后,感官上有色泽变化,营养成分被破坏,食品中产生白毛、黏液物等,产生酸味、苦味、涩味、霉味以及令人厌恶的恶臭味。

在一定条件下,配合使用防腐剂作为一种保存辅助手段,对防止某些易腐食品的变质有显著的效果,而且使用简便。

防腐剂是指能够杀死或抑制微生物,延缓食品腐败的食品添加剂。防腐剂主要是利用化学的方法来杀死有害微生物或抑制微生物的生长,从而制止腐败或延缓腐败的时间。通常我们将杀死微生物的食品添加剂称为杀菌剂,而具有抑制微生物生长作用的添加剂称为抑菌剂。

实际使用过程中,杀菌或抑菌常不宜严格区分,同一物质高浓度能杀菌,而低浓度只能抑菌,所以多数情况下通称防腐剂。由于各种微生物性质的不同,同一物质对一种微生物具有杀菌作用,而对另一些微生物仅有抑菌作用。

按化学组分和来源不同,食品防腐剂可分为有机防腐剂、无机防腐剂、生物防腐剂以及人工防腐剂、合成防腐剂。对于消费者来说,天然的食品防腐剂更易于被接受。例如,乳酸链球菌素、钠他霉素、甲壳素和鱼精蛋白等生物防腐剂,但是它们一般都存在效价低,用量大、抗代谢性能差、抗菌时效短等缺点。合成防腐剂一般不可能适应所有条件下的防腐需要。例如,有机防腐剂苯甲酸及其钠盐、山梨酸及其钾盐等往往是在酸性条件下才起作用。无机防腐剂包括亚硫酸及其盐、亚硝酸盐等在应用上也有一定的局限性。从防腐剂的发展趋势来看,天然防腐剂将成为发展主角。

(二)食品防腐剂的作用机理

食品腐败变质的程度和快慢,与食品的种类、组成、贮运条件、存放条件和加工与贮运过程受微生物的感染程度等因素有关。引起新鲜食品腐败变质的原因主要有微生物的作用、酶的作用、环境因素。由于食品营养丰富,很适于微生物的生长、繁殖,所以细菌、霉菌和酵母等微生物的侵袭通常是最容易导致食品腐败变质。

引起食品腐败变质的微生物细胞都有细胞壁、细胞膜、与代谢有关的酶、蛋白质合成系统及遗传物质等亚结构。加入的防腐剂只要对微生物生长相关的众多细胞亚结构中的某一个有影响,便可达到抑菌的目的。

1. 防腐剂作用于微生物的细胞壁或细胞膜

通过对微生物细胞壁或细胞膜的作用,影响其细胞壁质的合成或细胞膜中的巯基的失活,可使三磷酸腺苷等细胞物质渗出,甚至导致细胞溶解。

2. 防腐剂作用于微生物的细胞原生质

通过对部分遗传机制的作用,抑制或干扰细菌等微生物的正常生长,甚至令其失活,从而使细胞凋亡。

3. 防腐剂作用于微生物细胞中的蛋白质或酶

通过使蛋白质中的二硫键断裂,导致微生物中蛋白质发生变性;作用于微生物细胞中的酶,影响酶的活性,干扰微生物的正常代谢。

(三)影响防腐剂效果的因素

为了有效的使用防腐剂,最大限度地发挥其防腐能力,有必要熟知以下几个影响防腐效果的因素。

1. pH

苯甲酸及其盐类,山梨酸及其盐类均属于酸性防腐剂。食品 pH 对酸性防腐剂的效果有很大影响,pH 降低效果较好。一般地说,苯甲酸及苯甲酸钠适用于 pH 4.55 以下,山梨酸及山梨酸钾适用于 pH 5~6 以下,对羟基苯甲酸酯类适用范围为 pH 4~8。

酸性防腐剂的防腐作用主要是依靠溶液内的未电离分子。如果溶液中氢离子浓度增加,电离被抑制,未电离分子比例就增大。所以,低 pH 下防腐效果较强。

2. 溶解与分散

防腐剂应该完全溶解,均匀分散在食品中,才能全面发挥作用。如果分散不均匀,有的部位过少则达不到防腐效果,有的地方过多甚至会超过使用卫生标准。同时,还要注意防腐剂在食品不同相中的分散特性,如在油与水中的分配系数,这点对于高比例油水体系的防腐很重要。如果微生物开始出现于水相,而使用的防腐剂大量分散在油相时,就可能起不到防腐作用。如果腐败开始只发生在食品外部,例如,水果,蔬菜等,那么将防腐剂均匀的分散在食品表面即可;而对于饮料、罐头、焙烤食品等,就要求防腐剂均匀的分散在其中。

3. 食品的染菌情况

食品染菌数量的多少及所染微生物种类等对防腐剂的效果也有很大影响。在使用等量防腐剂的情况下,食品染菌情况越严重,则防腐效果越差。从微生物增殖过程来看,开始是缓慢的诱导期,接着进入对数期,增殖急剧增加。由于食品防腐剂作用性质和用量限制,通常只是抑制微生物,延长微生物增殖作用的诱导期,如果食品已经严重污染,再使用防腐剂也无济于事。如山梨酸加入到已经严重污染了的大量微生物的食品中,不仅防腐无效,还会被乳酸菌等还原成山梨糖醇,成为"碳源"而被微生物利用。因此,应尽可能地减少食品的染菌可能和染菌程度。

4. 热处理

一般情况下,加热可增强防腐剂的防腐效果,在加热杀菌时加入防腐剂,杀菌时间可以缩短。

(四)常用防腐剂

1. 苯甲酸及其钠盐

苯甲酸也称安息香酸。分子式 $C_7H_6O_2$,相对分子质量为 122.12。

(1)性状。纯品为白色有丝光的鳞片或针状结晶,质轻,无臭或微带安息香味,100℃开始升华,在酸性条件下容易随水蒸气挥发,pH 为 2.8(25％饱和水溶液),微溶于水,易溶于乙醇。

(2)特性。苯甲酸在水中溶解度低,所以一般在使用中都用其钠盐,其钠盐的防腐效果与苯甲酸相同。苯甲酸及其盐在酸性条件下对细菌的抑菌作用较强,pH 为 3 时抑制作用最强,对酵母和霉菌的抑制效果较弱。

(3)用途。我国《食品添加剂使用标准》(GB 2760—2011)规定苯甲酸及其钠盐作防腐剂的使用范围和最大使用量(以苯甲酸计,g/kg),在酱油、醋、果汁中为 1.0,在酱菜、甜面酱、蜜饯等中为 0.5,在汽水、汽酒中为 0.2,葡萄酒、果酒、软糖为 0.8 g/kg(苯甲酸 1 g 相当于苯甲酸钠 1.18 g)。

(4)使用注意事项。由于苯甲酸在水中溶解度低,故实际多是加适量的碳酸钠或碳酸氢钠,用 90℃以上热水溶解;若必须使用苯甲酸,可先用适量乙醇溶解后在用。苯甲酸最适抑菌 pH 为 2.5～4.0。pH 低时抑菌能力提高,但在酸性溶液中其溶解度降低,故不能单靠提高酸性来提高其抑菌活性。苯甲酸在酱油、清凉饮料中与对羟基苯甲酸酯类一起使用,效果更好。

2. 山梨酸及其钾盐

山梨酸化学名为 2,4-己二烯酸,也称为花楸酸。分子式 $C_6H_8O_2$,相对分子质量为 112.13。

(1)性状。山梨酸为无色针状结晶或白粉末状结晶,无臭或稍带刺激性气味,难溶于水,而溶于有机溶剂,所以多用其钾盐。

(2)特性。山梨酸对霉菌、酵母和好气性细菌均有抑制作用,但对嫌气性细菌与嗜酸杆菌几乎无效。耐光,耐热,但在空气中长期放置,易被氧化变色,而降低防腐效果。防腐效果随 pH 升高而降低,pH 为 8 时丧失防腐作用,适用于 pH 在 5.5 以下的食品防腐。山梨酸是一种不饱和脂肪酸,在机体内正常地参加代谢作用,氧化生成二氧化碳和水,所以几乎无毒,是一种比较安全的防腐剂。

(3)用途。我国《食品添加剂使用标准》(GB 2760—2011)规定,山梨酸及其钾盐作防腐剂添加,允许使用的范围和最大使用量(以山梨酸计,g/kg),用于肉、鱼、蛋及禽类制品,最大使用量为 0.075;用于果蔬类保鲜、碳酸饮料、胶原蛋白肠衣、果冻、酱及酱制品、冰棍类、蜜饯糖果为 0.5;葡萄酒及果酒为 0.6;酱油、食醋、果酱、氢化植物油、软糖、鱼干制品、豆制食品、糕点、乳酸饮料等为 1.0;用于食品工业塑料桶装浓缩果蔬汁为 2.0(山梨酸 1 g 相当于山梨酸钾 1.33 g)。

(4)使用注意事项。配制山梨酸溶液时,可先将山梨酸溶解在乙醇、碳酸氢钠或碳酸钠的溶液中,随后再加入食品中。山梨酸用于需要加热的食品时,为防止山梨酸受热挥发,应在加热过程的后期添加。山梨酸在食品被严重污染、微生物数量过高的情况下,不仅不能抑制微生物繁殖,反而会成为微生物的营养物质,加速食品腐败,因此,使用山梨酸时应特别注意食品卫生。山梨酸与山梨酸钾同时使用时,以山梨酸计不得超过最大使用量,不得延长保质期。由于 1‰ 山梨酸钾水溶液的 pH 为 7~8,可使食品 pH 升高而不利于抑菌。

任务 2　气相色谱法测定过氧化苯甲酰

【要点】

1. 熟知抗氧化剂、着色剂、漂白剂的性能及使用。

2. 熟悉测定过氧化苯甲酰的原理。

3. 能够进行萃取及浓缩技术操作。

4. 具备安全使用乙醚等有机试剂的能力。

5. 具有初级仪器分析能力。

6. 掌握气相色谱法测定食品中过氧化苯甲酰含量的基本原理及方法。

【工作过程】

一、样液制备

(1)提取。称取约 10.0 g 面粉,置于 100 mL 具塞试管中,加 20~30 mL 饱和 NaCl 溶液,混匀后,加 50 mL 乙醚提取,分离乙醚层于 250 mL 分液漏斗中,重复两次,最后将内容物倾入垫着乙醚混润滤纸的漏斗中,滤入分液漏斗中,用少量乙醚洗涤残沫,收集滤液,合并乙醚层(如漏斗下面有水弃去)。

（2）浓缩。将乙醚转至蒸发器中于约 40℃ 水浴减压浓缩至 5 mL，加入 30 mL 丙酮、20 mL 甲醇、1 mL 柠檬酸甲醇液、2 mL 碘化钾溶液，振摇，于室温放置 10 min，其间不时摇动，然后将蒸发器于 60℃ 减压浓缩至 10 mL，用 40 mL 乙醚定量转至 250 mL 分液漏斗中，加 2 mL 硫代硫酸钠溶液，振摇，用 H_2SO_4 溶液调至强酸性，加 NaCl 固体（AR）使之饱和。加 50 mL 乙醚提取，水层转至另一 250 mL 分液漏斗中，水层再用 50 mL 乙醚提取两次，合并乙醚层，用 10 g 无水硫酸钠脱水，过滤蒸发瓶中，用少量乙醚洗涤，洗液并入滤液，于 40℃ 减压浓缩至近干，取出。

（3）定容。用氮气吹除残余溶剂，准确加入 5 mL 丙酮，供色谱测定。

二、标准过氧化苯甲酰液制备

准备吸取 1.0 mL、2.5 mL、5.0 mL、7.5 mL、10.0 mL 过氧化苯甲酰标准溶液，分别置于蒸发瓶中，以下按上述样品处理，从"加入 30 mL 丙酮、20 mL 甲醇……"起依法操作。

此液分别含过氧化苯甲酰 20 mg/mL、50 mg/mL、100 mg/mL、150 mg/mL、200 mg/mL。

三、测定色谱参考条件

柱温 170℃；进样口、检测器温度 220℃；载气：氮气，调节流速使过氧化苯甲酰峰在 5 min 左右出现。

分别进样 5 μL 标准液中各浓度标准，测定峰高，与浓度比较制定标准曲线，然后进样 5 μL 样品溶液，以峰高在标准曲线上求得过氧化苯甲酰含量。

四、数据处理

以下式计算过氧化苯甲酰在面粉中的含量：

$$X = \frac{\rho \times V}{W \times 1\,000}$$

式中，X 为样品中过氧化苯甲酰的含量，g/kg；ρ 为进样液中过氧化苯甲酰含量，μg/mL；W 为样品质量，g；V 为样品制备液体积，mL；1 000 为换算系数。

五、相关知识

样品中过氧化苯甲酰用乙醚提取，然后还原成苯甲酸，进气相色谱仪分离、测定，由峰高在标准曲线上求检测液中过氧化苯甲酰浓度。再根据计算公式计算样品中过氧化苯甲酰含量。

六、仪器与试剂

1. 仪器

气相色谱仪、附 FID 检测器、色谱柱为玻璃柱（2 m×3.2 mm）、内装 60～80 目 Chromosorb WAW DMCS，涂以 5% DEGS+1% 磷酸。

2. 试剂

（1）100 g/L 柠檬酸甲醇溶液。

（2）500 g/L 碘化钾溶液。

（3）100 g/L 硫代硫酸钠溶液。

（4）甲醇（AR）。

（5）乙醚（AR）。

（6）丙酮（AR）。

（7）NaCl 固体（AR）

（8）NaCl 饱和溶液。

（9）无水硫酸钠。

（10）（1＋9）H_2SO_4 溶液。

3. 过氧化苯甲酰标准溶液

称取 0.100 0 g 过氧化苯甲酰（纯度＞98％），加少量丙酮溶液溶解，转至 100.0 mL 容量瓶中，用丙酮稀释至刻度，混匀。取此液 10.0 mL，转至另一 100.0 mL 容量瓶中，用丙酮稀释至刻度，混匀。此液每毫升含过氧化苯甲酰 0.100 0 mg，供作标准曲线用。

七、注意事项

用氮气吹残余溶剂应彻底。

【考核要点】

①分液漏斗及具塞试管使用。

②减压蒸发器及氮吹仪使用。

③无水硫酸钠过滤脱水操作。

④标准溶液制备。

【思考题】

1. 样品处理中加饱和 NaCl 溶液和加乙醚的作用分别是什么？

2. 测定色谱参考条件是什么？

【必备知识】　抗氧化剂、护色剂与漂白剂

一、抗氧化剂

（一）抗氧化剂概述

食品在贮存期间发生变质除微生物的因素外，氧化也是一个重要的原因，特别是油脂或含油较多的食品。这类食品在储藏、加工及运输过程中均会自然的氧化变质，产生哈喇味（通常称为油脂的"酸败"），造成食品品质下降，营养价值降低，甚至还能产生有害物质，引起食物中毒。因此，防止氧化已成为食品工业的一个重要课题。

> 思考：什么食品中含有抗氧化剂？

防止食品氧化。从原料、加工、包装、贮存等环节上采取相应的措施（如降温、干燥、抽真空、充氮、密封等），再适当的配合使用一些安全性高、效果显著的抗氧化剂，对防止食品的氧化很有必要。它是一种简单、经济而又理想的方法。

抗氧化剂是能阻止或延迟食品氧化，可以提高食品质量的稳定性和延长储藏期的食品添加剂。

抗氧化剂若按来源分类可分为天然抗氧化剂和合成抗氧化剂；若根据溶解性分类可分为油溶性抗氧化剂、水溶性抗氧化剂和兼容性抗氧化剂。油溶性抗氧化剂常用于油脂

> 思考：维生素A、维生素C、维生素E及类胡萝卜素等是抗氧化剂吗？

丰富的食品抗氧化作用,如丁香羟基茴香醚(BHA)、二丁基羟基甲苯(BHT)、没食子酸丙酯(PG)、特丁基对苯二酚(TBHQ)及乙氧基喹、维生素 E 等;水溶性抗氧化剂多用于食品色泽的保持及果蔬的抗氧化,如抗坏血酸及其盐类、异抗坏血酸及其盐类、植酸等;兼容性抗氧化剂有抗坏血酸棕榈酸酯等。

(二)抗氧化剂作用机理

1. 食品的氧化变质

脂肪、油合称为油脂,几乎存在于所有的食品中,是重要的营养物质,其化学结构是甘油与长链脂肪酸生成的酯。脂肪和含油食品长时间暴露在空气中会自发地进行氧化,油脂中的不饱和键,在氧气、水、金属离子、光照及受热的情况下,转变成酮、醛及羧酸,食品的性质、风味发生改变(酸败),从而影响了食品的货架期。

油脂这种自动氧化过程十分复杂,大致可分为三个阶段:

> 思考:有"哈喇味"的食品能否食用?

(1)诱导阶段。本阶段主要产生自由基。

$$RH+O_2 \xrightarrow{活化} R\cdot+\cdot OH+\cdot H$$

油脂中不饱和脂肪酸(RH)在氧气的作用下,脱去氢(H)生成自由基(R·、·OH、·H),其反应速度较缓慢,但有光、热和金属离子的激发或水存在时可以加速此过程。

(2)波及(传递)阶段。自由基(R·)与氧作用生成过氧化自由基(ROO·)。

$$R\cdot+O_2 \longrightarrow ROO\cdot$$
$$ROO\cdot+RH \longrightarrow R\cdot+ROOH$$

过氧化自由基可以夺取其他不饱和脂肪酸的氢生成过氧化物(ROOH),而失去氢(H)的不饱和脂肪酸形成新的自由基(R·),构成了油脂的自动氧化链式反应,直至食品油脂中的不饱和脂肪酸全部氧化成过氧化物。这个阶段反应速度快,油脂的感官变化明显。

(3)终结阶段。各种自由基和过氧化自由基相互作用,形成稳定的化合物。

> 思考:如何理解"清除体内自由基"这一理念?

$$R\cdot+R\cdot \longrightarrow R-R$$
$$ROO\cdot+R\cdot \longrightarrow ROOR$$
$$ROO\cdot+ROO\cdot \longrightarrow ROOR+O_2$$

波及阶段(2)中生成的过氧化物在本阶段进一步分解成小分子的醛、酮或酸,具哈喇味和酸的口感(脂肪和油脂酸败的特征)。有资料显示,这些过氧化物是促发癌症和加速衰老的因素之一。因此,食品加工中必须要防止脂肪的氧化酸败。

2. 抗氧化剂的作用机理

抗氧化剂多是能够吸收能量的化学性质活泼的物质。抗氧化剂的作用机理比较复杂,不同的抗氧化剂其作用机理也不完全相同,但均以其还原性为依据。它们能够提供氢原子与脂肪酸自由基结合,使自由基转化为惰性化合物,从而中止脂肪连锁反应。

已发现的抗氧化剂作用机理大致有以下类型。

(1)抗氧化剂自身氧化。抗氧化剂本身极易氧化,通过自身氧化,消耗食品内部和周围环境中的氧,使空气中的氧首先与抗氧化剂结合,从而避免了食品的氧化。

（2）抗氧化剂释放氢。抗氧化剂释放出氢原子将氧化过程中产生的过氧化物破坏分解，在油脂中具体表现为使油脂不能产生醛、酮或酸等产物。例如，抗氧化剂 BHA、BHT 等酚类化合物能终止链式反应（AH 表示抗氧化剂）。

$$ROO \cdot + AH \longrightarrow A \cdot + ROOH$$
$$R \cdot + AH \longrightarrow RH + A \cdot$$

抗氧化剂生成的自由基（A·）没有活性，不能引起链式反应的传递，却能参与一些终止反应。

$$A \cdot + A \cdot \longrightarrow A - A$$
$$ROO \cdot + A \cdot \longrightarrow ROOA$$

（3）抗氧化剂是自由基吸收剂。抗氧化剂可能与氧化过程中的氧化中间产物结合，从而阻止氧化反应的进行。

（4）抗氧化剂破坏或减弱氧化酶的活性，使其不能催化氧化反应进行。

（5）金属离子的螯合剂。抗氧化剂可通过对金属离子的螯合作用，减少金属离子的促进氧化作用。

（三）常用抗氧化剂

1. 丁基羟基茴香醚（BHA）

丁基烃基茴香醚又称叔丁基-4-烃基茴香醚，是 3-叔丁基-4-烃基茴香醚（3-BHA）和 2-叔丁基-4-烃基茴香醚（2-BHA）的混合物。分子式 $C_{11}H_{16}O_2$，相对分子质量为 180.25。

（1）性状。白色至微黄色蜡样结晶状粉末，稍有特异酚类的特异臭气及刺激性气味。熔点 48～63℃，沸点 364～270℃（98 kPa）。不溶于水，易溶于乙醇、丙二醇及各种油脂。

（2）特性。对热稳定高，在弱碱性的条件下不容易破坏。在焙烤食品中使用，是饼干中常用的抗氧化剂之一。几乎没有吸湿性，在直射光线长期照射下，色泽会变深。易溶于丙二醇，易成为乳化状态，使用方便，但成本较高。除具有抗氧化剂作用外，还有相当强的抗菌力。对动物脂肪的抗氧化性较强，对不饱和的植物油的抗氧化性较弱。

（3）用途。我国《食品添加剂使用标准》（GB 2760—2011）规定，BHA 可用于食用油脂、油炸食品、干鱼制品、饼干、方便面、速煮米、果仁、罐头、腌制肉制品。早餐谷类食品，最大使用量为 0.2 g/kg。BHA 与 BHT（二丁基羟基甲苯）、PG（没食子的丙酯）混合使用时，其中 BHA 与 BHT 总量不超过 0.10 g/kg，PG 不得超过 0.05 g/kg。

2. 二丁基羟基甲苯（BHT）

二丁基烃基茴香醚又称 2,6-二叔丁基对甲酚，分子式 $C_{15}H_{14}O_2$，相对分子质量为 220.36。

（1）性状。无色结晶或白色晶体粉末，无味、无臭，熔点 69.5～71.5℃（纯品 69.7℃），沸点 265℃（98 kPa）。不溶于水及甘油和丙二醇，易溶于乙醇、油脂等有机溶剂；具有升华性，加热时能与水蒸气一起挥发。

（2）特性。耐热性好，对普通烹调温度影响不大，多用于长期保存的食品与焙烤食品。与金属离子反应不会着色，价格低廉。对油炸食品所用油脂的保护作用较小。一般多与 BHA 复配使用，柠檬酸或抗坏血酸等有机酸作为增效剂。相对 BHA 来说，毒性稍高一些。

（3）用途。我国《食品添加剂使用标准》（GB 2760—2011）规定，BHT 可用于油脂、油炸食品、干鱼制品、饼干、速煮面、干制、罐头类食品等。最大用量为 0.2 g/kg；BHT 与 BHA 混合使用时，总量不得超过 0.2 g/kg，目前国际上，特别是在水产加工方面，此类物质是被广泛应用的廉价抗氧化剂。

3. 没食子酸丙酯（PG）

没食子酸丙酯又称五倍子酸丙酯，3,4,5-三羟基苯甲酸丙酯，分子式 $C_{10}H_{12}O_5$，相对分子质量为 212.21。

（1）性状。白色至淡褐色的结晶状粉末或为乳白色针状结晶；无臭，稍有苦味，熔点 145～150℃。有吸湿性，易溶于热水，难溶于冷水，水溶液无味。

（2）特性。对光不稳定，可以促进其分解，耐高温性差。易与铜、铁等金属离子发生呈色反应，显紫色或暗绿色。使用量达 0.01% 时即自动氧化着色，故一般不单独使用。常与 BHA 和 BHT 复配使用，再加增效剂柠檬酸则抗氧化作用最好。对猪油的抗氧化作用较 BHA 和 BHT 强些。毒性较低。

（3）用途。我国《食品添加剂使用标准》（GB 2760—2011）规定，PG 可用于脂肪、油和乳化脂肪制品，坚果与籽类罐头，方便面制品，饼干，腌腊肉制品，风干、烘干、压干等水产品。油炸食品中，PG 的最大用量为 0.1 g/kg，实际应用时，PG 的添加量随油脂品质不同而异，一般用量在 0.01% 以下，可以充分发挥其抗氧化作用。

4. L-抗坏血酸及其钠盐

L-抗坏血酸即维生素 C，分子式 $C_6H_8O_6$，相对分子质量为 176.13。

（1）性状。白色或略带淡黄色的结晶或粉末，无臭，味酸；易溶于水、乙醇，但不溶于苯、乙醚等溶剂，熔点 190～192℃。

（2）特性。光稳定性差，遇光色渐变褐色；热稳定性也较差。干燥状态较稳定，在水溶液中很快被氧化分解，在中性或碱性溶液中尤甚，在 pH 3.4～4.5 时较稳定。因此，抗坏血酸不宜用于酸性食品，但可以改用抗坏血酸钠盐。例如，牛奶等能用抗环血酸钠盐（1 g 抗坏血酸钠盐相当于 0.9 g 抗坏血酸）。在用作抗氧化剂时，可以用柠檬酸作为增效剂。具有强还原性能，以消耗氧、还原高价金属离子，防止对食品的氧化，还可抵制果蔬的酶促褐变。用在啤酒、无醇饮料、果汁中，既可以防止褪色、变色，也可以防止风味变劣和其他由氧化而引起的质量问题。重金属离子会促进其分解。因此，抗坏血酸用做抗氧化剂时必须注意避免从水及容器中混入金属和接触空气。能够钝化金属离子，消耗食品和环境中的氧。

（3）用途。我国《食品添加剂使用标准》（GB 2760—2011）规定，抗坏血酸的使用范围和最大使用量（g/kg）：可可制品、巧克力和巧克力制品及糖果 2.5；发酵制品 0.2；果蔬汁（肉）饮料、植物蛋白饮料、碳酸饮料、茶饮料类 0.5；啤酒和麦芽饮料 0.04。应用于腌制肉制品，抗坏血酸作为着色助剂，0.02%～0.05% 的添加量，可有效地促进肉红色的亚硝基肌红蛋白的产生，防止肉制品的褪色，同时抑制致癌物质亚硝胺的生成。

5. 植酸

植酸，即肌醇六磷酸。从植物种子中提取的一种有机磷酸类化合物。分子式 $C_6H_{18}O_{24}P_6$，相对分子量为 660.04。

（1）性状。植酸为浅黄色至黄褐色黏稠状液体，易溶于水、95% 乙醇、甘油以及丙酮，微溶于无水乙醇和甲醇，不溶于苯、氯仿和乙醚等。

（2）特性。水溶液为强酸性，遇高温易分解；若在 120℃ 以下短时间加热，或浓度较高时，则相对稳定;抗氧化能力强,与维生素 E 混合使用,具有相乘的抗氧化作用;在低 pH 下可定量沉淀 Fe^{3+},在中性 pH 或高 pH 下可与所有的其他多价金属离子形成不溶性螯合物,防止食品的氧化、褐变或退色。

(3)用途。我国《食品添加剂使用标准》(GB 2760—2011)规定,用于对虾保鲜,可按生产需要适量使用,允许残留量为 20 mg/kg;用于食用油脂、果蔬制品、饮料和肉制品,最大用量为 0.2 g/kg。

实际应用中,在植物油中添加 0.01%,即可明显地防止植物油的酸败,其抗氧化效果因植物油的种类不同而有差别,用于花生油效果最好,大豆油次之,棉籽油相对较差。在罐头食品中添加植酸可达到稳定护色效果。在饮料中添加 0.01%～0.05% 植酸,可螯合金属离子(特别是对人体有害的重金属),对人体有良好保护作用。鲜虾变黑严重影响其外观质量,植酸可以防止鲜虾变黑。若添加 0.01%～0.05% 的植酸与 0.3% 的亚硫酸钠,效果甚好,且可避免二氧化硫残留量过高。也有采用 0.05%～0.10% 的植酸与 0.05% 的维生素 E 的组合配方,对连头对虾防黑边效果显著。

(四)抗氧化剂使用注意事项

1. 适时使用和充分溶解分散

抗氧化剂只能阻碍脂质氧化,延缓食品开始腐败的时间,而不能改变已经变坏的后果。因此,抗氧化剂必须要在食物发生氧化之前加入。抗氧化剂用量一般很少,所以必须充分地分散在食品中,才能发挥其作用。油溶性的抗氧化剂要先溶于油相中,水溶性的抗氧化剂则要先溶于水相中,然后要混合均匀。

2. 适量的使用和协同作用

抗氧化剂的量和抗氧化效果并不总是正相关,当超过一定浓度后,不但不能再增强抗氧化作用反而具有促进氧化的效果。

由于不同抗氧化剂可以分别在不同的阶段终止油脂氧化的连锁反应。因此,凡两种或两种以上抗氧化剂混合使用,其抗氧化效果往往大于单一使用之和,这种现象称为抗氧化剂的协同作用。

3. 金属助氧化剂和抗氧化剂的增效剂

过渡元素金属,特别是三价或多价的过渡金属(钴、铜、铁、锰、镍)具有很强的促进脂肪氧化的作用被称为助氧化剂。所以,加工过程中必须尽量避免这些离子的混入。

通常在植物油中添加抗氧化剂时,同时添加某些酸性物质,可显著提高抗氧化效果,这些酸性物质叫做抗氧化剂的增效剂。如柠檬酸、磷酸、抗坏血酸等,一般认为,这些酸性物质可以和促进氧化的微量金属离子生成螯合物,从而起到钝化金属离子的作用;也可能是这些酸性物质能够接受抗氧化剂反应的产物基团(A·),使抗氧化剂(AH)获得再生。反应如下。

$$A \cdot + SH \longrightarrow AH + S$$

4. 避免光、热、氧的影响

使用抗氧化剂的同时还要注意存在一些促进脂肪氧化的因素,尤其是紫外线,极易引起脂肪的氧化,要采用避光的包装材料。

加工和储藏中的高温会促进食品的氧化。一般的抗氧化剂,经加热特别是在像油炸等高温处理时很容易分解或挥发。例如,BHT 在大豆油中经加热至 170℃,90 min 就完全分解或挥发,而对于 BHA 需 60 min,PG 仅需 30 min。

大量氧气的存在会加速氧化的进行,实际上只要暴露于空气中,油脂就会自动氧化。避免与氧气接触极为重要,一般可以采用充氮包装或真空密封包装等措施,也可以采用吸氧剂或称脱氧剂,否则任凭食品与氧气直接接触,即使大量添加抗氧化剂也难达到预期效果。

二、护色剂与漂白剂

(一)护色剂及护色助剂

1. 护色剂

(1)护色剂定义。在肉制品加工过程中,为了保持肉的鲜艳红色,通常要添加硝酸盐或亚硝酸盐。这种以增色、调色或加深颜色而加入到食品中的非着色剂类化学物质称为护色剂。护色剂与胺类物质能生成强致癌物质亚硝胺,具有一定毒性。我国《食品添加剂使用标准》规定,禁止在绿色食品中使用硝酸盐及亚硝酸盐。

> 思考:护色剂对肉的红色怎样影响?

(2)护色机理。在肉类制品中,硝酸盐在细菌的作用下被还原成亚硝酸盐,亚硝酸盐在一定的酸性条件下会生成亚硝酸(宰后成熟的肉含乳酸,可以提供酸性环境),反应式如下:

$$NaNO_2 + CH_3CHOHCOOH \xrightarrow{H^+} HNO_2 + CH_3CHOHCOONa$$

亚硝酸很不稳定,即使在常温下也可分解产生亚硝基(NO),反应式如下:

$$3HNO_2 \longrightarrow HNO_3 + 2NO + H_2O$$

此时,生成的亚硝基会很快地与肌红蛋白反应,生成鲜艳、亮红色的亚硝基肌红蛋白(Mb-NO),反应式如下:

$$Mb + NO \longrightarrow MbNO$$

亚硝基肌红蛋白遇热后,放出硫基(—SH),生成了具有鲜红色的亚硝基血色原。

亚硝酸分解生成的 NO,在空气中也可以被氧化成 NO_2,进而与水反应生成硝酸。其反应式如下:

$$2NO + O_2 = 2NO_2$$
$$2NO_2 + H_2O \longrightarrow HNO_2 + HNO_3$$

生成的硝酸,具有较强的氧化性,不仅亚硝酸基被氧化,而且抑制了亚硝基肌红蛋白的生成。

我国《食品添加剂使用标准》(GB 2760—2011)规定,作为功能护色剂、防腐剂(以亚硝酸钠计,g/kg),亚硝酸钠,亚硝酸

> 思考:哪些肉制品需要护色?

钾最大使用量,腌腊肉、酱卤肉、熏、烧、烤肉、油炸肉、肉灌肠 0.15,残留量≤30 mg/kg,西式火腿类 0.15,残留量≤70 mg/kg;硝酸钠,硝酸钾最大使用量,腌腊肉、酱卤肉、熏、烧、烤肉类、油炸肉类、西式火腿类、肉灌肠类、发酵肉制品类 0.5,残留量≤30 mg/kg。

2. 护色助剂

有硝酸存在,即使肉中含有还原性物质,也不能防止部分肌红蛋白被氧化成高铁肌红蛋白。因此,在使用硝酸盐与亚硝酸盐的同时,常常加一些能促进护色的物质,这些物质称为护

色助剂。

知识窗　致癌物质亚硝胺

亚硝胺对许多实验动物有致癌性,该问题已引起多方面的高度重视。

亚硝酸盐与仲胺能在人胃中合成亚硝胺,仲胺是蛋白质代谢的中间产物。虽然尚无直接论据证实由于食品中存在硝酸盐、亚硝酸盐及仲胺而引起人类的致癌,但是从食品卫生的角度出发,应予以高度重视。

虽然硝酸盐与亚硝酸盐的使用受到了很大限制,但至今国内外仍在继续使用,其原因就是亚硝酸盐对保持腌肉制品的色、香、味有特殊的作用,迄今尚未发现理想的替代物质。而更重要的原因是亚硝酸盐对肉毒梭状芽孢杆菌的抑制作用。据国外报道,在不使用亚硝酸盐的情况下,肉毒梭状芽孢杆菌中毒事件时有发生。所以在修改使用标准时,就要在产生亚硝胺致癌的可能性与防止肉制品中毒的危险性之间进行权衡。在限制其使用的同时,必须在工艺上采取杀菌等相应的措施,以保证充分有效地防止食用肉制品中毒。在肉制品加工中,应严格控制亚硝酸盐及硝酸盐的使用量,使之降低到最低水平,以保障人民的健康。

据最近的研究表明,抗坏血酸与亚硝酸盐有高度的亲和力,在机体内能防止生成亚硝基,从而几乎能完全抑制亚硝基化合物的生成,从而防止生成致癌物质。所以在肉类腌制时添加适量的抗坏血酸,可使制品具有良好的护色效果,同时提供一定的营养价值。

(1)L-抗坏血酸。L-抗坏血酸即维生素C,是一种天然存在的具有抗氧化性质的有机化合物。纯净的抗坏血酸是白色固体,但有些杂质的样品会带点微黄色。抗坏血酸易溶于水,形成轻度酸性的溶液,具有较强的还原性,加热或在溶液中易氧化分解,在碱性条件下更易被氧化。

抗坏血酸及其钠盐等还原性物质作为肉制品的护色助剂,用来防止肌红蛋白氧化,且可把氧化型的褐色高铁肌红蛋白还原为红色的还原型肌红蛋白,以助护色。

(2)烟酰胺。烟酰胺化学名称尼克酰胺,白色结晶性粉末,无臭、味苦,易溶于水和乙醇,对热、光及空气稳定,在碱性溶液中加热转为烟酸。

烟酰胺用作肉类制品的护色助剂,可与肌红蛋白结合生成很稳定的烟酰胺肌红蛋白,难以被氧化。其添加量0.01%～0.02%。

(二)漂白剂

1. 漂白剂概述

思考:哪些食品需要使用漂白剂?

漂白剂是能破坏或抑制食品的着色因素,使食品褪色或使食品免于褐变所使用的食品添加剂。根据作用机理将漂白剂分为还原型漂白剂和氧化型漂白剂。

(1)氧化型漂白剂。具有一定氧化能力,使食品中的色素氧化为无色物质,使食品退色。氧化型漂白剂普遍都不稳定,易于分解,作用比较强但不能持久,会破坏食品中的营养成分,有的有异味,残留量也较大。漂白剂对微生物的生长繁殖也有显著的抑制作用。常见漂白剂有漂白粉、过氧化氢、高锰酸钾、次氯酸钠、过氧化丙酮、二氧化氯,多用于食品加工设备和食品原料洗涤。

(2)还原型漂白剂。具有一定还原能力,能使食品中的色素还原而退色。该类漂白剂作用比较缓和,被其漂白的色素物质一旦再被氧化,可以重新显色。

2.常用漂白剂

列入我国《食品添加剂使用标准》(GB 2760—2011)中的漂白剂全部是以亚硫酸制剂为主的还原型漂白剂,漂白作用的有效成分为均 SO_2。包括焦亚硫酸钾、焦亚硫酸钠、亚硫酸钠、亚硫酸氢钠、低亚硫酸钠、二氧化硫及硫磺,它们兼有防腐剂和抗氧化剂功能。

(1)亚硫酸盐类。食品中亚硫酸盐类的作用主要表现:

A.漂白作用。亚硫酸在被氧化时将有色物质还原,呈现强烈的漂白作用。

B.防褐变作用。植物性食品的酶促褐变,多与氧化酶的活性有关,亚硫酸对多酚氧化酶的活性有很强的还原抑制作用。0.0001% 的 SO_2 能降低 20% 的酶活性,0.001% 的 SO_2 能完全抑制酶活性,防止酶促褐变。亚硫酸与葡萄糖、蔗糖等发生加成反应,防止羰氨反应发生的非酶促褐变。亚硫酸被氧化时消耗食品组织中的氧,起脱氧作用,可以防止 O_2 促发的褐变反应的发生。

C.防腐作用。亚硫酸消耗氧,抑制好氧微生物的活动,并能抑制某些微生物活动所必须的酶的活性。其防腐作用与 pH、浓度、温度及微生物的种类等有关。

D.抗氧化作用。亚硫酸能消耗果蔬组织中氧,抑制氧化酶的活性,对于防止果蔬中维生素 C 的氧化破坏很有效。

亚硫酸用于植物性食物的防腐、漂白、保色和防止抗坏血酸破坏。如将果蔬浸在 $0.2\%\sim0.6\%$ 的亚硫酸钠溶液中,再干制,可防止褐变;在果汁中添加 0.05% 的亚硫酸钠,可防止果汁颜色的变化。但是亚硫酸及其钠盐对鱼、肉等动物性食品不适用。因为即使加工时,将亚硫酸驱除,食品中仍然留有不愉快滋味,此种滋味可以掩盖鱼、肉腐败的真正滋味。

添加到食品中的亚硫酸盐类在进一步的加工、加热过程中,大部分变为二氧化硫挥发,所以一般食品经过加热处理后,含亚硫酸极少。这些残留的少量亚硫酸盐随食物进入人体后,将被氧化为硫酸盐通过正常的解毒后排出体外,对人体安全无害。

我国《食品添加剂使用标准》(GB 2760—2011)规定,亚硫酸盐类作为漂白剂、防腐剂、抗氧化剂的最大使用量(g/kg)(以二氧化硫计,g/kg),用于啤酒和麦芽饮料 0.01;鲜水果 0.05;水果干、腌渍的蔬菜、粉丝、粉条、食糖 0.1;干制蔬菜、腐竹类 0.2;蜜饯凉果 0.35;葡萄酒、果酒 0.25 g/L;甜型葡萄酒及果酒系列产品 0.4 g/L。

(2)硫磺。食品级粉状硫黄为淡黄色粉末。在食品生产中,硫磺有漂白、防腐之作用。

我国《食品添加剂使用标准》(GB 2760—2011)规定,硫磺在加工中(仅限于熏蒸)最大使用量/(以二氧化硫残留量计,g/kg),用于水果干、粉丝、粉条、食糖 0.1;干制蔬菜 0.2;蜜饯凉果 0.35;表面处理的鲜食用菌和藻类 0.4。

知识窗　过氧化苯甲酰

过氧化苯甲酰漂白性能好,漂白后的物质不易再显色。漂白速度快,用于面粉类漂白只需 1～2 d。漂白后生成苯甲酸,有杀菌防腐作用。用过氧化苯甲酰漂白后的面粉制作的食品色泽洁白。用于面粉生产,在满足粉色标准的前提下可提高出粉率 $2\%\sim3\%$。另外,可用于玉米、豆类等漂白。

过氧化苯甲酰干燥品有强氧化性,撞击易爆炸,通常用碳酸钙、磷酸钙、硫酸钙、明矾、淀粉等两种或三种以上的物质稀释至 20% 后,加入面粉中混匀,或和面时加入。

> 过氧化苯甲酰用于小麦粉能使黄色的 β-胡萝卜素褪色,同时对维生素 A、维生素 E、维生素 K、维生素 B_1 有破坏作用。
>
> 2011 年 2 月 11 日,国家卫生部等 6 部门出台了撤销食品添加剂过氧化苯甲酰、过氧化钙的公告(2011 年 第 4 号),自 2011 年 5 月 1 日起,禁止在面粉生产中添加过氧化苯甲酰、过氧化钙,食品添加剂生产企业不得生产、销售食品添加剂过氧化苯甲酰、过氧化钙;有关面粉(小麦粉)中允许添加过氧化苯甲酰、过氧化钙的食品标准内容自行废止。

3. 漂白剂使用注意事项

①食品中如存在金属离子时,则可将残留的亚硫酸氧化。

②亚硫酸盐类容易分解失效,最好是现用现配制。

③用亚硫酸漂白的物质,由于二氧化硫的消失容易变色,

> 思考：如何正确使用漂白剂?

所以通常在食品中残留过量的二氧化硫,根据食品卫生要求残留量必须符合规定,残留量高时会造成食品有二氧化硫的臭气,同时对添加的香料、色素及其他添加剂也有影响,若用二氧化硫残留量较高的原料制罐时,易发生腐蚀罐壁,并由此而产生较多硫化氢。

④亚硫酸对维生素 B_1(硫胺素)有破坏作用,所以一般不适用于肉类、谷物、乳制品及坚果类食品中。

任务3　乳化剂在乳饮料中的应用测试

【要点】

1. 熟悉乳化剂的性能。

2. 能够测试乳化剂的乳化程度。

【工作过程】

一、制备

将 2 L 鲜牛乳用水浴加热至 60～70℃,平分成两份;事先称好 4 g 单硬脂酸甘油酯、10 g 磷脂,单硬脂酸甘油酯用少量热水(或热牛奶)震荡分散,添加到一份热牛奶中,磷脂则直接添加到另一份鲜牛奶中,搅拌均匀。

二、均质

分别将两份鲜牛奶于 5 MPa 压力下均质,均质前保持鲜牛奶温度为 60℃左右。

> 思考：此处为何种杀菌方式?

三、杀菌、冷却

将均质后的两种鲜牛奶分别用四旋玻璃瓶装瓶,扣盖后于水浴锅中加热至中心温度高于 80℃,然后拧紧盖子。继续杀菌 15～25 min。然后先于 55℃水浴中冷却 10 min,后于冷水浴中冷却至 38℃以下。

四、空白试验

参照 1～3 步制作空白样,只是鲜牛奶中不添加乳化剂。

> 思考:空白试验如何做?有何用途?

五、储藏、评价

将所有消毒牛奶样品于 4～10℃中冷藏,5 d 观察 1 次(主要观察乳液面是否出现脂肪层或乳晕),20 d 后对各种样品进行品尝,注意口感和风味的区别。

六、数据处理

记录观察及品尝后的结果,填于表 9-1。

表 9-1　乳化剂对牛奶饮料稳定效果

观察的感官指标	样品		
	空白样	单硬脂酸甘油酯	磷脂样
出现脂肪层的天数/d			
口感(细腻感)			
风味			

七、仪器与试剂

1. 仪器
小型均质机、压盖机、常压水浴杀菌器、冰箱、电炉、不锈钢锅、温度计等。

2. 材料
鲜牛乳、单硬脂酸甘油酯、磷脂(均为食品级)、四旋盖玻璃瓶(300 mL)。

【考核要点】
1. 乳化剂均质操作。
2. 杀菌控温操作。
3. 观察与评价。

【思考题】
1. 两种乳化剂在乳饮料中的乳化作用之差别在哪里?
2. 如何选择运用乳化剂?

【必备知识】　乳化剂、增稠剂、膨松剂

一、乳化剂与增稠剂

以水、脂肪、蛋白质、糖类等为主要成分的食品是一种多相体系,有些成分互不相溶、无法混合均匀,常出现乳脂析出、焙烤食品变硬、巧克力糖起霜等现象。

(一)乳化剂

1. 乳化剂定义
两种互不相溶的液体混合后,其中一种呈微滴状分散于另

> 思考:为何使用乳化剂?

一种液体中的作用称为乳化。这两种不同的液体成为"相",在体系中量大的称为连续相,量小的称为分散相。

能使互不相溶的两相中的一相均匀地分散于另一相的物质称为乳化剂。乳化剂的分子具有极性端(亲水性)和非极性端(亲油性),它可介于油和水的之间,使一相均匀地分散于另一相中,而形成稳定的乳浊液。食品乳化剂能稳定食品的物理状态,改进食品的组织结构,简化和控制食品的加工过程,使互不相溶的成分形成稳定的混合体系,为开发丰富多彩、性能优良的食品新品种提供了保障。

根据乳化体系中两相的性质,油-水乳浊液分为水包油(O/W)及油包水(W/O)两种类型(图 9-1),它们适用的乳化剂也不相同。O/W 型乳浊液宜用亲水性强的水溶性乳化剂,如低酯化度的蔗糖酯、吐温系列乳化剂、聚甘油酯类乳化剂等;W/O 型乳浊液宜用亲油性强的油溶性乳化剂,如脂肪酸甘油酯类乳化剂、山梨醇酯类乳化剂等。

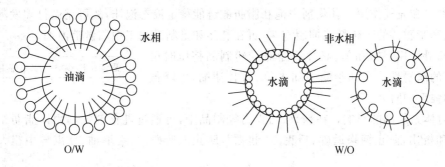

图 9-1　水包油型与油包水型乳化体系

2. 乳化剂的作用机理

乳化剂能使油和水均匀乳化,是其具有亲水(极性、疏油)基团和疏水(非极性、亲油)基团的特殊分子结构。亲水基与疏水基分别处于分子的两端,为不对称结构(图 9-2)。

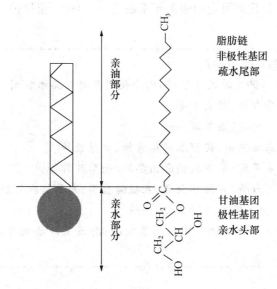

图 9-2　乳化剂的不对称分子结构

单硬脂酸甘油酯分子中羟基是易溶于水或能被水润湿的亲水基团,而由碳氢组成的长链烃基部分(脂链)能与油脂互溶,两种基团同存在于同一个分子中;当单硬脂酸甘油酯混于油水不稳定体系中时,立即吸附在油和水之间的界面上,形成许多吸附层和界面膜,降低表面张力,防止有油和水的相互排斥,形成稳定的乳化液。

3. 乳化剂在食品加工中的作用

(1)对淀粉的配位作用。大多数乳化剂的分子中具有线型的脂肪酸长链,可与直链淀粉连接成为螺旋状复合物,从而降低淀粉分子的结晶程度,并进入其颗粒内部阻止支链淀粉的凝聚,从而防止淀粉制品的老化、回生、沉凝。乳化剂在淀粉制品中被吸附在淀粉粒表面,产生水不溶性物质,抑制水分的移动,也抑制了淀粉粒的膨胀,阻止了淀粉粒之间的相互连接;乳化剂的疏水基进入直链淀粉螺旋结构,形成不溶性复合物,防止了淀粉粒之间再结晶而发生老化,从而具有抗老化、保鲜的功效。

(2)发泡和充气作用。乳化剂中饱和脂肪酸链能稳定液态泡沫,故可用做打擦发泡剂。而具有不饱和脂肪链的乳化剂能抑制泡沫,可在乳品和蛋制品加工中用做消泡剂。

(3)润滑作用。饱和单、双甘油酯对淀粉制品挤压时可获得良好的润滑性。在乳脂糖中加入单、双甘油酯,可降低咀嚼时的强度和阻力。

> 思考:乳化剂对食品有哪些改善?

(4)对体系结晶的影响。在糖果、巧克力等制品中,可通过乳化剂控制固体脂肪结晶的形成、晶型和析出,防止糖果返砂、巧克力"起霜",防止人造奶油、起酥油、冰淇淋中粗大结晶的形成。

(5)破乳消泡作用。不同的乳化剂具有不同的乳化、破乳作用,而有时这种适当的破乳作用也是必需的,以获得较好的"干燥的"产品。

(6)与蛋白质络合作用。在焙烤制品中可强化面筋网络结构,防止因油水分离所造成的硬化,增加韧性和抗拉力,以保持其柔软性,抑制水分蒸发,增大体积,改善口感。

(7)抗菌保鲜作用。乳化剂可定向吸附于果蔬表面,形成一层保护膜,控制果蔬的呼吸,达到保鲜的目的。

知识窗　果汁饮料中的食品添加剂

生产色、香、味、质构俱全的果汁饮料,需要使用多种食品添加剂,具体如下:

1. 甜味剂　常用蛋白糖、甜蜜素等。
2. 酸味剂　常用柠檬酸、酒石酸。
3. 增稠剂　常用海藻酸钠、羧甲基纤维素钠、黄原胶等。
4. 防腐剂　常用苯甲酸、苯甲酸钠和山梨酸、山梨酸钾等。
5. 抗氧化剂　抗坏血酸、异抗坏血酸、亚硫酸盐类、葡萄糖氧化酶、过氧化氢酶等。
6. 香精、香料　不同果汁加不同香精、香料。

另外,果实取汁时为了提高出汁率常用果胶酶;澄清果汁要用澄清剂;混浊果汁要用乳化剂等。

---

4. 常用乳化剂

(1)单硬脂酸甘油酯。单硬脂酸甘油酯为微黄色的蜡状固体。凝固点不低于 56℃,不溶于水,在热水中强烈振荡时可分散在水中。为 W/O 型乳化剂,因本身乳化性很强,也可作为

O/W 型乳化剂。

根据我国食品卫生国家标准规定,单硬脂酸甘油酯的使用范围为糖果、巧克力、饴糖,其最大使用量为 6 g/kg。适用于制造乳脂糖和奶糖,在制造饴糖时,添加单硬脂酸甘油酯,在熬糖时可降低黏度,并能避免食用时粘牙。

(2)磷脂。磷脂呈半透明的黏稠物质,稍有特异臭味。在空气中或光照下迅速变成黄色,逐渐变成不透明的褐色。不溶于水,在水中膨润呈胶体溶液。溶于氯仿、乙醚、石油醚、四氯化碳,有吸湿性。从大豆中制取的磷脂成本低,不易腐败,可大量生产,是食品工业重要的乳化剂。被广泛应用于制造糖果、人造奶油、饼干和糕点等食品。

(3)蔗糖脂肪酸酯。适用于乳化剂的蔗糖脂肪为 1、2、3 个脂肪酸(软脂酸或硬脂酸)的蔗糖酯,主要为单酯及二酯。为白色至黄色的粉末,或无色至微黄色的黏稠液体或软固体。无臭或稍有特殊的气味,易溶于乙醇、丙酮。在食用乳化剂中它的亲水性较大,适用于 O/W 型乳浊液,对油脂仅溶解 1% 以下。加热到 145℃ 以上则分解,120℃ 以下稳定,在酸性或碱性下加热则被皂化。

广泛用于糕点的乳化、发泡和泡沫的保持,可防止面包老化和饼干等焙烤制品的油脂乳化,可提高油脂起酥作用,还可作为可可、巧克力、牛奶等的分散剂。

实际使用时,可先将蔗糖酯用适量的冷水调和成糊状,再加入所需的水,升温至 60～80℃,搅拌溶解,或将蔗糖酯加到适量油中,搅拌令其溶解和分散,再加到制品原料中。另外,蔗糖酯暴露在空气中一般易潮解结块,结块后仍可使用,但不利于保存,因蔗糖酯在 50℃ 以上即开始熔化,故蔗糖酯应密封保存于阴冷干燥处。

(二)增稠剂

1. 增稠剂定义

食品增稠剂是指一类高分子亲水性胶体物质,具有许多

> 思考:增稠剂有怎样的结构?

亲水性基团,如羟基、羧基、氨基和羧酸根等基团。其具有亲水胶体的一般性质,能与水分发生水化作用,形成相对稳定的均匀分散体系。食品中用的增稠剂大多属多糖类,少数为蛋白质类。

2. 增稠剂的分类

目前,世界上用于食品工业的食品增稠剂有 60 多种,列入我国添加剂卫生使用标准中有 25 种。根据增稠剂的来源和加工方式分两大类,即天然和化学合成增稠剂,其中天然增稠剂占大多数(约 50 种)。

3. 常用增稠剂

(1)琼脂。琼脂所形成的凝胶是胶类中强度最高的,可以制作许多坚韧而富有弹性的果冻食品。琼脂的另一特性是快速凝固,在水果冻中可防止生产过程中水果浆产生上浮下沉;作油饼、面包的透明糖衣时,可减少油饼、面包的吸液软化倾向。

(2)海藻酸盐。海藻酸盐本身不能成胶,但可以通过加入 Ca^{2+} 等来形成凝胶,由于它不易失水收缩,表面不会硬化,因此可以广泛用于需一次或多次冷冻—加热循环的食品中。海藻酸盐与淀粉的黏结力很强,当它用于饼馅中时,可产生一种松脆、不胶黏的口感;用于面条则可大大加强咀嚼力。

(3)卡拉胶。卡拉胶具有稳定酪朊胶束的作用,主要应用于奶类和肉类产品中。如在可可牛奶中悬浮稳定可可粉;在牛奶蒸发过程和冰淇淋中,对胶束和胶团起稳定作用,防止油水分

离;在火腿肠中用于黏结稳定。卡拉胶形成的胶凝能在口中溶化,且具有口感好、外观好、光泽发亮的特点。

(4)黄原胶。黄原胶可提高食品的黏度,在−4~93℃黏度变化很小,它的水溶液有极强的假塑性(切变稀化性),因而大量应用于色拉、肉汁、调味汁中,在这些食品中黄原胶还能提供良好的乳化、悬浮稳定性,并保持一定的黏度。黄原胶溶液耐酸碱(pH 1.5~13)性能也是十分引人瞩目的,因此在各类碳酸饮料中得到广泛应用。

> 思考: 常见的增稠剂及应用?

(5)明胶和果胶。明胶主要应用特点是其凝胶熔点低,在口中可溶化,胶体柔软有弹性,因此常用于奶糖等产品的生产。果胶由于其抗酸性的特点,主要作为酸性食品的胶凝剂。

(6)瓜尔胶。瓜尔胶是已知胶类中增稠效果最好的胶体,吸水能力较强,可用于冰淇淋中,避免冰晶的生成;用于罐头食品中能使肉菜固体部分表面包一层稠厚的肉汁。

(7)海藻酸丙二醇酯。海藻酸丙二醇酯是已知胶体中抗酸性最好的胶体,它在乳酸菌饮品中作为稳定剂使用,效果最好。

(8)CMC。CMC已经开发出抗酸、耐碱、高黏、低黏、等系列产品,其水溶液经得起煮沸、冷冻和低温速冻。CMC也用于增稠、假塑赋形等方面,并且相对而言成本低。

4.增稠剂使用注意事项

(1)单独使用一种增稠剂,往往得不到理想效果。增稠剂必须同其他几种乳化剂复配使用,发挥协同效应。增稠剂有较好增效作用的配合是:羧甲基纤维素与明胶,卡拉胶、瓜尔豆胶与羧甲基纤维素,琼脂与刺槐豆胶、黄原胶与刺槐豆胶等。增稠剂溶液的黏度与其溶液浓度、温度、pH、切变力及溶液体系中的其他成分等因素有关。

(2)不同来源不同批号产品性能不同。工业产品常是混合物,其中纯度,分子大小,取代度的高低等都将影响胶的性质。如耐酸性,能否形成凝胶等。

(3)使用中注意浓度和温度对其黏度的影响。一般随胶浓度的增加而黏度增加,随温度的下降而黏度增加。多数增稠剂在较低浓度时,随浓度增加,溶液的黏度增加;在高浓度时呈现假塑性。切变力对增稠剂溶液黏度一定影响。

(4)特别注意pH的影响。酸性多糖在pH下降时黏度有所增加,有时发生沉淀或形成凝胶。很多增稠剂在酸性下加热,大分子会水解而失去凝胶和增稠稳定作用。

(5)胶凝的速度对凝胶类产品质量的影响。一般缓慢的胶凝过程可使凝胶表面光滑,持水量高。所以常常用控制pH或多价离子的浓度来控制胶凝的速度,以得到期望性能的产品。

5.增稠剂在食品加工中的作用

食品增稠剂能改善食品的物理特性,增加食品的黏稠度或形成凝胶,赋予食品黏润、适宜的口感,并且具有提高乳化状和悬浊状的稳定性作用。

世界上通用的增稠剂有40多种,而每种增稠剂常有多种功能,如胶凝剂、乳化剂、成膜剂、持水剂、黏着剂、悬浮剂、上光剂、晶体阻碍剂、泡沫稳定剂、润滑剂、崩解剂、填充剂等。另外,对不同的食品,食品增稠剂还具有以下作用:

> 思考: 增稠剂的作用特点是什么?

(1)改善面团的质构。在许多焙烤食品和方便食品中,添加增稠剂能促使食品中的成分趋于均匀,增加其持水性,从而能有效地改善面团的品质,保持产品的风味,延长产品的货架寿命。

（2）改善糖果的凝胶型和防止起霜。在糖果的加工中，使用增稠剂能使糖果的柔软性和光滑性得到大大地改善。在巧克力的生产中，增稠剂的添加能增加巧克力的表面的光滑性和光泽，防止表面起霜。

（3）提高起泡性。蛋糕、面包、啤酒、冰淇淋等生产中加入增稠剂可以提高产品的发泡性，在食品的内部形成许多网状结构。

（4）提高黏合作用。在香肠等产品中加入槐豆胶、鹿角菜胶等增稠剂，使产品的组织结构更稳定、均匀、滑润，并且有强的持水能力。

（5）持水作用。在肉、面粉制品加工中加入增稠剂能起到改良产品质构的作用。

二、膨松剂

（一）概述

1.膨松剂的概念

在焙烤食品的加工中，为了改善食品品质，常常会加入
膨松剂。所谓膨松剂又称疏松剂，是指在焙烤制品中能使制品体积增大、组织疏松的一类物质。在食品加工中加入，能使产品发起形成致密多孔组织，从而使制品具有膨松、柔软或酥脆。通常在和面时加入，经过加热，膨松剂因化学反应产生二氧化碳，使面团变成有孔洞的海绵状组织，柔软可口易咀嚼，增加营养，容易消化吸收，并呈现特殊风味。

> 思考：简述膨松剂的作用与类别。

2.膨松剂的分类

膨松剂可分化学膨松剂、生物膨松剂、生化膨松剂3类。化学膨松剂分为碱性膨松剂、酸性膨松剂和复合膨松剂等。碱性膨松剂包括碳酸氢钠（钾）、碳酸氢铵、轻质碳酸钙；酸性膨松剂包括硫酸铝钾、硫酸铝氨、磷酸氢钙和酒石酸氢钾等，主要用作复合膨松剂的酸性成分，不能单独作为膨松剂使用。复合膨松剂又称发酵粉、泡打粉，是目前实际应用最多的膨松剂，一般由碳酸盐类、酸性物质和淀粉等几种部分组成。

生物膨松剂就是指酵母，它的机理是由于酵母含有丰富的酶，有很强的发酵能力，在发酵过程中产生大量的二氧化碳和乙醇，使制品疏松多孔，体积增大。

生化膨松剂是酵母与化学膨松剂的合称，是指将活性干酵母与小苏打、臭粉、发酵粉等混合使用与制品中。两者可互相取长补短，用于制作馒头，可大大缩短制作时间，成品外观饱满，色泽洁白，膨松性好，有弹性，切面气孔均匀，耐咀嚼。

（二）膨松剂的作用与应用

1.膨松剂的作用

（1）增加食品体积。

（2）产生多孔蓬松结构。使食品具有松软酥脆的质感，使消费者感到可口、易嚼。食品入口后唾液可很快渗入食品组织中，带出食品中的可溶性物质，所以可很快尝出食品风味。

（3）帮助消化。膨松食品可加速各种消化液流速、避免营养素的损失，加速消化，吸收率提高，使食品的营养价值更充分地体现出来。

2.膨松剂的应用

（1）适用范围。膨松剂主要用于面包、蛋糕、饼干、发面制品。

（2）不同膨松剂的使用特点。单一的化学膨松剂具有价格低、保存性好、使用方便等优点。缺点是反应速度较快，不能控制，发气过程只能靠面团的温度来调整，有时无法适应食品工艺要求。生成物不是中性的，如碳酸钠为碱性，它可能与食品中的油脂皂化，产生不良味道，破坏食品中的营养素，并与黄酮酵素反应产生黄斑。

复合膨松剂具有持续性释放气体的性能，从而使产品产生理想的酥脆质构。而且复合膨松剂的安全性更高，是生产油炸类的方便小食品必不可少的原料之一。

知识窗　面包生产中常用的食品添加剂

面包生产中使用的添加剂比较多，其中常用主要有发酵疏松剂、面团改良剂、食用色素、香精、吉士粉、防腐剂、酵母营养剂等。

1. 发酵疏松剂——酵母。酵母是面包生产中必不可少的原料，其中主要是即发活性干酵母，它是一种发酵速度很快的高活性新式干酵母。使用时不需要用温水活化，方便省时省力。有高糖型和低糖型，一般用量为 0.5%～1.0%，生产时可根据生产工艺方法和气候温度等因素在这范围选用。在面包生产中除了能使面团膨胀、面包体积增大、组织柔软以外，还可以改善风味、提高营养价值等。

2. 面包改良剂。面包改良剂是指能够改善面团加工性能、提高产品质量的一类添加剂，它是一种混合制剂，一般包括面粉处理剂、乳化剂、酶制剂、食品营养强化剂、pH 调节剂、氧化剂和还原剂等物质。

3. 食用色素。色素是以着色为目的的食品添加剂，可使面点制品色彩鲜艳悦目，色调和谐宜人，提高食品食欲或商品的价值。食用色素按来源分为天然色素和合成色素，在面包生产中常用的色素有柠檬黄、日落黄、胭脂红，常规用量 0.01～0.05 g/kg。

4. 香精。香精是提高面包制品香味和香气的主要物质，香精的种类很多，在面包生产中主要用的香精是耐高温的油性香精和粉末香精。如香草色香油、巧克力色香油、牛油香粉、牛奶香粉、香草粉等，在面包中用量一般在 0.04%～0.1%。使用方法可在调制面团时加入。

5. 防腐剂。在面包生产中常用的防腐剂是丙酸钙，其防霉效果好，而且对酵母影响较少，一般用量为 0.2%～0.5%。其次是用山梨酸或山梨酸钾。这类防腐剂属于酸性防腐剂，pH 高防腐效果下降，宜在 pH 5～6 使用。所以，用此类防腐剂，一般不宜和碱性化学疏松剂如泡打粉、小苏打等混用，山梨酸或山梨酸钾用量为 0.1%～0.2%。

6. 酵母营养剂。酵母营养剂是保证面团正常、连续发酵或加快面团发酵速度的一类添加剂。主要是提供酵母生长繁殖所需要的营养素。其主要成分有 α-淀粉酶、铵盐和磷酸盐等。

【项目小结】

本项目以食品中苯甲酸及苯甲酸钠的测定、气相色谱法测定过氧化苯甲酰、乳化剂在乳饮料中的应用 3 个测试任务驱动，引入食品添加剂定义、分类、作用、使用原则及现行《食品添加剂使用标准》(GB 2760—2011)；明确了防腐剂、抗氧化剂、着色剂、护色剂与漂白剂、乳化剂与增稠剂、膨松剂等类别添加剂的定义、作用机理、影响使用效果因素或注意事项、常见品种、使用标准规定用量与禁止使用品种，提升食品样液制备能力、常规仪器及气相色谱仪等精密仪器的使用能力，为食品的安全生产和添加剂规范使用提供保证。

【项目思考】

1. 在食品加工时,应该如何正确使用食品添加剂以及使用时应该注意哪些问题?

2. 抗氧剂 BHA、BHT、PG 等复配使用时应该注意哪些事项?

3. 如何有效发挥乳化剂在食品加工中的作用? 请举例说明。

4. 常见的漂白剂有哪些? 如何保证漂白剂在食品中的安全性?

项目十 食品中的有害物质

【知识目标】

1. 熟悉食品原料中的天然毒素和食品中常见的有害物质。

2. 熟悉食品微生物毒素的种类、特点及污染途径。

3. 熟知食品加工中毒素的生成及特点。

【技能目标】

1. 具有控制食品微生物毒素污染和抑制有害物质产生的能力。

> 思考："食品安全性"话题自己还知道多少？

2. 能够根据有害物质的理化性质和生物特性开展安全检测。

【项目导入】

近年来，"健美猪"、"染色馒头"、"塑化剂饮料"、"地沟油"、"金黄色葡萄球菌水饺"……食品安全问题在接踵而至，保障食品安全本身就是食品生产企业最起码的要求。2012 年以来的问题胶囊、果冻、茶包、蜜饯等食品安全问题无一不引起我们的关注。

"民以食为天"，饮食是人类社会生存发展的第一需要。"病从口入"，饮食不卫生，不安全，又是百病之源，食品安全问题是一个世界各国所关心的问题。1996 年，联合国世界卫生组织（WHO）在其发表的《加强国家级食品安全性计划指南》中，把食品安全性解释为"对食品按其原定用途进行制作和食用时不会使消费者受害的一种担保"。

影响食品安全性的因素很多，包括微生物、寄生虫、生物毒素、农药残留、兽药残留、重金属离子、食品添加剂、包装材料释出物和放射性核素等。

任务 1 火腿中亚硝酸盐含量的测定

【要点】

1. 食品中亚硝酸盐的使用标准。

2. 使用分光光度计、分析天平。

3. 测定火腿肠中亚硝酸钠含量及结果分析。

> 思考：高锰酸钾标准溶液标定时有何特殊要求？

【工作过程】

一、高锰酸钾溶液标定

准确称取 0.40～0.50 g 草酸钠基准物质 3 份，分别置于 250 mL 锥形瓶中，加入 20 mL 水和 37.5 mL 稀硫酸,在水浴上加热到 75～85℃,趁热用高锰酸钾溶液滴定。开始滴定时反应速率慢,待溶液中产生了 Mn^{2+} 后,滴定速度可加快,直到溶液呈现微红色并保持半分钟内不退色即为终点。

二、亚硝酸钠储备液标定

用移液管移取 25 mL 10 mg/mL 亚硝酸钠储备液 3 份,分别置于 250 mL 锥形瓶中,用装有已标定的高锰酸钾的酸式滴定管进行滴定,滴定至溶液呈现微红色并保持半分钟内不退色,即为滴定终点。

三、样品处理

> 提示:沸水浴加热与冷却操作要小心!

分别称取 3 份 3 g 左右火腿肠于 50 mL 烧杯中,加入饱和硼砂溶液 6.3 mL,以玻棒搅匀,用 70℃ 左右的重蒸馏水约 100 mL 将其洗入 250 mL 的容量瓶中,置于沸水浴中加热 15 min,取出置冷水浴中冷却,并放置至室温。一边转动一边加入 5 mL 亚铁氰化钾溶液,摇匀,再加入 5 mL 乙酸锌溶液以沉淀蛋白质,定容,混匀,静置半小时,除去上层脂肪,上清液用滤纸过滤,弃去初滤液 30 mL,收集滤液备用。

四、标准曲线的绘制

吸取 0.00 mL,0.20 mL,0.40 mL,0.60 mL,0.80 mL,1.00 mL,1.20 mL 亚硝酸钠标准液,分别置入 7 支 50 mL 比色管中,编号为 1～7,各加入 0.4％ 对氨基苯磺酸 2.00 mL,混匀,静置 3～5 min 后各加入 1.00 mL 0.2％ 盐酸萘乙二胺溶液,加水至刻度,混匀,静置 15 min,用 1 cm 比色皿,以零管调零,于 538 nm 处测量吸光度,以亚硝酸钠含量为横坐标,吸光度为纵坐标,绘制标准曲线。

五、样品的测定

分别吸取 3 份 20.00 mL 样品处理液于 50 mL 容量瓶中,编号为 8、9、10,按标准曲线绘制步骤进行,测定吸光度,通过吸光度从标准曲线上查出亚硝酸钠的含量($\mu g/mL$)。同时做试剂空白。

六、数据记录与结果处理

1. 数据记录见表 10-1 至表 10-4

表 10-1 草酸钠标定高锰酸钾溶液

项 目 \ 序 号	Ⅰ	Ⅱ	Ⅲ
第一次称量/g			
第二次称量/g			
草酸钠质量/g			
V_{KMnO_4} 初始读数/mL			
V_{KMnO_4} 终点读数/mL			

续表 10-1

项目 \\ 序号	I	II	III
V_{KMnO_4} 消耗体积/mL			
c_{KMnO_4} /(mol/L)			
$\bar{c}_{KMnO_4}$ /(mol/L)			
相对标准偏差/%			

表 10-2 10 mg/mL 亚硝酸钠储备液标定

项目 \\ 序号	I	II	III
V_{NaNO_2} /mL			
V_{KMnO_4} 初始读数/mL			
V_{KMnO_4} 终点读数/mL			
V_{KMnO_4} 消耗体积/mL			
c_{KMnO_4} /(mol/L)			
c_{NaNO} /(mg/mL)			
c_{1NaNO_2} /(mg/mL)			
相对标准偏差/%			

注：5.0 μg/mL 亚硝酸钠标准溶液的浓度为：

$$c_{2(NaNO_2)} = \frac{c_{1(NaNO_2)}}{2\,000}(\mu g/mL)$$

表 10-3 标准工作曲线的绘制数据

项目 \\ 序号	1	2	3	4	5	6	7
$c_{2(NaNO_2)}$ /(μg/mL)							
A							

表 10-4 样品测定

项目 \\ 序号	I	II	III
A			
火腿质量 m/g			
c_{NaNO_2} /(μg/mL)			

2. 结果计算

表 10-5　火腿中亚硝酸盐含量

项　目 ＼ 序　号	Ⅰ	Ⅱ	Ⅲ
$w/(g/kg)$			
$\overline{w}/(g/kg)$			

$$w = \frac{250 \times c_{NaNO_2} \times 50 \times 10^{-6}}{20 \times m \times 10^{-3}}$$

食品添加剂使用标准（GB 2760—2011）规定，肉制品中亚硝酸盐含量不得超过 0.03 g/kg。因此，当 $\overline{w}$ 小于 0.03 g/kg 时，火腿中亚硝酸盐含量为合格。

七、相关知识

本任务采用国家标准（GB 5009.33—2010）规定的第二法，即分光光度法。

在弱酸条件下，亚硝酸盐与对氨基苯磺酸重氮化，再与盐酸萘乙二胺偶合形成红色偶氮苯染料。通过测定红色偶氮苯染料的吸光度（A），确定亚硝酸盐的浓度。

检验流程：

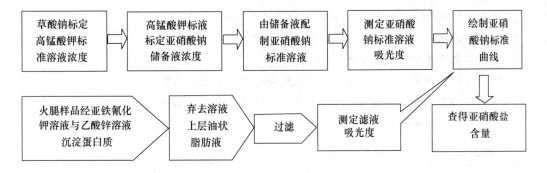

八、仪器与试剂

1. 仪器

漏斗、量筒、电热炉、容量瓶、吸量管、玻璃棒、漏斗架、洗耳球、胶头滴管、分析天平、电子天平、分光光度计、碱式滴定管、酸式滴定管、电热恒温水浴锅、烧杯。

2. 试剂及材料

草酸钠、乙酸锌、浓盐酸、亚硝酸钠、高锰酸钾、亚铁氰化钾、盐酸萘乙二胺、无水对氨基苯磺酸（以上试剂均为分析纯）。火腿。

> 思考：高锰酸钾标准溶液配制有什么特殊要求？

3. 试剂配制

（1）高锰酸钾溶液。称取高锰酸钾固体 9.18 g 加水稀释到 1 000 mL，盖上表面皿，加热至沸并保持微沸状态 1 h，冷却后，贮存于棕色试剂瓶中，溶液在室温条件下静置 2～3 d 后取其上清液使用。

(2)稀硫酸(1∶5)。量取 1 体积的浓硫酸加入 5 体积的蒸馏水中。

(3)饱和硼砂溶液。称取 5 g 硼砂溶于 100 mL 热水中,冷却备用。

(4)亚铁氰化钾溶液。称取 10.6 g 亚铁氰化钾溶于水定容 100 mL。

(5)乙酸锌溶液。称取 11 g 乙酸锌加 1.5 mL 冰乙酸,溶于水定容 50 mL。

(6)20%盐酸。取 54 mL 浓盐酸加水 45 mL。

(7)0.4%对氨基苯磺酸溶液。称取 0.4 g 对氨基苯磺酸溶于 100 mL 20%盐酸中。

(8)0.2%盐酸萘乙二胺溶液。称取 0.2 g 盐酸萘乙二胺溶于水定容 100 mL。

(9)10 mg/mL 亚硝酸钠储备液。称取 5.338 4 g 用硅胶干燥 24 h 后的亚硝酸钠于 500 mL 容量瓶中用蒸馏水定容。

(10)5.0 μg/mL 亚硝酸钠标准液。吸取亚硝酸钠储备液 0.5 mL 于 1 000 mL 容量瓶中用蒸馏水定容。

> **思考:** 其准确浓度是多少?

【考核要点】

1. 分析天平的使用。

2. 高锰酸钾标准溶液滴定过程控制。

3. 样品制备中水浴、冷却、沉淀、定容及过滤操作。

4. 分光光度计使用及标准曲线绘制。

5. 记录、计算及评价。

【思考题】

1. 处理火腿时加入亚铁氰化钾和乙酸锌溶液的作用?

2. 制作标准曲线时,加入试剂的顺序可否任意改变?为什么?

3. 使用分光光度计时应注意哪些事项?

4. 对比本任务中量取的各种试剂,是采用何种量器?为什么?

5. 草酸钠标定高锰酸钾溶液时,为什么把草酸钠在水浴上加热到 75～85℃?

【必备知识】　食品在加工中的毒素

一、食品在加工中毒素的产生

(一)亚硝胺类化合物

1. 亚硝胺的来源

亚硝胺是 N-亚硝胺类化合物的简称。N-亚硝胺类化合物多为液体或固体,结构通式为:

$$(R_1R_2)N—N＝O$$

R 可分为烷基、芳香基和环状化合物;亚硝胺类化合物大多不溶于水,溶于有机溶剂,具有光敏性,在紫外线照射下,发生光解作用。

N-亚硝胺类化合物可以出现在食品、烟草、化妆品(如冷霜、洗发香波)和某些药物中,人类也可以通过空气接触亚硝酸胺类化合物。亚硝胺类化合物在环境中天然含量不很高,但动物体内和某些食品及其加工过程中能够生物合成。

自然界中大量存在亚硝酸盐和硝酸盐,同时也可能存在仲胺(二级胺)。亚硝酸盐和仲胺并不具有致癌作用,但在酸性条件下可以生物合成为亚硝胺类化合物。

$$(R_1R_2)NH + HNO_2 \rightleftharpoons (R_1R_2)N-N=O + H_2O$$

仲胺　　亚硝酸盐　　　亚硝胺

事实上,不只仲胺类可以合成亚硝胺,凡含有"—N—"结构的化合物都可参与上述反应。例如,酰胺类、某些氨基酸、肽类、肌酸、肌酐和氨基甲酸乙酯都可进行亚硝胺合成。

$$(RR'-CO)NH + HNO_2 \rightleftharpoons (RR'-CO)N-NO + H_2O$$

酰胺　　　　　　　　　亚硝酸胺

人体内合成亚硝胺类化合物的主要场所是胃。正常情况下人类胃液 pH 为 1~4,这种酸性环境有利于亚硝胺类的生物合成。食物、饮水中都可能含有亚硝酸盐或硝酸盐;而胺类可在食物中存在,特别是被细菌或霉菌污染的食物中胺类以及亚硝酸盐含量都比较高,这样的食物进入胃中则较易合成亚硝胺类化合物。

> **知识窗　生活中的亚硝胺**
>
> (1)盐腌食品中的硝酸盐可被某些细菌还原成亚硝酸盐。腌制肉品时,为了使肉成鲜红色,需向其中加入硝酸钠或亚硝酸钠。我国民间腌肉时加入硝或称土硝的物质,则为一种粗制硝酸盐。在肉中加入的硝酸钠被硝酸盐还原酶还原成为亚硝酸盐,亚硝酸盐在肌肉中的乳酸作用下,形成对热稳定的红色亚硝基肌红蛋白,使肉呈鲜红色,同时使肉中含有丰富的胺类。亚硝酸盐和胺类这两种亚硝胺合成的前体物同时存在,为亚硝胺生物合成提供了条件。
>
> 腌菜和酸菜中的蛋白质可以分解成胺类,蔬菜中含有大量的硝酸盐,在腌制过程中极易被还原成亚硝酸盐,所以腌菜和酸菜中的亚硝胺含量极高。
>
> 啤酒在发酵过程中形成大量的仲胺,不加蒸馏直接饮用,亚硝胺含量也较高。
>
> (2)腌制的肉类、熏肉和咸鱼含有亚硝胺。肉质品,特别是鱼类保存过长时间可产生各种多胺(仲胺和季胺),很容易在体外与亚硝酸盐防腐剂发生反应生成亚硝胺化合物。腌制食品如果烟熏,则亚硝酸胺化合物的含量将会更高。
>
> (3)鱼类在经亚硝酸盐处理后会自然形成亚硝胺化合物,形成速率与加工时的温度有关。用亚硝酸盐处理冰冻鱼较鲜鱼产生较少的亚硝胺。对用亚硝酸盐处理过的食物进行加热或油煎也可产生亚硝胺。例如,对含一定量亚硝酸盐和胺类的腌肉进行加热后,可在肉中检出亚硝胺类化学物。加热可增加亚硝胺的合成量,这可能与加热过程中蛋白质分解产生的二级胺的增加有关。经亚硝酸盐处理的腌肉(咸肉)在油煎时,可产生含量高达 100 mg/kg 的强致癌物-亚硝基吡啶烷。据测定,5 mg/kg 的该化合物就可使大鼠患癌。
>
> 另外,啤酒中的亚硝胺也与其加工工艺有关。如果直接用火而不是用空气干燥法干燥麦芽,生产的啤酒中就含有较高含量的亚硝胺。

2. 亚硝胺类的毒性作用

亚硝胺类化合物的急性毒作用主要在肝脏,引起肝小叶中心性出血坏死;亚硝胺对鱼、小鼠、大鼠、犬和猴等动物的不同组织、器官均有强致癌作用,尤以啮齿动物最敏感。动物实验发现有 90 多种亚硝胺类化合物有致癌性,但其致癌程度差异很大,最强的为二甲基亚硝胺和二乙基亚硝胺。现已证明,亚硝胺主要引起肝、食道、胃等器官的肿瘤,也可诱发脑、大小肠、皮肤、肾、咽喉、肺、鼻腔、胰、膀胱、造血器官、淋巴等的肿瘤。

亚硝胺的致癌作用与化学结构有关，对称的亚硝胺主要引起肝癌，致癌性又随烷基碳原子数的增加而减弱，不对称的亚硝胺，特别是有一甲基的亚硝胺主要引起食道癌。亚硝胺也具有较强的致畸性，主要使胎儿神经系统畸形，给怀孕动物饲以一定量的亚硝胺也可导致胚胎产生恶性肿瘤。

3. 亚硝胺的转化和预防

（1）亚硝胺的转化。亚硝胺类化合物在混合功能氧化酶的作用下，可生成重氮烷，再经脱烷基作用而成自由甲基。后者使细胞的核酸、蛋白质烷基化，尤其是 RNA 和 DNA 的

> 思考：怎样理解多食新鲜蔬菜和水果？

鸟嘌呤发生烷化作用，核酸经烷化作用后改变了细胞的遗传特性，通过体细胞突变或细胞的分化失常，而导致肿瘤的发生。

（2）亚硝胺的预防。关于减少食品中亚硝胺类化合物，可以采取限制食品中硝酸盐、亚硝酸盐的使用量，阻断亚硝胺在体内的生成，添加维生素 C 抑制亚硝胺生成等方法。

知识窗　食品安全性的社会管理体系

近年来，我国年食物中毒报告为 2 万～4 万例，如何提高食品的质量与安全性已成社会公众关注的问题。

加强对食品安全性的管理控制，是社会进步的需要，也是民族健康的保证，历史的经验和国内外的发展形势都说明，确保食品的安全性必需建立起完善的社会管理体系，这应包括以下几个主要方面。

（1）就食品安全性进行完整的立法。

（2）对食品生产和供应系统所用的各类化学品，建立严格的管理机制。

（3）对食源性疾病风险实行环境全过程控制。

（4）采用绿色的或可持续的生产技术，生产对人与环境无害的安全食品。

（5）建立健全市场食品安全性的检验制度，加强执法，保障人民健康。

（二）多环芳烃类化合物

多环芳烃（polycyclic aromatic hydrocarbons，PAHs）是煤、石油、木材、烟草、有机高分子化合物等有机物不完全燃烧时产生的挥发性碳氢化合物，是重要的环境和食品污染物。迄今已发现有 200 多种 PAHs，其中有相当部分具有致癌性，如苯并[a]芘、苯丙[a]蒽等。PAHs 广泛分布于环境中，可能来自于我们生活的每一个角落。任何有有机物加工、废弃、燃烧或使用的地方多有可能产生多环芳烃。因此，人类的外环境如大气、土壤和水中都不同程度的含有苯并[a]芘等多环芳烃。多环芳烃在大气的污染为其直接进入食品，落在蔬菜、水果、谷物和露天存放的粮食表面创造了条件。食用植物也可以从受污染的土壤及灌溉水中聚集这类物质，多环芳烃污染水体，可以使之通过海藻、甲壳类动物、软体动物和鱼组成的食物链向人体转移，最终都有可能聚集在人体中。

前苏联科学家的研究表明，在城市及大型工厂附近生长的谷物、水果和蔬菜中的苯并[a]芘明显高于农村和偏远山区谷物和蔬菜所含的量，用这一地区的谷物制成的植物油和

> 思考：水、土壤污染与食品安全有何关联？

用这一地区谷物喂养的食用动物的肉及乳制品都有明显高的苯并[a]芘含量。不过即使在远

离工业中心地区的土壤中 PAHs 的水平也可能很高,在远离人群居住的一些地方发现土壤中的 PAHs 含量可达到 $100 \sim 200\ \mu g/kg$,主要是腐烂的蔬菜残留造成的,有机物质在土壤微生物的作用下也可形成多环芳烃。我国一些地区的农民在沥青路面上晾晒粮食,可造成多环芳烃对食物的直接污染。另外,甲壳类动物由于降解多环芳烃的能力较差往往在体内积聚相当多的苯并[a]芘含量。食品的熏制和烘烤等加工过程往往产生大量的多环芳烃,对人体的健康更具危害性。

多环芳烃的致癌性已经研究了 200 多年。早在 1775 年,英国医生波特就确认烟囱清洁工阴囊癌的高发病率与他们频繁接触烟灰(煤焦油)有关。然而直到 1932 年最重要的多环芳烃—苯并[a]芘才从煤焦油和矿物油中分离出来,并在实验动物中发现有高度致癌性。多环芳烃的种类很多,其致癌活性各有差异。

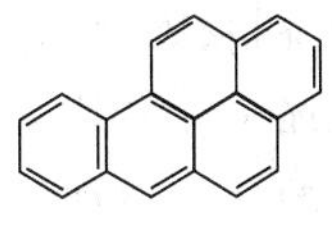

图 10-1　苯并[a]芘的结构式

苯并[a]芘(图 10-1)纯品在常温下是一种固体,有两种不同形状的结晶,当结晶温度大于 66℃ 时为单斜针状结晶,低于 66℃ 时为菱形片状结晶,其化学性质很稳定。相对分子质量为 252.32,熔点 $179 \sim 180.2℃$,沸点 $310 \sim 312℃/10\ mmHg(1\ mmHg = 133\ Pa)$,相对密度 1.351 微溶于水,27℃ 时水中溶解度为 $0.004 \sim 0.012\ mg/L$;溶于环己烷、苯、甲苯、二甲苯、己烷及丙酮,呈紫蓝色荧光,在浓硫酸内呈橙红色并带有绿色荧光;微溶于乙醇与甲醇。在咖啡因水溶液中的溶解度比水中高,在分光光度计 $415 \sim 425\ nm$ 波长处有一特殊的吸收峰,呈现黄绿色荧光。

(三)杂环胺类化合物

20 世纪 70 年代末,人们发现从烤鱼或烤牛肉碳化表层中提取的化合物具有致突变性。对烤鱼中主要致突变物的研究表明,这类物质主要是杂环胺类化合物(Hetercyclic amines),例如,咪唑喹啉(Imidazoquinoline,IQ)(图 10-2)和甲基咪唑喹啉(Methylimidazoquinoline,MelQx)(图 10-3)。

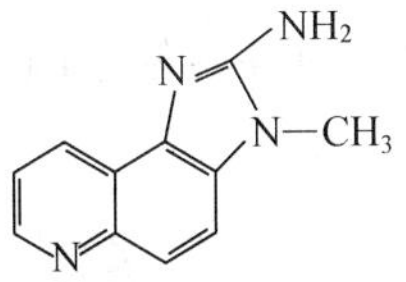

图 10-2　咪唑喹啉(IQ)结构式 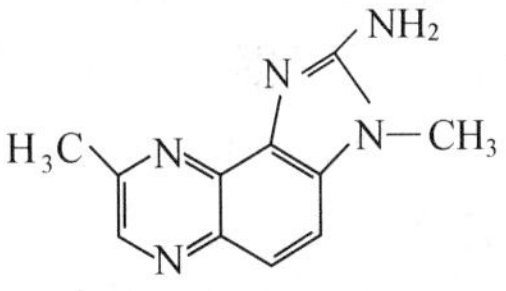　　　　**图 10-3　甲基咪唑喹啉(MelQx)结构式**

这类物质也是煎牛肉提取物中致突变物质的主要成分,含 IQ 和 MelQx 的牛肉提取物在几种实验动物和人体肝组织中被代谢转化为活性致突变物。虽然在 Ames 检验中发现这类物质是高度潜在的致突变物质,但其在大鼠上表现为很弱的致癌性。

在烹调富含蛋白质的食物时,蛋白质的降解产物—色氨酸和谷氨酸首先形成一组多环芳胺化合物,如色胺热解产物(Trp-p-1 和 Trp-p-2)(图 10-4)和谷胺热解产物(Glu-p-1)(图 10-5)。致畸研究发现,色胺和谷胺的热解产物对大鼠、仓鼠和小鼠动物均有致突变性。例如,小鼠喂饲含 Trp-p-1 或 Trp-p-2 的饲料后,观察到其肿瘤生病率提高。其他一些报道指出,氨基酸和蛋白质的热解产物对实验动物的消化道表现为致癌性。但是其他富含蛋白质的食品如牛奶、奶酪、豆腐和各种豆类在高温处理时,虽然严重碳化但仅有微弱的致突变性。另外,加热程度也影响致突变活性的水平。目前,正在进行进一步的研究以证实杂环胺是否在烹调过程中产生了对人体有害的物质。

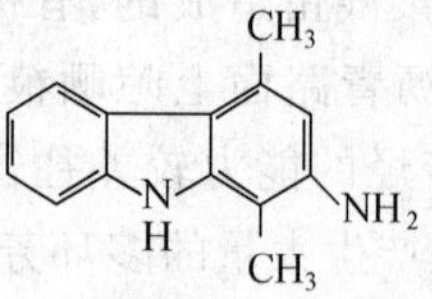

图 10-4　色胺衍生物结构式 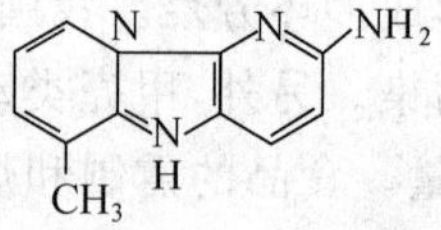　　　　　图 10-5　谷胺衍生物结构式

(四)食品添加剂引起的毒害

目前,全世界发现的各种食品添加剂有 9 万多种,国际上食用的食品添加剂种类已达 14 000 种,其中直接使用有 4 000 余种。FAO/WHO 推荐使用的食品添加剂有 400 多种(不包括香精、香料);欧盟使用 1 000～15 000 种食品添加剂。事实上,在现代工业社会中,几乎所有的加工食品均含有或多或少的食品添加剂。据估计,我们每天平均摄入 60～100 种的各种不同的食品添加剂。例如,加工的海产品有 70 多种食品添加剂,我们在喝果汁饮料时就摄入了包括异抗坏血酸、活性炭、海藻酸、山梨糖醇、合成香料和羧甲基纤维素在内约 100 种食品添加剂。

食品添加剂毕竟不是食品的基本成分。尽管食品添加剂在用于食品之前,其安全性已在实验室进行了多次测试,但其使用还是在公众中引起广泛的争议与关注。有些食品

> 思考:控制添加剂引起的毒害作用有哪些途径?

添加剂的安全性是值得怀疑的,尽管这类物质添加的剂量及其微小,也不能认为它们无害。要考虑到有些食品添加剂的持续使用在人体内有累积效应并长期作用于人体,既具有慢性毒性,如致癌性、致突变性和致畸性等,对人类健康仍有潜在的威胁。

另外,多种食品添加剂在混合使用时还有叠加毒性的问题。当它们与其他物质如农药残留、重金属等一起摄入时,使原本无致癌性的化学物质转化为致癌物质。事实上,在我国,除了基本的食品被农药残留等许多有毒的物质所污染外,在加工食品中还普遍存在食品添加剂严重超标的情况。因此,为了更好地保护消费者健康,需要研究目前普遍使用的食品添加剂的慢性毒性及其叠加毒性。

1. 食品添加剂的毒性

(1)急性和慢性中毒。新中国成立初期,普遍使用的 β-萘胺、罗达明 B、奶油黄等防腐剂和色素,而后证实它们存在致癌物质。盐酸中含砷过高曾发生中毒。饼干、点心中使用硼砂也较普遍,用矿酸制作食醋,在农村,生产红色素加入砷作防虫剂。天津、江苏、新疆等地皆因使用含砷的盐酸、食碱及过量食用添加剂如亚硝酸盐、漂白剂、色素而发生急、慢性中毒。在日本,1955 年发生婴儿贫血、食欲不振、皮疹、色素沉着、腹泻、呕吐,全国患者到达 12 000 人,死亡 130 人,经调查患儿都是食用了某品牌调和乳粉,乳粉中检出砷 30～40 mg/kg,经查明砷的来源是由于加入稳定剂磷酸氢二钠(含砷 3%～9%)所致,1975 年调查时,仍有 11% 患者有脑神经症状;该国使用多年的防腐剂 AF-2,近年来也证实是致癌物质。近年来,各国安全名单删除的添加剂日益增多,如色素中的金胺、奶油黄、碱性菊橙、品红等 13 种,硼砂、硼酸、氯酸钾、溴化植物油等 20 余种。

(2)引起变态反应。近年来,添加剂引起的变态反应报道日益增多,有的变态反应很难查明与添加剂有关,部分报

> 思考:添加剂引起中毒的表现形式?

道包括糖精可引起皮肤瘙痒症、日光性过敏性皮炎(以脱屑性红斑及浮肿性丘疹为主);苯甲酸及偶氮类染料皆可引起哮喘等一系列过敏症状;香料中很多物质可引起呼吸道器官发炎、咳嗽、喉头浮肿、支气管哮喘、皮肤瘙痒、皮肤划痕症、荨麻疹、血管性浮肿、口腔炎等;柠檬黄等可引起支气管哮喘、荨麻疹、血管性浮肿的报道。

(3)体内蓄积。国外在儿童食品中加入维生素 A 作为强化剂,如蛋黄酱、乳粉、饮料中加入这些强化剂,经摄食后 3~6 个月总摄入量达到 25 万~84 万 IU 时,则出现食欲不振、便秘、体重停止增加、失眠、兴奋、肝脏肿大、脱毛、脱屑、痉挛、头痛、复视、四肢疼痛、步行障碍。动物试验大量食用,则会发生畸形。维生素 D 过多摄入也会引起慢性中毒。还有些脂溶性添加剂,如二丁基羟基甲苯(BHT)过量食用也可在体内蓄积。

(4)食品添加剂转化产物问题。制造过程中产生的一些杂质,如糖精中产生杂质,邻甲苯磺酰胺,用氨法生产的焦糖色中的 4-甲基咪唑等,食品储藏过程中添加剂的转化,如赤癣红色素转内荧光素等。同食品成分起反应的物质,如焦炭酸二乙酯,形成强烈致癌物质氨基甲酸乙酯,亚硝酸盐形成亚硝基化合物等,又如偶氮染料形成游离芳香族胺等。以上这些都是已知的有害物质,某些添加剂共同使用时能否产生有害物质还不太清除,尚待进一步研究。

2. **常见食品添加剂的毒性**

(1)防腐剂苯甲酸钠(Sodium benzoate)(图 10-6)。它的急性毒性较弱,但其在人体胃肠道的酸性环境下可转化为毒性较强的苯甲酸。

小鼠摄入苯甲酸及其钠盐,会导致体重下降、腹泻、内出血、肝肾肥大、过敏、瘫痪甚至死亡。若持续 10 周给小鼠饲以 80 mg/kg 的苯甲酸,可导致 32% 的小鼠死亡。苯甲酸钠的毒性作用是通过改变细胞膜的通透性,抑制细胞膜对氨基酸的吸收,并通过细胞膜抑制脂肪酶等酶的活性,使 ATP 合成受阻实现的。

(2)抗氧化剂中丁基羟基茴香醚(BHA)(图 10-7)、二丁基羟基甲苯(BHT)(图 10-8)和没食子酸丙酯(PG)(图 10-9)是目前食品工业中最常用的抗氧化剂。

图 10-6 苯甲酸钠结构式

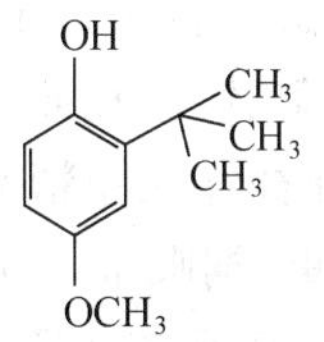

图 10-7 丁基羟基茴香醚结构式

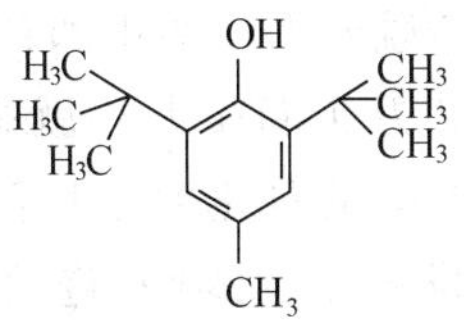

图 10-8 二丁基羟基甲苯结构式

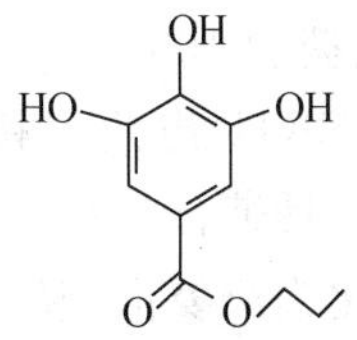

图 10-9 没食子酸丙酯结构式

1997 年日本科学家木原发现,用含 2%BHA 的饲料喂大鼠,有 34.6% 的雄鼠和 29.4% 的雌鼠发生前胃癌。因此,日本目前禁止在食品中添加 BHA。美国将 BHA 和 BHT 从 GRAS

（美国 FDA 评价食品添加剂的安全性指标）类食品添加剂的名单中删除。但是 JECEA（WHO 和 FAO 组成的食品添加剂联合专门委员会）肯定 BHT 无致癌性。近年的研究表明，

思考：被禁止或限制使用的添加剂有几种？

BHA 可导致试验动物胃肠道上皮细胞的损伤。食品抗氧化剂在癌发生学中的作用未被确切了解，需要进行进一步的研究。

（3）合成甜味剂。

①糖精钠（Sodium saccharin）。它是其中使用历史最长（1884 年生产和使用），但也是最引起争议的合成甜味剂（图 10-10）。

糖精钠比蔗糖甜 300～500 倍，在生物体内不被分解，由肾排除体外。其急性毒性不强，其争议主要在其致癌性。从 20 世纪 50 年代开始，对糖精钠的安全性有争议。虽然大多数流行病学、毒理学及代谢的研究都表明糖精钠不会致癌，但也有一些糖精钠致癌的报告。最近的研究，显示出糖精致癌性可能不是糖精所引起，而是与钠离子及大鼠的高蛋白尿有关。糖精的阴离子可作为钠离子的载体而导致尿液生理性质的改变。1984，JECFA 将以前制定的糖精钠的 ADI 值由 $0～5$ mg/kg 体重暂改为 $0～2.5$ mg/kg 体重，并禁止在婴儿食品中添加糖精钠。FDA 要求在食品中禁止使用糖精钠。我国在酱油、浓缩果汁、蜜饯、果脯、冷饮、糕点、饼干、面包中容许使用糖精钠。

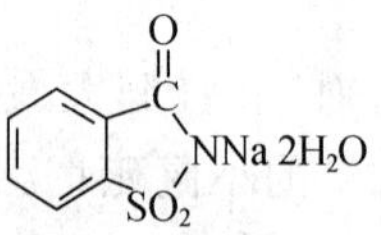

图 10-10　糖精钠结构式 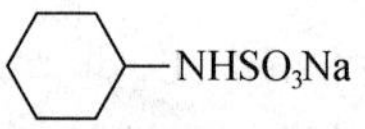　　　　图 10-11　甜蜜素结构式

②环己基氨基磺酸钠别名甜蜜素（图 10-11）。其甜度约为蔗糖的 30 倍，1968 年，FDA 在大鼠中发现了环己基氨基磺酸钠的致畸、致癌和致突变性。1969 年，世界各国相继禁止其用于食品中。但随后很多试验表明其无致癌性，目前已有 40 多个国家承认它是安全的。我国主要在碳酸饮料、蜜饯、酱菜、饼干和面包中使用环己基氨基磺酸钠，但由于该物质的甜度较低。因此，在蜜饯等食品中往往存在糖精钠和环己基氨基磺酸钠超标的情况。在动物试验中发现，在大剂量到 25 g/kg 体重，饲喂 78～105 周，则 70 只大鼠中有 12 只出现膀胱癌，尽管在食品中达不到这么大的剂量，但研究表明，环己基氨基磺酸钠在生物体内可转化形成毒性更强的环己基胺。环己基胺是一类亚胺化合物，具有一定的致癌性，环己基氨基磺酸钠对大鼠的经口 LD_{50} 为 12 g/kg 体重，而环己基胺的 LD_{50} 仅为 157 mg/kg 体重。

③天门冬酰苯丙氨酸甲酯别名阿斯巴甜（Aspartam）。它又名蛋白糖、甜味素，是一种二肽衍生物，甜度为蔗糖的 100～200 倍，几乎无毒。天门冬酰苯丙氨酸甲酯含有苯丙氨酸成分，因而对苯丙酮酸尿（PKU）患儿不利。据统计，每 1 万～2 万个新生儿中就有一人属于苯丙酮酸尿患者。该病是一种遗传性疾病，患者肝细胞中的苯丙氨酸羟化酶含量仅为正常人的 1/4，不能将苯丙氨酸转化为酪氨酸，从而在血和尿中蓄积大量的苯丙酮酸，进而危及大脑。因此，含有天门冬酰苯丙氨酸甲酯的食品带有警告标志。

④甘草素是从植物甘草（glycyrrhize glabra L.）根部提取的天然甜味剂。甘草素的甜味来自甘草酸（glycyrrhizic）（图 10-12）和甘草次酸（glycyrrhize acid）（图 10-13）。前者是一类三萜类皂苷，占甘草根干重的 4%～5%，甜度为蔗糖的 50 倍。甘草酸水解脱去糖酸链就形成

了甘草次酸,甜度为蔗糖的 250 倍。利用生物化学技术将甘草次酸进行修饰,形成甘草次酸-β-葡萄糖醛酸苷(MGGA),MGGA 的甜度为蔗糖的 941 倍。甘草提取物作为天然的甜味剂广泛用于糖果(甘草糖)、蜜饯和罐头等食品中。

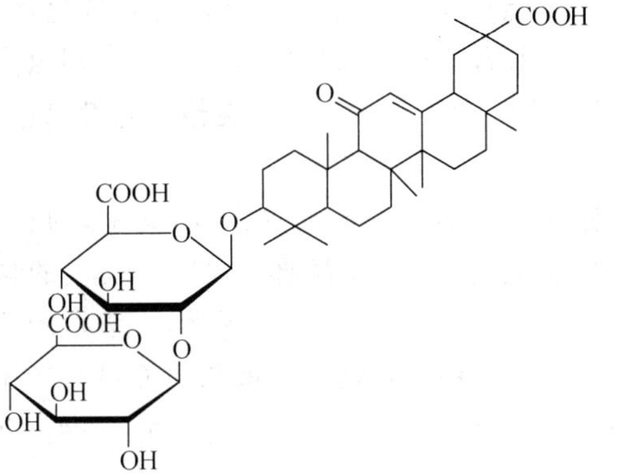

图 10-12　甘草酸结构式

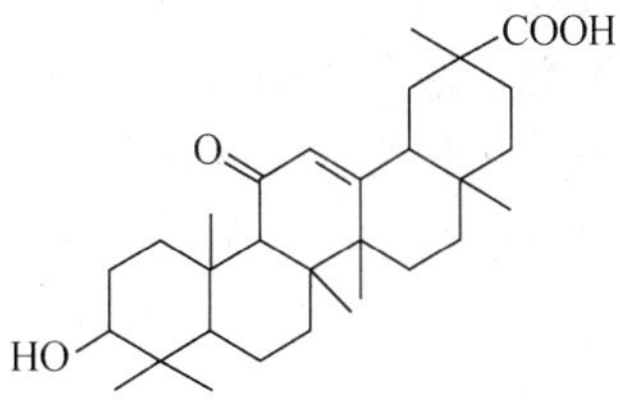

图 10-13　甘草次酸结构式

　　甘草酸的苷元即甘草次酸具有细胞毒性,长时间大量食用甘草糖(100 g/d)可导致严重的高血压和心脏肥大,临床症状表现为钠离子贮留和钾离子的排出,严重者可导致极度

> 思考：天然甘草素甜味剂可以放心食用吗？

虚弱和心室纤颤,尤其对老年人及心血管病和肾脏病患者,易致高血压和充血性心脏病。甘草次酸的结构与糖皮质激素的结构类似,对体内糖皮质激素受体有同样的激活作用,其毒性表现为糖皮质激素受体被激活后所产生的效应。因此,甘草次酸不适合加入到经常和普通食用的食品中。

　　(4)食用色素是引起争议最多的食品添加剂。早期的食用色素大多是由煤焦油合成的偶氮化合物、联苯和三苯胺化合物、黄嘌呤化合物和嘧啶化合物,这些染料大多曾被用作纺织染料,在用于食品前仅仅进行了急性毒性的测定。这类色素曾给人类造成了很大的危害。鉴于煤焦油染料的危害性,1960 年,美国停止使用了大多数的煤焦油染料。我国也逐步取消了煤焦油染料在食品中的应用。

　　①苋菜红(Amaranth)(图 10-14)是目前广泛使用的合成染料,几乎每一种偏红色或偏棕色的加工食品都使用过苋菜红。由于发现苋菜红具有致癌作用,1976 年,美国 FDA 和英国等国家禁止其在食品中使用。目前,我国规定苋菜红可以用于碳酸饮料、配制酒、罐头、浓缩果汁、蜜饯、果酒、果味软饮料等食品,其他一些国家容许其用于冰激凌、沙拉调味料、口香糖、巧克力、咖啡等食品。苋菜红是一类偶氮色素,这类物质大多具有一定的致癌性,此外,还有报道称苋菜红具有胚胎毒性,可致畸胎的发生。因此,苋菜红的使用应当加以控制。

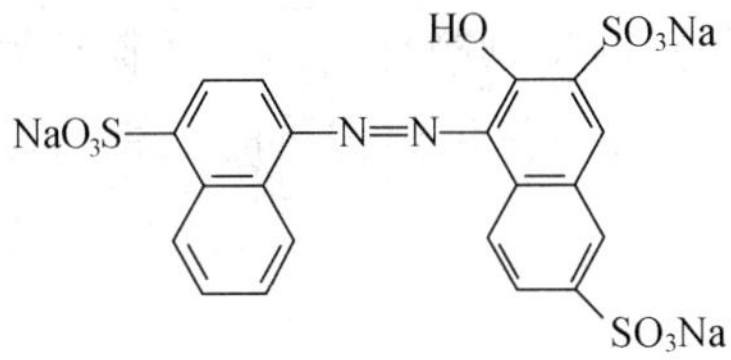

图 10-14　苋菜红结构式

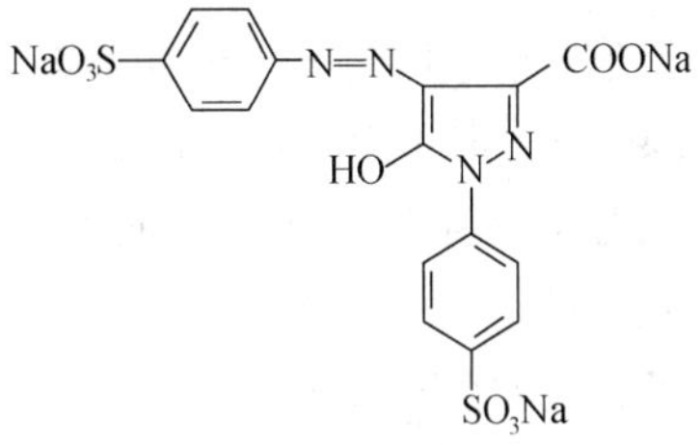

图 10-15　柠檬黄结构式

②柠檬黄(图 10-15)。从 1916 年起已被用作食品添加剂,虽然属于偶氮染料,但其被认为是合成色素中毒性最弱的,柠檬黄色素为水溶性物质,它的主要问题是其致畸性,据统计,每万人中就有一人对柠檬黄敏感,尤其是阿司匹林过敏者发病率更高。柠檬黄的过敏症状包括风疹、哮喘和血管型浮肿等,具有潜在的生命危险。虽然许多合成色素具有毒性和致癌性,但天然色素也不总是安全无害的。例如,焦糖色(Caramel)含有少量致癌的苯并[a]芘;用氨法制造的焦糖色还含有致惊厥的 4-甲基咪唑,对中枢神经系统有强烈的毒性。在慢性毒性试验中,发现试验动物摄入该物质后淋巴细胞和白细胞数目减少。

(5)食用香料。食品香料有 1 700 种以上,是食品添加剂中最大的家族,其中,约有 1 300种是从人类普遍食用的香料植物中提取出的天然物质,在特殊或普通的地区有安全的食用历史。由于这些物质的使用量较小且挥发性较强,很难对人体造成损害。因而,大多数的天然食用香料都被认为是安全的(GRAS 类物质)。人们在食品中大量使用这些物质而没有考虑其安全性,特别是人们还将与天然产物结构相同或相似的合成香料等同于天然产物。目前,有超过3 000 种的合成香料被用于食品,事实上,这类合成香料的毒性特别是慢性毒性没有被很好的研究。即使是天然香料,也具有一定的药用活性和毒性。例如,将黄樟素(Safrole)用作香料附加剂已有 60 多年的历史,美国 FDA 发现无论是从黄樟中提取,还是来自化学合成的黄樟素都可使大鼠患肝癌。香兰素大多是合成产品,急性毒性不强,但有嗜神经性,可产生麻醉作用。其他芳香族醛如苦杏仁油(苯甲醛)对中枢神经系统也有麻醉作用,对皮肤、黏膜和眼睛也有刺激作用。邻硝基苯甲醛(Anthranilate)是一种具有葡萄甜香的无色液体,广泛用于制造具有葡萄香味食品,邻氨基苯甲醛其天然对等物质在橙油、柠檬油和茉莉油中可以找到,该物质也会引起人类皮肤的过敏。

二、毒素的化学结构

> 思考：有哪些因素影响物质的毒性？

(一)毒性定义

毒性(Toxicity)是指外源化学物与机体接触或进入人体内的易感部位后,能引起损害作用的相对能力,也可简述为,毒性是外源化学物在一定条件下损伤生物体的能力。一种外源化学物对机体的损害作用越大,则其毒性就越高。剂量是决定外源化学物对机体损害作用的重要因素。因此,引起机体某种有害反应的剂量是衡量毒物毒性的指标。毒性较高的物质,只需要相对较小的剂量或浓度即可对机体造成一定的损害;而毒性较低的物质,则需要较高的剂量或浓度才能呈现毒性作用。除了剂量外,接触条件如接触期限、速率和频率等因素对外源化学物的毒性及性质也有影响。评价外源化学物的毒性,不能仅以急性毒性高低来表示,有一些外源化学物的急性毒性是属于低毒或微毒,但有致癌性,如 $NaNO_2$。

(二)物质化学结构与毒性的关系

> 思考：有哪些化学结构与物质毒性相关？

毒物的毒性与其化学结构有关系,每种外源化学物的特异作用依赖于决定化学物活性的化学结构以及化学物作用的生物靶部位。化学物结构上的细微改变,可能导致生物学效应的显著变化。分子结构可以给某些化学物质的危害认定提供有用的信息。

1. 官能团的影响

①对非烃类化合物分子中引入烃基,使脂溶性增高,易于透过生物膜,毒性增强。但是烃

类结构可增加毒物分子的空间位阻,从而使毒性增加或减少。例如,乙酰胆碱(Ach)在体内容易被水解,作用时间较短,但乙酰甲(基)胆碱水解较慢,作用时间也较长。

$$CH_3COOCH_2CH_2—N^+(CH_3)_3OH^- \longrightarrow CH_3COOCH(CH_3)—CH_2—N^+(CH_3)_3OH^-$$

乙酰胆碱　　　　　　　　　　　　乙酰甲胆碱

②卤素元素有强烈的吸电子效应,结构中增加卤素使分子极性增加,更易与酶系统结合,使毒性增高。例如,氯化甲烷对肝脏的毒性依次为:$CCl_4 > CHCl_3 > CH_2Cl_2 > CH_3Cl > CH_4$,其麻醉作用依次为:$CHCl_3 > CH_2Cl_2 > CH_3Cl > CH_4$。

③芳香族化合物中引入羟基,分子极性增强,毒性增加。例如,苯引入羟基而成苯酚,后者具弱酸性,易与蛋白质中碱性基团结合,与酶蛋白有较强的亲和力,毒性增大。多羟基的芳香族化合物毒性更高。脂肪烃的麻醉作用,引入烃基(成为醇类),麻醉作用增强,并可损伤肝脏。

④酸基一般指羧基(—COOH)和磺酸基(—SO₃H),引入分子中时,水溶性和电离度增高,脂溶性降低,难以吸收和转运,毒性降低。例如,苯甲酸的毒性较苯低,人工合成染料中引入磺酸基也可降低其毒性。酸基经酯化后,电离度降低、脂溶性增高,使吸收率增加,毒性增大。

⑤胺具碱性,易与核酸、蛋白质的酸性基团起反应,易与酶发生作用。胺类化合物按其毒性大小依次为:伯胺(RNH_2)、仲胺($RNHR'$)、叔胺($RNR'R''$)。

⑥带有负电荷的基团,如硝基(—NO₂)、砜基(—SO₂R)、氰基(—CN)、酯基(—COOR)、酰胺基(—CONR₂)、酮基(—COR)、醛基(—CHO)、三氟甲烷(—CF₃)、乙烯基(—CH ═ CH₂)、乙炔基(—C≡CH)、苯基(—C₆H₅)等,均可与机体中带正电荷的基团相互吸引,使其毒性增加。

2. 构型

机体内的酶对化学物质的构型有高度特异性。当环境化学物为不对称分子时,酶只能作用于一种构型。

①化学物的同分异构体之间的毒性不同,一般来说,对位>邻位>间位,例如,二甲苯、硝基酚、氯酚等。但也有例外,例如,邻硝基苯酚的毒性大于其对位异构体。

②受体或酶一般只能与一种旋光异构体结合,产生生物效应,故化学物旋光异构体之间的毒性不同。一般 L-异构体易与酶、受体结合,具生物活性,而 D-异构体反之。例如,L-吗啡对机体有作用,而 D-吗啡对机体无作用;也有例外,例如,D-尼古丁的毒性比 L-尼古丁的毒性大 2.5 倍。

3. 偶氮结构

氨基偶氮类结构主要存在于纺织、食品的染料中,如猩红、奶油黄等,可诱发肝癌。过去国外曾长期使用一种偶氮化合物色素"奶油黄"(图 10-16),化学名称为二甲氨基偶氮苯,用来给黄油上色。当发现这种化学物及其衍生物是活性很强的致肝癌剂后,各国均已禁用。

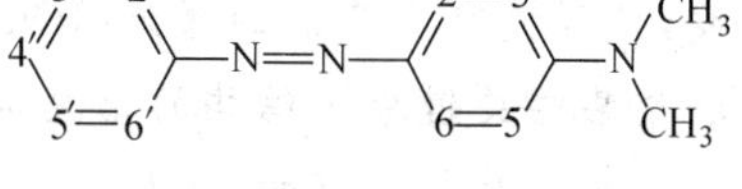

图 10-16　4-二甲氨基偶氮苯（奶油黄）的结构式

氨基上有甲基,则致癌作用明显,如为其他基团取代,则致癌作用消失。如 4-二乙胺基偶氮苯、4-二丙基氨基偶氮苯、4-二丁基偶氮苯等均无致癌性。偶氮基是氨基偶氮苯类化合物致癌作用的基本基团,如它被亚氨基(—C ═N—)、酰胺基(—CONH—)置换后,则致癌作用消失;如果以乙烯基（—CH＝CH—）置换,则致癌作用更明显。

4. 同系物的碳原子数

从丙烷至庚烷,随碳原子数增加,其麻醉作用增强,脂溶性随着碳原子的增多而增加,庚烷以后由于水溶性过小,麻醉作用反而减小;丁醇、戊醇的毒性较乙醇、丙醇大;甲醛在体内可转化成甲醇和甲酸,故其毒性反比乙醇大;一般碳原子数相同时直链化合物毒性大于异构体,成环化合物毒性大于不成环化合物。例如,直链烷烃的麻醉效果比同分异构体强,庚烷比异庚烷大,环戊烷比戊烷大;ω-氟羧酸的碳原子数是奇数的毒性大,偶数的毒性小。

5. 其他

有机磷杀虫剂一般为五价磷化合物,其结构通式如图 10-17 示。

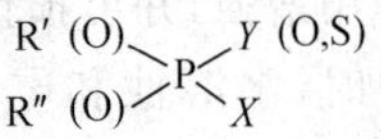

图 10-17 对硫磷或氧硫磷

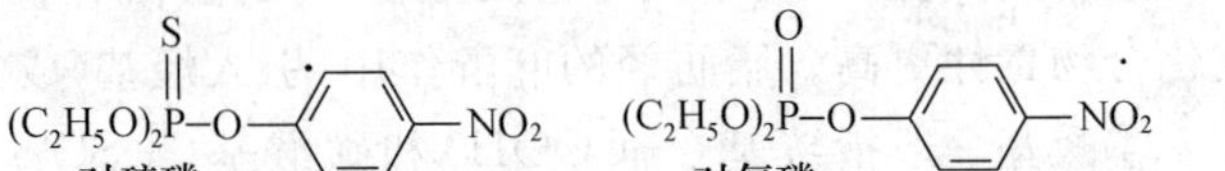

图 10-18 对硫磷和对氧磷的结构式

R'、R'' 为烷基,烷基的碳原子数越多,毒性越强,即甲基＜乙基＜异丙基。Y 为氧时较为 S 时的毒性大,例如,对氧磷和对硫磷均为有机磷杀虫剂,当对硫磷氧化成对氧磷(图 10-18)时,其毒性增强。X 为酸根时,强酸根的毒性较弱酸根时大。X 为苯基时,其毒性与苯环上的取代基性质有关,毒性按大小依次为:—NO_2、—CN、—Cl、—H、—CH_3、—C_4H_9、—CH_3O、—NH_2;同为—NO_2 时,则与取代位置有关,其毒性一般为:对位＞邻位＞间位。

研究化学物的结构-活性关系(SARs),有助于通过比较来预测新化合物的生物活性、作用机理和安全限量范围。然而,对化学物构效关系的研究尚处在发展阶段,目前,仅有一些相对有限的规律可参考。

知识窗 结构-活性关系(SARs)

药物或毒物对动物、植物或环境的影响与其分子结构之间的联系称为结构-活性关系(SARs)。

①通过运用神经网络等智能软件,分析大量的毒理学数据后,可建立分子的结构和生物学活性之间的联系。如果将此类联系以公式表示出来则成为定量结构-活性关系(QSAR),它对化学物质的生物学活性具有一定的预测能力。如果采用啮齿类动物的终生致癌试验检测单个化学物的致癌性,需花费 100 万～200 万美元,耗时 3～5 年之久。因此,可以主要依靠 SARs 和短期毒性实验的资料,初步决定是否继续一种化学物的研发,是否提交生产前的通知(PMN)或是否需要进一步补充实验。历史上,曾有管理学家利用某些关键分子结构的信息成功评价其潜在危险性的例子。

②在最初公布的 14 种职业致癌物中,有 8 种被美国职业与安全卫生管理局(OSHA)划为芳香胺类化合物归类管理。美国环境保护局(EPA)的毒物处依照有毒物质管理法(TSCA),主要是利用结构-活性关系资料来判断并及时回复生产前通知的登记申请。对于诸如 N-亚硝胺或芳香胺类化合物、氨基偶氮染料以及有菲环结构的化合物,都需要进一步的实验以全面评价其致癌性。

③QSAR 尚处于实验阶段,通过结合传统的实验来提供支持性信息。今后,QSAR 将

可能用于预测新化学物的不良作用,从而避免昂贵的生物学测试。结构-活性关系已被用于复杂混合物的评价。以芳香烃(Ah)受体诱导实验为基础,美国 EPA 采用毒性当量系数(TEF)法对四氯二苯-*p*-二噁英(TCDD)及其相应的氯代或溴代二苯-*p*-二噁英、氧芴和联苯类化合物的危险度进行了重新评价(EPA,1994b)。含有这些化合物的环境混合物,其预测的毒性等于混合物样品中每一种化合物的浓度与其相应的 TEF 值的乘积之和。

任务2　鱼类—组胺的测定

(GB/T 5009.45—2003 水产品卫生标准的分析方法)

【要点】

1. 水产品中组胺的含量标准。

2. 组胺的萃取、显色与定量测定。

> 思考:测定组胺有何用途?

3. 鱼中组胺含量计算及结果分析(本方法检出限是 50 mg/kg)。

【工作过程】

一、样品制备

> 思考:过滤是否要完全?滤液缘何调至碱性又用盐酸提取?

鱼,去鳞、去皮,沿背脊取肌肉用匀浆机打成匀浆,储于塑料瓶中备用。

二、样品处理

称取 5.00～10.00 g 均匀样品,置于具塞锥形瓶中,加入 15～20 mL 三氯乙酸溶液,浸泡 2～3 h,过滤。吸取 2.0 mL 滤液,置于分液漏斗中,加氢氧化钠溶液使呈碱性,每次加入 3 mL 正戊醇,振摇 5 min,提取 3 次,合并正戊醇并稀释至 10.0 mL。吸取 2.0 mL 正戊醇提取液于分液漏斗中,每次加 3 mL 盐酸振摇提取 3 次,合并盐酸提取液并稀释至 10.0 mL。备用。

三、测定

吸取 2.0 mL 盐酸提取液于 10 mL 比色管中。另吸取 0 mL、0.20 mL、0.40 mL、0.60 mL、0.80 mL、1.0 mL 组胺标准使用液(相当于 0 μg、4 μg、8 μg、12 μg、16 μg、20 μg 组胺),分别置于 10 mL 比色管中,加水至 1 mL,再各加 1 mL 盐酸,样品与标准管各加 3 mL 碳酸钠溶液,3 mL 偶氮试剂,加水至刻度,混匀,放置 10 min 后,用 1 cm 比色池以零管调节零点,于 480 nm 波长处测吸光度,绘制标准曲线比较。

四、结果计算

$$X = \frac{m_1}{m_2 \times \dfrac{2}{V_1} \times \dfrac{2}{10} \times \dfrac{2}{10} \times 1\,000} \times 100\% = \frac{m_1 \times V_1}{m_2 \times \dfrac{8}{10}}$$

式中，X 为样品中组织胺的含量（结果精确至小数点后一位），mg/100 g；V_1 为加入三氯乙酸溶液（100 g/L）的体积，mL；m_1 为测定时样品中组织胺的质量，μg；m_2 为样品质量，g。

五、相关知识

①组胺（Histamine，HA）的化学名 4(5)-(2-氨乙基)咪唑，是人体内源活性物质，在生物细胞中具有重要的生理功能，但人体过量摄入组胺时，会引起食物中毒，严重时会危及生命（当鱼内组胺含量达到 4 mg/g 或人体摄入组胺达到 1.5 mg/kg 体重以上时）。许多国家的食品卫生标准中建议用组胺含量作为鱼类和水产品中微生物腐败的指标。我国的食品卫生标准中也明确规定各类海产品中组胺的允许摄入量为鲐鱼不得超过 100 mg/100 g，其他不得超过 30 mg/100 g。

②水产品捣碎后用三氯乙酸浸泡一段时间后，过滤，再用正戊醇萃取滤液中的组胺，用盐酸提取后，用偶氮试剂显橙色，分光光度法测定；最用与标准系列比较定量（国标法）。

③在重复性条件下，获得的两次独立测定结果的绝对差值不得超过算术平均值的 10%。

【仪器与试剂】

1. 仪器

可见分光光度计、分液漏斗、10 mL 比色管。

2. 试剂

(1)正戊醇。

(2)三氯乙酸溶液（100 g/L）。称取 10.0 g 三氯乙酸溶解后稀释至 100 mL，混匀。

(3)碳酸钠溶液（50 g/L）。称取 5.0 g 碳酸钠溶解后稀释至 100 mL，混匀。

(4)氢氧化钠溶液（250 g/L）。称取 25 g 氢氧化钠溶解后稀释至 100 mL，混匀。

(5)盐酸（1∶11）。量取 10 mL 盐酸及 110 mL 水，混合均匀。

(6)磷酸组胺标准储备液。准确称取 0.276 7 g 于（100±5）℃干燥 2 h 的磷酸组胺溶于水，移入 100 mL 容量瓶中，再加水稀释至刻度。此溶液每毫升相当于 1.0 mg 组胺。

(7)磷酸组胺标准使用液。吸取 1.00 mL 组胺标准储备液，置于 50 mL 容量瓶中，加水稀释至刻度。此溶液每毫升相当于 20 μg 组织胺。

(8)偶氮试剂。

甲液：称取 0.5 g 对硝基苯胺，加 5 mL 盐酸溶解后，再加水稀释至 200 mL，置冰箱中。

乙液：亚硝酸钠溶液（5 g/L），临用现配。

甲液 5 mL 与乙液 40 mL 混合后立即使用。

【必备知识】 食品原料中的天然毒素及结构

一、食品原料中的天然毒素

(一)动物性食品原料中的有害成分

动物类食品是人类最主要的食物来源之一，由于其营养丰富，味道鲜美，很受人们欢迎，但是某种动物性食品中含有天然毒素，会引起食用者中毒。

> 思考：统一屠宰牲畜时，为什么要摘掉"三类腺体"？

1. 动物组织中的有毒物质

(1)内分泌腺毒素。牲畜腺体所分泌的激素，其性质、功能和人体内的腺体大致相同，提取后可作为医药治疗疾病。但如摄入过量,就会引起中毒。例如,有人误食未摘除甲状腺的血脖肉引起中毒。甲状腺素的理化性质非常稳定,在600℃以上的高温时才能被破坏,一般的烹饪方法不可能做到去毒无害。防止甲状腺素中毒的有效措施,首先要做好屠宰检疫检验工作,摘除牲畜的甲状腺。另外,因屠宰牲畜时未摘除肾上腺或肾上腺破损髓质软化在摘除时流失,被人误食,使机体内的肾上腺素浓度增高,引起中毒;还有因屠宰牲畜时未摘除淋巴腺,误食引起中毒,特别是鸡、鸭、鹅等的臀尖是淋巴腺集中的地方,贮存着大量的病菌、病毒及3,4-苯并芘等致癌物。

(2)动物肝脏中的毒素。动物肝脏是富含蛋白质、维生素A和叶酸的营养食品,但同时也含有胆固醇及胆酸等对人体不利的成分。熊、牛、羊、山羊和兔等动物肝脏中主要的毒素是胆酸(图10-19)、脱氧胆酸和牛黄胆酸的混合物,以牛黄胆酸的毒性最强,脱氧胆酸次之。毒素可严重损伤人体的肝、肾等组织。猪肝脏中的胆酸含量较少,一般不会产生明显的毒性作用,但食用过多或使用时处理不当也会给人体健康产生一定的危害。因此,食用胆酸含量高的动物肝脏时要尽量清洗干净,用动物胆囊治病时,要遵医嘱少量使用。过量维生素A的摄入也会造成中毒,当成人摄入量超过300万IU(国际单位)时,就可引起中毒。有报道称,有渔民食用比目鱼肝摄取过量维生素A导致中毒的,也有摄取大量北极熊肝和海豹肝导致中毒的。

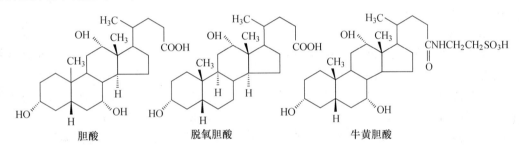

图10-19　胆酸的结构

2.鱼类的毒素

(1)组胺。在非冰冻下贮存而导致鱼类的细菌性分解是食用海洋鱼类中毒的主要原因。海洋鱼类腐败变质后,组织中的游离组氨酸在链球菌、沙门氏菌等细菌中的组氨酸脱羧酶作用下产生一定数量的组胺,该物质为强生物活性物质,摄入后使机体发生中毒,其症状主要是人体对组胺的过敏反应。在海产品中,鲭鱼亚目的鱼类(如青花鱼、金枪鱼、蓝鱼和飞鱼等)在捕获后易产生组胺。由于组胺的形成是微生物的作用,最有效的防止措施是在冷冻条件下运输和储藏,防止鱼类腐败。

(2)雪卡毒素。雪卡鱼(Ciguatera)是指栖息于热带和亚热带海域珊瑚礁附近因食用有毒藻类而被毒化的鱼类的总称。有毒的藻类有毒冈比尔盘藻、凹面原甲藻和原甲藻。有

> 思考:还有比河豚毒性更强的鱼吗?

超过400多种的鱼被认为是雪卡鱼,实际含毒的约有数十种,其中包括几种经济上比较重要的海洋鱼类如梭鱼、黑鲈和真鲷等。雪卡鱼的种类随海域不同而有所不同,但在外观上与相应的无毒鱼无法区别。已从雪卡鱼中分离到至少有4种毒性物质,它们的分子质量和化学性质都不同,其中包括雪卡鱼毒素、刺尾鱼毒素和鹤嘴鱼毒素。但是还没有弄清这些化学物的结构。雪卡毒素对小鼠的LD_{50}为0.45 $\mu g/kg$体重,毒性比河豚毒素强20倍,主要影响人类的胃肠

道和神经系统。由于加热或冷冻均不能破坏雪卡与毒素的毒性,目前对其的预防尚缺乏行之有效的方法。

(3)河豚毒素。河豚中毒是世界上最严重的动物性食物中毒,但河豚味道特别鲜美诱人,自古以来就有"拼死吃河豚"的说法。日本是喜吃河豚鱼的国家,据统计,日本每年由食河豚导致中毒的人数多达 50 人。河豚全球有 200 多种,大约 80 种已知含有或怀疑含有河豚毒素。在大多数有毒河豚中,毒素的浓度由高到低依次为卵巢、鱼卵、肝脏、肾脏、眼睛和皮肤,肌肉和血液中含量较少。

思考:为何我国《水产品卫生管理办法》中严禁餐饮店将河豚作为菜肴经营,河豚不得流入市场销售?

河豚毒素是一种生物碱类天然毒素,化学结构为氨基全氮间二氮杂萘($C_{11}H_{17}N_3O_8$)(图 10-20),系无色针状结晶,微溶于水,易溶于稀乙酸,对热稳定,220℃以上才分解,盐腌和热晒均不被破坏,但对碱不稳定。河豚毒素是一种很强的神经毒,主要是阻抑神经和肌肉的电信号传导,阻止肌肉、神经细胞膜的钠离子通道。

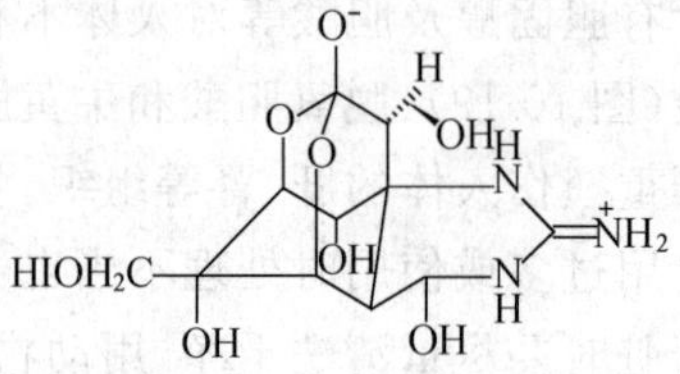

图 10-20　河豚毒素的结构
(食品毒理学,刘宁,2009)

常见中毒原因:未被识别而误食、可食部分被卵巢或肝脏污染或直接进食了有毒的内脏器官。

3. 贝类毒素

贝类的种类很多,至今已记载的约有几十万种,可作食品的贝类约有 28 种,已知的大多数贝类均含有一定数量的有毒物质,只有在地中海和红海生长的贝类是已知无毒的,墨西哥湾的贝类也比其他地区固有的那些贝类的毒性低。实际上,贝类自身并不产生毒物,但是当它们通过食物链摄取海藻或与藻类共生时就变得是有毒的了,海藻主要感染蚝、牡蛎、蛤、油蛤、扇贝、紫鲐贝、和海扇等贝类软体动物,足以引起人类食物中毒。主要的贝类毒素包括麻痹性贝类毒素(PSP)、腹泻性贝类毒素(DSP)和神经性贝类毒素(NSP)等。

(1)麻痹性贝类毒素(PSP)。此毒素是山膝沟藻属的涡鞭藻所产生的一组毒素,在蓝藻和叉珊藻中也有检出。由于在美国阿拉斯加的大白房蛤中发现的浓度最高,石房哈毒素(STX)这个名字就是由此而来的,它是被首先确定的 PSP 成分,是四氢嘌呤的一个衍生物,有 20 多种衍生物,它是一种白色、吸湿性很强的固体,溶于水,微溶于甲醇和乙醇,但实际上不溶于多数非极性的有机溶剂。STX 可以在外周神经和骨骼肌中的脉冲产生的广泛阻断,导致麻痹、呼吸抑制以及循环障碍。

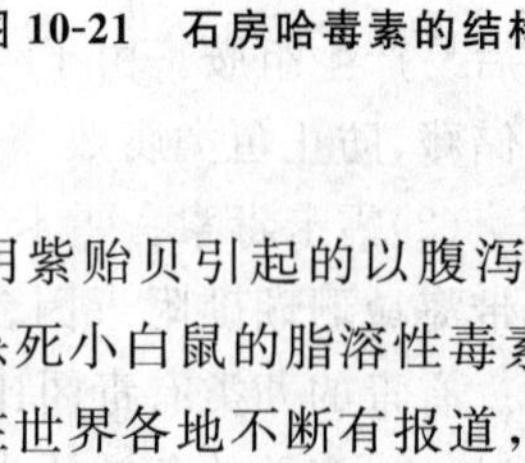

图 10-21　石房哈毒素的结构

(2)腹泻性贝类毒素(DSP)。1976 年,在日本宫城县发生了食用紫贻贝引起的以腹泻为主要症状的集体食物中毒事件。当时,从该贝的中肠腺内检出了能杀死小白鼠的脂溶性毒素,称为腹泻性贝类毒素(DSP)。近年来,DSP 所引起的食物中毒事件在世界各地不断有报道,已成为影响贝类养殖业和食品卫生的一个严重问题。

倒卵形鳍藻和渐尖鳍藻是 DSP 的产生者。已经鉴定出在含 DSP 的有毒贝类中存在着 9 种有毒成分,这些有毒成分分两类:一类是大田软海绵酸(OA)和它的衍生物;另一类是新聚醚内酯(PTX),Shibata 以平滑肌进行了大田软海绵酸(OA)的研究,结果发现 OA 可使人、豚鼠、家兔平滑肌系统引起持续性收缩,并引起腹泻。

(3)神经性贝类毒素(NSP)。摄入由短裸甲藻细胞或毒素污染的贝类,会出现感觉异常、冷热感交替、恶心、呕吐、腹泻和运动失调,或上呼吸道综合征,但未观察到麻痹,以神经中毒症状为主要特征的,称为神经性贝类毒素(NSP)。NSP 的发生与海洋赤潮有关。

(二)植物性食品原料中的有害成分

植物是人类粮食、蔬菜、水果的来源,也是动物赖以生存的饲草和饲料的来源,许多医药和兽药也来自植物。植物种

> 思考：研究植物性毒素有何实际意义?

类有 30 多万种,但用作人类食品的不过数百种,用作饲料的也不过数千种,这主要是由于植物体内的毒素限制了其作为人类食用和畜用资源的价值。研究有毒植物具有多方面的意义,如利用植物毒素制造医药和兽药,开发人类食用和畜用植物新资源等,而对食品安全性来说,研究食用有毒植物,防止天然植物性食物中毒,则具有重要的现实意义。需要指出的是,植物性毒素是指植物体本身产生的对食用者有毒害作用的成分,不包括那些污染的和吸收入植物体内的外源植物,如农药残留和重金属污染物等。

1. 芥子苷

芥子苷即硫代葡萄糖(Thioglucoside,Glucosinalate)(图 10-22),这是由葡萄糖与非糖部分的苷原通过硫苷键形式连接起来的化合物。主要存在于甘蓝、萝卜、芥菜等十字花科蔬菜及洋葱、管葱及大蒜等植物中的种子中,是构成这些植物辛味成分的硫苷类物质。

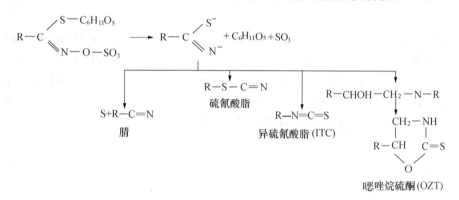

图 10-22　硫代葡萄糖苷的水解及其水解产物过程
(食品毒理学,刘宁,2009)

甘蓝属植物(如油菜、包心菜、菜花、西兰花和芥菜等)含有一些致甲状腺肿的物质。这些物质的前体是芥子硫苷,有

> 思考：甘蓝属植物为何能引起甲状腺肿?

100 多种,对昆虫、动物和人均具有某种毒性,是这类植物阻止动物啃食的防御性物质。小鼠服用超过一定剂量(150～200 mg/kg 体重)的芥子硫苷可引起其甲状腺肥大、生长迟缓、体重减轻及肝细胞损伤。油菜、芥菜、萝卜等植株可食部分中致甲状腺肿原物质很少,而在种子中则可达茎、叶部的 20 倍以上。芥子苷本身无毒,但配糖体在芥子酶作用下可被分解成异硫氰酸酯、噁英唑烷硫酮、腈类、硫氰酸盐等有毒物质。

甘蓝属食物中抑制甲状腺功能的物质可分为两类:硫氰酸酯和致甲状腺肿大素(图 10-23)。致甲状腺肿大素主要抑制甲状腺素的合成,硫氰酸酯和腈类化合物却抑制甲状腺对碘的吸收。在世界的许多地区,甲状腺肿仍然损害着人们的健康,其中地方性甲状腺肿的病例往往起因于碘缺乏和某种食物成分的共同作用,以十字花科的甘蓝属植物为主要膳食成分就

是一个重要的致病因素。甘蓝植物的可食部分(茎、叶)一般不会引起甲状腺肿,但如果大量食用这类蔬菜则可能引起甲状腺肿。在某些碘摄取量较低的偏僻山区,以甘蓝植物为食是甲状腺肿发病率高的原因之一。

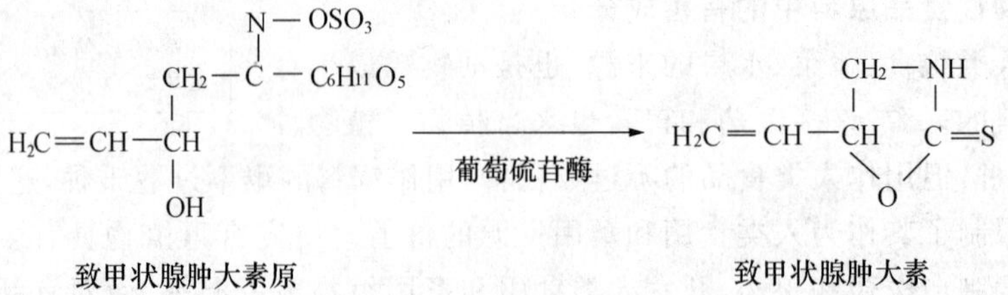

图 10-23　动物体内致甲状腺肿大素原转变为致甲状腺肿大素的酶解过程
(食品毒理学,刘宁,2009)

目前,有研究显示甘蓝属蔬菜所含的各种甘蓝赤芥子硫苷的水解产物或衍生物可激活人体微粒体氧化酶的活性均有较强的防癌能力,可以抑制由多种致癌物诱发的小鼠肺癌、乳腺癌、食管癌、肝癌及胃癌的发生。多年的流行病学调查也表明,经常食用十字花科甘蓝属蔬菜的居民的胃癌、食道癌及肺癌的发病率较低。

思考: 为什么提倡食用甘蓝属蔬菜?

2. 生氰糖苷

生氰作用是指植物具有合成生氰化合物并能够水解释放出氢氰酸(HCN)的能力(图10-24)。生氰糖苷(Cyanogentic glycosides)是由氰醇衍生物的羟基和 D-葡萄糖缩合形成的糖苷,广泛存在于豆科、蔷薇科、稻科约 1 000 种植物中。20 世纪先后从不同植物中分离鉴定出氰苷,如木薯、苦杏仁、桃仁、李子仁、枇杷仁、樱桃仁、杨梅仁、亚麻仁等。由于这些植物可以作为食物和饲料,由此引起的人畜中毒事例屡屡发生。

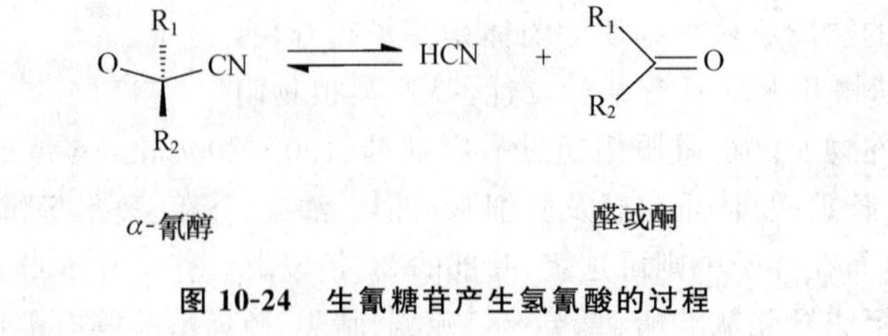

图 10-24　生氰糖苷产生氢氰酸的过程
(食品毒理学,刘宁,2009)

生氰糖苷的毒性甚强,对人的致死量为 18 mg/kg 体重,毒性主要是氢氰酸和醛类化合物的毒性。氢氰酸被吸收后,可以使细胞的呼吸链中断,使机体内窒息,同时可以麻痹呼

思考: 美味的杏仁如何安全食用?

吸中枢和血管运动中枢引起急性中毒。氢氰酸的最小致死口服剂量为 $0.5\sim3.5\ mg/kg$。生氰糖苷引起的慢性氰化物中毒现象也比较常见,例如,热带神经性共济失调症(TAN)和热带性弱视均与当地以木薯为主食有关。在含氰苷的果仁中毒以苦杏仁引起的中毒最为常见,苦杏仁中的苦杏仁苷含量比甜杏仁高 $20\sim30$ 倍。苦杏仁苷的致死量约为 1 g,小孩吃约 6 粒,成人吃约 10 粒苦杏仁就能引起中毒;小孩吃 $10\sim20$ 粒,成人吃约 $40\sim60$ 粒就可致死。生氰糖苷有较好的水溶性,水浸可去除产氰食物的大部分毒性。

3. 蚕豆病和山黧豆中毒

①蚕豆病(Favism)是食用蚕豆而引起的急性溶血性贫血症,是我国和地中海地区居民特有的食物中毒现象。

由于无法建立合适的蚕豆病动物模型,因而大大阻碍了蚕豆病的病理学研究,蚕豆的毒性物质可能是嘧啶衍生物蚕豆双嘧啶和异脲咪,该物质是蚕豆嘧啶葡萄糖苷和蚕豆脲咪葡萄糖苷的苷元(图 10-25)。

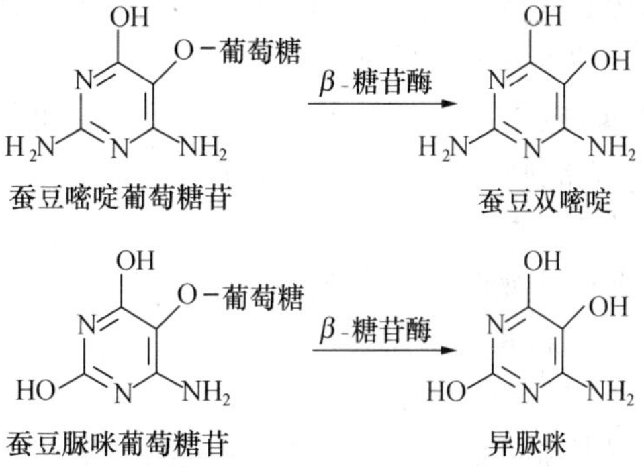

②山黧豆是蝶形花科香豌豆属(也称作山黧豆属)的一年生植物,营养价值高,且易栽培,在我国的西北、东北和西南的干旱地区都有种植,特别是渭北高原一带,种植山黧豆一般较豌豆增产 20% 左右。因此,有人用山黧豆代替豌豆作为粮食,从而引起中毒。山黧豆中毒(Lathyrism)是食用山黧豆属的豆类如野豌豆、鹰嘴豆和卡巴豆(Garbanzos)而引起的食物中毒现象,有两种表现形式:骨病性山黧豆中毒和神经性山黧豆中毒。此病在印度等亚洲国家的贫瘠山区仍有流行。

图 10-25 蚕豆中的活性物质
(食品毒理学,刘宁,2009)

研究表明,引起山黧豆毒性物质为 β-L-谷氨酰丙腈(BAPN),BAPN 不可逆地抑制赖氨酸氧化酶的活性,从而抑制了胶原的形成,导致成骨及生长中的软骨及骨间组织损伤。神经性山黧豆中毒是由长期(超过 3 个月)食用山黧豆而引起的神经损伤性疾病,研究人员从栽培山黧豆中分离出了 β-N-草酰基-L-α,β-二氨基丙酸(ODAP)(图 10-26)。研究发现,ODAP 可使幼鼠、小豚鼠和小狗的神经受损等。尽管 ODAP 引起人类神经性山黧豆中毒这一假说还未得到证实,但目前的动物研究资料支持这一假说。

图 10-26 山黧豆的活性物质(食品毒理学,刘宁,2009)

4. 外源凝集素和过敏原

(1)外源凝集素(Lectins)。它又称植物红细胞凝集素(Hemagglutinin),是植物合成的一类对红细胞有凝集作用的糖蛋白,由结合多个糖分子的蛋白质亚基组成,含碳水化合物 4%～10%,多数凝集素的分

> **思考:** 豆类中普遍存在植物红细胞凝集素,为何还能食用?

子质量为 100～150 ku，为天然的红细胞抗原。广泛存在于 800 多种植物（主要是豆科植物）的种子和荚果中，其中有许多种是人类重要的食物原料，如大豆、菜豆、豌豆、小扁豆、蚕豆和花生等。研究发现，凝集素的毒性主要表现在它可以对肠细胞的生理功能产生明显的不良影响，最为严重的是损害胃肠细胞从胃肠道中吸收蛋白质、糖类等营养成分的功能，从而导致营养素缺乏，生长抑制，严重时可引起死亡。去除红细胞凝集素的最简单有效的方法就是高压蒸汽加热，30 min 可以达到去除目的。

（2）食品过敏往往被一般消费者表述为对某一特定食物难以解释的不良反应。但从严格意义上讲，"过敏"是指接触（摄取）某种外源化学物后所引起的免疫学上的反应，这种外

> 思考：属于过敏原的食品有哪些？

源物质就称为过敏原（Allergen）。由食品成分引致的免疫反应主要是由免疫球蛋白 E（IgE）介导的速发过敏反应。从理论上讲，食品中的任何一种蛋白质都可以使特殊人群的免疫系统产生 IgE 抗体，从而产生过敏反应。但实际上仅有较少的几种食品成分是过敏原，这些食品包括牛乳、鸡蛋、虾和海洋鱼类等动物性食品，以及花生、大豆、菜豆和马铃薯等植物性食品。过敏原大多是分子质量较小的蛋白质，它们的分子质量为 10～70 ku。植物性食品的过敏原往往是谷物和豆类种子中的所谓"清蛋白"，许多过敏原仍未能从种子中纯化和鉴定出来，如花生的过敏原。

5. 消化酶抑制剂

许多植物的种子和荚果中存在动物消化酶的抑制剂。例如，胰蛋白酶抑制剂、胰凝乳蛋白酶抑制剂和 α-淀粉酶抑制剂。这类物质实质上是植物为繁衍后代，防止动物啃食的防御性物质。豆类和谷类是含有消化酶抑制剂最多物质，其他如马铃薯、茄子、洋葱等也含有此类物质。

目前，已从多种豆类（大豆、菜豆和花生等）及蔬菜种子中纯化出各种胰蛋白酶及胰凝乳蛋白酶的抑制剂。多数豆类种子的蛋白酶抑制剂约占其蛋白总量的 8%～10%，占可

> 思考：植物蛋白配方的婴儿食品为何存在安全性问题？

溶性蛋白量的 15%～25%。胰蛋白酶抑制剂根据氨基酸序列同源性分为 Kunitz 及 Bowman-Birk 抑制剂（KTI 与 BBTI）两类，其中 BBTI 也同时是胰凝乳蛋白酶抑制剂。Kunitz 抑制剂分子质量为 20～25 ku；由 181 个氨基酸组成。生大豆中约含 Kunitz 抑制剂 1.4%。BBTI 分子质量较小，为 6～10 ku，由 71 个氨基酸组成，由于许多胰蛋白酶抑制剂具有很强的耐热性，因此，经热处理的植物蛋白制成品，特别是含植物蛋白配方的婴儿食品也存在安全性问题。α-淀粉酶抑制剂主要存在于大麦、小麦、玉米、高粱等禾本科作物的种子中，是一种耐热的小分子质量蛋白质，分子质量为 6～14 ku，绝大多数豆类种子同时也含有 α-淀粉酶抑制剂。

研究表明，蛋白酶抑制剂的毒性包括两个方面：一方面，抑制酶的活性，降低了食物蛋白质的水解和吸收，从而导致胃肠的不良反应和症状的产生，同时也影响动物生长；另一方面，它可刺激胰腺增加其分泌活性，作用机制为通过负反馈作用来实现。这样就增加了内源性蛋白质、氨基酸的损失。去除蛋白酶抑制剂有效、最简单的方法就是高温加热钝化。采用常温蒸汽加热处理 30 min、0.1 MPa 压力加热 10～25 min，即可破坏大豆中的胰蛋白酶抑制剂。

6. 生物碱糖苷

生物碱是一类含氮的有机化合物，有类似碱的性质，可与酸结合成盐，大多具有复杂的环状结构，且氮素包含在环内。生物碱的种类很多，已知的生物碱有 2 000 种以上，分布于 100 多个科的植物中，如罂粟科、茄科、毛茛科、豆科、夹竹桃科等。存在于食用植物中的主要是龙葵碱（Solanine）、秋水仙碱（Colchocine）及吡咯烷生物碱等。

龙葵碱是一类胆甾醇类生物碱（图 10-27），是由葡萄糖残基和茄啶（Solanidine）组成的弱碱性生物碱苷，又名茄苷、龙葵毒素、马铃薯毒素，分子式为 $C_{45}H_{73}NO_{15}$，不溶于水、乙醚、氯仿，能溶于乙醇。龙葵碱广泛存在于马铃薯、番茄及茄子等茄科植物中。龙葵碱糖苷有较强的毒性，主要通过抑制胆碱酯酶的活性造成乙酰胆碱不能被清除而引起中毒反应。马铃薯中的龙葵碱主要集中在其芽眼、表皮和绿色部分。发芽、表皮变青和光照均可大大提高马铃薯中的龙葵碱糖苷含量，可增加数十种之多。

> 思考：为什么不能食用变青或长芽的马铃薯？

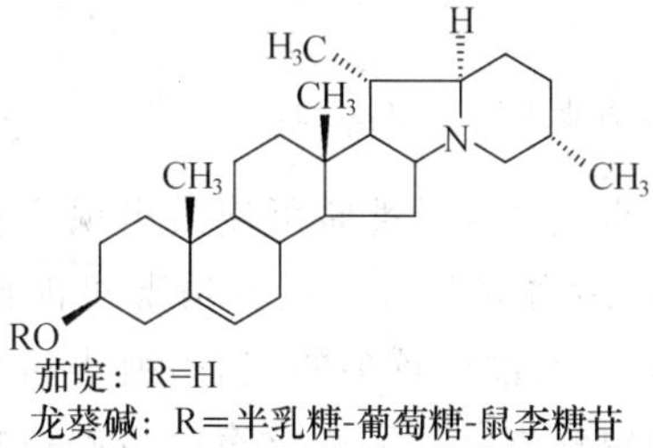

茄啶：R＝H
龙葵碱：R＝半乳糖-葡萄糖-鼠李糖苷

图 10-27　胆甾烷类生物碱的结构
（食品毒理学，刘宁，2009）

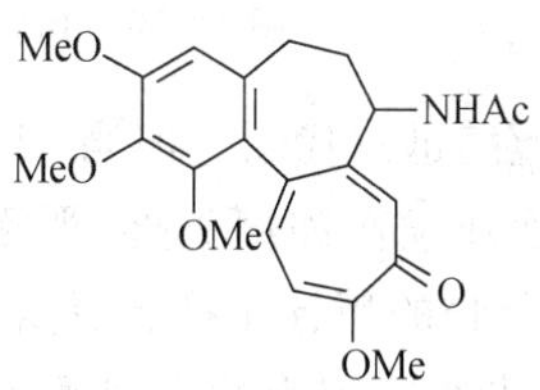

图 10-28　秋水仙素的结构简式
（食品毒理学，刘宁，2009）

秋水仙碱因最初从百合科植物秋水仙中提取出来，故名，也称秋水仙素（图 10-28）。纯秋水仙碱呈黄色针状结晶，熔点 157℃。易溶于水、乙醇和氯仿。味苦，有毒。目前，国内报告的中毒病人以进食含秋水仙碱的鲜黄花菜（又名金针菜）为多，且为群体中毒事件；未经加工的鲜黄花菜含有秋水仙碱，秋水仙碱本身无毒，但吃后在体内会氧化成毒性很大的二秋水仙碱。据实验推算，只要吃 3 mg 秋水仙碱就足以使人恶心、呕吐、头痛、腹痛，吃的量再大可出现尿血或便血，20 mg 可致人死亡。干品黄花菜是经蒸煮加工的，秋水仙碱会被溶出，故而无毒。

> 思考：怎样合理食用鲜黄花菜？

吡咯烷生物碱（图 10-29）是存在于多种植物中的一类结构相似的物质。这些植物包括许多可食用的植物（如千里光属、猪屎豆属、天芥茶属）。许多含吡咯烷生物碱的植物也被用作草药和药用茶，例如，日本居民常饮的雏菊茶中就富含吡咯烷生物碱。目前，从各种植物中分离鉴定出结构的吡咯烷生物碱有 200 多种。吡咯烷生物碱可引起肝脏静脉闭塞及肺部中毒。研究发现，许多种吡咯烷生物碱具有致癌作用。

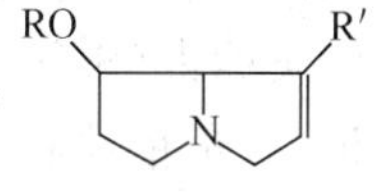

图 10-29　吡咯烷生物碱的结构
（食品毒理学，刘宁，2009）

7. 血管活性胺（图 10-30）

许多动植物来源的食品中含有各种生物活性胺。肉和鱼类制品败坏后产生腐胺（Putrescine）和尸胺（Cadaverine），而某些植物如香蕉和鳄梨本身含有天然的生物活性胺，如多巴胺（Dopamine）和酪胺（Tyramine）。这些外源多胺对动物血管系统有明显的影响，故称血管活性胺。

多巴胺又称儿茶酚胺（Catecholamines），是重要的肾上腺素型神经细胞释放的神经递质。该物质可直接收缩动脉血管，明显提高血压，故又称增压胺。酪胺可将多巴胺从贮存颗粒中解离出来，使之重新参与血压的升高调节。

> 思考：外源多巴胺何种情况下影响人的血压？

一般而言，外源血管活性胺对人的血压没有什么影响。因为它可被人体内的单胺氧化酶

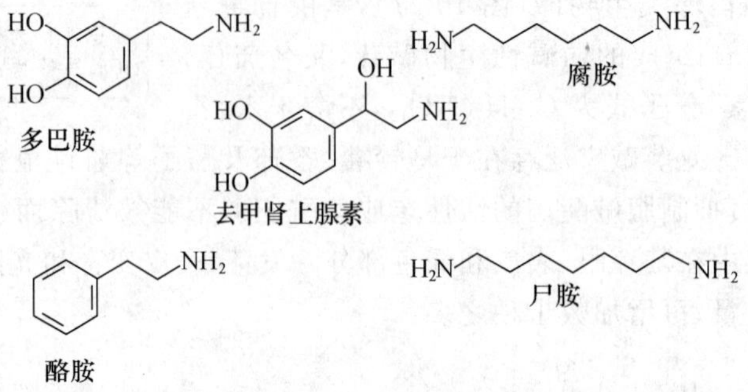

图 10-30　血管活性胺的结构（食品毒理学，刘宁，2009）

（MAO）和其他酶迅速代谢。但当 MAO 被抑制时，外源血管活性胺可使人出现严重的高血压反应，包括高血压发作和偏头疼，严重者可导致颅内出血和死亡。这种情况可能出现在服用 MAO 抑制性药物的精神压抑患者身上。此外，啤酒中也含有较多的酪胺，糖尿病、高血压、胃溃疡和肾病患者往往因为饮用啤酒而导致高血压的急性发作。其他含有酪胺的植物性食品也可引起相似的反应。

8. 天然诱变剂

目前，已从许多高等和低等植物中发现多种具有致突变和致癌性的代谢物，最典型的例子是苏铁植物中的苏铁素（甲基氮化甲氧糖苷）。以苏铁果实为主食的居民的肝癌、胆囊癌的发病率非常高。另一个例子是东南亚地区，有吃槟榔习惯的居民口腔癌发病率非常高，槟榔果中所含的糖苷也有较强的致突变和致癌能力。

> 思考：为何建议孕妇禁食咖啡、茶及可可等饮料？

①咖啡碱（Caffeine）也称咖啡因，存在于咖啡豆、茶叶和可可豆等中，是其主要兴奋成分。动物实验表明咖啡碱有致突变和致癌作用，但在人体中并未发现有以上任何关系，唯一明确的是咖啡碱对胎儿有致畸作用，因此最好是禁止孕妇食用含咖啡碱的食品。

②黄樟素（Safrole）（图 10-31）是许多食用天然香精如黄樟精油、八角精油和樟脑油的主要成分。此外，腐烂的生姜中含有较多的黄樟素。黄樟精油常被用作啤酒和其他酒的风味添加成分。美国食品药品管理局（FDA）的研究显示，黄樟素是白鼠和老鼠的致肝癌物质，在美国不再允许黄樟素作为食品添加剂。

> 思考：民间有"烂姜不烂味"的说法，对此，你如何评价？

二、微生物污染及其他污染产生的毒素

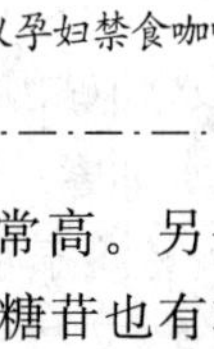

污染物质是在摄食之前进入食品中的外源性物质。也可以这样讲，即污染物质是除人为有意识地加入的外源性物质外，其他进入食品中的物质组分。食品中的污染物质，主要有通过微生物污染、环境中化学物污染而进入食品中的成分。

黄樟素

图 10-31　黄樟素的结构
（食品毒理学，刘宁，2009）

（一）化学毒素

1. 农药的污染

农药可以通过不同的途径污染食品，如施用农药后对作物或食品的直接污染；施用农药的同时或以后对空气、水体、土壤的污染造成动植物内含有农药残留，间接污染食品；经过食物

链和生物富集作用污染食品。如从水中农药→浮游生物→水产动物→高浓度农药残留食品。这种富集系数藻类达 500（倍）鱼贝类可达 2 000～3 000，而食鱼的水鸟在 10 万倍以上；运输及贮存过程中由于和农药混放造成食品污染。

思考：在停止生产使用已近10年的"六六六"、"滴滴涕"等农药，为何在近半数食品样本中还能检出？

①有机氯农药虽然于 1983 年即已停止生产和使用，但由于其化学性质稳定，不易降解，迄今在水域、土壤中仍有残留，所以有机氯农药残留在食品中的现象相当普遍。1992 年我国调查国人基本膳食食品的有机氯农药残留水平。虽然六六六（图 10-33）和滴滴涕（图 10-32）的残留绝大部分样本未超过中国残留限量标准，但仍可在 69% 的样本中检出六六六，42% 的样本中检出滴滴涕。与发达国家相比，我国成年男子六六六和滴滴涕日允许摄入量要高得多。

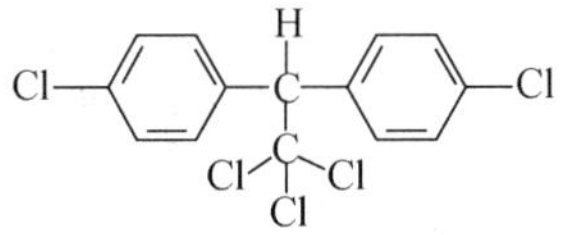

图 10-32　滴滴涕结构式 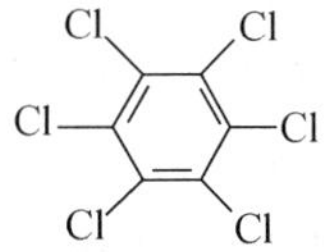　　　　　**图 10-33　六六六结构式**

②有机磷农药污染的食品主要是在植物性食品，如水果、蔬菜最易吸收，而且残留量也高。1990 年的总膳食研究结果表明，有机磷农药残留中高毒的甲胺磷（图 10-34）农药残留最突出，膳食中甲胺磷摄入量占有机磷农药总摄入量的 71.3%。有机磷属于神经毒剂，会损伤神经系统、血液系统。

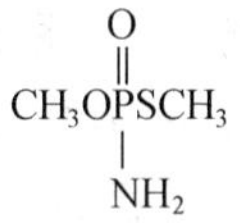

CH_3OPSCH_3
NH_2

$CH_2C—NHN(CH_3)_2$
$CH_2C—OH$

图 10-34　甲胺磷结构式 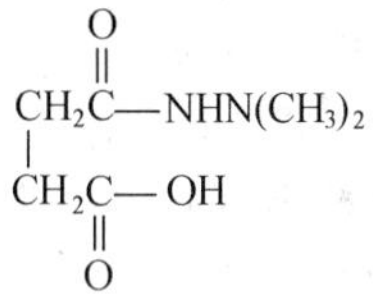　　　　　**图 10-35　丁酰肼结构式**

③植物生长调节剂。可使农产品增加产量 5%～30%，近年来我国植物生长调节剂的产量每年递增达数千吨。与此同时，植物生长调节剂的安全性问题也引起了广泛的关

思考：为何要限制使用植物生长调节剂？

注。主要是毒性和残留问题。如广谱性植物生长调节剂丁酰肼（图 10-35）（比九）可作为矮化剂、坐果剂、生根剂和保鲜剂，但研究发现其水解产物二甲基联氨是一种潜在的致癌物。

2. 兽药的污染

思考：动物性食品因何受到污染？

兽药主要来自动物性食品原料，特别是存在于肉制品、奶食品和鱼食品。为预防和治疗家畜家禽、水产养殖鱼等而大量投入抗生素、磺胺类药物、呋喃类药物以及激素制品、驱虫药等，造成药物残留于动物组织中，尤其在饲养后期，屠杀前施用药物，这种残留更为严重，还有为了食品保鲜有时加入抗生素等抑制微生物繁殖，结果造成不同程度的药物残留，因此，兽药残留引起了普遍关注，并认为兽药残留将是今后食品安全性问题主要内容之一。

①抗生素应用广泛而且用量越来越大，不可避免带来残留问题，不仅畜禽肉食品有残留，

近年还发现蜂蜜中有抗生素残留,因为在冬季蜜蜂常发生细菌性疾病,用抗生素可以治疗细菌性疾病,结果造成残留,如 2002 年,我国出口到英国的蜂蜜中氯霉素超标。在调查中,主要的抗生素残留有四环素、土霉素、金霉素等。

②磺胺类药残留　磺胺类药在近 15～20 年残留的超标现象比其他任何兽药都严重,主要发生在猪肉中,其次是小牛肉和禽肉。

③激素类药物残留　主要是己烯雌酚、己烷雌酚、双烯雌酚和雌二酚。香港特区 1995 年以后要求不准使用这种激素,因为它们可使小孩患肥胖病。

3. 有害重金属的污染

这里重金属主要是指镉、汞、铅。非金属砷的污染也不容忽视。随食物进入的有害重金属,多数在体内产生蓄积性,它们除了以原有形式存在外,还可以转变成有高度毒性的化合物危害健康。

(1)镉(Cd)。一般食物中均能检出镉,含量为 0.004～5 mg/kg,但镉有生物富集作用而在某些食品中达到很高的浓度,一般而言,海产食品、动物性食品(尤其是肾脏)。包装

> 思考:重金属污染食品的形式与进入食品的渠道?

材料和容器也含有镉,因为镉盐鲜艳且耐高温,是玻璃、陶瓷容器上色的好材料,也用做金属合金和镀层的成分,以及塑料稳定剂,因此这类包装材料和容器可对食品造成污染,尤其是当存在酸性食品时,可使镉大量的融出,导致中毒。1946～1955 年日本富山县神通川矿场废水中镉污染大米,导致当地食用者慢性镉中毒患上骨痛病,其中死亡 128 人。

(2)铅(Pb)。我国 1990 年全膳食研究表明,膳食中的铅主要来自谷物和蔬菜。食品中的铅还来自接触食品的管道、容器、包装材料、涂料等,例如,铅合金、马口铁、陶瓷、搪瓷、锡壶等。另外油墨、颜料以及聚氯乙烯中所含铅稳定剂均可导致食品的铅污染。加工皮蛋时如加入的黄丹粉(氧化铅)也会造成铅污染。铅会损害人体的造血系统、神经系统和肾。

(3)汞(Hg)。除职业接触外,进入人体的汞主要来源于受污染的食物,其中又以鱼贝类食品的甲基汞污染对人体的危害最大。受污染的江河湖海中的无机汞;尤其是底层污泥通过某些微生物作用可转化为毒性大的有机汞(主要是甲基汞),通过生物富集而在鱼体内达到很高的浓度,日本水俣病的污染食物鱼贝中含汞量为 20～40 mg/kg,为生活水域汞浓度的数万倍。有机汞在消化道吸收率很高,甲基汞 90％以上可被吸收,主要是神经系统损伤。

(4)砷(As)。含砷化合物有广泛的应用,在农业上可作为除草剂、杀虫剂、杀菌剂、灭鼠药和各种防腐剂。使用过量或使用时间距收获期太近等原因导致作物砷含量明显增加,例如,水稻孕穗期施用有机砷农药后收获的稻米,其砷残留可为 3～10 mg/kg,而正常含砷不超过1 mg/kg。急性砷中毒主要为胃肠炎症状,严重者可导致中枢神经系统麻痹而死亡;慢性中毒主要为神经衰弱症候群。

(二)霉菌毒素

霉菌毒素(Mycotoxins)通常是指丝状真菌产生的毒素。霉菌种类很多,所以产生的毒素也很多。目前,已知的霉菌毒素约有 200 种,其中有相当部分具有较强的致癌和致畸性。

1. 黄曲霉毒素

黄曲霉菌是空气和土壤中存在的非常普通的微生物,在有氧、温度高(30～33℃)和潮湿(89％～90％)的条件下容易

> 思考:黄曲霉毒素生长条件及常被污染谷物的品种有哪些?

生长,从而容易造成贮存的花生、大米、小麦、大麦、棉籽和大豆等多种谷物的污染变质,其中,又以花生和玉米的污染作为严重。

黄曲霉毒素(Aflatoxin,AF)是一类化学结构相似的二呋喃香豆素的衍生物,有 10 余种之多。B 族黄曲霉毒素有一个环戊酮环,而 G 族有一个内酯环。根据其在紫外光下可发出蓝色或绿色荧光的特性,分为黄曲霉毒素 B_1(AFB$_1$)、黄曲霉毒素 B_2(AFB$_2$)、黄曲霉毒素 G_1(AFG$_1$)和黄曲霉毒素 G_2(AFG$_2$),其中以 AFB$_1$ 毒性最强。AF 微溶于水,易溶于油脂和一些有机溶剂,耐高温(280℃下裂解),故在通常的烹饪条件下不易被破坏(图 10-36)。黄曲霉毒素在碱性条件下或在紫外线辐射时容易降解。

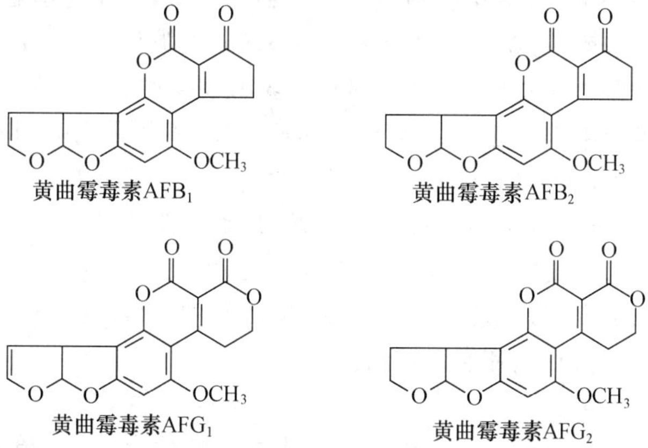

图 10-36　黄曲霉毒素 AFB$_1$、AFB$_2$、AFG$_1$ 和 AFG$_2$ 的结构式

黄曲霉毒素 B_1(AFB$_1$)在生物体内至少可转化为 7 种代谢产物。AFM$_1$ 约占总黄曲霉毒素代谢物量的 2%,对小鼠的致癌活性是 AFB$_1$ 的 1/10,黄曲霉醇(Aflatoxical)是黄曲霉毒素 B_1 在生物体内的还原产物,其对鳟鱼的致癌活性约为黄曲霉毒素 B_1 的 1/2;黄曲霉毒素 Q_1 对鳟鱼无致癌作用。黄曲霉毒素 B_1 在生物体内可代谢为不稳定的产物—黄曲霉毒素 B_1-8,9-环氧化物,该物质也是黄曲霉毒素的最终致癌物,但该代谢产物存在的证据尚不直接。

黄曲霉毒素的急性毒性主要表现为肝毒性,黄曲霉毒素在 Ames 实验和仓鼠细胞体外转化实验中均表现为强致癌性,它对大鼠和人均有明显的致癌作用。黄曲霉毒素是目前所知致癌性最强的化学物质,不仅能诱导鱼类、禽类、各种实验动物、家禽和灵长类动物的实验肿瘤,而且其致癌强度也非常大,并导致多种癌症。黄曲霉毒素对人的致癌性虽然缺乏直接的证据,但大量的流行病学调查均证实,黄曲霉毒素的高水平摄入和人类肝癌的发病率密切相关。在黄曲霉毒素高污染区,应大力改进农作物的干燥和贮存方法,这样能有效地防止真菌污染和黄曲霉毒素的产生,对降低肝癌的发病率也是非常重要的。

2. 镰刀菌属毒素

全世界小麦、玉米产区每年都受镰孢菌不同程度的侵染,并产生镰刀菌毒素,也称镰孢菌毒素(Fusariotoxins),致

> 思考:镰刀菌属毒素的种类及危害。

使粮食(小麦、玉米)不但减产,而且食用受污染的粮食或饲料,可引起人畜中毒,严重危害人的健康。镰孢菌毒素是真菌毒素的一大类,它主要是镰孢菌属产毒菌株产生的非蛋白质和非甾类的次生代谢产物。

①单端孢霉烯族(Trichothecen)化合物是一组由某些镰刀菌种产生的生物活性和化学结

构相似的有毒代谢产物。其基本化学结构是倍半萜烯，因在碳 12、13 位上形成环氧基，故又称 12,13-环氧单端孢霉烯族化合物。

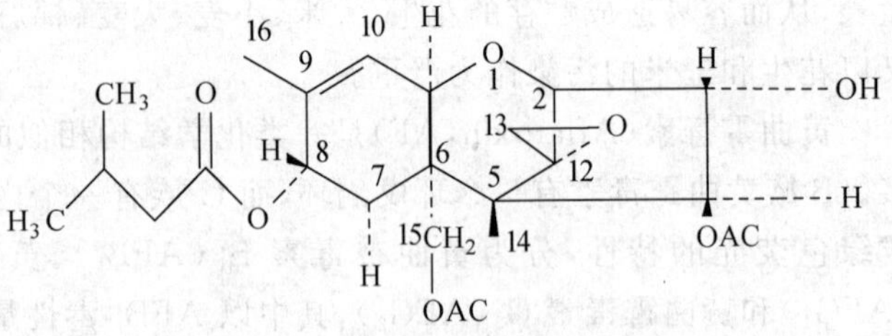

图 10-37　T-2 毒素

目前，已知在谷物中存在的单端孢霉烯族化合物主要有 T-2 毒素（图 10-37）、二醋酸蔗草镰刀菌烯醇（DAS）、雪腐镰刀菌烯醇（NIV）和脱氧雪腐镰刀菌烯醇（DON）。该类化合物化学性质稳定，可溶于中等极性的有机溶剂，难溶于水。紫外光下不显荧光，耐热，在烹调过程中不易破坏。这类化合物毒作用的共同特点是有较强的细胞毒性、免疫抑制作用及致畸作用，部分有弱的致癌作用。例如，T-2 毒素具有免疫损伤作用，是食物中毒性白细胞缺乏症（ATA）的病原物质；脱氧雪腐镰刀菌烯醇也称止呕毒素（Vomitoxin），是赤霉病麦中毒（有地方也称"醉谷病"）的主要病原物质。

②玉米赤霉烯酮（Zearalenone）又称 F-2 毒素，其耐热性较强，110℃下处理 1 h 才被完全破坏。具有雌激素作用，主要作用于生殖系统，可产生雌性激素亢进症，妊娠期的动物（包括人）食用含玉米赤霉烯酮的食物可引起流产、死胎和畸胎。

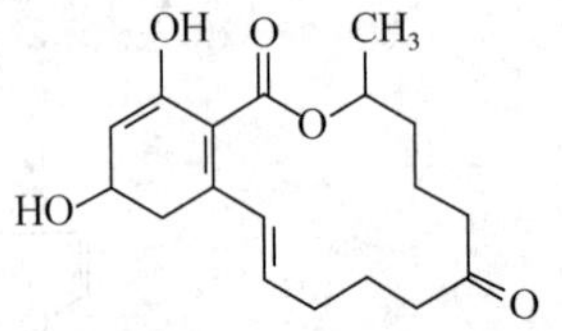

图 10-38　玉米赤霉烯酮

3. 其他曲霉和青霉毒素

①杂色曲霉素（sterigmatocystin）是一类结构类似的化合物，它主要由杂色曲霉（aspergillus uersicolor）和构巢曲霉（aspergillus nidulans）等真菌产生。其急性毒性不强，慢性毒性主要表现为肝和肾中毒，但该物质有较强的致癌性。

赭曲霉菌（ochrotoxin）的产毒菌株有赭曲霉（aspergillus ochratoxin）和硫色曲霉（aspergillus sulphureus）等。其急性毒性较强，对雏鸭的经口 LD_{50} 仅为 0.5 mg/kg 体重，与黄曲霉毒素相当，虽然已发现赭曲霉素具有致畸性，但到目前为止，未发现其具有致癌和致突变作用。在肝癌高发区的谷物中可分离出赭曲霉素，但与人类肝癌的关系尚待进一步研究。

②岛青霉素和黄天精　稻谷在收获后如未及时脱粒干燥就堆放很容易引起发霉。发霉谷粒脱粒后即形成"黄变米"或"沤黄米"，这主要是由于岛青霉（penicillium islandicum）污染所致。流行病学调查发现，肝癌发病率和居民过多食用霉变的大米有关。吃黄变米的人会引起中毒（肝坏死和肝昏迷）和肝硬化。岛青霉除产生岛青霉素（silanditoxin）（图 10-39）外，还可产生环氯素（cyclochlorotin）、黄天精（luteoskyrin）（图 10-40）和红天精（erthroskyrin）等多种霉菌毒素。岛青霉素和黄天精均有较强的致癌活性，其中黄天精的结构和黄曲霉毒素相似，毒性和致癌活性也与黄曲霉毒素相当。

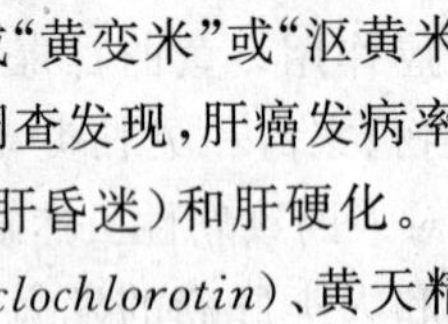

图 10-39　岛青霉素结构式

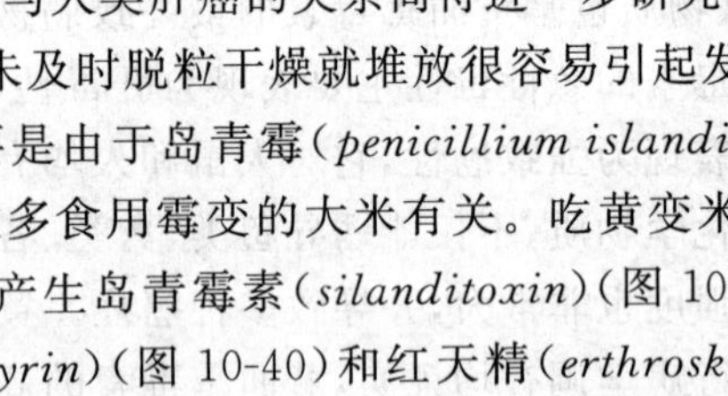

图 10-40　黄天精结构式

(三)细菌毒素

食源性细菌能产生许多种类型的毒素,肠毒素(enterotoxin)是一种对肠道细胞有作用的毒素,内毒素(endotoxin)通常是一个已经死亡或者即将死亡的革兰氏阳性细菌所释放的,通常是脂多糖膜的成分。这些毒素是非特异性的,它们会刺激由巨噬细胞导致的炎症性反应。外毒素(exotoxin)是微生物自身合成并分泌的,通常不是微生物整体的组成部分;然而,它们会增加微生物的毒性。

1. 肉毒毒素

肉毒梭菌食物中毒是由肉毒梭菌(*clostridium botuli-num*)产生的毒素,即肉毒毒素所引起。肉毒毒素是一种强

> 思考:肉毒毒素的毒性及其产生途径是什么?

烈的神经毒素,抑制神经末梢乙酰胆碱的释放,导致肌肉麻痹和神经功能的障碍,是目前已知的化学毒素和生物毒素中毒性最强的一种,其毒性比氰化钾强 1 万倍,小鼠腹腔注射 LD_{50} 为 0.006 25 ng,对人的致死量为 10^{-9} mg/kg 体重。根据它们所产毒素的血清反应特异性,肉毒毒素分为 A、B、C_α、C_β、D、E、F、G 共八型。其中 A、B、E、F 四型可引起人类的中毒。我国报道的肉毒梭菌食品中毒多为 A 型,B、E 型次之,F 型较为少见。引起中毒的食品种类因地区和饮食习惯不同而异。国内以家庭自制植物性发酵品为多见,如臭豆腐、豆腐、面酱等。

大多数产气荚膜梭菌(*clostridium perfringens*)中毒的宿主,与食用了被污染的烤肉有关(例如,同批大量加热烹煮后在较高温度下长时间地缓慢冷却且不经再加热而直接供餐的畜禽肉类和鱼类)。这些肉在屠宰过程中被动物肠道内容物污染,随后烤制不充分和储藏条件不当,使得产气荚膜梭菌生长繁殖和产生产气荚膜梭菌肠毒素(CPE)。CPE 是一种蛋白质,不耐热,100℃立即灭活。CPE 首先引起细胞离子通透性改变,大分子(DNA 和 RNA)合成受阻,组织形态学改变,细胞溶解消失,肠绒毛上皮脱落,体液严重损失。

2. 蜡状芽孢杆菌肠毒素

蜡状芽孢杆菌是革兰氏阳性需氧芽孢杆菌,是引起细菌性食物中毒的一种常见的细菌。蜡状芽孢杆菌产生的肠毒素是致病的重要因素,目前认为有两种肠毒素,中毒症状可以分两种类型:第一种由致呕吐型肠毒素引起,此类毒素具有耐热性,小环状肽(1.2 ku),主要在米饭类食品中形成。此种类型中毒在我国多见,常见食用剩米饭引起,潜伏期较短(一般为 0.5～5 h),以恶心、呕吐和腹部痉挛性疼痛为主要症状;第二种由致泻肠毒素引起,此类毒素不耐热,此种类型中毒在欧美等国多见,常因食用蛋白性食品及果汁等引起。潜伏期较长(一般为 8～16 h),以腹泻及腹部痉挛性疼痛为主要症状。

3. 金黄色葡萄球菌肠毒素

金黄色葡萄球菌是引起食物中毒的常见菌种之一,50%以上的金黄色葡萄球菌可产生肠毒素,并且一个菌株能产生

> 思考:易产生金黄色葡萄球菌肠毒素的食品有哪些?简述其产生条件。

两种以上的肠毒素。多数金黄色葡萄球菌肠毒素在 100℃条件下能 30 min 不被破坏,并能抵抗胃肠道中蛋白酶的水解作用。引起食物中毒的肠毒素是一组对热稳定的低分子质量可溶性蛋白质,相对分子质量为 26 000～30 000。按其抗原性,可将肠毒素分为 A、B、C_1、C_2、C_3、D、E、F 共 8 个血清型,均能引起食物中毒,以 A、D 型较多见,B、C 型次之,其中 F 型为引起中毒性休克综合征的毒素。引起食物中毒的食品种类很多,主要是乳类及乳制品、肉类、剩饭等食品。一般来说,食物存放的温度越高,产生肠毒素需要的时间越短,肠毒素作用于胃肠黏膜引起炎症变化,出现腹泻,同时刺激迷走神经引起反射性呕吐。

4. 大肠埃希氏菌致病物质

大肠埃希氏菌(*escherichia coli*)为人类和动物肠道的正常菌群,多不致病。当宿主免疫力下降或细菌侵入肠外组织和器官时,可引起肠外感染。大肠埃希菌中只有少数菌株能直接引起肠道感染,称致病性大肠埃希菌,所引起的肠道感染包括旅行者腹泻、婴儿腹泻、出血性结肠炎等,其发病原因与产生的肠毒素有关。大肠埃希菌长生的肠毒素有两类:不耐热肠毒素和耐热肠毒素。不耐热肠毒素是分子质量为 91.4 ku 的多肽,可刺激小肠上皮细胞中的腺苷环化酶活性,从而增加细胞内 cAMP 水平,导致 Na^+、Cl^-、水在肠腔潴留而致腹泻。耐热肠毒素是相对分子质量为 4 000～7 000 的多肽,耐热,加热至 100℃、15 min 不被破坏。耐热肠毒素对腺苷环化酶活性无影响,但能激活鸟苷酸环化酶,增加细胞内 cGMP 水平,导致液体平衡紊乱。

【项目小结】

本项目由测定火腿中亚硝酸盐含量、鱼类中组胺任务驱动,引入食品加工中产生毒素的种类、毒性与毒物化学结构关系、天然食品中毒素、微生物污染及其他污染产生的毒素等基本知识,通过阶段性思考题目引导,提示学习方向,强化了各种毒素的理化特性、对人体健康的损伤及可能采取的控制手段的学习,为食品加工过程的安全性及合理膳食提供重要参考。

【项目思考】

1. 保证食品安全性有哪些途径?

2. 豆类食物致毒的主要原因是什么?

3. 亚硝胺类对食品污染及预防。

4. 食品原料中的天然毒素有哪些?

附　　录

食品安全国家标准　食品营养强化剂使用标准

1　范围

本标准规定了食品营养强化剂在食品中的强化原则、食品营养强化剂的使用原则、强化载体的选择原则,并规定了允许使用的食品营养强化剂品种、使用范围及使用量。

本标准适用于所有食品中营养强化剂的使用。

2　术语和定义

2.1　营养强化剂指为了增加食品中的营养成分而加入到食品中的天然或人工合成的营养素和其他营养物质;

2.2　营养素指食物中具有特定生理作用,能维持机体生长、发育、活动、繁殖以及正常代谢所需的物质,包括蛋白质和氨基酸、脂肪和脂肪酸、碳水化合物、矿物质、维生素等;

2.3　其他营养物质指除营养素以外的具有营养或生理功能的其他食物成分;

2.4　强化食品指按照本标准的规定加入了一定量的营养强化剂的食品;

2.5　特殊膳食用食品指为满足特殊的身体或生理状况和/或特殊疾病和紊乱等状态下的特殊膳食需求而特殊加工或配方的食品。这类食品的成分应与普通食品或天然食品有显著不同。

3　营养强化原则

在以下情况下可以使用营养强化剂:

3.1　用于弥补食品在正常加工、储存时造成的营养素损失;

3.2　有充足的证据表明在一定的地域范围内有相当规模的特定人群出现某种营养素的缺乏,且通过强化营养素可以改善上述营养素摄入水平低或缺乏导致的健康影响,可以通过强化在此地域内向营养素缺乏人群提供强化营养素的食品;

3.3　有证据表明当某些人群由于饮食习惯或其他原因可能出现某些营养素及其他营养物质的摄入量水平较低或缺乏,且通过添加营养强化剂可以改善上述营养素及其他营养物质摄入水平低或缺乏导致的健康影响;

3.4　当生产传统食品的替代食品时,用于增加替代食品的营养成分;

3.5　补充和调整特殊膳食用食品中营养素及其他营养物质的含量。

4　营养强化剂的使用原则

营养强化剂的使用应符合以下原则：

4.1　营养强化剂的使用不能导致人群食用后营养素及其他营养物质摄入过量或不均衡，不会导致任何其他营养物质的代谢异常；

4.2　添加到食品的营养强化剂应能在常规的储藏、运输和食用条件下保持质量的稳定；

4.3　添加的营养强化剂不会导致食品一般特性如颜色、味道、气味、烹调特性等发生不良改变；

4.4　不应通过使用营养强化剂夸大强化食品中某一营养成分含量或作用误导和欺骗消费者；

4.5　营养强化剂的使用不应鼓励和引导与国家营养政策相悖的食品消费模式。

5　强化载体的选择原则

选择营养强化剂的强化载体作为强化食品时应符合以下原则：

5.1　应选择目标人群普遍消费且容易获得的食品进行强化；

5.2　强化载体食物消费量应比较稳定，有利于比较准确地计算出营养强化剂的添加量，同时能避免由于食品的大量摄入而发生人体营养素及其他营养物质的过量；

5.3　已经是某营养素良好来源的天然食物，不宜作为该营养素的强化载体。

6　质量规格标准

所使用的营养强化剂应符合相应的质量规格标准或相关规定。

附录 A　规范性附录　食品营养强化剂使用规定

营养物质	可使用的食品类别		使用量
	食品分类号	食品类别/名称	
维生素 A	01.03.02	调制乳粉和调制奶油粉（包括调味乳粉和调味奶油粉）	1 200～8 000 μg
	02.01.01.01	植物油	4 000～8 000 μg
	02.02.01.02	人造黄油及其类似品	4 000～8 000 μg
	03.01	冰淇淋类	600～1 200 μg
	06.02.01	大米	600～1 200 μg
	06.03.01	小麦粉	600～1 200 μg
	06.04	杂粮粉（仅限豆粉）及其制品	3 000～7 000 μg
	06.06	即食谷物，包括辗轧燕麦（片）	2 000～6 000 μg
	07.02.02	西式糕点	2 330～4 000 μg
	07.03	饼干	2 330～4 000 μg
	14.03	含乳饮料	600～1 000 μg
	14.06	固体饮料	4 000～8 000 μg
	16.01	果冻	600～1 000 μg
	16.06	膨化食品	600～1 500 μg

续表

营养物质	可使用的食品类别		使用量
	食品分类号	食品类别/名称	
维生素 D	01.03.02	调制乳粉和调制奶油粉（包括调味乳粉和调味奶油粉）	20～125 μg
	02.02.01.02	人造黄油及其类似品	125～156 μg
	03.01	冰淇淋类	10～20 μg
	06.04	杂粮粉（包括豆粉）及其制品（仅限于豆粉）	15～60 μg
	06.05.02.03	藕粉	50～100 μg
	06.06	即食谷物,包括辗轧燕麦（片）	12.5～37.5 μg
	07.03	饼干	16.7～33.3 μg
	14.02	果蔬汁类	2～10 μg
	14.03	蛋白饮料类	3～40 μg
	14.04.02.02	风味饮料	2～10 μg
	14.06	固体饮料	10～20 μg
	16.01	果冻	10～40 μg
	16.06	膨化食品	10～60 μg
维生素 E	01.03.02	调制乳粉和调制奶油粉（包括调味乳粉和调味奶油粉）	15～150 mg α-TE
	02.01.01.01	植物油	100～180 mg α-TE
	02.02.01.02	人造黄油及其类似品	100～180 mg α-TE
	06.04	杂粮粉（包括豆粉）及其制品（仅限于豆粉）	30～70 mg α-TE
	06.06	即食谷物,包括辗轧燕麦（片）	50～125 mg α-TE
	14.03	蛋白饮料类	5～20 mg α-TE
	14.06.02	蛋白型固体饮料	30～70 mg α-TE
	16.01	果冻	10～70 mg α-TE
维生素 K	01.03.02	调制乳粉和调制奶油粉（包括调味乳粉和调味奶油粉）	300～750 μg
维生素 B₁	01.03.02	调制乳粉和调制奶油粉	1.5～15 mg
	06.02	大米及其制品（大米、米粉、米糕）	3～5 mg
	06.03	小麦粉及其制品	3～5 mg
	06.04	杂粮粉（仅限于豆粉）	6～15 mg
	06.06	即食谷物,包括辗轧燕麦（片）	7.5～17.5 mg
	07.02.02	西式糕点	3～6 mg
	07.03	饼干	3～6 mg
	14.02	果蔬汁类	2～3 mg
	14.03	蛋白饮料类	1～3 mg
	14.04.02.02	风味饮料	2～3 mg

续表

营养物质	可使用的食品类别		使用量
	食品分类号	食品类别/名称	
维生素 B$_1$	14.06.02	蛋白型固体饮料	6～15 mg
	16.01	果冻	1～7 mg
维生素 B$_2$	01.03.02	调制乳粉和调制奶油粉(包括调味乳粉和调味奶油粉)	4～22 mg
	06.02	大米及其制品(大米、米粉、米糕)	3～5 mg
	06.03	小麦粉及其制品	3～5 mg
	06.04	杂粮粉(包括豆粉)及其制品(仅限于豆粉)	6～15 mg
	06.06	即食谷物,包括辗轧燕麦(片)	7.5～17.5 mg
	07.02.02	西式糕点	3.3～7.0 mg
	07.03	饼干	3.3～7.0 mg
	14.03.01	含乳饮料	1～2 mg
	14.06	固体饮料	10～17 mg
	14.06.02	蛋白型固体饮料	6～15 mg
	16.01	果冻	1～7 mg
维生素 B$_6$	01.03.02	调制乳粉和调制奶油粉(包括调味乳粉和调味奶油粉)	2～20 mg/kg
	06.06	即食谷物,包括辗轧燕麦(片)	10～25 mg
	07.03	饼干	2～5 mg
	14.0	饮料类(14.01、14.06 涉及品种除外)	0.4～1.2 mg
	14.06	固体饮料	7～10 mg
	16.01	果冻	1～7 mg
维生素 B$_{12}$	01.03.02	调制乳粉和调制奶油粉(包括调味乳粉和调味奶油粉)	10～66 μg
	06.06	即食谷物,包括辗轧燕麦(片)	5～10 μg
	14.0	饮料类(14.01、14.06 涉及品种除外)	0.6～1.8 μg
	14.06.02	蛋白型固体饮料	10～66 μg
	16.01	果冻	2～6 μg
维生素 C	01.02	发酵乳	120～240 mg
	01.03.02	调制乳粉和调制奶油粉(包括调味乳粉和调味奶油粉)	150～1 500 mg
	04.01.02.04	水果罐头	200～400 mg
	04.01.02.06	果泥	50～100 mg
	05.02	糖果	1 000～6 000 mg
	06.04	杂粮粉(仅限豆粉)	400～700 mg
	06.06	即食谷物,包括辗轧燕麦(片)	300～750 mg
	14.02.03	果蔬汁(肉)饮料	250～500 mg
	14.03.01	含乳饮料	120～240 mg
	14.04	水基调味饮料	250～500 mg
	14.06.02	蛋白型固体饮料	400～700 mg
	16.01	果冻	120～240 mg

续表

营养物质	可使用的食品类别		使用量
	食品分类号	食品类别/名称	
烟酸 （或烟酰胺）	01.03.02	调制乳粉和调制奶油粉（包括调味乳粉和调味奶油粉）	20～100 mg
	06.02	大米及其制品（大米、米粉、米糕）	40～50 mg
	06.03	小麦粉及其制品	40～50 mg
	06.04	杂粮粉（包括豆粉）及其制品（仅限豆粉）	60～120 mg
	06.06	即食谷物，包括辗轧燕麦（片）	75～218 mg
	07.03	饼干	30～60 mg
	14.03	蛋白饮料类	10～40 mg
	14.02	果蔬汁类	3～18 mg
	14.04.02.02	风味饮料	3～18 mg
	14.06	固体饮料（除外豆奶粉）	160～330 mg
	14.06.02	蛋白型固体饮料（仅限豆奶粉）	60～120 mg
叶酸	01.03.02	调制乳粉和调制奶油粉（包括调味乳粉和调味奶油粉）	800～8 000 μg
	06.02.01	大米（仅限免淘洗大米）	1 000～3 000 μg
	06.03.01	小麦粉	1 000～3 000 μg
	06.06	即食谷物，包括辗轧燕麦（片）	1 000～2 500 μg
	07.03	饼干	390～780 μg
	14.06	固体饮料	600～1 350 μg
	16.01	果冻	50～100 μg
泛酸	01.03.02	调制乳粉和调制奶油粉（包括调味乳粉和调味奶油粉）	8～80 mg/kg
	06.06	即食谷物，包括辗轧燕麦（片）	30～50 mg
	14.02.03	果蔬汁（肉）饮料	1.1～2.2 mg
	14.04	水基调味饮料类	1.1～2.2 mg
	14.05.01	茶饮料类	1.1～2.2 mg
	14.06	固体饮料类	22～80 mg
	16.01	果冻	2～5 mg
生物素	01.03.02	调制乳粉和调制奶油粉（包括调味乳粉和调味奶油粉）	38～76 μg/kg
胆碱	01.03.02	调制乳粉和调制奶油粉（包括调味乳粉和调味奶油粉）	800～3 000 mg
	16.01	果冻	50～100 mg
肌醇	01.03.02	调制乳粉和调制奶油粉（包括调味乳粉和调味奶油粉）	210～250 mg
	14.02.03	果蔬汁（肉）饮料	60～120 mg
	14.04.02.02	风味饮料	60～120 mg
矿物质类			
铁	01.03.02	调制乳粉和调制奶油粉（包括调味乳粉和调味奶油粉）	25～200 mg
	05.02	糖果（05.02.02 涉及品种除外）	40 mg

续表

营养物质	可使用的食品类别		使用量
	食品分类号	食品类别/名称	
铁	05.02.02	硬质夹心糖	600～1 200 mg
	06.02	大米及其制品(大米、米粉、米糕)	14～26 mg
	06.03	小麦粉及其制品	14～26 mg
	06.04	杂粮粉(仅限豆粉)	46～80 mg
	06.06	即食谷物,包括辗轧燕麦(片)	35～80 mg
	07.02.02	西式糕点	40～60 mg
	07.03	饼干	40～60 mg
	12.04	酱油	210～252 mg
	14.06	固体饮料类(14.06.02 涉及品种除外)	110～220 mg
	14.06.02	蛋白型固体饮料	46～125 mg
	16.01	果冻	10～20 mg
钙	01.03.02	调制乳粉和调制奶油粉(包括调味乳粉和调味奶油粉)	3 000～7 200 mg
	01.06	干酪	10 000 mg
	06.02	大米及其制品(大米、米粉、米糕)	1 600～3 200 mg
	06.03	小麦粉及其制品	1 600～3 200 mg
	06.04	杂粮粉(包括豆粉)及其制品(仅限于豆粉)	1 600～8 000 mg
	06.05.02.03	藕粉	2 400～3 200 mg
	06.06	即食谷物,包括辗轧燕麦(片)	2 000～7 000 mg
	07.02.02	西式糕点	2 670～5 330 mg
	07.03	饼干	2 670～5 330 mg
	08.03.07.01	肉松类	2 500～5 000 mg
	10.03.01	脱水蛋制品	190～650 mg
	12.03	醋	6 000～8 000 mg
	14.02	果蔬汁类	1 000～1 800 mg
钙	14.03.01	含乳饮料	400～800 mg
	14.06	固体饮料类	1 600～10 000 mg
	16.01	果冻	390～800 mg
锌	01.03.02	调制乳粉和调制奶油粉(包括调味乳粉和调味奶油粉)	30～180 mg
	06.02	大米及其制品(大米、米粉、米糕)	22.4～44.8 mg
	06.03	小麦粉及其制品	22.4～44.8 mg
	06.04	杂粮粉(仅限于豆粉)	29～55.5 mg
	06.06	即食谷物,包括辗轧燕麦(片)	37.5～112.5 mg
	07.02.02	西式糕点	45～80 mg
	07.03	饼干	45～80 mg
	14.03.01	含乳饮料	5.6～11.2 mg

续表

营养物质	可使用的食品类别		使用量
	食品分类号	食品类别/名称	
锌	14.06	固体饮料类（豆奶粉除外）	30～180 mg
	16.01	果冻	10～20 mg
硒	01.03.02	调制乳粉和调制奶油粉（包括调味乳粉和调味奶油粉）	60～300 μg
	06.02	大米及其制品（大米、米粉、米糕）	140～280 μg
	06.03	小麦粉及其制品	140～280 μg
	07.03	饼干	109 μg
	14.03.01	含乳饮料	50～200 μg
	16.02	茶叶	10 000 μg
镁	01.03.02	调制乳粉和调制奶油粉（包括调味乳粉和调味奶油粉）	300～3 000 mg
	14.0	饮料类（14.01、14.04.01 涉及品种除外）	30～60 mg
	14.03.01	含乳饮料	455～910 mg
	14.06.02	蛋白型固体饮料	1 300～2 100 mg
铜	01.03.02	调制乳粉和调制奶油粉（包括调味乳粉和调味奶油粉）	2～20 mg
锰	01.03.02	调制乳粉和调制奶油粉（包括调味乳粉和调味奶油粉）	5～30 mg
钾	01.03.02	调制乳粉和调制奶油粉（包括调味乳粉和调味奶油粉）	7 000～15 000 mg
	14.0	饮料类（14.01 包装饮用水除外）	50～200 mg
磷	06.04	杂粮粉（仅限豆粉）	1 600～4 000 mg
	14.06.02	蛋白型固体饮料	1 960～7 040 mg
赖氨酸	06.02	大米及其制品（大米、米粉、米糕）	1～2 g
	06.03	小麦粉及其制品	1～2 g
牛磺酸	01.03.02	调制乳粉和调制奶油粉（包括调味乳粉和调味奶油粉）	0.3～0.5 g
	06.02.02	大米制品	0.3～0.5 g
	06.02.04	米粉制品	0.3～0.5 g
	06.03.02	小麦粉制品	0.3～0.5 g
	06.04	杂粮粉（仅限于豆粉）	0.3～0.5 g
	14.02.03	果蔬汁（肉）饮料	0.4～0.6 g
	14.03.01	含乳饮料	0.1～0.5 g
	14.03.02	植物蛋白饮料	0.06～0.1 g
	14.04.02.02	风味饮料	0.4～0.6 g
	14.06.02	蛋白型固体饮料（仅限于豆奶粉）	0.3～0.5 g
	14.06.02	蛋白型固体饮料	1.1～1.4 g
	16.01	果冻	0.3～0.5 g
左旋肉碱	01.03.02	调制乳粉和调制奶油粉（包括调味乳粉和调味奶油粉）	300～1 500 mg

续表

营养物质	可使用的食品类别		使用量
	食品分类号	食品类别/名称	
左旋肉碱	14.02.03	果蔬汁(肉)饮料	600~3 000 mg
	14.03.01	含乳饮料	600~3 000 mg
	14.04.02.02	风味饮料	600~3 000 mg
	14.04.02.01	特殊用途饮料(仅限运动饮料)	100~1 000 mg
γ-亚麻酸	01.03.02	调制乳粉和调制奶油粉(包括调味乳粉和调味奶油粉)	20~50 g
	02.01.01.01	植物油	20~50 g
	14.0	饮料类(14.01 包装饮用水除外)	20~50 g
叶黄素	01.03.02	调制乳粉和调制奶油粉(包括调味乳粉和调味奶油粉)(仅限儿童配方粉)	1 620~2 700 μg
低聚果糖	01.03.02	调制乳粉和调制奶油粉(包括调味乳粉和调味奶油粉)(仅限儿童配方粉和孕产妇配方粉)	≤64.5 g
1,3-二油酸 2-棕榈酸 甘油三酯	01.03.02	调制乳粉和调制奶油粉(包括调味乳粉和调味奶油粉)(仅限儿童配方粉)	24~96 g/kg
花生四烯酸	01.03.02	调制乳粉和调制奶油粉(包括调味乳粉和调味奶油粉)(仅限儿童配方粉)	≤1%(占总脂肪酸的百分比)
二十二碳 六烯酸	01.03.02	调制乳粉和调制奶油粉(包括调味乳粉和调味奶油粉)(仅限儿童配方粉)	≤0.5%(占总脂肪酸的百分比)
	06.02	大米及其制品(大米、米粉、米糕)(仅限儿童食品)	66 mg/100 g
	06.03	小麦粉及其制品(仅限儿童食品)	双鞭甲藻和金枪鱼油,使用量以纯的 DHA 计

注:本标准仅规定了调制乳粉和调制奶油粉(包括调味乳粉和调味奶油粉)中营养物质的使用量,如在液态乳制品(如调制乳、调味发酵乳、调制炼乳等)中使用,需按相应的稀释倍数折算。

附录 B GB/T 23490—2009 饱和盐溶液的配制

序号	过饱和盐溶液的种类	试剂名称	称取试剂的质量 X(加入热水[a] 200 mL)[b]/g	水分活度(A_w) (25℃)
1	溴化锂饱和溶液	溴化锂 (LiBr·2H_2O)	≥500	0.064
2	氯化锂饱和溶液	氯化锂 (LiCl·H_2O)	≥220	0.113
3	氯化镁饱和溶液	氯化镁 (MgCl_2·6H_2O)	≥150	0.328

续表

序号	过饱和盐溶液的种类	试剂名称	称取试剂的质量 X(加入热水[a] 200 mL)[b]/g	水分活度(A_w) (25℃)
4	碳酸钾饱和溶液	碳酸钾（K_2CO_3）	≥300	0.432
5	硝酸镁饱和溶液	硝酸镁［$Mg(NO_3)_2 \cdot 6H_2O$］	≥200	0.529
6	溴化钠饱和溶液	溴化钠（$NaBr \cdot 2H_2O$）	≥260	0.576
7	氯化钴饱和溶液	氯化钴（$CoCl_2 \cdot 6H_2O$）	≥160	0.649
8	氯化锶饱和溶液	氯化锶（$SrCl_2 \cdot 6H_2O$）	≥200	0.709
9	硝酸钠饱和溶液	硝酸钠（$NaNO_3$）	≥260	0.743
10	氯化钠饱和溶液	氯化钠（$NaCl$）	≥100	0.753
11	溴化钾饱和溶液	溴化钾（KBr）	≥200	0.809
12	硫酸铵饱和溶液	硫酸铵［$(NH_4)_2SO_4$］	≥210	0.810
13	氯化钾饱和溶液	氯化钾（KCl）	≥100	0.843
14	硝酸锶饱和溶液	硝酸锶［$Sr(NO_3)_2$］	≥240	0.851
15	氯化钡饱和溶液	氯化钡（$BaCl_2 \cdot 2H_2O$）	≥100	0.902
16	硝酸钾饱和溶液	硝酸钾（KNO_3）	≥120	0.936
17	硫酸钾饱和溶液	硫酸钾（K_2SO_4）	≥35	0.973

"a"为易于溶解的温度为宜

"b"为冷却至形成固液两相的饱和溶液,贮于棕色试剂瓶中,常温下放置 1 周后使用。

参考文献

[1] 夏红.食品化学.2版.北京:中国农业出版社,2008.

[2] 阚建全.食品化学.北京:中国农业出版社,2002.

[3] 刘邻渭.食品化学.北京:中国农业出版社,2000.

[4] 夏延斌.食品化学.北京:中国轻工业出版社,2004.

[5] 王喜萍.食品分析.北京:中国农业出版社,2006.

[6] 张水华.食品分析.北京:中国轻工业出版社,2004.

[7] 杨君.食品营养.北京:中国轻工业出版社,2010.

[8] 赵新淮.食品化学.北京:化学工业出版社,2005.

[9] 程云燕,麻文胜.食品化学.北京:化学工业出版社,2008.

[10] 李丽娅.食品生物化学.北京:高等教育出版社,2006.

[11] 李宏高,江建军.北京:科学出版社,2007.

[12] 胡耀辉.食品生物化学.北京:化学工业出版社,2009.

[13] 吴俊明.食品化学.北京:科学出版社,2007.

[14] 李巧枝.生物化学.北京:中国轻工业出版社,2006.

[15] 冯凤琴.叶立扬.食品化学.北京:化学工业出版社,2009.

[16] 谢笔钧.食品化学.2版.北京:科学出版社,2004.

[17] 王镜岩.生物化学.3版.北京:高等教育出版社,2002.

[18] 李建科.食品毒理学.北京:中国计量出版社,2007.

[19] 金刚.食品毒理学基础与实训教程.北京:中国轻工业出版社,2010.

[20] 朱良天.农药.北京:化学工业出版社,2004.

[21] 梁运霞.动物源食品毒理学基础及检验.北京:中国农业出版社,2004.

[22] 刘爱红.食品毒理学基础.北京:化学工业出版社,2008.

[23] 夏世钧,吴中亮.分子毒理学基础.武汉:湖北科学技术出版社,2001.

[24] 阚健全.食品化学.2版.北京:中国农业大学出版社,2008.

[25] 潘宁,杜克生.食品化学.北京:化学工业出版社,2006.

[26] 黄梅丽,王俊卿.食品色香味化学.2版.北京:中国轻工业出版社,2008.

[27] 汪东风.食品化学.北京:化学工业出版社,2007.

[28] 梁文珍,蔡智军.食品化学.北京:中国农业大学出版社,2010.

[29] 夏延斌.食品化学.北京:中国轻工业出版社,2001.

[30] 丁耐克.食品风味化学.北京:中国轻工业出版社,1996.